CONGRÈS

INTERNATIONAL

D'ANTHROPOLOGIE

ET D'ARCHÉOLOGIE

PRÉHISTORIQUES

COMPTE RENDU

DE LA TREIZIÈME SESSION

Monaco 1906

TOME Ier

MONACO

IMPRIMERIE DE MONACO

Place de la Visitation

—

1907.

CONGRÈS

INTERNATIONAL

D'ANTHROPOLOGIE

ET D'ARCHÉOLOGIE

PRÉHISTORIQUES

TREIZIÈME SESSION — MONACO 1906

CONGRÈS

INTERNATIONAL

D'ANTHROPOLOGIE

ET D'ARCHÉOLOGIE

PRÉHISTORIQUES

COMPTE RENDU

DE LA TREIZIÈME SESSION

Monaco 1906

TOME Ier

MONACO

IMPRIMERIE DE MONACO

Place de la Visitation

—

1907

AVANT-PROPOS

Au moment de se séparer, les membres du XIIIe Congrès international d'Anthropologie et d'Archéologie préhistoriques, sur la proposition de leur président, M. le professeur Hamy, ont voté par acclamation « les remerciments les plus chaleureux à S. A. S. le Prince de Monaco pour l'accueil qu'il a bien voulu réserver à notre Association et l'intérêt qu'il accorde à nos travaux ».

Cet intérêt que le Prince Albert Ier témoigne à l'Anthropologie, il continue à nous en donner des preuves. Après la clôture de la session que nous avons tenue à Monaco, notre Protecteur a décidé de mettre ses presses à notre disposition pour l'impression du volume que le Secrétaire général a la charge de publier. Qu'il veuille bien me permettre, tant en mon nom personnel qu'au nom de la Commission de publication et de tous les congressistes — dont je serai sûrement l'interprète en cette circonstance —, de lui adresser la nouvelle expression de notre respectueuse gratitude.

Lorsque j'ai été informé de cette gracieuse décision du Prince de Monaco, j'ai eu l'espoir que l'impression du compte rendu marcherait rapidement. Je pensais que les auteurs de communications me feraient parvenir leurs manuscrits à bref délai, ainsi que je les en avais priés à la dernière séance. Tous, hélas! n'ont pas répondu à mon appel. Depuis quatre mois, malgré mes incessantes réclamations, je n'ai pu obtenir une seule ligne de quelques collègues qui ne comprennent pas, sans doute, le désir qu'ont certains congressistes de revivre, en lisant le compte rendu de la session, les heureux jours qu'ils ont passés dans la Principauté.

D'un autre côté, plusieurs auteurs, qui ignorent les difficultés en présence desquelles je me trouve, me réclament des épreuves de leurs mémoires. J'estime donc que le moment est venu de mettre sous presse le présent volume.

Conformément aux précédents, la Commission de publication a décidé qu'il ne serait donné qu'un résumé des travaux qui auraient paru ailleurs in-extenso. Je n'ai qu'à prendre acte de cette décision et à l'exécuter. Mais, pour permettre aux lecteurs de se reporter facilement aux mémoires originaux, j'aurai soin, le cas échéant, d'indiquer les recueils où ils auront été publiés.

Aux pessimistes qui déclaraient, avant la session de 1900, que l'ère des Congrès scientifiques internationaux était close, ce volume démontrera, j'en ai la conviction, qu'ils s'étaient trompés dans leurs prophéties. L'Anthropologie et l'Archéologie préhistoriques n'ont pas dit leur dernier mot. Grâce à l'empressement qu'ont mis les savants du monde entier à répondre à l'appel du Comité d'organisation de la XIIIe session et à nous communiquer les résultats de leurs recherches, nous avons eu la preuve que les sciences anthropologiques font chaque jour de nouveaux progrès, que de nouvelles questions surgissent à tout instant et qu'il est utile de les soumettre à la discussion dans ces grandes assises internationales où toutes les opinions sont libres de se produire. En lisant le compte rendu du Congrès de Monaco, les plus exigeants des spécialistes reconnaîtront, sans doute, que la XIIIe session n'a pas été dépourvue d'intérêt et qu'elle comptera même parmi celles qui laisseront une trace profonde dans l'histoire de l'Anthropologie et de l'Archéologie préhistoriques.

Paris, le 23 août 1906.

Dr R. VERNEAU,

Secrétaire général.

COMPOSITION

DU

CONSEIL PERMANENT

DU

Congrès international d'Anthropologie et d'Archéologie préhistoriques

à la clôture de la treizième session (1)

MM. ANOUTCHINE, ancien Secrétaire général (XIe session).

BELLUCI (G.), membre du Bureau (VIIIe, IXe, X^e et XIIIe sessions).

CAPELLINI (G.), fondateur.

CARTAILHAC (Ém.), membre du Bureau (IIe, V^e, IXe, X^e, XIIe et XIIIe sessions).

CAZALIS DE FONDOUCE, Secrétaire honoraire (secrétaire IVe V^e, VIIe, VIIIe, IXe sessions).

CHANTRE (Ern.), Secrétaire honoraire (secrétaire IVe, V^e, VIIe, VIIIe, IXe sessions).

DUPONT (Éd.), Vice-président honoraire (vice-président IVe, V^e, VIIe, VIIIe sessions); ancien Secrétaire général (VIe session).

EVANS (Sir John), Vice-président honoraire (vice-président VIIIe, IXe, X^e, XIIe sessions).

---

(1) En vertu des troisième, quatrième et cinquième articles additionnels du règlement, le Conseil permanent se compose des fondateurs du Congrès, des anciens présidents, des vice-présidents honoraires, des secrétaires honoraires, des anciens secrétaires généraux et de tous les membres qui ont été élu quatre fois à une fonction du bureau.

MM. GAUDRY (Albert), membre du Bureau (IIe, X^e, XIIe, XIIIe sessions) ; Président d'honneur (XIII session).

GALITZINE (Prince), Président de la XIIe session.

HAMY (E. T.), ancien Secrétaire général (X^e session); Président de la XIIIe session.

HILDEBRAND (Hans), ancien Secrétaire général (VIIe session).

LUBBOCK (Sir John), lord AVEBURY, Président de la IIIe session.

MONTELIUS (O.), membre du Bureau* (VIIe, VIIIe, XIIe, XIIIe sessions).

PIGORINI (L.), membre du Bureau (V^e, VIIe, IXe, XIIIe sessions).

SCHMIDT (Valdemar), ancien Secrétaire général (IVe session).

VERNEAU (R.), ancien Secrétaire général (XIIe, XIIIe sessions).

Conformément à la tradition, le secrétaire du Conseil est le Secrétaire général de la dernière session, M. le Dr VERNEAU.

COMITÉ D'ORGANISATION

DE LA SESSION DE 1906

Protecteur :

S. A. S. LE PRINCE ALBERT Ier.

Président d'honneur :

M. GAUDRY (Albert), membre de l'Institut, professeur honoraire au Muséum d'histoire naturelle de Paris.

Président :

M. HAMY (le Dr Ernest-Théodore), membre de l'Institut et de l'Académie de médecine, professeur d'anthropologie au Muséum d'histoire naturelle de Paris, conservateur du Musée d'ethnographie du Trocadéro.

Vice-présidents d'honneur :

MM. CARTAILHAC (Émile), archéologue, correspondant de l'Institut et du Ministère de l'Instruction publique.

PIETTE (Édouard), archéologue, correspondant du Ministère de l'Instruction publique.

Vice-présidents :

MM. BOULE (Marcellin), professeur de paléontologie au Muséum d'histoire naturelle de Paris, président de la Société géologique de France, rédacteur en chef de *l'Anthropologie*.

CAPITAN (le Dr Louis), professeur à l'École d'anthropologie, ancien président de la Société d'anthropologie de Paris.

Secrétaire général :

M. VERNEAU (le Dr René), assistant d'anthropologie au Muséum d'histoire naturelle, rédacteur en chef de *l'Anthropologie*, ancien président de la Société d'anthropologie de Paris.

COMITE D'ORGANISATION.

Secrétaire général adjoint :

M. Papillault (le Dr Georges), professeur adjoint à l'École d'anthropologie, secrétaire général adjoint de la Société d'anthropologie de Paris.

Secrétaires :

MM. Breuil (l'Abbé), licencié ès-sciences naturelles.

Lejeal (Léon), chargé de cours au Collège de France, secrétaire général de la Société des Américanistes de Paris.

Trésorier :

M. Hubert (Henri), agrégé d'histoire, maître de conférences à l'École des Hautes-Études, conservateur adjoint du Musée des antiquités nationales de Saint-Germain-en-Laye.

Membres du Comité :

MM. Ault du Mesnil (G. d'), archéologue, ancien président de la Société d'anthropologie de Paris.

Baye (Baron J. de), archéologue, correspondant du Ministère de l'Instruction publique, président de la Société des antiquaires de France.

Bonaparte (le Prince Roland), ancien président de la Société de géographie de Paris.

Cazalis de Fondouce (P.), vice-président de la Société archéologique de Montpellier, correspondant du Ministère de l'Instruction publique.

Chantre (E.), sous-directeur du Muséum, secrétaire général de la Société d'anthropologie de Lyon.

Chauvet (G.), archéologue, correspondant du Ministère de l'Instruction publique.

Daleau (Fr.), archéologue.

Déchelette (J.), archéologue, conservateur du Musée de Roanne.

Deniker (J.), bibliothécaire du Muséum d'histoire naturelle, président de la Société d'anthropologie de Paris.

Flamand (G.-B.-M.), chargé de cours à l'École supérieure des sciences d'Alger.

Hervé (le Dr G.), professeur à l'École d'anthropologie, ancien président de la Société d'anthropologie de Paris.

MM. Manouvrier (le Dr L.), professeur à l'École d'anthropologie, directeur du Laboratoire d'anthropologie des Hautes-Études, secrétaire général de la Société d'anthropologie de Paris.

Mortillet (A. de), professeur à l'École d'anthropologie de
Paris, président de la Société préhistorique de France.

Oppert (J.), membre de l'Institut, professeur au Collège de
France.

Pozzi (le Dr S.), professeur à la Faculté de médecine, ancien président de la Société d'anthropologie de Paris.

Reinach (S.), membre de l'Institut, professeur à l'École du
Louvre, conservateur du Musée des antiquités nationales de Saint-Germain-en-Laye.

Rhoné (A.), archéologue.

Richard (le Dr J.), directeur du Musée océanographique
de Monaco.

Roche (Jules), président d'honneur de l'Association pour
l'enseignement des sciences anthropologiques, député,
ancien ministre.

Saige (G.), correspondant de l'Institut, conseiller d'État et
conservateur des archives de la principauté de Monaco.

Sébillot (P.), membre de la Commission des monuments
mégalithiques, vice-président de la Société d'anthropologie de Paris.

Testut (le Dr L.), professeur à la Faculté de médecine de
Lyon.

Thulié (le Dr H.), directeur de l'École d'anthropologie, ancien président de la Société d'anthropologie de Paris.

Topinard (le Dr P.), ancien secrétaire général de la Société
d'anthropologie de Paris.

Vasseur (G.), professeur à la Faculté des sciences, directeur
du Musée d'histoire naturelle de Marseille.

Villeneuve (le Chanoine L. de), directeur du Musée d'anthropologie de Monaco.

Yves Guyot, président d'honneur de l'Association pour
l'enseignement des sciences anthropologiques, ancien
président de la Société d'anthropologie de Paris, ancien
ministre.

RÈGLEMENT GÉNÉRAL

DU CONGRÈS

ARTICLE PREMIER. — Un Congrès international d'anthropologie et d'archéologie préhistoriques, faisant suite aux réunions qui ont eu lieu en 1865 à La Spezzia et en 1866 à Neuchâtel, a été définitivement constitué à Paris en 1867. A partir de 1872, les sessions auront lieu tous les deux ans (voté à Bruxelles en 1872).

ART. 2. — Le Congrès ne pourra avoir lieu deux fois de suite dans le même pays.

ART. 3. — Font partie du Congrès et ont droit à toutes ses publications les personnes qui en ont fait la demande et ont acquitté la cotisation.

ART. 4. — A la fin de chaque session, le Congrès désigne le lieu où se tiendra la session suivante ; il choisit en outre parmi les savants résidant dans le pays désigné : 1° le président de la session future ; 2° plusieurs autres savants chargés de constituer, sous la direction du président, un Comité d'organisation.

ART. 5. — Le Comité d'organisation peut s'adjoindre, suivant ses besoins, d'autres savants nationaux. Il demande en outre le concours des savants étrangers qui lui paraissent pouvoir recueillir le plus grand nombre d'adhésions en faveur du Congrès. Ceux-ci prennent le titre de membres correspondants du Comité.

ART. 6. — Le Comité fixe l'époque de la session, le nombre des séances, le taux de la cotisation ; il envoie les lettres de convocation, recueille et concentre les adhésions et délivre les cartes des membres. Il se charge de tous les soins matériels qui concernent l'installation du Congrès et la tenue de ses séances.

ART. 7. — Il prépare, publie et distribue, plusieurs mois à l'avance, le programme des séances ; il peut fixer un certain nombre de questions ; mais il devra toujours réserver une partie des séances pour toutes autres questions non comprises dans le programme, proposées par un membre du Congrès et approuvées par le Conseil.

ART. 8. — Le Bureau du Comité remplit les fonctions de Bureau provisoire dans la première séance de la session. Les membres du Bureau définitif sont nommés dans cette première séance, à la majorité relative, à l'exception du président, qui est élu, depuis l'année précédente, et du trésorier déjà institué par le Comité d'organisation.

ART. 9. — Le Bureau se compose : 1° d'un président ; 2° de six vice-présidents, dont deux au moins doivent être résidents ; 3° d'un secrétaire général ; 4° de quatre secrétaires ; 5° d'un Trésorier.

ART. 10. — Le Conseil se compose : 1° des membres du Bureau définitif ; 2° de six membres nommés au scrutin de liste. Font en outre de droit partie du Conseil : 1° les quatre membres fondateurs du Congrès de La Spezzia ; 2° tous les anciens présidents, qui conservent le titre de présidents honoraires. Les membres du Comité d'organisation qui n'entreraient pas dans une des catégories précédentes assistent aux séances du Conseil avec voix consultative.

ART. 11. — Toutes les demandes de communication survenues pendant la session et toutes les réclamations sont soumises au Conseil, qui statue définitivement. Le Conseil est, en outre, chargé de proposer au vote du Congrès, conformément à l'article 4 : 1° la désignation du lieu où se tiendra la session suivante ; 2° la nomination du président et des membres du Comité d'organisation du futur Congrès.

ART. 12. — Dans sa seconde séance, le Congrès nomme, sur la proposition du Conseil, une Commission de publication dont le secrétaire général est président de droit et dont le trésorier fait également partie. Cette Commission, entièrement composée de membres nationaux, sera en outre chargée d'apurer les comptes.

Art. 13. — S'il y a un reliquat, il sera reporté à l'actif de la session suivante.

Art. 14. — Les objets offerts au Congrès pendant la session et toutes les pièces de la correspondance sont acquis au pays où la session a lieu. Leur destination est déterminée par le Conseil.

Art. 15. — Le Comité de chaque session établit un règlement particulier concernant toutes les dispositions sur lesquelles il n'est pas statué dans le présent règlement général.

Art. 16. — Toute proposition tendant à modifier le règlement général devra être signée de dix membres au moins, déposée sur le bureau pendant le courant de la session et soumise à l'examen du Conseil. Celui-ci, après en avoir délibéré, prépare un rapport qui est inséré ainsi que la proposition dans les publications du Congrès et qui est mis aux voix sans discussion, par oui ou par non, dans la première séance de la session suivante.

Premier article additionnel, voté pendant la session de Bologne (1871). — La langue française est seule admise pour les communications verbales pendant les séances et dans la publication du compte rendu du Congrès et des mémoires qui y soint joints.

Deuxième article additionnel, voté pendant la session de Budapest (1876). — Les membres du Congrès qui auront été nommés vice-présidents pendant quatre sessions deviendront de droit vice-présidents honoraires.

Troisième article additionnel, voté pendant la session de Lisbonne (1880). — Les fondateurs du Congrès, les anciens présidents et les vice-présidents honoraires nommés en vertu du deuxième article additionnel du règlement général constituent un *Conseil permanent* chargé de maintenir la tradition du Congrès, de veiller à la bonne exécution du règlement, de faire les études préparatoires relatives au siège des sessions futures et de faire face aux difficultés imprévues qui pourraient surgir dans l'intervalle de deux sessions.

Quatrième article additionnel, voté pendant la session de Paris (1900). — Les membres du Congrès qui auront été cinq fois secrétaires passeront de droit secrétaires honoraires et feront partie du Conseil permanent. S'ils assistent à deux nouveaux Congrès, ils deviendront vice-présidents honoraires.

Cinquième article additionnel, voté pendant la session de Monaco (1906). — Font également partie de ce Conseil les anciens secrétaires généraux et tous les membres qui auront été élus quatre fois à une fonction du Bureau.

Proposition de modification du premier article additionnel du règlement.

Le Conseil du XIIIe Congrès a pris en considération la proposition suivante qui, conformément à l'article 16 du règlement général, sera mise aux voix, sans discussion, par oui ou par non, dans la première séance de la XIVe session :

« La langue officielle du Congrès est le français; elle est employée pour la rédaction des procès-verbaux et la correspondance de la Commission d'organisation et du Comité. Toutefois, les membres du Congrès peuvent, dans leurs lettres, leurs communications ou leurs lectures, se servir de l'allemand, de l'anglais ou de l'italien.

« Les communications en ces trois langues seront accompagnées d'un résumé en français, et les discussions devant le Congrès continueront à se faire en langue française. »

Proposition d'addition à l'article 7.

Le Conseil prend également en considération la proposition suivante d'addition à l'article 7 du règlement général; elle sera mise aux voix dans la première séance de la XIVe session :

« Toutefois, le nombre des communications à inscrire au programme de la session est limité à quatre, au maximum, pour chaque auteur. »

QUESTIONS PROPOSÉES

PAR LE COMITÉ D'ORGANISATION

Ire PARTIE
Le Préhistorique dans la région de Monaco.

1° *Grottes des Baoussé-Roussé* (stratigraphie et paléographie ; paléontologie, anthropologie et archéologie). — *Le type humain de Grimaldi* (négroïde) *et ses survivances.*
2° *L'époque néolithique.*
3° *Les enceintes dites ligures.*

IIe PARTIE
Questions générales.

1° *Étude des pierres dites utilisées ou travaillées aux temps préquaternaires.*
2° *Classification des temps quaternaires au triple point de vue de la stratigraphie, de la paléontologie et de l'archéologie.*
3° *Documents nouveaux sur l'art des cavernes.*
4° *Étude des temps intermédiaires entre le paléolithique et le néolithique.*
5° *Les industries de la pierre en Asie et en Afrique.*
6° *Origine de la civilisation néolithique. — Les premières céramiques.*
7° *Les civilisations proto-historiques dans les deux bassins de la Méditerranée* (Égéen, Minoen, Mycénien, etc.).
8° *Géographie des civilisations de Hallstatt et de La Tène.*
9° *Unification des mesures anthropologiques.*

DÉLÉGATIONS

Allemagne.

Gouvernement Impérial :
    MM. LES PROF. WALDEYER, VON LUSCHAN, SELER, KNORR et
        SCHLIZ.
Ministère de l'Instruction publique de Wurtemberg :
    M. LE Dr A. SCHLIZ.
Société d'Anthropologie et d'Ethnologie de Berlin :
    M. LE PROF. LISSAUER.
Société d'Anthropologie de Munich :
    M. LE Dr FERDINAND BIRKNER.
Société d'Anthropologie de Stuttgart :
    M. LE Dr A. SCHLIZ.
Société de l'Histoire de la Marche de Brandebourg :
    M. W.-F. KÖRNER.
Société d'Histoire naturelle de Nuremberg :
    M. LE Dr BERNETT.
Section d'Anthropologie de Nuremberg :
    M. W. REHLEN.
Musée d'Anthropologie préhistorique de Munich :
    M. LE Dr FERD. BIRKNER.
Musée des Antiquités nationales du Schleswig-Holstein, à Kiel :
    M. LE Dr FR. KNORR.
Musée Provincial des Marches de Brandebourg :
    M. W.-F. KÖRNER.
Société Industrielle de Mulhouse :
    M. F. KESSLER.

Amérique (États-Unis d').

Peabody Museum :
    M. DAVID J. BUSHNELL.

Association Anthropologique américaine :
MM. les Drs Charles Peabody et George Byron Gordon.

Autriche-Hongrie.

Ministère de l'Instruction publique d'Autriche :
M. le Prof. M. Hoernes.
Société d'Anthropologie de Vienne :
M. le Dr Ferdinand von Andrian-Werburg.
Musée national hongrois, à Budapest :
M. le Dr Luis de Martón.
Faculté de Philosophie de l'Université tchèque, à Prague :
M. le Dr Lubor Niederle.

Belgique.

Ministère de l'Instruction publique :
MM. le Baron de Loë, Émile de Munck et Rutot.
Académie royale des Sciences, Lettres et Beaux-Arts de Belgique,
section des Sciences :
M. Julien Fraipont.
Musée royal d'Histoire naturelle de Bruxelles :
M. Rutot.
Fédération historique et archéologique de Belgique :
MM. Houzeau de Lehaie et Émile Hublard.
Société d'Archéologie de Bruxelles :
MM. l'Abbé Claerhout, G. Cumont, Baron de Loë et
Émile de Munck.
Institut archéologique liégeois :
M. F. Vercheval.
Société des Sciences, des Arts et des Lettres du Hainaut, à Mons :
MM. Houzeau de Lehaie, Émile Hublard et Émile de
Munck.
Cercle archéologique de Mons :
MM. Émile Hublard et Émile de Munck.
Cercle archéologique du canton de Soignies (Hainaut) :
M. Émile de Munck.

Britanniques (Iles).

Société Royale de Londres :
  SIR JOHN EVANS.
Institut Anthropologique de Grande-Bretagne et d'Irlande :
  SIR JOHN EVANS.
British Museum :
  SIR JOHN EVANS.
Académie Royale d'Irlande, à Dublin :
  M. GEORGE COFFEY.
Musée National des Antiquités irlandaises, à Dublin :
  M. GEORGE COFFEY.
Musée de Liverpool :
  M. LE Dr H.-O. FORBES.

Cubaine (République)

Ministère de l'Instruction publique :
  M. LE Dr LOUIS MONTANÉ.

Équateur (République de l').

Gouvernement de l'Équateur :
  M. LE Dr VICTOR M. RENDON.

France.

M. le Ministre de l'Instruction publique a délégué, pour le
    représenter personnellement, M. BAYET, directeur de
    l'Enseignement supérieur, et M. MÉJEAN, chef de Cabinet.
Ministère de l'Instruction publique :
  MM. LE PROF. E.-T. HAMY et SALOMON REINACH.
Académie des Sciences :
  M. LE PROF. ALBERT GAUDRY.
Académie des Inscriptions et Belles-Lettres :
  M. CH. JORET.
Muséum national d'Histoire naturelle :
  M. LE PROF. M. BOULE.
Gouvernement général de l'Algérie :
  M. G.-B.-M. FLAMAND.

Gouvernement général de l'Indo-Chine :
M. M.-L. FINOT.
École d'Anthropologie de Paris :
M. LE Dʳ H. THULIÉ.
Société d'Anthropologie de Paris :
MM. OSCAR SCHMIDT et LE Dʳ VERNEAU.
Société nationale des Antiquaires de France :
M. LE BARON J. DE BAYE.
Société française d'Archéologie :
M. LE BARON J. DE BAYE.
Société française des Fouilles archéologiques, section de Paris :
M. MARCEL VERNET.
Société d'Hypnologie et de Psychologie de Paris :
M. LE Dʳ EDGARD BÉRILLON.
Société Préhistorique de France, à Paris :
M. L. COUTIL.
Société des Lettres, Sciences et Arts d'Agen :
M. LE COMTE DE DIENNE.
Société Historique d'Alger :
M. G.-B.-M. FLAMAND.
Société nationale d'Agriculture, Sciences et Arts d'Angers :
M. LE CHEVALIER JOSEPH JOUBERT.
Société des Lettres, Sciences et Arts de l'Aveyron :
M. L'ABBÉ HERMET.
Société Académique de l'Oise, à Beauvais :
MM. L. VUILHORGNE et THIOT.
Alliance Scientifique universelle, comité de France, à Bordeaux :
M. LE Dʳ VERRIER.
Société Archéologique de Constantine :
M. G.-B.-M. FLAMAND.
Commission départementale des Antiquités de la Côte-d'Or, à Dijon :
M. F. REY.
Société normande des Études préhistoriques, à Évreux :
M. DEGLATIGNY.
Société Géologique de Normandie, au Havre :
M. ALBERT CAHEN.

Société d'Anthropologie de Lyon :
    MM. Ernest Chantre et Dor.
Société Archéologique de Provence, à Marseille :
    M. H. de Gérin-Ricard.
Société de Géographie de Marseille :
    M. le Prof. Vasseur.
Société française des Fouilles Archéologiques, section de Nice :
    M. Philippe Casimir.
Société de Géographie et d'Archéologie d'Oran :
    M. G.-B.-M. Flamand.
Société des Amis des Sciences et Arts, à Rochechouart :
    M. Martial Imbert.
Académie Chablaisienne de Thonon :
    M. L. Jacquot.
Société Archéologique des Amis de la France, à Toulouse :
    M. le Prof. Gaillot.

Italie.

Ministère de l'Instruction publique :
    M. le Prof. L. Pigorini.
Académie des « Lincei », à Rome :
    M. le Prof. L. Pigorini.
Société romaine d'Anthropologie :
    MM. le Prof. Sergi et V. Giuffrida-Ruggeri.
Académie des Sciences de Turin :
    M. le Prof. L. Pigorini.

Mexique.

Gouvernement mexicain :
    M. Francisco del Paso y Troncoso.

Portugal.

Société de Géographie de Lisbonne :
    M. Albert Girard.

Roumanie.

Gouvernement roumain :
MM. le Dr Mina Minovici, Tosilesco et Tsigara Samarcas.

Russie.

Ministère de l'Instruction publique :
M. le Prof. Basile Modestov.
Université d'Odessa :
M. le Prof. Linnitschenko.

Suède.

Gouvernement suédois :
M. le Prof. Oscar Montélius.
Académie des Belles-Lettres, d'Histoire et d'Archéologie :
M. le Prof. Oscar Montélius.

Suisse.

Conseil fédéral :
M. le Prof. Nuesch.
Société de Géographie de Genève :
M. le Dr Eugène Pittard.

LISTE DES MEMBRES

PAR ORDRE ALPHABÉTIQUE

Protecteur :

S. A. S. le Prince Albert Iᵉʳ

Souscripteurs :

ABERCROMBY (John), Palmerston Place, 62, *Édimbourg*, Écosse.

ACADÉMIE ROYALE DES BELLES-LETTRES, HISTOIRE ET ANTIQUITÉS, *Stockholm*, Suède.

AMBAYRAC (H.), professeur au Lycée de Nice, place Garibaldi, 6, *Nice*, Alpes-Maritimes.

ANDRIAN-WERBURG (Baron F.-F. von), délégué de la Société d'anthropologie de Vienne, président honoraire de cette Société, Burgring, 7, *Vienne*, I, Autriche.

ANTON Y FERRANDIZ (Manuel), professeur d'anthropologie à la Faculté des sciences de Madrid, Calle de Olózaga, 5 et 7, *Madrid*, Espagne.

ARACHAVALETA (Prof. F.), Calle Uruguay, 369, *Montevideo*, Uruguay.

ARCELIN (F.), rue du Plat, 4, *Lyon*, Rhône.

ARNON (Victor), conservateur de préhistoire au Musée d'Autun, rue Saint-Antoine, 12, *Autun*, Saône-et-Loire.

ARTINI (Dʳ H.), président de la Société italienne des sciences naturelles, Musée civique, *Milan*, Italie.

ASCHE (Baron von), conseiller intime, Joachimsthalerstrasse, 26, I, *Berlin-W.*, Allemagne.

ASCHE (Mᵐᵉ von), Joachimsthalerstrasse, 26, I, *Berlin-W.*, Allemagne.

ASCHE (Mlle von), Joachimsthalerstrasse, 26, I, *Berlin-W.*,
    Allemagne.

ASSOCIAÇAO DOS ARCHITECTOS ET ARCHEOLOGOS PORTUGUEZES,
    Edificio historico do Carmo, *Lisbonne*, Portugal.

AUDEBERT (D^r), allée Saint-Etienne, 12, *Toulouse*, Haute-
    Garonne.

AULT DU MESNIL (G. D'), ancien président de la Société d'anthro-
    pologie de Paris, rue du faubourg Saint-Honoré, 228,
    Paris (8e).

AVEBURY (Lord), High Elms, *Farnborough* R. S. O. Kent,
    Angleterre.

BALZER (Mme), rue de Coulmiers, 2, *Nogent-sur-Marne*, Seine.

BAMPS-SNYERS (D^r), ancien échevin de Hasselet, membre titu-
    laire de l'Académie royale d'archéologie de Belgique,
    membre de la Société d'anthropologie de Bruxelles, rue du
    Président, 36, *Bruxelles*, Belgique.

BAR (E.-F.-L. DE), rue Boissière, 45, *Paris* (16e).

BAR (Mme DE), rue Boissière, 45, *Paris* (16e).

BAR (Mlle DE), rue Boissière, 45, *Paris* (16e).

BARIQUAND (Mme), villa Paradou, *Menton*, Alpes-Maritimes, et
    59, rue de la Boétie, *Paris* (8e).

BARRAS (Prof. Francisco DE LAS), Reinoso, 8, *Séville*, Espagne.

BARTHÉLEMY (F.), place Sully, 2, *Maisons-Laffitte*, Seine-et-Oise.

BAUDON (Th.), député de l'Oise, rue Vaneau, 40, *Paris* (7e).

BAYE (Baron J. DE), président et délégué de la Société nationale
    des antiquaires de France, délégué de la Société française
    d'archéologie, correspondant du Ministère de l'Instruction
    publique, avenue de la Grande-Armée, 58, *Paris* (17e).

BAYE (Mlle DE), avenue de la Grande-Armée, 58, *Paris* (17e).

BAYET, Directeur de l'Enseignement Supérieur au Ministère de
    l'Instruction publique, 110, rue de Grenelle, *Paris* (7e).

BEHREND (Mme), Lützow-Ufer, 5, *Berlin-W.*, Allemagne.

BELLUCCI (Com. Prof. Giuseppe), recteur de l'Université,
    Pérouse, Italie.

BÉRILLON (D^r), médecin-inspecteur des Asiles d'aliénés, délégué
    de la Société d'hypnologie et de psychologie de Paris, rue
    de Castellane, 4, *Paris* (8e).

BOURDINEAU (DE), 10, avenue Montaigne, *Le Perreux* (Seine).

BOURDINEAU (Mme DE), 10, avenue Montaigne, *Le Perreux* (Seine).

BOURG, professeur au Collège de la Visitation, *Monaco*.

BOURLON (Maurice), lieutenant au 131e d'infanterie, 59, rue de Patay, *Orléans*, Loiret.

BOUYSSONIE (Abbé), professeur au Petit Séminaire, *Brive*, Corrèze.

BOYD-DAWKINS (W.), professeur à l'Université de Victoria, *Manchester*, Angleterre.

BREITMAYER, quai de l'Est, 8, *Lyon*, Rhône.

BREUIL (Abbé), professeur à l'Université de Fribourg, 37, rue de Lausanne, *Fribourg*, Suisse.

BRETON (Mme Adela), membre de l'Anthropological Institute et de l'American Archæological Institute, 15, Cambden Crescent, *Bath*, Angleterre.

BRINTET (chanoine A.), aumônier du Collège, *Autun*, Saône-et-Loire.

BRIQUET (Abel), avocat à la Cour d'Appel, secrétaire de la Société géologique du Nord, rue Jean-de-Bologne, 49, *Douai*, Nord.

BROECK (VAN DEN), conservateur au Musée royal d'histoire naturelle, place de l'Industrie, 39, *Bruxelles*, Belgique.

BRUYAS (Émile), villa Bruyas, avenue Mirabeau, 17, *Nice*, Alpes-Maritimes.

BUFFETEAU (E.), avoué, rue Louis Mie, 19, *Périgueux*, Dordogne.

BUGGENOMS (L. DE), place de Bronkart, 19, *Liège*, Belgique.

BYRON-GORDON (Geo.), délégué de l'Association anthropologique américaine, *Philadelphie*, États-Unis.

CAHEN (Albert), délégué de la Société géologique de Normandie, boulevard François Ier, 67, *Le Havre*, Seine-Inférieure.

CAILLAUD (Dr E.), boulevard de l'Ouest, 19, *Monaco*, Principauté.

CAMOUS (Dr Louis-Paul), médecin des Hospices civils, rue de l'Opéra, 2, *Nice*, Alpes-Maritimes.

CANCALON (Dr A.), rue du Palais, 10, *Blois*, Loir-et-Cher.

CAPELLINI (Giovanni), professeur de géologie à l'Université de Bologne, sénateur, via Zamboni, 63, *Bologne*, Italie.

CAPELLINI (Dr Carlo), assistant de la Clinique royale d'oculistique, *Parme*, Italie.

CAPELLINI (Dr Pierre), via Venezia, 1, *Bologne*, Italie.

CAPITAN (Dr Louis), professeur à l'École d'anthropologie, rue des Ursulines, 5, *Paris* (5e).

CAPITAN (Mlle), rue des Ursulines, 5, *Paris* (5e).

CAPUS (Guillaume), directeur de l'Agriculture et du commerce du Gouvernement général de l'Indo-Chine, rue Édouard-Charton, 9, *Versailles*, Seine-et-Oise.

CARDON (Abbé), curé de *Beaulieu*, Alpes-Maritimes.

CARRIÈRE (Gabriel), correspondant du Ministère de l'Instruction publique, rue Agrippa, 4, *Nîmes*, Gard.

CARRIÈRE (Louis), industriel, membre de la Société d'anthropologie dauphinoise, boulevard des Anglais, 2, *Beaulieu-sur-Mer*, Alpes-Maritimes.

CARTAILHAC (Émile), correspondant de l'Institut, rue de la Chaîne, 5, *Toulouse*, Haute-Garonne.

CASIMIR (Philippe), secrétaire et délégué de la Société française des fouilles archéologiques (section de Nice) rue Gubernatis, 19, *Nice*, Alpes-Maritimes.

CASTELFRANCO (Pompeo), inspecteur des fouilles et des monuments archéologiques, via Principe Umberto, 5, *Milan*, Italie.

CAZALIS DE FONDOUCE, correspondant du Ministère de l'Instruction publique, rue des Étuves, 18, *Montpellier*, Hérault.

CAZALIS DE FONDOUCE (P.), ancien officier de cavalerie, rue des Étuves, 18, *Montpellier*, Hérault.

CÉZÉRAC (Pierre-Célestin), vicaire général, président de la Société historique de Gascogne, *Auch*, Gers.

CHANTRE (E.), délégué de la Société d'anthropologie de Lyon, sous-directeur du Muséum d'histoire naturelle de Lyon, cours Morand, 37, *Lyon*, Rhône.

CHANTRE (Mme), cours Morand, 37, *Lyon*, Rhône.

CHARENCEY (Comte DE), rue de l'Université, 72, *Paris* (7e).

CHARVILHAT (D[r]), rue Blatin, 4, *Clermont-Ferrand*, Puy-de-Dôme.

CHASTAING (Abbé), curé de *Bruniquel* par *Lalinde*, Dordogne.

CHATELLIER (Paul DU), correspondant du Ministère de l'Instruction publique, *Kernuz* par *Pont-l'Abbé*, Finistère.

CHAUVET (G.), notaire, *Ruffec*, Charente.

CHAUVET (R.), ingénieur du port, *Monaco*, Principauté.

CHRISTOPHLE, villa Sunshine, *Monte Carlo*, Principauté de Monaco.

CLAERHOUT (Abbé), délégué de la Société d'archéologie de Bruxelles, directeur des Écoles catholiques, *Pitthem*, Belgique.

COFFEY (George), M. R. I. A. délégué de l'Académie royale d'Irlande et du Musée national des antiquités irlandaises à Dublin, National Museum, *Dublin*, Irlande.

COFFEY (Mme), *Dublin*, Irlande.

COFFEY (Diarmid), *Dublin*, Irlande.

COHEN (Mme), rue Jouffroy, 22, *Paris* (17e).

COHEN (Mlle Louise), rue Jouffroy, 22, *Paris* (17e).

COHEN (Mlle Suzanne), rue Jouffroy, 22, *Paris* (17e).

COLIGNON (D^r), médecin consultant de S. A. S., médecin en chef de l'hôpital, *Monaco*, Principauté.

COLINI (Professeur Angelo), Museo Kircheriano, via Collegio Romano, 26, *Rome*, Italie.

COLOMB (Gaston), rue de l'Hôtel-de-Ville, 91, *Lyon*, Rhône.

COMHAIRE (Ch.-J.), rue Saint-Hubert, 43, *Liège*, Belgique.

CONSTANT, rue de la Tribune, 14, *Bruxelles*, Belgique.

CONSTANT (Mme), rue de la Tribune, 14, *Bruxelles*, Belgique.

COSTA DE BEAUREGARD (Comte Olivier), avenue de l'Alma, 42, *Paris* (16e).

COTTE (Ch.), notaire, *Pertuis*, Vaucluse.

COTTREAU (Jean), licencié ès-sciences, rue de Rivoli, 252, *Paris* (1er).

COUTIL (Léon), délégué de la Société préhistorique de France, correspondant du Ministère de l'Instruction publique, *Les Andelys*, Eure.

CROISIER (Dr A.), ancien interne des Hôpitaux, *Blois*, Loir-et-Cher.

CUMONT (Georges), délégué de la Société d'archéologie de Bruxelles, rue de l'Aqueduc, 19, Saint-Gilles, *Bruxelles*, Belgique.

DEVILLE (Mme), rue des Jeûneurs, 42, *Paris* (2e).

DHARVENT (Isaïe), château de la Folie, *Béthune*, Pas-de-Calais.

DIENNE (Comte DE), délégué de la Société d'agriculture, des sciences et des arts d'*Agen*, Château de Cazideroque, par *Tournon*, Lot-et-Garonne.

DOLLFUS (G.-F.), ancien président de la Société géologique de France, rue de Chabrol, 45, *Paris* (10e).

DOLLFUS (Mme), rue de Chabrol, 45, *Paris* (10e).

DOR (D^r), délégué de la Société anthropologique de Lyon, montée de la Boucle, 55, *Lyon*, Rhône.

DOUILLET (Chanoine), professeur au Séminaire, *Le Rondeau*, Isère.

DUBOIS (Pierre), docteur en droit, rue Pierre l'Hermite, 24, *Amiens*, Somme.

DUBUS (A.), économe de l'hospice du Havre, rue Gustave-Flaubert, 55 bis, *Le Havre*, Seine-Inférieure.

DUMAS (Ulysse), correspondant du Ministère de l'Instruction publique, *Baron* par *Saint-Chaptes*, Gard.

DURAND DE RAMEFORT, avoué licencié, rue Bourdeilles, 15, *Périgueux*, Dordogne.

DUSSAUD (R.), avenue Malakoff, 133, *Paris* (16e).

DUSSAUD (Mme), avenue Malakoff, 133, *Paris* (16e).

ÉCOLE D'ANTHROPOLOGIE DE PARIS, rue de l'École-de-médecine, 15, *Paris* (6e).

EDWARDS (Dyer), villa Fiori Santi, Gairaut, *Nice*, Alpes-Maritimes.

EECKMAN (A.), rue Jean-sans-peur, *Lille*, Nord.

ÉPERY (D^r), *Alise Sainte-Reine* par *Les Laumes*, Côte-d'Or.

ESTIVANT (Mme), villa Tardieu, *Monaco*, Principauté.

EVANS (John), délégué de la Société royale de Londres, de l'Institut anthropologique de Grande-Bretagne et d'Irlande, du British Museum, correspondant de l'Institut, Nash-Mills, *Hemel-Hampstead*, Angleterre.

EVANS (Lady), Nash Mills, *Hemel Hampstead*, Angleterre.

EVANS (Dr Arthur), Ashmolean Museum, Youlbury, *Oxford*, Angleterre.

EYSSÉRIC (J.), explorateur, rue d'Assas, 90, *Paris* (6e).

Fabre (Abbé Édouard), villa Saint-Martin, *Monaco*, Principauté.

Farnarier (Dr), licencié ès-sciences, rue Mariotte, 6, *Paris* (17e).

Favraud, archéologue, rue de Périgueux, 94, *Angoulême*, Charente.

Feineux (Edmond), archéologue, boulevard Maupeou, 4, *Sens*, Yonne.

Ferguson (John), Newton place, 13, *Glasgow*, Écosse.

Feuvrier, conservateur du Musée archéologique, professeur au Collège, rue des Romains, 8, *Dôle*, Jura.

Févret (Louis), conservateur du Musée archéologique, professeur au Collège de l'Arc, *Azans* près *Dôle*, Jura.

Févret (Mme Marie), *Azans* près *Dôle*, Jura.

Finot (L.), délégué du Gouvernement général de l'Indo-Chine, rue Poussin, 11, *Paris* (16e).

Flamand (G.-B.-M.), délégué du Gouvernement général de l'Algérie, de la Société historique d'Alger, de la Société archéologique de Constantine et de la Société de géographie et d'archéologie d'Oran, chargé de cours à l'École supérieure des sciences d'Alger, rue Barbès, 6, *Alger-Mustapha*, Algérie.

Flamand (Mme), rue Barbès, 6, *Alger-Mustapha*, Algérie.

Florentin (Mme), *Bruxelles*, Belgique.

Forbes (Dr H.-O.), directeur du « Free public Museum », lecteur pour l'ethnographie à l'Université de Liverpool, William Brown Street, *Liverpool*, Angleterre.

Fortes (José), rua Rainha, 125, *Porto*, Portugal.

Fortes (Mme), rua Rainha, 125, *Porto*, Portugal.

Foster (John-Ebenezer), secrétaire de la Société des antiquaires de Cambridge, Petty Cury, 30, *Cambridge*, Angleterre.

Foster (Mme Mary Hichens), Rutland Gate, 6, *Londres*, S.W., Angleterre.

Foster (Miss Joan), Petty Cury, 30, *Cambridge*, Angleterre.

Foster (Miss Henrica), Petty Cury, 30, *Cambridge*, Angleterre.

Fouju (G.), rue de Rivoli, 33, *Paris* (4e).

Fourdrignier (Ed.), correspondant du Ministère de l'Instruction publique, avenue de Wagram, 24, *Paris* (8e).

Fraipont (Julien), membre et délégué de l'Académie des sciences, des lettres et des beaux-arts de la Belgique, professeur de paléontologie à l'Université de Liége, Mont-Saint-Jean, 35, *Liège*, Belgique.

Francotte, professeur à l'Athénée royal et à l'Université, rue Gillon, 72, *Saint-Josse-ten-Noode*, Belgique.

Frassetto (Fabio), Fuori Mazzini, 273, *Bologne*, Italie.

Friedenthal, hôtel de Marseille, *Monaco*, Principauté.

Frœhlicher (D^r), *Sissonne*, Aisne.

Froidevaux (Henri), docteur ès-lettres, bibliothécaire-archiviste de la Société de géographie de Paris, 47, rue d'Angivillers, *Versailles*, Seine-et-Oise.

Gaudry (Prof. Albert), délégué de l'Académie des sciences, membre de l'Institut, professeur honoraire au Muséum d'Histoire naturelle, rue des Saints-Pères, 7 bis, *Paris* (6e).

Gérimont (Maurice), ingénieur des Mines, rue Grandgagnage, 24, *Liège*, Belgique.

Gérin-Ricard (H. de), président et délégué de la Société archéologique de Provence, secrétaire perpétuel de la Société de statistique, rue de Breteuil, 29, *Marseille*, Bouches-du-Rhône.

Gérin-Ricard (Mme de), rue de Breteuil, 29, *Marseille*, B.-du-R.

Gilbert (D^r Th.), rue de la Concorde, 55, *Bruxelles*, Belgique.

Giraux (Louis), avenue Victor-Hugo, 9 bis, *Saint-Mandé*, Seine.

Girod (Dr Paul), professeur à l'École de médecine et à la Faculté des sciences, rue Blatin, 20, *Clermont-Ferrand*, Puy-de-Dôme.

Girod (Mme Paul), rue Blatin, 20, *Clermont-Ferrand*, Puy-de-Dôme.

Girod (Gustave), rue Blatin, 20, *Clermont-Ferrand*, Puy-de-Dôme.

Girod (Mlle Madeleine), rue Blatin, 20, *Clermont-Ferrand*, Puy-de-Dôme.

Giuffrida-Ruggeri (Prof. Vincenzo), délégué de la Société romaine d'anthropologie, via del Collegio Romano, 26, *Rome*, Italie.

GOBY (Paul), secrétaire de la Société des Études provençales, boulevard Victor-Hugo, 5, *Grasse*, Alpes-Maritimes.

GOSSELET (Jules), correspondant de l'Institut, professeur honoraire de géologie à la Faculté des sciences de l'Université de Lille, rue d'Antin, 18, *Lille*, Nord.

GOURY (Georges), avocat, rue des Tiercelins, 5, *Nancy*, Meurthe-et-Moselle.

GRAILLOT, délégué de la Société archéologique du Midi de la France, professeur agrégé de l'Université, rue de la Dalbade, 17, *Toulouse*, Haute-Garonne.

GUÉBHARD (A.), agrégé de l'Université, *Saint-Vallier-de-Thiey*, Alpes-Maritimes, et rue de l'Abbé-de-l'Épée, 4, *Paris* (5e).

GUIMET (Émile), place de la Miséricorde, 1, *Lyon*, Rhône.

GUPPENBERG (Baron de), Château de Puerbach, *Bayerbach/Ergoldsbach* (vià Munich), Bavière.

GUPPENBERG (Baronne de), Château de Puerbach, *Bayerbach/Ergoldsbach*, Bavière.

GUYOT (Yves), ancien ministre, rue de Seine, 95, *Paris* (6e).

HABETS (Alfred), professeur à l'Université, rue Paul-Devaux, 4, *Liège*, Belgique.

HAHNE (Dr Hans), allée Hubertas, 16, *Berlin-Grünewald*, Allemagne.

HAMAL-NAUDRIN (Joseph), membre de l'Institut archéologique liégeois, quai de l'Ourthe, 45, *Liège*, Belgique.

HAMARD (Chanoine), rue du Chapitre, 6, *Rennes*, Ille-et-Vilaine.

HAMY (E.-T.), délégué du Ministère de l'Instruction publique, membre de l'Institut et de l'Académie de médecine, professeur au Muséum, rue de Buffon, 8, *Paris* (5e).

HANBURY (Sir Thomas), La Mortola, *Vintimille*, Italie.

HAUG (Émile), professeur de géologie à la Faculté des sciences, rue de Condé, 14, *Paris* (6e).

HAYNES (Henry W.), professeur à l'Université, Beacon Street, 239, *Boston*, Mass., États-Unis.

HEEDE-DUFOURNY (E. VAN), ingénieur, Usine à gaz de Molenbeek-Kockelberg, *Bruxelles-Ouest*, Belgique.

HEIERLI (Jakob), privat-docent d'histoire primitive à l'Université, Ritterstrasse, 5, *Zürich*, Suisse.

HELLICH (Dr Bohuslav), directeur de la Maison des aliénés, *Oporany*, Bohême.

HERMET (Abbé F.), délégué de la Société des lettres, sciences et arts de l'Aveyron, curé de l'*Hospitalet*, près *Millaud*, Aveyron.

HERVÉ (Dr Georges), professeur à l'École d'anthropologie, rue de Berlin, 8, *Paris* (9e).

HEYDEN A HAUZEUR (Ad. VAN DER), industriel, château du Val-Benoît, *Liège*, Belgique.

HOERNES (Prof. Moriz), délégué du Ministère de l'Instruction publique d'Autriche, Burgring, 7, *Vienne*, Autriche.

HOUZEAU DE LEHAIE (Auguste), délégué de la Société des sciences, des arts et des lettres du Hainaut, et de la Fédération archéologique et historique de Belgique, château de l'Hermitage, *Mons*, Belgique.

HOUZEAU DE LEHAIE DE CASEMBROOT (Mme), *Mons*, Belgique.

HOUZEAU DE LEHAIE (J.), industriel, *Mons*, Belgique.

HOVELACQUE (Mme veuve), villa des Pins, *Menton*, Alpes-Maritimes, et boulevard Beauséjour, 1, *Paris* (16e).

HUBERT (Henri), maître de conférences à l'École des Hautes-Études à la Sorbonne, conservateur-adjoint du Musée des antiquités nationales à Saint-Germain-en Laye, rue Saint-Jacques, 31, *Paris* (5e).

HUBERT (Herman), professeur à l'Université, inspecteur général des Mines, rue Fabry, 68, *Liège*, Belgique.

HUBERT (Mme H.), rue Fabry, 68, *Liège*, Belgique.

HUBLARD (Emile), délégué de la Fédération archéologique et historique de Belgique et du Cercle archéologique de Mons, secrétaire de la Société des sciences, des arts et des lettres du Hainaut, avenue d'Havré, 20, *Mons*, Belgique.

HUGENSCHMIDT (D^r), boulevard Malesherbes, 23, *Paris* (8e).

IMBERT (Martial), délégué de la Société des Amis des sciences et des arts à Rochechouart, rue de Navarin, 31, *Paris* (9e).

ISSEL (Prof. Arturo), directeur de l'Institut royal de géologie, via Brignola Deferrari, 16, *Gênes*, Italie.

JACOBS (D^r), assistant d'anthropologie préhistorique, *Munich*, Allemagne.

JACQUOT, délégué de l'Académie chablaisienne de Thonon, juge honoraire, rue des Alpes, 6, *Grenoble*, Isère.

JAFFÉ (John), villa Jaffé, promenade des Anglais, 38, *Nice*, Alpes-Maritimes.

JAFFÉ (Mme), villa Jaffé, promenade des Anglais, 38, *Nice*, Alpes-Maritimes.

JAFFÉ (Mlle), villa Jaffé, promenade des Anglais, 38, *Nice*, Alpes-Maritimes.

JAFFÉ (Mlle), villa Jaffé, promenade des Anglais, 38, *Nice*, Alpes-Maritimes.

JANIN (Abbé), vicaire à la Cathédrale, rue du Tribunal, 4, *Monaco*, Principauté.

JANSON (P.), député, rue Defacqz, 73, *Bruxelles*, Belgique.

JEANMAIRE (Mlle), au Palais de *Monaco*, Principauté.

JONES (Miss Emily-Elizabeth-Constance), directrice du « Girton College » *Cambridge*, Angleterre.

JORET (Ch.), délégué de l'Académie des inscriptions et belles-lettres, membre de l'Institut, rue Madame, 59, *Paris* (6ᵉ).

JOÛBERT (Le chevalier J.), délégué de la Société nationale d'agriculture, sciences et arts d'Angers, vice-président de la Société des Études coloniales et maritimes, rue des Arènes, 11, *Angers*, Maine-et-Loire.

KAHN (Mme Léopold), rue Ampère, 49, *Paris* (17ᵉ).

KEOGH, vice-consul d'Angleterre, Hermitage-Hôtel, *Monte Carlo*, Principauté de Monaco.

KESSLER (Fr.), délégué de la Société industrielle de Mulhouse, manufacturier, *Soultzmatt*, Alsace.

KIENLIN (Jules), 107, quai d'Orsay, *Paris* (7ᵉ).

KIENLIN (Mme), 107, quai d'Orsay, *Paris* (7ᵉ).

KNORR (Dʳ), délégué du Gouvernement impérial allemand et du Musée des antiquités nationales du Schleswig-Holstein, conservateur du Musée des antiquités nationales, Hospitalstrasse, 7, *Kiel*, Allemagne.

KNOWLES (W.-J.), Hixton Place, *Ballymena*, Irlande.

KOLLMANN (Julius,) professeur de zoologie à l'Université, *Bâle*, Suisse.

Konried, Thermes Valentia, *Monaco*, Principauté.

Körner (W.-F.), délégué de la Société de l'histoire de la Marche de Brandebourg et du Musée provincial des Marches, Handel Strasse, 9, *Berlin*, Allemagne.

Kowalski (Ch.), ingénieur civil des Mines, rue Allard, 13, *Saint-Mandé*, Seine.

Krause (Édouard), conservateur du Musée royal d'ethnographie, Königgratzerstrasse, 120, *Berlin*, Allemagne.

Kunz (Georges F.), secrétaire de la Société américaine de numismatique et d'archéologie, *New-York*, États-Unis.

Labande, conservateur des archives, Palais de *Monaco*, Principauté.

Lalanne (Dʳ), Castel d'Andorte, *Le Bouscat*, Gironde.

Lamothe-Pradelle (Émile), notaire, *Saint-Pierre-de-Chignac*, Dordogne.

Landau (Dʳ Baron von), archéologue, Lützow-Ufer, 5, *Berlin-W.*, Allemagne.

La Tour (Dʳ de), rue Cortambert, 16, *Paris* (16ᵉ).

La Tour (Mᵐᵉ de), rue Cortambert, 16, *Paris* (16ᵉ).

Lavis (Dʳ Johnston), professeur agrégé à l'Université de Naples, villa Lavis, *Beaulieu*, Alpes-Maritimes.

Lavis (Mᵐᵉ), villa Lavis, *Beaulieu*, Alpes-Maritimes.

Lavis (Mˡˡᵉ Sylvia), villa Lavis, *Beaulieu*, Alpes-Maritimes.

Layard (Miss), Fonnereau Road, *Ipswich*, Angleterre.

Le Coin (Dʳ Albert,) rue Guénégaud, 15, *Paris* (6ᵉ).

Le Coin (Mᵐᵉ), rue Guénégaud, 15, *Paris* (6ᵉ).

Lecocq (Joseph), secrétaire de l'Union des charbonnages, boulevard Frère-Orban, 12, *Liège*, Belgique.

Leenhardt, professeur d'histoire naturelle à la Faculté de théologie, *Montauban*, Tarn-et-Garonne.

Le Glay (A.), 16, rue de Lorraine, *Monaco*, Principauté.

Lehmann-Nitsche (Dʳ Robert), chef de la section anthropologique au Musée de *La Plata*, République Argentine.

Leite de Vasconcellos (José), directeur du Musée ethnologique portugais, Bibliothèque nationale, *Lisbonne*, Portugal.

Lejeal (Léon,) chargé de cours au Collège de France, avenue du Maine, 14, *Paris* (15ᵉ).

LEMOINE (Henri), ancien magistrat, route de Courtille, *Guéret*,
Creuse.

LEMONNIER (Alfred), boulevard d'Anderlecht, 60, *Bruxelles*,
Belgique.

LETAILLEUR (E.), *Baigts*, par *Montfort-en-Chalosse*, Landes.

LÉTAILLEUR (Mme), *Baigts*, par *Montfort-en-Chalosse*, Landes.

LINNITSCHENKO (Prof.), délégué de l'Université d'Odessa, *Odessa*,
Russie.

LIOUVILLE (Dr Jacques), rue de l'Université, 35, *Paris* (7e).

LISSAUER (D^r), président et délégué de la Société d'anthropologie
et d'ethnologie de Berlin, Lützow-Ufer, 20, *Berlin*, Allemagne.

LISSAUER (Mlle Anna), Lützow-Ufer, 20, *Berlin*, Allemagne.

LOË (Baron Alfred DE), délégué du Ministère de l'Instruction
publique de Belgique et de la Société d'archéologie de
Bruxelles, avenue d'Auderghem, 82, *Bruxelles*, Belgique.

LONGIN-NAVAS (S.-G.), professeur d'histoire naturelle au Collège
du Sauveur, *Saragosse*, Espagne.

LORENZI (Federico), préparateur au Musée anthropologique,
Monaco, Principauté.

LOUBAT (Duc DE), rue Dumont d'Urville, 53, *Paris* (16e).

LOUBÈRE DE LONGPRÉ (Mme), rue de Vezelay, 3, *Paris* (8e.)

LOUBÈRE DE LONGPRÉ (Mlle Berthe), rue de Vezelay, 3, *Paris* (8e).

LUSCHAN (Felix VON), délégué du Gouvernement impérial allemand, directeur du « Museum für Völkerkunde », König-
gratzer-strasse, 120, *Berlin*, S. W./II., Allemagne.

MAC CURDY (Georges-Grant), professeur d'anthropologie préhistorique, Church street, 237, *New-Haven*, Conn., États-Unis.

MACIÑEIRA Y PARDO (Federico G.), chroniqueur officiel,
Ortigueira, Espagne.

MAERE (D^r), médecin en chef de la maison de santé « Le Strop »,
place du Marais, *Gand*, Belgique.

MAGNI (Dr Antonio), via Annunziata, 19, *Milan*, Italie.

MANOUVRIER (Dr L.), professeur à l'École d'anthropologie, Secrétaire général de la Société d'anthropologie, rue de l'École-
de-médecine, 15, *Paris* (6e).

MARGERIE (E. DE), rue de Fleurus, 44, *Paris* (6e).

MAROT (Henri), rue Bergère, 25, *Paris* (9e).

MARTIGNAC (E.), lauréat de l'École de médecine, place des Vosges, 24, *Paris* (4e).

MARTIGNAC (Mme), place des Vosges, 24, *Paris* (4e).

MARTIGNAC (Mlle), place des Vosges, 24, *Paris* (4e).

MARTIN (Henri), rue Singer, 5o, *Paris* (16e).

MARTÓN (Louis DE), délégué du Musée national hongrois, *Budapest*, Hongrie.

MASSIGNAC (Comtesse DE), rue de l'Université, 191, *Paris* (7e).

MAYER-EYMAR, docteur ès-sciences, professeur de paléontologie à l'Université, *Zürich*, Suisse.

MAYET (Dr Lucien), avenue de Saxe, 8o, *Lyon*, Rhône.

MÉJEAN, chef de cabinet du Ministre de l'Instruction publique, 110, rue de Grenelle, *Paris* (7e).

MESQUITA DE FIGUEIREADO (Dr), rua de la Bandeira, *Coïmbre*, Portugal.

MICHELSEN (Th.), docteur en droit, *Schwerin*, Allemagne.

MIEG (Mathieu), avenue de Modenheim, 48, *Mulhouse*, Alsace.

MINOVICI (Dr Mina), délégué du Gouvernement roumain, professeur de médecine légale, directeur de l'Institut médico-légal, *Bucarest*, Roumanie.

MODESTOV (Prof. Basile, délégué du Ministère de l'Instruction publique de Russie, via Veneto, 95, *Rome*, Italie.

MODESTOV (Mlle Anastasie), via Veneto, 95, *Rome*, Italie.

MOENS (Jean), avocat, *Lede*, Flandre orientale, Belgique.

MONTANÉ (Dr Louis), délégué du Ministère de l'Instruction publique de la République Cubaine, Directeur du Musée d'anthropologie de la Havane, calle San Ignacio, 14, *La Havane*, Cuba.

MONTANÉ (Mlle Carmen), calle San Ignacio, 14, *La Havane*, Cuba.

MONTELIUS (Dr Oscar), délégué du Gouvernement suédois, de l'Académie des belles-lettres, d'histoire et d'archéologie, de la Société suédoise d'anthropologie et de géographie, conservateur du Musée royal d'Archéologie, *Stockholm*, Suède.

Mook (D^r), maire-adjoint du 18e arrondissement, rue de la Chapelle, 33, *Paris* (18e).

Morel de Boucle (Ch.), industriel, Coupure 50, *Gand*, Belgique.

Moris, archiviste du département, boulevard Dubouchage, 20, *Nice*, Alpes-Maritimes.

Mortillet (Adrien de), professeur à l'École d'Anthropologie, président de la Société préhistorique de France, avenue Reille, 10 bis. *Paris* (14e).

Moulin, *Bandol*, Var.

Mouret (Félix), avenue d'Agde, 22, *Béziers*, Hérault.

Muller, bibliothécaire de l'École de médecine, *Grenoble*, Isère.

Mullinger (James Bass), Benet place, 1, *Cambridge*, Angleterre.

Munck (Émile de), délégué du Ministère de l'Instruction publique de Belgique, de la Société d'archéologie de Bruxelles, de la Société des sciences, lettres et des arts du Hainaut, à Mons, du Cercle archéologique de Mons et du Cercle archéologique du canton de Soignies (Hainaut), collaborateur au Musée royal d'histoire naturelle, *Saventhem-lez-Bruxelles*, Belgique.

Munck (Mme Émile de), château de Val-Marie, *Saventhem-lez-Bruxelles*, Belgique.

Munro (Robert), Esq., secrétaire de la Société des antiquaires d'Écosse, Manor place, 48, *Édimbourg*, Écosse.

Musée Guimet, place d'Iéna, *Paris* (16e).

Museo nacional, *Buenos-Aires*, République Argentine.

Musée national, *Copenhague*, Danemark.

Musée national hongrois, *Budapest*, Hongrie.

Musée public de *Liverpool*, Angleterre.

Naef (Dr Albert), président de la Commission suisse des monuments historiques, *Lausanne*, Suisse.

Naef (Mme), *Lausanne*, Suisse.

Naulin (Dr M.), médecin de l'état-civil du 12e arrondissement, médecin de la Cie des chemins de fer P.-L.-M., boulevard de Bercy, 72, *Paris* (12e).

Nuesch (D^r), délégué du Conseil fédéral, de la Société d'histoire naturelle et de la Société d'archéologie, *Schaffhouse*, Suisse.

Nüesch (Mlle Dora), *Schaffhouse*, Suisse.

Obermaier (Dr Hugo), docteur ès-sciences, privat-docent à l'Université, Rennweg, 31, *Vienne* III, Autriche.

Onimus (D^r), Cap Fleuri, *La Turbie*, Alpes-Maritimes.

Outram (Miss Mary F.), Clach-Na-Faire, *Pitlochry*, Écosse.

Papillault (Dr Georges), professeur à l'École d'anthropologie, quai Malaquais, 3, *Paris* (6e).

Papillault (Mme), quai Malaquais, 3, *Paris* (6e).

Parat (Abbé A.), *Avallon*, Yonne.

Parkinson (John), Lensfield road, 30, *Cambridge*, Angleterre.

Pas (Comte Edmond de), *Cagnes*, Alpes-Maritimes.

Paso y Troncoso (Francisco del), délégué du Gouvernement mexicain, hôtel Cuatro Naciones, calle del Arenal, *Madrid*, Espagne.

Patot (Gaston), professeur de sciences mathématiques et physiques à l'École Saint-Ignace, rue Saint-Sébastien, 66, *Marseille*, Bouches-du-Rhône.

Patot (Gustave), directeur de l'École Sainte-Geneviève, rue Lhomond, 18, *Paris* (5e).

Pauw (L.-F. de), conservateur des collections de l'Université libre, chaussée Saint-Pierre, 86, *Bruxelles*, Belgique.

Péchadre (Mme), rue Bergère, 25, *Paris* (9e).

Pellati (Dr Franz), rédacteur de la *Nuova Antologia*, piazza San Claudio, 96, *Rome*, Italie.

Permewan (Dr William), *Liverpool*, Angleterre.

Perrigot, *Arches*, Vosges.

Petitpierre (Mme Mathilde), Park-Hôtel, *Bordighera*, Italie.

Peyroni, instituteur, *Les Eyzies-de-Tayac*, Dordogne.

Pič (D^r), conservateur du Musée du royaume de Bohême, Sascolesce ul., 66, *Prague*, Autriche-Hongrie.

Pichot (Abbé), rue des Princes, 3, *Monaco*, Principauté.

Pierpont (Ed. de), vice-président de la Société archéologique de Namur, château de *Rivière* par *Lustin*, Belgique.

Piette (Édouard), correspondant du Ministère de l'Instruction publique, *Rumigny*, Ardennes.

Pigorini (Prof. Luigi), délégué du Ministère de l'Instruction

publique, de l'Académie des « Lincei » et de l'Académie
des sciences de Turin, directeur des Musées préhistorique
et Kircher, via del Collegio romano, 26, *Rome*, Italie.

PIGORINI (Mlle Catherine), via del Collegio romano, 26. *Rome*,
Italie.

PILLARD D'ARKAÏ (Louis), directeur politique du journal « l'Avenir d'Antibes », *Golfe-Juan*, Alpes-Maritimes.

PITTARD (Dr Eug.), délégué de la Société de géographie de
Genève, Florissant, 30, *Genève*, Suisse.

PITTARD (Mme), Florissant, 30, *Genève*, Suisse.

PONTI (Ettore), sénateur, via Bigli, 11, *Milan*, Italie.

POULAIN (G.), *Saint-Pierre d'Autils*, près *Vernon*, Eure.

POUTIATINE (Prince Paul Arsenievitch), Ligofska, 65, *Saint-
Pétersbourg*, Russie.

POZZI (Dr Samuel), professeur à la Faculté de médecine, avenue
d'Iéna, 47, *Paris* (16e).

PRANISHNIKOFF (Ivan), *Les-Saintes-Maries-de-la-Mer*, Bouches-
du-Rhône.

PRIEM (Fernand), professeur, boulevard Saint-Germain, 135,
Paris (6e).

PRIEM (Jean), boulevard Saint-Germain, 135, *Paris* (6e).

PUTNAM (Prof. F.-W.), conservateur du Peabody Museum,
Cambridge, Mass., États-Unis.

PUYDT (Marcel DE), secrétaire de l'Institut archéologique liégeois,
boulevard de la Sauvenière, 112, *Liège*, Belgique.

QUAGLIATI (Prof. Quintino), directeur du Musée archéologique,
Taranto, Prov. de Lecce, Italie.

RAMOND-GONTAUD, assistant au Muséum d'histoire naturelle, rue
Louis-Philippe, 18, *Neuilly-sur-Seine*, Seine.

RAQUEZ (A.), délégué du Laos à l'Exposition Coloniale, cours
Lieutaud, 109, *Marseille*, Bouches-du-Rhône.

RAY-LANKESTER, directeur de la Section d'histoire naturelle au
British Museum, Thurlow place, 29, South-Kensington,
Londres, Angleterre.

RAYMOND (Dr Paul), avenue Kléber, 34, *Paris* (16e).

REGNAULT (Dr J.), médecin de 1re classe de la Marine, *Toulon*
Var.

REHLEN (W.), délégué pour la section anthropologique de la
    Société d'histoire naturelle de Nuremberg, Sulzbacher-
    strasse, 22, *Nuremberg*, Allemagne.

REINACH (Salomon), délégué du Ministère de l'Instruction pu-
    blique, membre de l'Institut, conservateur du Musée des
    Antiquités nationales de Saint-Germain-en-Laye, rue de
    Traktir, 4, *Paris* (16e).

REINACH (Mme Salomon), rue de Traktir, 4, *Paris* (16e).

RENAULT (G.), conservateur du Musée de Vendôme, villa « Les
    Capucines », *Vendôme*, Loir-et-Cher.

RETZIUS (Prof. Gustaf), Drottninggatan, 110, *Stockholm*, Suède.

REULEAUX (Fernand), avocat, rue Basse-Wez, 28, *Liège*, Bel-
    gique.

REY (Ferdinand), délégué de la Commission départementale des
    antiquités de la Côte-d'Or, rue Legouze-Gerland, 5, *Dijon*,
    Côte-d'Or.

RICARD (Raoul DE), château des Mondys, *Saint-Martin-des-
    Combes*, Dordogne.

RICHARD (Dr J.), directeur du Musée océanographique, *Monaco*,
    Principauté.

RICHARD (Mme), *Monaco*, Principauté.

RICHARDSON (Ralph), secrétaire honoraire de la Société royale
    de géographie d'Écosse, *Édimbourg*, Écosse.

RICHARDSON (Mme), *Édimbourg*, Écosse.

RIDOLA (Prof. Domenico), docteur en médecine, *Matera*, prov.
    de Potenza, Italie.

RIVIÈRE (Émile), rue de Boulainvilliers, 63, *Paris* (16e).

ROCHA-PEIXOTO (A.-A. DE), rua da Egreja, 28, *Mattosinhos*,
    Portugal.

ROCHE (Jules), député, square Monceau, boulevard des Bati-
    gnolles, 84, *Paris* (17e).

ROMAIN (G.), correspondant de l'École d'anthropologie de Paris,
    rue du Gymnase, 26, *Sainte-Adresse*, Seine-Inférieure.

ROSSI (G.), inspecteur des fouilles de la province de Porto-
    Maurizio, *Vintimille*, Italie.

RUELLE (Dr Edmond), médecin des troupes coloniales à *Fort-
    Lamy*, Soudan. En France, à *Orrouy*, Oise.

Rutot (A.), délégué du Ministère de l'Instruction publique de Belgique, conservateur et délégué du Musée royal d'histoire naturelle, rue de la Loi, 177, *Bruxelles*, Belgique.

Saint-Venant (J. de), correspondant du Ministère de l'Instruction publique, place de la République, 7, *Nevers*, Nièvre.

Salinas, (Prof. A.), directeur du Musée national, via Emerico-Amari, 130, *Palerme*, Italie.

Santos-Rocha (Antonio dos), avocat, *Figueira-da-Foz*, Portugal.

Sarauw (Georg F.-L.), assistant au Musée national, Frederiksberg allé, 48, *Copenhague*, Danemark.

Scardiglia (Ricardo), rue Dumont-d'Urville, 53, *Paris* (16e).

Schenk (Prof. Alexandre), avenue de Rumine, 60, *Lausanne*, Suisse.

Schleicher (Charles), libraire-éditeur, rue des Saints-Pères, 15, *Paris* (6e).

Schliz (Dr A.), délégué du Gouvernement impérial allemand et du Ministère de l'Instruction publique du Wurtemberg, *Sestri-Levante*, Italie, et *Heilbronn*, Wurtemberg.

Schmidt (Oscar), délégué de la Société d'anthropologie, rue de Grenelle, 86, *Paris* (7e).

Schmidt (Waldemar), professeur d'égyptologie à l'Université, Frederiksholm canal, 12, *Copenhague*, Danemark.

Schoettensack (Dr Otto), professeur d'anthropologie à l'Université, *Heidelberg*, Allemagne.

Seler (Prof. Edouard), délégué du Gouvernement impérial allemand, Kaiser Wilhemstrasse, 3, *Berlin-Steglitz*, Allemagne.

Sénéchal de la Grange (Eug.), rue d'Édimbourg, 21, *Paris* (8e).

Senséve, rue Basse, 31, *Monaco*, Principauté.

Sergi (Giuseppe), délégué de la Société romaine d'anthropologie, directeur de l'Institut anthropologique de l'Université, via del Collegio romano, 26, *Rome*, Italie.

Servais (Jean), conservateur adjoint à l'Institut anthropologique liégeois, rue Joseph-Dumoulin, 8, *Liège* Belgique.

Severo (Ricardo), ingénieur, rua do Conde, 21, *Porto*, Portugal.

Sicotte (le Juge), *Montréal*, Canada.

Siret (Louis), ingénieur, *Cuevas*, prov. d'Almeria, Espagne.

Skorzewski (Comte Vladimir), hôtel Royal, *Nice*, Alpes-Maritimes.

Snagge (Lady), villa Fuori Santa, Gairaut, *Nice*, Alpes-Maritimes.

Société anthropologique de *Munich*, Allemagne.

Société archéologique de *Constantine*, Algérie.

Société archéologique de *Figueira-da-Foz*, Portugal.

Société d'archéologie de *Rochechouart*, Haute-Vienne.

Société florimontane d'*Annecy*, Haute-Savoie.

Société de géographie, rua do Santo-Antao, *Lisbonne*, Portugal.

Société de géographie et d'archéologie d'*Oran*, Algérie.

Société géologique de Normandie, *Le Havre*, Seine-Inférieure.

Société historique algérienne, boulev. Bon-accueil, 15, *Alger*, Algérie.

Société industrielle de *Mulhouse*, Alsace.

Société des sciences naturelles, rue Dauphine, 28, *La Rochelle*, Charente-Inférieure.

Sommerville (Révérend J. E.), villa Jeanne, avenue Rivière, *Menton*, Alpes-Maritimes.

Spencer, hôtel des Anglais, *Menton*, Alpes-Maritimes.

Stalin (G.), rue de la Préfecture, 63, *Beauvais*, Oise.

Steinen (Prof. Karl von den), directeur du Musée ethnographique, Friedrichsstrasse, 1, *Berlin-Steglitz*, Allemagne.

Stieda (Ludwig), professeur d'anatomie à l'Université, *Königsberg*, Allemagne.

Stjerna (Dr Knut), *Upsal*, Suède.

Stuer (Alexandre), rue de Castellane, 4, *Paris* (8e).

Sturge (D^r), boulevard Dubouchage, 29, *Nice*, Alpes-Maritimes.

Sturge (Mme J.), boulevard Dubouchage, 29, *Nice*, Alpes-Maritimes.

Sundin (Lieutenant Sven Bure), mess des officiers de marine, *Stockholm*, Suède.

Sundin (Mme Martha), *Vadstena*, Suède.

Szombathy (Josef), conservateur au Musée impérial royal d'histoire naturelle, Burgring, 7, *Vienne* I, Autriche.

TABARIÈS DE GRANDSAIGNES, chef du contentieux à la Compagnie des chemins de fer de l'Ouest, rue de Civry, 3o, *Paris* (16°).

TARAMELLI (Antonio), directeur du Musée archéologique, *Cagliari*, Sardaigne.

TATÉ, palethnologue, rue Michel-Ange, 9 bis, *Paris* (16°).

TAVARÈS (Joaquim DA SILVA), professeur au Collège de S. Fiel, rédacteur de la *Broteria*, Collège de S. Fiel, Soalheira, *Castello-Nuovo*, Portugal.

TAVARÈS DE PROENÇA (Junior), *Castello-Branco*, Portugal.

TESTUT (D' Léo), professeur à la Faculté de médecine, avenue de l'Archevêché, 3, *Lyon*, Rhône.

THANE (Georges), professeur d'anatomie au Collège de l'Université, Gower Street, *Londres*, W. C., Angleterre.

THIOT, palethnologue, route de Clermont, 8, *Marissel* par *Beauvais*, Oise.

THIOT (Mme), route de Clermont, 8, *Marissel* par *Beauvais*, Oise.

THULIÉ (D' H.), directeur et délégué de l'École d'anthropologie de Paris, boulevard Beauséjour, 37, *Paris* (16°).

THULIÉ (Mme), boulevard Beauséjour, 37, *Paris* (16°).

TITECA (Mme), 68, avenue de Solbosch, *Bruxelles*, Belgique.

TOPINARD (D' Paul), rue d'Assas, 28, *Paris* (6°).

TRUTAT (E.), ancien directeur du Musée de Toulouse, membre de la Commission des Musées scientifiques et archéologiques de Province, *Foix*, Ariège.

TSAGARELLI (Alexandre DE), conseiller d'État actuel, professeur à l'Université, Fourschtadskaya, 27, *Saint-Pétersbourg*, Russie.

TSCHIRET, villa des Panoramas, *Monaco*, Principauté.

VANDERSMISSEN (Mme Irma), rue de la Bonté, 13, *Bruxelles*, Belgique.

VASSEUR (G.), délégué de la Société de géographie, directeur du Musée d'histoire naturelle, professeur à la Faculté des sciences, boulevard Longchamp, 110, *Marseille*, Bouches-du-Rhône.

VAULX (Comte Henry DE LA), avenue des Champs-Élysées, 120, *Paris* (8°).

VERCHEVAL (Félix), délégué de l'Institut archéologique liégeois, rue Simonon, 4, *Liège*, Belgique.

VERGER (Victor), membre de la Société Éduenne, 7, rue Saint-Quentin, *Autun*, Saône-et-Loire.

VERNEAU (Dr R.), ancien président et délégué de la Société d'anthropologie, assistant au Muséum d'histoire naturelle, rédacteur en chef de *l'Anthropologie*, rue Ferrus, 16, *Paris* (14e).

VERNET (Marcel), délégué de la Société française des fouilles archéologiques, section de Paris, rue d'Offémont, 10, *Paris* (17e).

VERNET (Mme Marcel), rue d'Offémont, 10, *Paris* (17e).

VERRIER (D^r), délégué de l'Alliance scientifique universelle, Comité de France à Bordeaux, rue Chabaud, 8, *Cannes*, Alpes-Maritimes.

VIEUSANGE (Béranger), rue du Faubourg Saint-Pry, 42, *Béthune*, Pas-de-Calais.

VILLE-D'AVRAY (Colonel DE), bibliothécaire et archiviste de la ville, *Cannes*, Alpes-Maritimes.

VILLENEUVE (Chanoine L. DE), directeur du Musée anthropologique, *Monaco*, Principauté.

VUILHORGNE (L.), secrétaire et délégué de la Société académique de l'Oise, *Hanvoile* par *Songéons*, Oise.

WALDEYER (Prof. D^r), délégué du Gouvernement impérial allemand, correspondant de l'Institut de France, membre et secrétaire perpétuel de l'Académie royale des sciences de Prusse, Lutherstrasse, 35, *Berlin*, Allemagne.

WALDSTEIN (D^r Ch.), professeur au Collège royal, *Cambridge*, Angleterre.

WALLACH (Henry), Cambridge street, 35, Hyde Park, *Londres*, Angleterre.

WALLER (A.-D.), directeur du Laboratoire de physiologie de l'Université, *Londres*, S. W., Angleterre.

WALLER (Mme Alice M.), *Londres*, Angleterre.

WALLER (Mlle Mary D.), *Londres*, Angleterre.

WALSCH (Mlle), villa Tardieu, *Monaco*, Principauté.

Waxweiler, directeur de l'Institut des sciences sociales de l'Université, parc Léopold, *Bruxelles*, Belgique.

Weber (Ludwig), Wissmannstrasse, 21, *Berlin-Grünewald*, Allemagne.

Weber (Mme Ludwig), Wissmannstrasse, 21, *Berlin-Grünewald*, Allemagne.

Weisgerber (D^r Ch. H.), rue de Prony, 62, *Paris* (17e).

Weisgerber (Mme H.), 62, rue de Prony, *Paris* (17e).

Wiele (Dr C. van de), boulevard Militaire, 27, *Ixelles-lez-Bruxelles*, Belgique.

Wirth (Dr A.), privat docent, *Munich-Thalkirchen*, Allemagne.

Wolffram (Henry), villa Wolffram, *Beaulieu*, Alpes-Maritimes.

Woot de Trixhe (J.), boulevard d'Omalius, 30, *Namur*, Belgique.

Wrangel (Baron), Pension Marina, *Menton*, Alpes-Maritimes.

Wuhrer (Mme), rue Gay-Lussac, 66, *Paris* (5e).

Wuhrer (Mlle), rue Gay-Lussac, 66, *Paris* (5e).

Wyns (Alphonse), rue Philippe-le-Bon, 50, *Bruxelles*, Belgique.

Zanardi (Colonel Roberto), via Santo Stefano, 14, *Bologne*, Italie.

Zeballos (Dr Estanislao), calle Tacuari, 143, *Buenos-Aires*, République Argentine.

Zlatarski (Georges), professeur à l'Université de Sofia, 15, rue San Stefano, *Sofia*, Bulgarie.

LISTE DES MEMBRES

PAR NATIONALITÉS

Allemagne.

ASCHE (Baron VON), *Berlin*.
ASCHE (Mme VON), *Berlin*.
ASCHE (Mlle VON), *Berlin*.
BEHREND (Mme), *Berlin*.
BERNETT (Dr), *Nuremberg*.
BIEBERSTEIN (Mme), *Berlin*.
BIRKNER (Dr), *Munich*.
FRIEDENTHAL.
GUTTENBERG (Baron DE), *Puerbach* (Bavière).
GUTTENBERG (Mme DE), *Puerbach* (Bavière).
HAHNE (Hans), *Berlin*.
JACOBS (Dr), *Munich*.
KESSLER (François), *Soultzmatt*.
KNORR (Dr), *Kiel*.
KONRIED, *Monaco*, Principauté.
KÖRNER (Dr), *Berlin*.
KRAUSE (Ed.), *Berlin*.

LANDAU (Baron VON), *Berlin*.
LISSAUER (Dr), *Berlin*.
LISSAUER (Mlle), *Berlin*.
LUSCHAN (Félix VON), *Berlin*.
MICHELSEN (Th.), *Schwerin*.
MIEG (Mathieu), *Mulhouse*.
REHLEN (W.), *Nuremberg*.
SCHLIZ (Dr A.), *Heilbronn*.
SCHOETTENSACK (Dr Otto), *Heidelberg*.
SELER (Edouard), *Berlin*.
STEINEN (Carl VON DEN), *Berlin*.
STIEDA (Ludwig), *Königsberg*.
WALDEYER (Prof. Dr), *Berlin*.
WEBER (Ludwig), *Berlin*.
WEBER (Mme), *Berlin*.
WIRTH (Dr A.), *Munich*.
SOCIÉTÉ ANTHROPOLOGIQUE DE *Munich*.
SOCIÉTÉ INDUSTRIELLE DE *Mulhouse*.

Amérique du Nord (États-Unis de l').

BYRON GORDON (Geo.), *Philadelphie*.
HAYNES (H.-W.), *Boston*, Mass.
KUNZ (Geo. F.), *New-York*.

MAC CURDY (George Grant), *New-Haven*, Conn.
PUTNAM (Prof. F. W.) *Cambridge*, Mass.

Argentine (République).

LEHMANN-NITSCHE (Dr R.), *La Plata*. | ZEBALLOS (Dr Est. L.), *Buenos-Aires*.
MUSEO NACIONAL DE *Buenos-Ayres*.

Autriche-Hongrie.

ANDRIAN-WERBURG (VON), *Vienne*.
HELLICH (Dr Bohuslav), *Opořany*.
HOERNES (Prof. Moriz), *Vienne*.
MARTÓN (Dr Louis DE), *Budapesth*.

OBERMAIER (Dr), *Vienne*.
PIČ (Dr), *Prague*.
SZOMBATHY (Josef), *Vienne*.
MUSÉE NATIONAL HONGROIS, *Budapesth*.

Belgique.

BAMPS-SNYERS, *Bruxelles.*
BROECK (VAN DEN), *Bruxelles.*
BUGGENOMS (L. DE), *Liège.*
CLAERHOUT (Abbé), *Pitthem.*
COMHAIRE (Ch. J.), *Liège.*
CONSTANT, *Bruxelles.*
CONSTANT (Mme), *Bruxelles.*
CUMONT (Georges), *Bruxelles.*
FLORENTIN (Mme), *Bruxelles.*
FRAIPONT (Dr J.), *Liège.*
FRANCOTTE, *Saint-Josse-ten-Noode.*
GÉRIMONT (M.), *Liège.*
GILBERT (Dr Th.), *Bruxelles.*
HABETS (Alfred), *Liège.*
HAMAL-NAUDRIN (Joseph), *Liège.*
HEEGE DUFOURNY (E. VAN), *Bruxelles.*
HEYDEN A HAUZEUR (Ad. VAN), *Liège.*
HOUZEAU DE LEHAIE (Aug.), *Mons.*
HOUZEAU DE LEHAIE (Mme), *Mons.*
HOUZEAU DE LEHAIE (J.), *Mons.*
HUBERT (Hermann), *Liège.*
HUBERT (Mme H.), *Liège.*
HUBLARD (Émile), *Mons.*
JANSON (Paul), *Bruxelles.*

LECOQ (Joseph), *Liège.*
LEMONNIER (Alf.), *Bruxelles.*
LOË (Alfred DE), *Bruxelles.*
MAERE (Do), *Gand.*
MOENS, *Lede* (Flandre orient.).
MOREL DE BOUCLE, *Gand.*
MUNCK (DE), *Saventhem-lez-Bruxelles.*
MUNCK (Mme DE) *Saventhem-lez-Bruxelles.*
PAUW (L.-F.), *Bruxelles.*
PIERPONT (Ed. DE), *Lustin.*
PUYOT (M. DE), *Liège.*
REULAUX (Fernand), *Liège.*
RUTOT (A.), *Bruxelles.*
SERVAIS (J.), *Liège.*
TITÉCA (Mme), *Bruxelles.*
VANDERSMISSEN (Mme L.), *Bruxelles.*
VERCHEVAL (Félix), *Liège.*
WAXWEILER, *Bruxelles.*
WIELE (Dr C. VAN DE), *Ixelles-lez-Bruxelles.*
WOOT DE TRIXHE (J.), *Namur.*
WYNS (Alph.), *Bruxelles.*

Britanniques (Iles).

ABERCROMBY (John), *Édimbourg.*
AVEBURY (Lord), *Farnborough.*
BERRY (Ed.), *Bordighera* (Italie).
BICKNELL (Cl.), *Bordighera* (Italie).
BOYD-DAWKINS (W.), *Manchester.*
BRETON (Mme Adela), *Bath.*
COFFEY (George), *Dublin.*
COFFEY (Diarmid), *Dublin.*
COFFEY (Mme), *Dublin.*
EVANS (Sir John), *Hemel Hempstead.*
EVANS (Lady), *Hemel Hempstead.*
EVANS (Dr Arthur), *Youlbury-Oxford.*
FERGUSON (John), *Glasgow.*
FORBES (H. O.), *Liverpool.*
FOSTER (John Ebenezer), *Cambridge.*
FOSTER (Mme Mary Hichens), *Londres.*
FOSTER (Miss Joan), *Cambridge.*
FOSTER (Miss Henrica), *Cambridge.*

HANBURY (Sir Thomas), *Vintimille,* (Italie).
JAFFÉ (John), *Nice.*
JAFFÉ (Mme), *Nice.*
JAFFÉ (Mlle), *Nice.*
JAFFÉ (Mlle), *Nice.*
JONES (Miss Emily Elizabeth Constance) *Cambridge.*
KEOGH, *Monte-Carlo* (Principauté de Monaco).
KNOWLES, *Ballymena* (Irlande).
LAVIS (Dr Johnston), *Beaulieu* (France).
LAVIS (Mme Johnston), *Beaulieu* (France).
LAVIS (Mlle Sylvia Johnston), *Beaulieu* (France).
LAYARD (Miss), *Ipswich.*
MULLINGER (James Bass), *Cambridge.*

MUNRO (Robert), *Édimbourg*.
OUTRAM (Miss Mary F.), *Pitlochry*.
PARKINSON (John), *Cambridge*
PERNEWAN (Dr William), *Liverpool*.
RAY-LANKESTER, *Londres*.
RICHARDSON (Ralph), *Édimbourg*.
RICHARDSON (Mme), *Édimbourg*.
SNAOCK (Lady), *Nice* (France).
SOMMERVILLE (Rev. J. E.), *Menton* (France).

SPENCER, *Menton* (France).
STURGE (Dr), *Nice* (France).
STURGE (Mme J.), *Nice* (France).
THANE (Dr George), *Londres*.
WALDSTEIN (Dr Ch.), *Cambridge*.
WALLACH (Sir Henry), *Londres*.
WALLER (Dr A. D.), *Londres*.
WALLER (Mme Alice M.), *Londres*.
WALLER (Mlle Mary D.), *Londres*.
MUSÉE PUBLIC, *Liverpool*.

Bulgarie.

ZLATARSKI (Prof. Georges), *Sofia*.

Canada.

SICOTTE (Le Juge), *Montréal*.

Cuba.

MONTANÉ (Dr Louis), *La Havane*. MONTANÉ (Mlle Carmen), *La Havane*.

Danemark.

SARAUW (Georg F.-L.), *Copenhague*. SCHMIDT (Waldemar), *Copenhague*.
MUSÉE NATIONAL DE *Copenhague*.

Espagne.

ANTON Y FERRANDIZ (Don Manuel), *Madrid*.
BARRAS (Fco DE LAS), *Séville*.
LONGIN-NAVAS (S.-G.), *Saragosse*.

MACIÑEIRA Y PARDO (Frederico G.), *Ortigueira*.
SIRET (Louis), *Cuevas*.

France.

AMBAYRAC (H.), *Nice*.
ARCELIN (F.), *Lyon*.
ARNON (V.), *Autun*.
AUDEBERT (Dr), *Toulouse*.
AULT-DU-MESNIL (G. D'), *Paris*.
BALZER (Mme), *Nogent-sur-Marne*.
BAR (E.-F.-L. DE), *Paris*.
BAR (Mme DE), *Paris*.
BAR (Mlle DE), *Paris*.
BARIQUAND (Mme), *Paris*.
BARTHÉLEMY (F.), *Maisons-Lafitte*.
BAUDON (Th.), *Paris*.

BAYE (Baron J. DE), *Paris*.
BAYE (Mlle DE), *Paris*.
BAYET, *Paris*.
BÉRILLON (Dr), *Paris*.
BÉRILLON (Mme), *Paris*.
BERTHIER, *Autun*.
BERTHIER (Maurice), *La Ferté St-Aubin*.
BEZARD (Mme Joseph), *Paris*.
BIDAULT DE GRÉSIGNY (Léonce), *Lyon*.
BIGOT (A.), *Caen*.
BLIND (Dr A.), *Paris*.
BLIND (Mme), *Paris*.

FÉVRET (Louis), *Azans, près Dôle.*
FÉVRET (Mme Marie), *Azans, près Dôle.*
FINOT (L.), *Paris.*
FLAMAND (G.-B.-M.), *Alger-Mustapha.*
FLAMAND (Mme), *Alger-Mustapha.*
FOUJU (J.), *Paris.*
FOURDRIGNIER (Ed.), *Paris.*
FRŒHLICHER (Dr), *Sissonne.*
FROIDEVAUX (Henri), *Versailles.*
GAUDRY (Prof. Alb.), *Paris.*
GÉRIN-RICARD (H. DE), *Marseille.*
GÉRIN-RICARD (Mme DE), *Marseille.*
GIRAUX (Louis), *Saint-Mandé.*
GIROD (Dr Paul), *Clermont-Ferrand.*
GIROD (Mme Paul), *Clermont-Ferrand.*
GIROD (Gustave), *Clermont-Ferrand.*
GIROD (Mlle Madeleine), *Clermont-Ferrand.*
GOBY (Paul), *Grasse.*
GOSSELET (Jules), *Lille.*
GOURY (Georges), *Nancy.*
GRAILLOT, *Toulouse.*
GUÉBHARD (A.), *Saint-Vallier de Thiey (Alpes-Maritimes).*
GUIMET (Émile), *Lyon.*
GUYOT (Yves), *Paris.*
HAMARD, *Rennes.*
HAMY (Prof. E.-T.), *Paris.*
HAUG (Émile), *Paris.*
HERMET (Abbé), *Millaud.*
HERVÉ (Georges), *Paris.*
HOVELACQUE (Vte), *Paris.*
HUBERT (Henri), *Paris.*
HUGENSCHMIDT (Dr), *Paris.*
IMBERT (Martial), *Paris.*
JACQUOT, *Grenoble.*
JORET (Ch.), *Paris.*
JOÛBERT (Chevalier J.), *Angers.*
KAHN (Mme Léopold), *Paris.*
KOWALSKI (Ch.), *Saint-Mandé.*
KIENLEN (Jules), *Paris.*
KIENLIN (Mme), *Paris.*
LALANNE (Dr), *Le Bouscat.*
LAMOTHE-PRADELLE (Émile), *Saint-Pierre de Chignac (Dordogne).*
LA TOUR (Dr DE), *Paris.*
LA TOUR (Mme DE), *Paris.*

LE COIN (Dr Albert), *Paris.*
LE COIN (Mme), *Paris.*
LEENHARDT, *Montauban.*
LEJEAL (Léon), *Paris.*
LEMOINE (Henri), *Guéret.*
LETAILLEUR, *Baigts par Montfort-en-Chalosse (Landes.)*
LETAILLEUR (Mme), *Baigts par Montfort-en-Chalosse (Landes).*
LIOUVILLE (Dr Jacques), *Paris.*
LOUBAT (Duc DE), *Paris.*
LOUBÈRE DE LONGPRÉ, *Paris.*
LOUBÈRE DE LONGPRÉ (Mlle Berthe), *Paris.*
MANOUVRIER (Dr L.), *Paris.*
MARGERIE (L. DE), *Paris.*
MAROT (Henri), *Paris.*
MARTIGNAC, *Paris.*
MARTIGNAC (Mme), *Paris.*
MARTIGNAC (Mlle), *Paris.*
MARTIN (Dr Henri), *Paris.*
MASSIGNAC (Comtesse DE), *Paris.*
MAYET (Dr Lucien), *Lyon.*
MÉJEAN, *Paris.*
MOOK (Dr), *Paris.*
MORIS, *Nice.*
MORTILLET (Adrien DE), *Paris.*
MOULIN, *Bandol (Var).*
MOURET (Félix), *Béziers.*
MULLER, *Grenoble.*
NAULIN (Dr M.), *Paris.*
ONIMUS (Dr), *La Turbie.*
PAPILLAULT (Dr Georges), *Paris.*
PAPILLAULT (Mme), *Paris.*
PARAT (Abbé A.), *Avallon.*
PAS (Comte Edmond DE), *Cagnes (Alpes-Maritimes).*
PATOT (Gaston), *Marseille.*
PATOT (Gustave), *Paris.*
PÉCHADRE (Mme), *Paris.*
PERRIGOT, *Arches (Vosges).*
PETITPIERRE (Mme), *Bordighera (Italie).*
PEYRONI, *Les Eyzies-de-Tayac (Dordogne).*
PIETTE (Edouard), *Rumigny.*
PILLARD D'ARKAÏ, *Golfe-Juan.*
POULAIN (G.), *St-Pierre-d'Autils (Eure).*

Pozzi (Dr Samuel), *Paris*.
Priem (Fernand), *Paris*.
Priem (Jean), *Paris*.
Ramón-Gontaud, *Neuilly-sur-Seine*.
Raquez (A.), *Marseille*.
Raymond (Dr Paul), *Paris*.
Regnault (Dr J.), *Toulon*.
Reinach (Salomon), *Paris*.
Reinach (Mme Salomon), *Paris*.
Renault (G.), *Vendôme*.
Rey (Ferdinand), *Dijon*.
Ricard (Raoul de), *Saint-Martin-des-Combes* (Dordogne).
Rivière (Émile), *Paris*.
Roche (Jules), *Paris*.
Romain (G.), *Sainte-Adresse* (Seine-Inférieure).
Ruelle (Dr), *Orrouy* (Oise)
Saint-Venant (J. de), *Nevers*.
Schleicher (Charles), *Paris*.
Schmidt (Oscar), *Paris*.
Sénéchal de la Grange, *Paris*.
Stalin (G.), *Beauvais*,
Stuer (Alexandre), *Paris*.
Tabariès de Grandsaignes, *Paris*.
Taté, *Paris*.
Testut (Dr Léo), *Lyon*.
Thiot, *Beauvais*.
Thiot (Mme), *Beauvais*.
Thulié (Dr Henri), *Paris*.
Thulié (Mme), *Paris*.
Topinard (Dr Paul), *Paris*.

Trutat (E.), *Foix*.
Vasseur (G.), *Marseille*.
Vaulx (Comte Henry de la), *Paris*.
Verger (Victor), *Autun*.
Verneau (Dr R.), *Paris*.
Vernet (Marcel), *Paris*.
Vernet (Mme Marcel), *Paris*.
Verrier (Dr), *Cannes*.
Vieusange (Béranger), *Béthune*.
Ville d'Avray (Colonel de), *Cannes*.
Vuilhorgne (L.), *Hanvoile, par Longeons* (Oise).
Weisgerber (Dr Ch. H.), *Paris*.
Weisgerber (Mme H.), *Paris*.
Wolffram (Henry), *Beaulieu-sur-Mer*.
Wuhrer (Mme), *Paris*.
Wuhrer (Mlle), *Paris*.
École d'anthropologie de *Paris*.
Musée Guimet, *Paris*.
Société d'archéologie de *Rochechouart* (Haute-Vienne).
Société archéologique de *Constantine* (Algérie).
Société florimontane d'*Annecy*.
Société de géographie et d'archéologie d'*Oran* (Algérie)
Société géologique de Normandie, *Le Havre*.
Société historique algérienne, *Alger*.
Société des sciences naturelles de *La Rochelle*.

Italie.

Artini (Dr H.), *Milan*.
Bellucci (Prof. Giuseppe), *Pérouse*.
Capellini (Giovanni), *Bologne*.
Capellini (Carlo), *Parme*.
Capellini (Pierre), *Bologne*.
Castelfranco (Pompeo), *Milan*.
Colini (Prof. Angelo), *Rome*.
Frassetto (Fabio), *Bologne*.
Giuffrida-Ruggeri (Prof. Vincenzo), *Rome*.
Issel (Arturo), *Gênes*.
Magni (Dr Antonio), *Milan*.
Pellati (Dr Franz), *Rome*.

Pigorini (Prof. Luigi), *Rome*.
Pigorini (Mlle Catherine), *Rome*.
Ponti (Ettore), *Milan*.
Quagliati (Prof. Quintino), *Taranto* (Lecce).
Ribola (Prof. Domenico), *Matera* (Potenza).
Rossi (G.), *Vintimille*.
Salinas (Prof. A.), *Palerme*.
Scardiglia (Ricardo), *Paris* (France).
Sergi (Giuseppe), *Rome*.
Taramelli (Antonio), *Cagliari*.
Zanardi (Colonel R.), *Bologne*.

Mexique.

Paso y Troncoso (Francisco del), *Madrid*.

Monaco.

Bernich, *Monaco*.
Bourg, *Monaco*.
Caillaud (Dr E.), *Monaco*.
Chauvet, *Monaco*.
Christophle, *Monte-Carlo*.
Colignon (Dr), *Monaco*.
Davin, *Monte Carlo*.
Davin (Mme), *Monte-Carlo*.
Estivant (Mme), *Monaco*.
Fabre (Abbé Ed.), *Monaco*.
Janin (Abbé), *Monaco*.

Jeanmaire (Mlle), *Monaco*.
Labande, *Monaco*.
Le Glay (A.), *Monaco*.
Lorenzi (Federico), *Monaco*.
Pichot (Abbé), *Monaco*.
Richard (Dr J.). *Monaco*.
Richard (Mme), *Monaco*.
Sensève, *Monaco*.
Tschirret, *Monaco*.
Villeneuve (Chanoine L. de), *Monaco*.
Walsch (Mlle), *Monaco*.

Portugal.

Delgado (J.-F. Nery), *Lisbonne*.
Fortes (José), *Porto*.
Fortes (Mme) *Porto*.
Leite de Vasconcellos (José), *Lisbonne*.
Mezquita de Figueiredo, *Coïmbre*.
Rocha Peixoto (A.-A. da), *Mattosinhos*.
Santos Rocha (Antonio da), *Figueira da Foz*.
Severo (Ricardo), *Porto*.

Silva Tavares (Joaquim da), *Castello-Novo*
Tavares-Proença (Junior), *Castello-Branco*.
Association royale des Architectes et Archéologues portugais, *Lisbonne*.
Société archéologique de *Figueira da Foz*.
Société de géographie de *Lisbonne*.

Roumanie.

Minovici (Mina), *Bucarest*.

Russie.

Linnitschenko, *Odessa*
Modestov (Prof. Basile), *Rome* (Italie)
Modestov (Mlle Anastasie), *Rome* (Italie)
Poutiatine (Prince Paul Arsenievitch), *Saint-Pétersbourg*.

Pranishnikoff (Ivan), *Les Saintes-Maries-de-la-Mer* (France).
Skorzewski (Comte Vladimir), *Nice* (France).
Tsagarelli (Alexandre de), *Saint-Pétersbourg*.

Suède.

Boman (E.), *Paris* (France).
Montelius (Dr Oscar), *Stockholm*.
Retzius (Prof. Gustaf), *Stockholm*.
Stjerna (Dr Knut), *Upsal*.
Sundin (Sven Bure), *Stockholm*.
Sundin (Mme Martha), *Vadstena*.

Wrangel (Baron), *Menton* (France).
Académie royale des belles-lettres, histoire et antiquités, *Stockholm*.
Bibliothèque de l'Université royale, *Upsal*.

Suisse.

Heierli (Dr Jakob), *Zürich*.
Kollmann (Julius), *Bâle*.
Mayer-Eymar (Dr), *Zürich*.
Naef (Dr Albert), *Lausanne*.
Naef (Mme), *Lausanne*.

Nüesch (Dr), *Schaffhouse*.
Nüesch (Mlle Dora), *Schaffhouse*.
Pittard (Dr Eug.), *Genève*.
Pittard (Mme), *Genève*.
Schenk (Prof. Alex.), *Lausanne*.

Uruguay.

Arechavaleta (Prof. F.), *Montevideo*.

ORDRES DU JOUR DES SÉANCES

RÉCEPTIONS

Dimanche 15 Avril 1906

RÉCEPTION DES CONGRESSISTES

En 1900, le Comité d'organisation de la XIIe session avait pensé qu'il serait agréable aux Congressistes de se rencontrer avant l'ouverture du Congrès, et, à cet effet, une petite réunion intime avait été organisée. Le succès de cette réunion a décidé les organisateurs de la XIIIe session à suivre l'exemple donné par leurs prédécesseurs.

A Monaco, la réunion préparatoire a eu lieu le dimanche soir, à neuf heures, dans la grande salle du Musée d'Océanographie où devaient se tenir les séances. Le local avait été luxueusement décoré par M. Feuillerade, directeur des Travaux publics de la Principauté. Le plafond disparaissait sous les oriflammes, et, sur les murs, les trophées de drapeaux de toutes les nations représentées au Congrès étaient répandus à profusion. De riches tapis d'Orient recouvraient entièrement le parquet. La tribune et le bureau étaient tendus du traditionnel velours rouge. Devant le bureau et le long des parois de la salle, de splendides fleurs jetaient une note gaie dans le local où des questions de pure science allaient être abordées.

L'atrium était lui-même garni de belles plantes fournies par la Société des Bains de Mer et du Casino, au milieu desquelles de confortables sièges avaient été installés. Les vitrines, mises à la disposition des Congressistes pour exposer les pièces qui devaient faire l'objet de communications, étaient déjà complètement remplies, et sur toutes les parois du vestibule s'étalaient des dessins, des photographies, des estampages, etc.

Dans la grande salle, un buffet, servi par l'Hôtel de Paris, avait été dressé par les soins du Prince de Monaco, qu'une douloureuse maladie devait empêcher d'assister à nos réunions.

Dès neuf heures, les membres du Congrès arrivaient au Musée d'Océanographie, où ils étaient reçus par M. Hamy, président, et M. Verneau, secrétaire général du Comité d'organisation. Le succès de cette réunion a été le même qu'en 1900, et il est à espérer que la tradition qui s'est établie sera continuée.

Lundi 16 Avril

SÉANCE D'OUVERTURE

PRÉSIDENCE DE M. LE DOCTEUR HAMY

Président du Comité d'Organisation

———

La séance est ouverte à deux heures et demie.

Parmi les personnalités qui assistent à cette séance, mentionnons : S. A. S. le Prince héritier, chargé par le Prince Albert de le représenter à cette solennité ; Son Exc. M. Ritt, Gouverneur général de la Principauté ; M. Bayet, directeur de l'Enseignement supérieur, et M. Méjean, chef de Cabinet du Ministre

de l'Instruction publique de France, délégués par le Ministre ;
M. de Joly, préfet des Alpes-Maritimes ; Mgr du Curel, évêque
de Monaco.....

Aux côtés du Président, prennent place : MM. Albert Gaudry,
président d'honneur ; Émile Cartailhac, vice-président d'honneur ; Marcellin Boule, vice-président ; René Verneau, secrétaire
général ; Georges Papillault, secrétaire général adjoint ; l'abbé
Breuil, secrétaire.

S. A. S. LE PRINCE HÉRITIER lit le discours suivant du PRINCE
ALBERT, protecteur du Congrès :

MESDAMES, MESSIEURS,

Je me félicite de ce que mes efforts pour le développement de l'Anthropologie m'aient permis de réunir, sur ce point de l'Europe où les vestiges
de l'Humanité primitive remplissent la terre, une assemblée comme la vôtre,
choisie entre les savants de plusieurs pays avancés. Je suis certain,
d'ailleurs, que votre Congrès laissera, au domaine scientifique, des notions
importantes sur l'histoire de notre espèce, car les travaux tout récents de
MM. Boule, Verneau, Cartailhac, de Villeneuve suffisent à lui constituer
un monument.

L'Anthropologie mérite une part de plus en plus grande dans nos
préoccupations, si l'on songe combien il est irritant pour l'Homme d'avoir
fait produire à son cerveau tant de progrès intellectuels et d'être devenu le
maître du monde, sans rien savoir encore de ses origines, de sa descendance,
ni de ses parentés au milieu de la foule vivante. Il est désirable qu'une
vérité scientifique remplace la légende qui raconte aux hommes, sous tant
d'aspects différents et pour satisfaire une mentalité obscure, la genèse de
leur formation.

Devant les œuvres de l'Évolution, de cette puissance qui, dans le cours
des âges, a modifié les organismes en les adaptant aux milieux divers et
aux conditions successives de notre planète, l'Anthropologie gagne un
intérêt capital puisqu'elle cherche à démêler notre propre fil dans un éche-
veau compliqué de générations.

Elle s'élève davantage quand elle étudie le développement du cerveau
humain, de l'organe qui porta notre espèce depuis le modeste système des
êtres inférieurs jusqu'au premier rang de la hiérarchie animale, et qui trans-
forma l'instinct brutal en une intelligence créatrice du droit, de la justice,
du savoir.

L'Anthropologie, maîtresse de faits reconnus et de formules exactes,
guidera, un jour, vers des lois meilleures la morale des sociétés humaines
encore flottante parmi les variétés des religions et les suggestions d'une
barbarie atavique. Elle renferme un peu de la lumière qui montrera la

vanité des haines entre les races, des compétitions territoriales et des guerres suscitées par l'ignorance; un peu de la raison qui fera substituer, dans le gouvernement des peuples, un esprit plus sain aux mirages stérilisants de l'ambition politique.

En effet, si l'on songe à la similitude des éléments constitutifs de tous les êtres et à la simplicité de leur origine commune; si l'on se représente la rusticité de l'espèce humaine aux temps préhistoriques et le spectacle que donnait l'homme des cavernes confondu parmi les animaux avec lesquels il luttait pour sa vie, on ne s'étonne pas que des esprits attardés soient encore la proie de l'individualisme, gardien aveugle d'influences lointaines.

Mais la Science, qui renferme toute lumière et toute vérité, est une force qui rapprochera les hommes quand elle régnera sur leurs institutions. Ne devient-elle pas la source principale de leur bien-être et de leur sécurité en facilitant leur existence et en maintenant la constante évolution de leurs sociétés à l'abri des révolutions brutales?

Enfin, Messieurs, grâce à vos études qui mettront à sa véritable place le rôle de l'homme dans l'histoire de la vie, une philosophie rationnelle dissipera les nuages formés dans la conscience humaine par l'accumulation trop rapide de ses connaissances.

C'est dans le Palais de la Mer que l'Anthropologie trouve accueil aujourd'hui; et l'union de toutes les sciences alliées contre l'ignorance, contre la principale cause des maux répandus sur les hommes s'affirme d'autant plus légitimement ainsi, que l'Océanographie peut déjà relier certaines conquêtes de la Science. Car l'étude des lois physiques et chimiques de la mer conduit à l'explication des remaniements géologiques de notre planète et des luttes successives entre les continents et les mers. Les progrès de la Biologie et de la Zoologie maritimes permettent d'utiliser les révélations de la Paléontologie pour constituer l'échelle des transformations infiniment nombreuses par lesquelles une force que nous appelons la vie a fait passer la matière organique. Et la Météorologie, si intimement liée avec l'Océanographie par des rapports incessants, nous aide à comprendre les fluctuations, les migrations et la distribution géographique des êtres, y compris celles de l'homme.

Parmi les Congrès précédemment réunis ici même, il en est un, celui de la Paix, dont j'évoquerai le souvenir aujourd'hui, parce que la Science et la Paix sont inséparables et que l'Anthropologie, comme toutes les sciences, doit contribuer au bien-être des hommes.

Depuis ce Congrès, les symptômes d'une réaction généreuse contre les folies de la guerre se fortifient et la plus noble tâche qu'une élite ait jamais entreprise ouvre déjà l'avenir au progrès social qui, seul, peut justifier dans l'âme humaine un sentiment de fierté; la scission de deux peuples scandinaves vient de se faire suivant des règles conformes à la vraie civilisation; et le Conseil des Nations qui s'est tenu en Espagne a résolu avec l'autorité du droit, dans la plus belle expression de la culture moderne, une controverse internationale semée de problèmes dangereux.

Par l'influence d'une politique soumise à l'évolution des idées, quatre peuples, cent millions d'hommes échappent ainsi aux calamités de la guerre,

de ce fléau révoltant pour le cœur et pour l'intelligence et qui portait, hier
encore, chez des peuples orientaux, les excès de sa tyrannie humiliante. De
toutes les parties du monde, une assistance anxieuse a pu comparer les deux
moyens et réfléchir sur la meilleure façon de régler un conflit.

Puisse votre Congrès, inspiré par le trésor que notre pays livre à l'inves-
tigation de votre pensée comme à la discussion de tous les savants, servir
largement pour la conquête de l'inconnu, la seule conquête digne des aspirations de l'esprit moderne.

La lecture de ce beau discours est accueillie par des salves
d'applaudissements.

S. Exc. M. RITT prononce l'allocution suivante :

MONSEIGNEUR,
MESDAMES, MESSIEURS,

C'est en s'inclinant devant la volonté de l'Auguste Souverain qui a pris la
noble initiative de cette réunion et en exprimant le vœu et la confiance qu'il
sera permis à Son Altesse Sérénissime de prendre part à la fin du Congrès,
que le Gouverneur général de la Principauté s'acquitte de sa périlleuse
mission. Bien grande est sa crainte de profane appelé à s'exprimer devant
des savants éminents de vingt nations différentes, venant apporter le concours de leurs lumières et de leur éloquence à la XIII° session du Congrès
international d'Anthropologie et d'Archéologie préhistoriques. Il lui faut
être encouragé par la conviction de l'indulgence de l'auditoire, et aussi par
la demi-obscurité qui plane sur les sujets à traiter, en ne laissant entrevoir
que par des éclaircies rapides des horizons qui se prêtent à des développe-
ments philosophiques empreints d'une particulière poésie.

Ce qui frappe, tout d'abord, lorsque l'on aborde l'étude de l'Anthropologie, c'est que cette science de l'être humain, qui aurait dû la première
intéresser l'humanité, dès qu'elle a commencé à s'occuper des grands problèmes de la vie naissante, ne s'est vue qu'assez tard en faveur, et n'a pas, à
beaucoup près, pendant bien des siècles, fait les rapides progrès que l'on
était en droit d'en attendre.

Sans doute, sa genèse est difficile ; notre origine lointaine donne prise à
des discussions de l'ordre le plus délicat, à des divergences d'opinions considérables. Mais de pareils obstacles ne sont pas supérieurs à ceux que les
savants du monde entier ont surmontés pour arriver à l'admirable ensemble
de doctrines concernant la puissance mystérieuse qui a présidé à la création
universelle ; pour résoudre les problèmes de la constitution en corps
premiers similaires des êtres innombrables qui peuplent l'espace infini ; pour
connaître les lois immuables de formation et d'attraction, suivant lesquelles
s'effectuent à la fois le mouvement individuel de rotation et la gravitation
par groupes de tous ces mondes.

A quelles causes faut-il donc attribuer le retard relatif des découvertes anthropologiques, poursuivies maintenant avec une ardeur et une méthode pleines de promesses par les plus hautes notabilités de la science?

Devons-nous croire que l'homme s'est senti humilié en jetant un regard en arrière sur le peu qu'il a été, au début, comparativement à son rang actuel dans l'échelle des êtres animés? Singulier raisonnement, qui serait doublé d'une profonde ingratitude pour les dons privilégiés qui lui ont permis de progresser du néant, pour ainsi dire, à la situation dont il tire aujourd'hui vanité, en se décorant lui-même du titre de *Roi de la Création!*

Un orgueil sans limites est incontestablement parmi les caractères distinctifs de l'homme, disposé sinon à se considérer en quelque sorte comme de l'essence du créateur universel, tout au moins à forger le suprême créateur à son image. Au fur et à mesure que la civilisation a conquis des terres nouvelles, partout elle a rencontré la même aspiration ambitieuse, exprimée de façon analogue. L'informe tronc d'arbre travaillé à coups de hache, dans les îles sauvages découvertes sur la vaste étendue des océans, représente un dieu ayant ressemblance humaine, tout comme les reproductions de l'Éternel dues aux peintres et aux sculpteurs dont nous admirons le génie sublime.

Qu'il y a loin de ce rôle de *Roi de la Création* à celui qu'a rempli, en réalité, l'homme primitif, atome perdu sur un des plus petits parmi les astres existants, sur cette terre à peine sortie des convulsions de tous les éléments déchaînés, auprès desquelles les plus épouvantables catastrophes de nos âges ne sont rien! Combien chétif était l'être humain, ayant à lutter contre toutes les horreurs de la faim, de la soif, du défaut d'abri, contre les animaux supérieurs par leur férocité, par leur force et par leur astuce, et, à ces dangers de toute nature et de toutes les heures, n'ayant à opposer que des instincts absolument rudimentaires!

Des voix autorisées entre toutes vous feront connaître, au cours des séances de ce Congrès, où en sont arrivées les recherches tendant à constater, sur différents points de la terre, les premiers vestiges de l'existence humaine, la formation des familles, des groupes, des peuples, leurs migrations, leurs habitudes, les premiers semblants de civilisation. Elles vous diront la découverte des cavernes qui ont servi de refuges à nos arrières ancêtres, dans ces temps, dont l'origine remonte au moment où notre globe a commencé à devenir habitable, à la suite des effroyables déluges qui se sont produits avec la solidification de la croûte terrestre et le ralentissement de l'excessive chaleur de sa lave intérieure.

Comme prélude aux émouvantes leçons tirées de l'étude scientifique des traces laissées par les premiers hommes, il n'est pas sans intérêt de renverser le problème et d'essayer de trouver, dans l'examen philosophique des caractères essentiels de la race humaine, telle qu'elle apparaît de nos jours, une explication de la marche qu'elle a dû suivre, pour se transformer de son état primitif, sauvage et inférieur, à sa resplendissante supériorité actuelle.

Tout être du règne animal est doué, dès sa naissance, du souffle matériel qui se manifeste par le premier cri plaintif de la bête, par le vagissement de l'enfant. Il reçoit, en même temps, un don, qui est le point de départ de toutes les impressions qu'il éprouve, comme de toutes les volontés qui lui sont propres ; c'est l'instinct, beaucoup plus développé, au début, chez l'animal que chez l'enfant.

Ce n'est qu'après une longue suite de siècles, dont les péripéties et la durée sont demeurées jusqu'ici indécises, malgré les inlassables efforts de sagacité des archéologues les plus célèbres, que les facultés intellectuelles de l'homme lui ont donné l'avantage ; plus tard, les ressources qui lui sont particulières, les procédés de communication, la parole, le dessin, l'écriture, l'entassement et la publicité des connaissances acquises par les générations précédentes, ont fini par aboutir, dans toutes les sphères de l'activité humaine, aux prodigieux résultats auxquels nous assistons tous les jours et qui rendent infini le champ des suppositions pour ce que réserve l'avenir.

Si admirables que soient les progrès, si grandes que soient les espérances à concevoir, la pensée ne peut envisager sans une surprise et une tristesse profondes, qu'au milieu de tant de preuves, on ne peut plus réconfortantes et superbes, de nos aspirations naturelles vers le bien et le beau, nous nous laissons aller trop souvent à des passions bien peu dignes, qui portent en elles-mêmes leur châtiment. L'excès des jouissances brutales jette une note sombre sur le brillant tableau de l'humanité de notre époque. En dépit de tous les conseils de la raison et de la science, combien d'hommes deviennent la proie des maladies, se rendent incapables de résister à l'action lente mais sûre de millions d'animaux invisibles qui se répandent dans tout l'organisme. Les microbes menacent de rester les derniers survivants de la création, après avoir été les premières révélations de la vie animale. Ce n'est pas encore, heureusement, un mal sans remède ; mais l'entraînement est grand et la pente rapide !...... Qui nous dit qu'il n'y a pas là un effet de l'atavisme remontant aux générations primitives ? Ces appétits déréglés ne seraient-ils pas un instinct d'assouvissement provenant de la tradition des souffrances éprouvées par le genre humain des premiers âges, condamné à toutes les privations ?

Un exemple plus saisissant encore est celui de la contradiction que présente, avec les sentiments élevés de justice et de fraternité qui devraient unir les hommes entre eux, cette tendance combative tellement ancrée dans nos mœurs, que, de nos jours encore, nous assistons, au gré de quelques puissants de la terre, à des chocs formidables où, pendant de longs mois, des centaines de mille hommes s'entr'égorgent, avec tous les raffinements d'une cruauté délirante !

Pourtant, nous sommes profondément remués par toutes les manifestations des arts et des lettres, nous entraînant vers un idéal plein de sérénité. Pourtant, les malades et indigents crient leur reconnaissance envers les milliers de bienfaiteurs empressés à les secourir. Toutes les bonnes œuvres sont en suprême honneur, les nations rivalisent entre elles pour offrir à l'admiration du monde des modèles de dévouement et de charité. Les plus anciennes légendes ont voué à l'exécration la lutte mortelle des deux premiers frères ; les malédictions des peuples massacrés ont flétri Attila du nom de *fléau de Dieu*.

Quel étrange aveuglement nous fait donc tolérer encore ces guerres furieuses, qui ne causent que des ruines, des deuils et des haines, qui font acclamer des triomphes ensanglantés ? Quel vertige s'empare de nous, s'il n'est pas l'instinct bestial, farouche, né du souvenir, légué de génération en génération, par l'épouvante des hommes préhistoriques, du récit perpétué des carnages sans nom qui se sont accomplis entre eux et les bêtes fauves et des efforts désespérés qu'il a fallu faire pour combattre ces adversaires implacables ?

La forteresse blindée de nos jours a remplacé la caverne protégeant les premiers anthropomorphes. Au rocher hâtivement brisé et grossièrement façonné pour devenir une arme défensive contre la griffe acérée ou contre la dent des fauves, au tronc d'arbre devenu massue, puis épieu terminé par une pointe de silex, à la flèche munie d'un caillou aminci, ont succédé le couteau, la hache, l'arme blanche, l'engin lancé avec une force irrésistible, pour aller semer, à des milliers de mètres, la mort dans les rangs des frères ennemis.

Voilà à quoi ont abouti ces immenses amas d'éclats de roches, ces débris de l'industrie des maîtres-armuriers d'il y a des centaines de siècles, rencontrés sous les pas des savants à la recherche des vestiges de nos premiers pères.

A côté de ces armes grossières, et datant de la même époque, on a recueilli d'innombrables pierres aux couleurs variées, aux arêtes vives, travaillées avec un commencement de goût artistique en colliers et en bracelets, prouvant qu'au milieu des préoccupations de ses sombres jours, dans l'isolement de ses abris cachés au fond des montagnes, l'homme songeait déjà à parer la compagne de sa rude existence. L'engoûment universel pour le ruissellement étincelant des diamants, des perles et des pierres précieuses, qui complète la somptuosité de nos fêtes modernes, n'est que la continuation d'un instinct préhistorique.

Il ne me reste plus que deux observations à présenter, qui mettront en lumière l'opportunité du choix de Monaco pour la réunion du présent Congrès.

Première question : Pouvons-nous, avec une approximation suffisante, apprécier le nombre des siècles qui nous séparent de la première apparition de la race humaine ? Deuxième question : La région dans laquelle nous sommes offre-t-elle des vestiges se rapportant à cette époque ?

La première question est très controversée. C'est par plus de trente mille années que diffèrent les opinions extrêmes ayant cours. Mon incompétence serait mal venue à émettre un avis. Mais, qu'il me soit permis d'appeler l'attention sur un point de repère que nous avons ici bien à notre portée, pour mesurer la durée des âges qui se sont succédés sur la Côte d'Azur.

Ce Musée Océanographique, dont une des galeries a paru, par ses dimensions, tout indiquée pour vous recevoir, comme la galerie lui faisant face a servi au XIe Congrès universel de la Paix, on le dirait taillé dans le rocher de Monaco, aux flancs duquel il s'attache avec la plus superbe audace ! Quelle est l'origine de la plupart des blocs majestueux qui entrent dans sa construction si justement admirée ? C'est aux premiers âges de la création animale qu'elle remonte. Au moment où la croûte terrestre encore brûlante était déjà en partie baignée par les eaux, des mollusques protégés par une coquille ont seuls pu vivre dans ce milieu humide et surchauffé. L'amoncellement de milliards de ces coquilles, brisées par le choc des pierres et des vagues, tassées sur les plages, amalgamées en masses d'une extrême dureté, a formé de véritables montagnes rocheuses, à leur tour soumises aux convulsions de la lave bouillante du sous-sol et amenées à des centaines de mètres de hauteur, où on les exploite, de nos jours, en carrière. Quelle lente et longue préparation laisse entrevoir une aussi merveilleuse transformation! Et combien est approprié à sa destination l'édifice ainsi construit pour contenir la collection sans limites des spécimens rapportés ou à rapporter des voyages du Souverain de ce pays, qui consacre, chaque année, plusieurs mois à des explorations au fond des mers, pour y étudier les secrets de la création!

Ces premières études sous-marines, qui Lui ont valu la particulière renommée de conquérant pacifique, avaient été précédées par des fouilles souterraines, non moins laborieuses et patientes. Il existait, en effet, sur ce point de la côte, des cavernes contenant des vestiges de grand intérêt, qui avaient attiré l'attention de Son Altesse Sérénissime. Les travaux exécutés sous Sa direction ont donné lieu à des exhumations classées dans le Musée Anthropologique de Monaco. Leur examen constituera une des parties du programme du Congrès, dont le Président s'apprête à proclamer l'ouverture.

Il convenait à un Souverain, Prince par la naissance, par la Science et par le cœur, qui s'occupe avec passion de tous les progrès et de la solution des grands problèmes humanitaires, d'offrir l'hospitalité aux discussions des infatigables apôtres d'une des plus saisissantes études, celle de l'origine même du genre humain.

M. Bayet, directeur de l'Enseignement supérieur au Ministère de l'Instruction publique de France, chargé par le Ministre de le représenter au Congrès, prend la parole en ces termes :

Monseigneur,

M. le Ministre de l'Instruction publique de la République Française a bien voulu nous charger, son chef de cabinet, M. Méjean, et moi, de présenter à Son Altesse Sérénissime le Prince de Monaco ses très respectueux hommages et d'être auprès d'Elle les interprètes des vœux qu'il forme pour le succès de ce Congrès placé sous sa protection. Il nous a chargés aussi de lui dire combien vive est la reconnaissance de la France pour la sympathie qu'il a si souvent témoignée à la science française et dont il vient, tout récemment encore, de donner une preuve nouvelle en s'inscrivant parmi les plus généreux bienfaiteurs de l'Université de Paris. Nos savants, de leur côté, sont habitués à considérer que la science est chez elle dans son palais, et le respect qu'ils ont pour le Prince ami de la France se double de l'affection qu'ils ont, permettez-moi de le dire, pour le collaborateur et pour le confrère. Grâce aux explorations qu'il a organisées et qu'il a dirigées, le monde si longtemps mystérieux des mers profondes s'est révélé à nous avec toute la richesse de sa faune et de sa flore, l'Océanographie est devenue une science distincte, et il a voulu qu'ici même, auprès de lui, elle eût une demeure digne d'elle et de lui où se grouperont méthodiquement les résultats de ses campagnes scientifiques. L'Anthropologie et l'Archéologie préhistoriques ont eu aussi leur part dans ses préoccupations, et, pour la bien affirmer, il a désiré que le XIII° Congrès international se réunît ici, auprès de ces grottes des Baoussé-Roussé, si riches en renseignements, dont l'exploration raisonnée aura été son œuvre. Aussi sommes-nous vivement attristés d'apprendre qu'une maladie subite empêche Son Altesse Sérénissime de présider la séance d'ouverture et nous vous prions, Monseigneur, de lui faire agréer les vœux que nous formons pour son prompt rétablissement.

Quel cadre, Messieurs, conviendrait mieux à ce Congrès que ce rivage où, depuis les temps les plus anciens, se sont établies et se 'sont mêlées tant de races. Cédaient-ils déjà à l'attrait de la Méditerranée, de ce pays de lumière et de beauté, ceux qui les premiers vinrent se fixer ici, alors que l'humanité se dégageait à peine des formes inférieures de la vie animale, et leur intelligence obscure pouvait-elle, dans quelque mesure, goûter le charme divin de cette mer que le vieux poète grec a appelée la mer « au sourire innombrable » ? Du moins, sans doute, à ces ancêtres barbares la vie fut-elle ici plus clémente et plus douce. Les générations humaines s'y succédèrent après eux sur cette côte. Longtemps, bien longtemps plus tard, ceux qui l'habitaient virent débarquer les marchands phéniciens qu' étalaient sur la plage, aux yeux émerveillés des populations, leurs dieux d'argile et leurs bijoux. Peut-être aussi virent-ils passer à l'horizon les voiles des Phocéens qui venaient apporter à la Gaule la révélation de la Grèce et de ce génie noble entre tous, parce qu'il est fait tout ensemble de clarté, de poésie et de raison. Puis ce fut le tour de Rome dont, tout près d'ici, un monument triomphal atteste encore l'impérieuse domination. Ainsi, sans effort, l'imagination évoque la vision de ces sociétés antiques dont les civilisations se sont épanouies, comme autant de fleurs merveilleuses, autour de la Méditerranée.

Mais je m'excuse de parler, si peu que ce soit, de ce que vous connaissez bien mieux que moi et je me rappelle à moi-même que, si je viens suivre les travaux du Congrès, c'est pour m'instruire en vous écoutant. Ce que je sais bien, du moins, c'est que, grâce à vos efforts et à ceux de vos devanciers, l'Archéologie préhistorique qui, il y a trois quarts de siècle, apparaissait comme une rêverie ou un paradoxe, en dépit des railleries de ses adversaires ou des excès de zèle de quelques adeptes trop pressés de conclure, est devenue une science, armée de méthodes rigoureuses ; qu'elle a étendu de plus en plus loin, dans le passé, le domaine de ses investigations et de ses conquêtes ; qu'elle a rendu à l'homme ses titres, je ne dirai pas de noblesse, mais d'ancienneté ; que non seulement elle a retrouvé nos lointains ancêtres, mais qu'elle a reconstitué, dans une certaine mesure, leurs mœurs, leurs industries et leurs arts. Ce que je sais aussi, c'est que si la France a occupé et continue à occuper dans ces études une place dont elle peut, sans vanité, avoir quelque fierté, c'est par la collaboration étroite et affectueuse des

savants de tous les peuples que la science préhistorique a si rapidement
grandi, et, tout en m'abstenant de citer aucun nom, car il en faudrait citer
trop, je salue respectueusement ceux qui en sont ici les doyens et les
maîtres. Les Congrès internationaux, dont l'institution remonte à plus de
quarante ans, ont été le témoignage de cette seconde union de tous les
efforts. Je souhaite, au nom de la France, que le Congrès de Monaco marque
un progrès nouveau dans le développement de la science préhistorique.

M. le Prof. HAMY, président du Comité d'organisation, prononce le discours suivants :

MONSEIGNEUR,
MESDAMES, MESSIEURS,

La XIIIe session du Congrès d'Anthropologie et d'Archéologie préhistoriques s'ouvre dans des conditions fort semblables à celles où se trouvait la
session précédente aux débuts de ses travaux. Nos collègues de Vienne ayant
renoncé à la tâche qu'ils avaient entreprise d'organiser la réunion actuelle,
nous nous trouvons sans président régulier et c'est au simple titre de président du Comité préparatoire que je prends ici la parole ainsi que le faisait
Alexandre Bertrand, le 20 août de l'année 1900.

Aussi me bornerai-je à quelques mots, en commençant par remercier
chaleureusement S. A. S. le Prince Albert Ier de Monaco d'avoir sauvé notre
Congrès d'une perte définitive en lui offrant une cordiale hospitalité.

Je présente en même temps à Son Altesse Sérénissime nos félicitations
les plus vives pour les résultats inespérés qu'ont produit les fouilles exécutées ici sous Son inspiration. La stratigraphie, la paléontologie, l'archéologie, l'anthropologie y ont trouvé leur compte et nous visiterons, au sortir
de cette première réunion, tout un musée spécial des plus intéressants,
formé ainsi sous les auspices d'un Prince, ami et protecteur éclairé des
sciences que nous cultivons. Nos collègues, M. l'abbé de Villeneuve, M. Marcellin Boule, M. Cartailhac et le Dr Verneau nous en donneront l'instructif
commentaire et ce sera comme la préface de ce Congrès de Monaco où les
questions locales sont appelées à jouer un rôle particulièrement développé,
tant le pays où nous sommes pour quelques jours offre de ressources aux
différentes branches des sciences anthropologiques.

Non seulement, en effet, on a découvert dans ces parages des grottes
habitées à diverses époques, les unes remontant jusqu'aux temps les plus
antiques, les autres contemporaines de l'âge de la pierre polie. Mais on va
nous montrer aussi, pendant notre séjour à Monaco, quelques-uns de ces
monuments d'un passé moins lointain, qualifiés parfois de *ligures* et dont
vos discussions éclaireront sans doute les origines encore contestées. Bor-
nons-nous à vous annoncer que les travaux préparatoires de plusieurs
savants collègues de la Côte d'Azur ont déjà permis d'établir, dès à présent,
une carte où figurent plus de 85 noms de localités renfermant des vestiges
plus ou moins apparents de ces stations préhistoriques d'un caractère tout
à fait spécial.

Les questions locales épuisées, d'autres questions beaucoup plus générales appelleront successivement votre attention. Le Comité d'organisation s'est efforcé de concentrer, autant que possible, les travaux du Congrès sur un petit nombre de points qui lui ont paru mériter plus particulièrement vos discussions. C'est ainsi qu'il a inscrit en tête de la seconde partie du questionnaire, l'étude des *pierres dites utilisées ou travaillées aux temps préquaternaires*. Vous savez avec quelle active persévérance plusieurs de nos collègues poursuivent la démonstration d'un travail humain sur ces *éolithes* qui auraient précédé, de fort loin dans le passé, les haches de Boucher de Perthes; et, par contre, vous n'ignorez pas que ces doctrines nouvelles ont trouvé de nombreux contradicteurs non moins ardents et non moins convaincus. Notre session va mettre aux prises les partisans de ces deux opinions et il résultera peut-être, des débats ainsi soulevés devant vous, quelque solution raisonnable.

Les progrès les plus frappants qui aient été accomplis dans le domaine des études préhistoriques depuis notre dernière réunion sont, sans le moindre doute, ceux qui portent sur la connaissance de ce que l'on appelle couramment *l'art des cavernes*. Depuis la découverte du premier os gravé représentant un renne, dans la grotte de Savigné (1853), on a recueilli, dans bien d'autres refuges antiques, cavernes ou abris sous roches, quantité de gravures ou sculptures parfois sur pierre, mais plus souvent sur bois de cervidés, sur os ou sur ivoire, et figurant principalement des animaux : éléphant, cheval, renne, auroch, etc. Ce matériel artistique, déjà considérable, s'est enrichi, dans ces dernières années, d'un nombre plus important encore d'autres œuvres de même ordre, qui se déroulent non plus sur les petits objets façonnés par nos vieux troglodytes, mais sur les parois mêmes des refuges souterrains dont ils habitaient les entrées. L'interprétation de ces nouvelles découvertes a donné lieu à des remarques pleines d'intérêt et vous entendrez, dans une de nos conférences du soir, notre collègue, M. le Dr Capitan, exposer l'état de nos acquisitions dans ce nouveau domaine de l'art primitif, en même temps qu'il fera passer devant vos yeux une abondante collection de photographies qu'il a réunies à cet effet.

Une autre conférence nous a été promise par notre distingué collègue de Stockholm, M. Montelius, qui veut bien nous démontrer, avec projections à l'appui, les dernières découvertes relatives à l'âge du bronze scandinave.

Nous espérons bien que l'étude des civilisations préhistoriques de la Méditerranée prendra, dans la session qui s'ouvre aujourd'hui, toute l'importance qu'elle comporte et que la présence de M. Arthus Evans nous fournira l'occasion d'entendre de sa bouche l'exposé de ses idées sur les civilisations dites *égéenne*, *minoenne* et *mycénienne*.

Les études préhistoriques n'ont guère moins progressé, en ces dernières années, dans les autres parties du monde que dans notre Europe, et, fidèles à nos traditions, nous avons donné une bonne place dans notre questionnaire aux découvertes qui ont été accomplies, après 1900, aux pays exotiques. En Afrique, notamment, l'archéologie préhistorique a marché à pas de géant. Tandis que M. Foureau d'une part, M. E.-F. Gautier de l'autre, couvraient de centaines de noms la carte de l'âge de pierre saharienne, M. le lieutenant Desplagnes rencontrait dans la bouche du Niger toute une suite de stations préhistoriques se succédant des temps néolithiques à la conquête musulmane. D'autre part, nos envoyés scientifiques, militaires et civils, recueillaient, du Wadaï aux confins de la Guinée portugaise et du Tagant au Baoulé et à la Côte d'Ivoire, des restes fort nombreux d'industries antérieures à l'acquisition des métaux et dont la comparaison suggère dès à présent des classifications assez analogues à celles qu'on applique depuis longtemps au néolithique d'Europe. Cependant, nos collègues allemands et M. von Luschan en particulier rapportaient, de l'Afrique orientale et surtout du Zambèze, des collections énormes : l'État libre du Congo donnait une large place au préhistorique dans son musée de Tervueren et les voyageurs anglais et italiens ajoutaient notablement à nos connaissances sur l'état ancien du Çomal et de l'Erythrée.

L'Asie a vu aussi s'enrichir singulièrement, depuis quelques années, son archéologie préhistorique, et l'Indo-Chine, en particulier, du Laos à Malacca, se montre, en des temps fort antiques, peuplé d'un groupe de tribus homogènes, dont les stations lacustres du Thon-Lé-Sap forment le centre principal. En Océanie, la Tasmanie nous a révélé son matériel pré-européen aux allures paléolithiques si frappantes et si instructives, et les peuplades sauvages de la Mélanésie n'ont presque plus rien à nous apprendre de leur ethnographie si précieuse pour nos comparaisons et pour nos parallèles.

A peine ai-je besoin de rappeler la part énorme que continuent à prendre les savants du Nouveau-Monde à l'avancement de nos études ; chaque courrier nous apporte quelque contribution nouvelle à la connaissance des deux Amériques avant la colonisation.

Je souhaite, en terminant l'exposé des questions que nous vous avons soumises, que les craniologistes s'entendent, avant de se séparer, sur cette *unification des mesures* que nous avons introduite au programme, sur la demande de notre zélé secrétaire, le M. Dr Papillault.

Je vous rappellerai, avant d'achever cette courte allocution, que votre bureau une fois constitué, vous avez à voter l'article additionel n° 3, proposé à l'issue de la dernière réunion de Paris, et qui a pour objet de renforcer votre Comité permanent, déjà bien réduit en 1900 et qui, depuis, a encore vu disparaître deux de ses membres les plus importants, Alexandre Bertrand et Virchow.

Que de souvenirs ces deux noms rappellent, Messieurs, aux anciens de votre Congrès ! Et que d'autres noms, hélas ! je pourrais évoquer encore, si je poussais plus loin cette triste nomenclature ! N'avons-nous pas vu disparaître de nos listes Thomas Wolsm et Benedikt, Stolpe et Hozelius, Milne-Edwards, Letourneau, Oppert, et tant d'autres encore ?

Du moins, au milieu de ces deuils, nous est-il donné de revoir parmi nous quelques-uns des plus anciens et des plus sympathiques collaborateurs de notre œuvre : notre doyen, Sir John Evans, dont l'esprit est resté aussi vigoureux que son œuvre, et M. Albert Gaudry, si accueillant et si aimé de tous, le dernier survivant des fameuses fouilles de la Somme en 1859, et

M. Waldemar Schmidt, le plus ancien de nos secrétaires généraux, dont ses compatriotes solennisaient, ces jours derniers, le 70e anniversaire, et enfin, le seul qui nous reste des quatre savants italiens qui ont fondé nos réunions à La Spezzia en 1866, le toujours jeune et toujours actif G. Capellini. Je salue en votre nom à tous, Messieurs, ces vétérans de la préhistoire, et en déposant mes pouvoirs de président de la Commission d'organisation, j'invite l'initiateur de ce Congrès, le Professeur Capellini, à prendre ma place au fauteuil. Il procédera ainsi à la nomination et à l'installation du bureau de la session de 1906, sur cette même Côte d'Azur, où il donnait naissance, 40 années plus haut, à notre chère Association.

M. le Prof. CAPELLINI prend place au fauteuil de la présidence et retrace en termes très applaudis l'historique du Congrès. Voici l'allocution du sympathique fondateur de nos réunions internationales :

La *Società italiana di scienze naturali*, fondée à Milan en 1839, dans sa première réunion extraordinaire à Biella en 1864, sous la présidence de Quintino Sella, décida de tenir sa deuxième session à La Spezzia, au mois de septembre de l'année suivante.

Chargé de l'organisation du modeste Congrès, j'étais bien aise d'avoir aussi été invité à prendre part à la 49e session de la *Société helvétique des sciences naturelles* à Genève.

Désireux de me rencontrer et de lier connaissance avec des amis et confrères à inviter à la réunion et aux excursions qui devaient avoir lieu dans les environs du ravissant golfe italien, je me rendis, au mois d'août, sur les bords du Léman.

Auguste de la Rive était le président de la session ; autour de lui, l'élite des naturalistes de la Suisse et bon nombre d'étrangers invités, parmi lesquels j'aime à rappeler Claude Bernard, Gotteau, Des Cloizeaux, H. Deville, Dove, Dumas, Kölliker, J. Marcou, Ch. Martins, G. de Mortillet, Oppel, Schimper, Steenstrup, Tindall.

Ayant appris par de Mortillet que mon vénéré maître et ami, É. Lartet, désirait me faire part d'un projet pour le Congrès à tenir à La Spezzia, avant de rentrer en Italie, j'allai le voir à Paris.

Édouard Lartet, qui, depuis quelque temps, s'intéressait d'une manière toute spéciale aux recherches préhistoriques, me confia le projet de la fondation d'un *Congrès international d'Anthropologie et d'Archéologie préhistoriques*.

D'accord avec G. de Mortillet, qui déjà avait fondé le journal : *Matériaux pour l'histoire de l'homme*, il était bien persuadé qu'un tel Congrès devait contribuer d'une manière merveilleuse aux progrès rapides de la science nouvelle ; mais, afin d'en assurer le succès, il tenait à ce que le projet fut voté à l'étranger.

La naissance du Congrès devait avoir lieu dans une modeste assemblée, laquelle serait internationale, sans en avoir l'air.

Après quelques entrevues avec Lartet et de Mortillet, il fut décidé que, à l'occasion de la réunion des Naturalistes à La Spezzia, j'organiserais une section de paléoethnologie à laquelle serait présenté le projet de Congrès international.

Bon nombre d'étrangers devaient prendre part au Congrès de La Spezzia, mais, à ce moment-là, les conditions sanitaires de l'Italie n'étaient pas trop rassurantes.

Malgré cela, Mortillet, Ch. Vogt, Delanoue, Mary, Somerville, représentaient convenablement la France, la Suisse, l'Allemagne et l'Angleterre.

Le 20 septembre, dans la section de paléoethnologie, présidée par l'abbé Stoppani, Gabriel de Mortillet, après quelques généralités « *intorno alle ricerche antistoriche* », exprima le vœu que le Congrès des Naturalistes réuni à La Spezzia prît l'initiative d'une *Riunione internazionale di paleoetnologia* et proposa qu'elle se rassemblât l'année suivante à Neuchâtel, sous la présidence du professeur Desor.

Ce projet, appuyé par le président de la section, fut remis au président du Congrès pour être discuté et voté dans la séance générale.

Dans la mémorable séance solennelle du 21 septembre, le secrétaire général Omboni donna lecture du projet formulé par Gabriel de Mortillet, et la fondation d'un Congrès paléoethnologique international fut votée à l'unanimité.

Cet acte de fondation, publié d'abord à Milan, dans les *Atti della Società italiana di scienze naturali*, et par de Mortillet, dans les *Matériaux pour l'histoire de l'homme*, se trouve aussi dans le compte rendu de la 2ᵉ session: *Congrès international d'Anthropologie et d'Archéologie préhistoriques à Paris, 1868*.

Seulement, je tiens à constater qu'un article a été supprimé par le traducteur; il est difficile de dire aujourd'hui si cela a été fait exprès ou sans qu'on s'en aperçoive. Cet article, que l'on trouve dans les *Atti della Società italiana*, était le sixième et je tiens à le reproduire dans ce récit historique.

« Art. 6. — *Un ringraziamento sarà presentato al Comitato organizzatore dell'Esposizione Universale di Parigi pel 1867 che ha avuto la felice e feconda idea di fare anche una esposizione speciale di oggetti anteistorici.* »

Le 21 août 1866, M. L. Coulon, dans son discours d'ouverture de la 50ᵉ session de la Société helvétique des sciences naturelles à Neuchâtel, n'ajouta pas un mot pour faire ressortir l'honneur fait à la Suisse dans la réunion des Naturalistes italiens à La Spezzia, et il se borna à dire tout simplement à la fin: « Je déclare ouverte la 50ᵉ session de la Société helvétique des sciences naturelles et la première session du Congrès pour les sciences antéhistoriques. »

Le jour suivant, E. Desor présidait, au Gymnase, la première séance du *Congrès international paléoethnologique*; G. de Mortillet fonctionnait comme secrétaire.

« Parmi les membres présents, fort nombreux, mais la plupart Suisses, il y avait des Français, des Allemands, des Américains, un Belge et un Anglais. »

Dans son discours d'ouverture, le président expliqua d'abord les motifs pour lesquels, d'après lui, Neuchâtel avait été choisi comme siège du premier Congrès paléoethnologique ; puis il rappela dans quel but le Congrès international avait été fondé.

« ..... Entre l'époque glaciaire et la date des plus anciens souvenirs historiques ou des plus lointaines traditions, il y a toute une période pendant laquelle la nature a dû continuer la série de ses évolutions. Cette période, bien que rapprochée de nous au point de vue géologique, était à peine entrevue, il y a quelques années, et aujourd'hui même nous n'en avons qu'une idée très imparfaite.

« Il semble que, de la part de l'histoire comme de la part de la géologie, on ait évité, à dessein, ce terrain, dans la crainte d'envahir le domaine d'autrui. Pour n'être pas encore de l'histoire, ce domaine n'en embrasse pas moins une partie des destinées de l'humanité, et ceux qui s'appliquent aux recherches historiques, en dehors des systèmes préconçus, sont d'accord avec nous qu'il convient d'appliquer ici d'autres méthodes que dans le domaine de l'histoire et de l'archéologie proprement dites.

« Il y avait donc lieu de donner à ces études une consécration. »

A cette première séance du Congrès, qui ne fut en somme qu'une section de la réunion de la Société helvétique, d'intéressantes communications furent faites par C. Vogt, É. Dupont, Delanoue, Desor, Costa de Beauregard, Bertrand, de Mortillet, Ritter. Une deuxième séance eut lieu l'après-midi du 23 août ; le 25, au matin, les membres du Congrès, sous la direction du président Desor, se rendirent à Auvernier et, après avoir reconnu la station de l'âge de la pierre, ils firent une intéressante pêche dans celle de l'âge du bronze.

La pêche terminée, le Congrès se réunit à l'Hôtel de la Couronne pour tenir sa séance de clôture.

Le lieu où devait se tenir la deuxième session du Congrès était Paris, comme on l'avait indiqué à l'article 4 de l'acte de fondation à La Spezzia ; il s'agissait de nommer le Comité d'organisation.

A l'unanimité, É. Lartet fut nommé président, et, comme membre du comité, on choisit A. Bertrand, Broca, E. Collomb, Desnoyers, de Longpérier, de Mortillet, Penguilly-l'Haridon, Pruner-Bey, de Quatrefages, de Reffye, de Saulcy, le marquis de Vibraye.

C'est ainsi que fut constitué dans une auberge de village, en prenant un verre d'absinthe ou de vermouth, le bureau du Congrès paléoethnologique pour 1867.

Dans un récit des actes de la Société helvétique, en dehors de ses réunions officielles, M. L. Favre et le Dr Guillaume ajoutent : « Quelques-uns de nos hôtes ont peut-être trouvé ce mode de nomination quelque peu extraordinaire et ultra-démocratique. On leur a fait entendre que c'était comme cela dans les républiques. — Et pourquoi pas ? pourvu que la science progresse ! »

Le compte rendu de la première session du Congrès international paléoethnologique à Neuchâtel occupe à peine 64 pages du beau volume : *Actes de la Société helvétique des sciences naturelles*, 50e session. Neuchâtel, 1866.

A Paris, Gabriel de Mortillet, avec son admirable habileté et activité, développa son projet et organisa la deuxième session du Congrès.

Avec le programme détaillé qui fixait la date du Congrès du 17 au 30 août 1867, un règlement général, qui n'était signé par personne et qui, sans avoir été soumis au vote d'aucune assemblée, était accepté et appliqué dans la première séance, arrêtait le titre à donner au Congrès international pour les études préhistoriques.

Les souscripteurs étaient au nombre de 363; le bureau définitif, proclamé à la fin de la séance d'ouverture, comptait parmi les secrétaires MM. Gaudry, Hamy et Cartailhac, que je suis heureux et fier de saluer comme les seuls vaillants piocheurs du deuxième Congrès encore debout et toujours sur la brèche !

Dès le début, la bonne organisation donnait l'assurance et faisait prévoir le succès : « Le germe si modeste semé à La Spezzia, transplanté à Neuchâtel, avait grandi au milieu de la lutte pour l'existence, il avait poussé de fortes racines et un tronc majestueux allait élever sa couronne, portant des feuilles et des fruits. Mais il ne fallait pas se dissimuler que le Congrès pour les études préhistoriques était une innovation dans la vie scientifique européenne et que partout où il y a innovation il y a aussi lutte et combat. » Ainsi s'exprime C. Vogt dans son discours à l'installation du bureau définitif.

Je tiens à rappeler que, dans la séance du 19 août 1867, le prof. Arthur Issel, dans un *Résumé des recherches concernant l'ancienneté de l'homme en Ligurie*, rappela les premières notices sur les Grottes de Menton par Forel, en 1858, et les résultats des nombreuses explorations qui, plus récemment, y avaient été faites par M. Perez.

L'Angleterre, la Belgique et Heidelberg demandaient à avoir la troisième session du Congrès.

D'après l'article 11 du règlement, les trois demandes furent discutées par le Conseil, qui proposa à l'Assemblée de choisir l'Angleterre, désignant comme président *Sir Roderick Murchison*. Les membres du Comité d'organisation furent : Carter, Blake, George Busk, John Evans, Aug. W. Franks, Sir John Lubbock, Sir Charles Lyell, Prestwich.

A la dernière séance, le président É. Lartet prononça le discours de clôture, résumé par le secrétaire E. Cartailhac dans le beau volume du compte rendu de la session (Paris, 1868).

La troisième session, organisée sous la présidence de Sir John Lubbock, fut inaugurée à *Norwich* le 20 août 1868, à l'occasion de la réunion de la *British Association for the Advancement of Science*; la séance de clôture eut lieu à Londres le 28 août.

Le Comité d'organisation, dans un abrégé historique sur l'origine et la désignation du Congrès, avait déclaré que, pour une plus large interprétation du but et de l'intention des fondateurs du Congrès *pour les études préhistoriques*, il jugeait opportun que la troisième session se réunisse sous le titre de *Congrès international d'Archéologie préhistorique*.

C'est ainsi qu'en 1869 fut publié le beau volume : *International Congress of prehistoric Archaeology. Transactions of the third session opened at Norwich on the 20 Aug. and closed in London on the 28 Aug. 1868.*

Le compte rendu de la troisième session *fut rédigé complètement en anglais ;* les deux mémoires de Ferry et Arcelin et de Cartailhac, lesquels se trouvent à la fin du volume, furent acceptés comme si on en avait donné lecture !

Dans la séance de clôture, sur la proposition de M. Valdemar Schmidt, Copenhague était choisie comme siège du quatrième Congrès, sous la présidence de J.-J. Worsaae.

Les organisateurs de la session danoise avaient parfaitement compris, dès le commencement de leur œuvre, qu'il s'agissait d'un Congrès international. Si l'on avait imité les Anglais, il aurait complètement échoué. Avec un programme en langue danoise, un petit nombre seulement des membres correspondants invités auraient songé à un voyage en Scandinavie. L'assurance que la langue française serait adoptée comme langue officielle du Congrès et que la 4ᵉ session allait s'ouvrir sous le protectorat de S. M. le Roi Christian IX, président de la Société royale des Antiquaires du Nord, encouragea, même les plus timides, à se rendre à Copenhague.

Le Congrès reprit sa première désignation : *Congrès international d'Anthropologie et d'Archéologie préhistoriques*, et l'exemple donné par le Danemark, imité courageusement en Italie et sanctionné en 1871 dans le Congrès de Bologne par un article additionnel du règlement, assura le succès phénoménal de toutes les autres sessions, et les progrès rapides qui, dans un temps relativement très court, se sont accomplis dans les études préhistoriques.

A bien des points de vue, le Danemark mérite une page glorieuse dans l'histoire du Congrès international préhistorique ; et, du fond de notre cœur, nous devons vivement regretter la perte douloureuse et toute récente de S. M. le Roi Christian IX qui en fut le premier grand protecteur.

Le Congrès qui eut, il y a quarante ans, une si modeste origine à La Spezzia, à l'extrémité de la *Riviera di Levante*, touche aujourd'hui, grâce au protectorat de S. A. S. le Prince Albert Iᵉʳ, à son apogée à Monaco, à l'extrémité de la *Riviera di Ponente*.

M. le Dʳ R. Verneau, secrétaire général du Comité d'organisation, lit le rapport ci-dessous :

Monseigneur,
Mesdames, Messieurs,

Les fonctions du Secrétaire général du Comité d'organisation de notre Congrès n'ont assurément rien d'enviable. Pendant des mois, elles l'obligent à invoquer à chaque instant le règlement pour s'opposer à l'adoption de propositions qui ont parfois toute sa sympathie, et lorsqu'une session s'ouvre, elles lui imposent le devoir de lire en séance un rapport des plus fastidieux. Le Secrétaire général devient ainsi un personnage dont le rôle consiste surtout à semer l'ennui. Si je me suis résigné cependant à accepter de nouveau des fonctions aussi ingrates, c'est que je savais à l'avance que l'indulgence de mes collègues du Comité ne me ferait pas défaut, et que je comptais également sur celle de toutes les personnes qui voudraient bien honorer de leur présence cette séance d'ouverture.

Comme vient de vous le rappeler notre cher Président, le Congrès qui s'est tenu à Paris en 1900 avait décidé que la XIIIᵉ session aurait lieu à Vienne. Personnellement, je m'étais réjoui de cette décision, car six ans auparavant, lors de la conférence de Sarajevo, j'avais pu me rendre compte des richesses scientifiques accumulées en Autriche-Hongrie et je savais l'accueil aimable qui devait nous être réservé par les savants de cet empire. J'attendais donc avec impatience la convocation du Congrès, quand une lettre datée du 3 juillet 1903 m'apprit officiellement que, en présence de difficultés imprévues et qui lui paraissaient insurmontables, le Comité désigné à Paris renonçait définitivement à organiser la XIIIᵉ session.

J'ai alors adressé un appel que je croyais chaleureux aux savants de différents pays ; mais j'ai sans doute manqué totalement d'éloquence, car, avec une unanimité touchante, tous m'ont répondu qu'il leur était impossible d'accueillir les propositions très flatteuses, assurément, mais en même temps pleines de périls que je leur faisais, d'une façon purement officieuse, d'ailleurs.

La situation pouvait, à ce moment, paraître inextricable. Heureusement, nous avons rencontré sur notre chemin un Souverain qui ne se désintéresse d'aucune question scientifique. Il ne se contente pas de consacrer son existence à une grande œuvre qui lui assurera une place à part dans l'histoire ; il vient de vous dire les efforts qu'il fait sans cesse pour contribuer aux progrès de l'Anthropologie. Au cours de cette session, vous pourrez apprécier vous-mêmes les résultats auxquels ont abouti ses recherches.

Avec le Prince Albert Iᵉʳ, point n'est besoin de déployer de l'éloquence pour l'intéresser à ce qui touche au développement des connaissances humaines. Aussi, dès que Son Altesse Sérénissime fut informée des difficultés en présence desquelles nous nous trouvions, Elle n'hésita pas un instant à nous offrir l'hospitalité dans cette belle Principauté où nous sommes réunis aujourd'hui. Avant d'accepter l'offre séduisante qui nous était faite, j'ai dû consulter les membres du Conseil permanent, et leur réponse ne se fit pas attendre. Les premiers, lord Avebury et sir John Evans m'envoyèrent leur acceptation ; elle fut bientôt suivie de celle de MM. Cazalis de Fondouce, Capellini, Édouard Dupont et Ernest Chantre. Six membres n'hésitèrent donc pas un instant ; or, le Conseil actuel se trouve réduit à sept savants et, par suite, la majorité recueillie par la proposition confinait à l'unanimité. Je pourrais même prétendre que, en vertu de notre vieil adage : « qui ne dit rien, consent », l'unanimité fut acquise, car le septième membre du Conseil n'a protesté en aucune façon et s'est borné à une acceptation tacite.

Dans leur réponse, mes correspondants me donnaient une marque de confiance dont je pouvais être grandement honoré : ils me confiaient le soin d'organiser *tous les détails* de la XIIIᵉ session. Toutefois, la tâche m'a paru un peu lourde, et j'aurais sans doute couru à un échec lamentable si j'avais accepté la mission qui m'était offerte. Heureusement, le règlement, dont j'ai failli médire tout à l'heure, est venu à mon secours; il exige, en effet, que chaque session soit préparée par un Comité d'organisation.

Après en avoir conféré avec Son Altesse Sérénissime et avec les savants les plus qualifiés pour émettre un avis, il a été décidé que ce Comité aurait la même composition que celui de 1900, et que les vides seraient comblés par l'adjonction des hommes de la Principauté qui se sont spécialement intéressés aux recherches préhistoriques et de spécialistes français désignés par leurs travaux. Malgré tout le désir qu'on en pourrait avoir, il est impossible, on le conçoit, de constituer un Comité international d'organisation.

Le Prince Albert Ier ayant daigné accepter le protectorat de notre Congrès et des savants tels que MM. Gaudry, Hamy, Cartailhac et Piette, Boule et Capitan ayant été placés à la tête de notre bureau, le succès de la session était désormais assuré. Nous avons tenu de nombreuses séances, et les résultats ont dépassé ce qu'il était permis d'espérer.

Ce matin, le nombre des adhérents s'élevait à 458, et la liste n'est pas encore close. Elle ne comprend pas non plus les souscripteurs qui ont envoyé leur cotisation à notre trésorier depuis mon départ de Paris.

Les 458 souscripteurs dont il s'agit se répartissent de la façon suivante au point de vue de la nationalité :

Allemagne	36
Argentine (République)	3
Autriche-Hongrie	6
Belgique	39
Britanniques (Iles)	36
Bulgarie	1
Canada	1
Cuba	1
Danemark	3
Espagne	8
Etats-Unis	3
France	242
Italie	29
Monaco	14
Portugal	13
Roumanie	1
Russie	2
Suède	5
Suisse	11
Uruguay	1
	458

C'est avec juste raison qu'on répète que la Science ne connaît pas de frontières; quand il s'agit d'accroître son patrimoine, on est toujours sûr qu'un appel trouvera de l'écho dans tous les cœurs, sans que les questions de nationalités puisse en arrêter l'élan. D'ailleurs, dans cette salle, il n'y a pas d'étrangers; il n'y a que des membres de la grande famille anthropologique, heureux de se retrouver pour quelques jours.

Notre Protecteur a invité, de son côté, les Gouvernements à se faire représenter à notre fête de famille. En raison de la haute estime dont il jouit dans les sphères gouvernementales aussi bien que dans les milieux scientifiques, le résultat ne pouvait être douteux : treize États ont envoyé des délégués officiels à notre Congrès. Jamais un chiffre aussi élevé n'avait été atteint. Voici, par ordre alphabétique, l'énumération de ces États :

Allemagne (Empire d'). — 5 délégués : MM. Prof. WALDEYER, VON LUSCHAN, SELER, KNORR et SCHLIZ.

(*Le Royaume de Wurtemberg* a un délégué spécial : M. le Dr SCHLIZ.)

Autriche-Hongrie. — 1 délégué : M. le Prof. HOERNES.

Belgique. — 3 délégués : MM. le Baron DE LOË, E. DE MUNCK et RUTOT.

Cuba. — 1 délégué : M. le Dr L. MONTANÉ.

Équateur. — 1 délégué : M. VICTOR RENDÓN.

France. — 2 délégués : MM. Prof. HAMY et SALOMON REINACH.

En outre, M. LE MINISTRE DE L'INSTRUCTION PUBLIQUE a délégué spécialement, pour le représenter à nos séances, M. BAYET, directeur de l'Enseignement supérieur, et M. MÉZEAS, son chef de cabinet.

LE GOUVERNEMENT GÉNÉRAL DE L'ALGÉRIE a délégué comme représentant M. FLAMAND, et le GOUVERNEMENT GÉNÉRAL DE L'INDO-CHINE, M. FINOT.

Italie. — 1 délégué : M. le Prof. L. PIGORINI.

Mexique. — 1 délégué : M. FR. DEL PASO Y TRONCOSO.

Roumanie. — 3 délégués : MM. Dr MINA MINOVICI, TOCILESCO et TSIGARA SAMARCAS.

Russie. — 1 délégué : M. le Prof. BASILE MODESTOV.

Suède. — 1 délégué : M. le Prof. OSCAR MONTELIUS.

Suisse. — 1 délégué : M. le Prof. NUESCH.

Soit, au total, 26 délégués de Gouvernements. Or, le nombre des délégués officiels aux précédentes sessions a atteint son maximum en 1892, à Moscou, et en 1900, à Paris : à ces deux Congrès, nous avons eu 15 délégués d'États, c'est-à-dire 11 de moins qu'aujourd'hui.

Si je vous ai cité ces chiffres, c'est qu'ils ont une signification : ils démontrent, comme je vous le disais il n'y a qu'un instant, que si la Principauté de Monaco n'occupe qu'une surface limitée, son Souverain jouit dans le monde d'une influence qui fait le plus grand honneur à son noble caractère.

De son côté, le Comité d'organisation a convié les plus importantes institutions scientifiques à nous envoyer des délégués. Vous pourrez juger, par la liste qui vous a été distribuée, avec quel empressement elles ont répondu à notre appel. En 1889, au Congrès de Paris, le nombre total des délégations s'élevait à 38 ; cette année, il atteint le chiffre exceptionnel de 104.

Si les merveilles de la Principauté n'ont pas été sans influer sur le chiffre des souscripteurs, il est certain que les grandes découvertes archéologiques faites dans la région — et, en première ligne, celles dont la Science est redevable au Prince Albert Ier — ont contribué pour une très large part au succès. Le Comité d'organisation, convaincu de l'importance des problèmes que soulèvent ces découvertes, les a fait figurer en tête du programme. Vous verrez qu'elles nous permettent de suivre, dans ce pays, les traces de nos ancêtres depuis une période très reculée des temps quaternaires jusqu'à l'aurore de l'histoire. Pour la première fois, nous constatons que, parmi nos aïeux, ont figuré des Négroïdes bien caractérisés, ce qui démontre une fois de plus que, depuis ses origines, l'Humanité a singulièrement évolué au point de vue physique, comme il était démontré qu'elle avait évolué au point de vue industriel.

Notre Président vient de vous exposer sommairement les grandes lignes du programme que nous avons élaboré ; je n'y reviendrai pas, pour ne pas abuser de votre bienveillante attention. Je dois cependant ajouter que les questions que nous y avons fait figurer sont certainement de celles qui intéressent le monde savant, car près de 100 communications nous ont été annoncées. Jamais session n'aura été aussi chargée que celle de Monaco, et même en limitant à 10 minutes le temps accordé à chaque orateur, il sera matériellement impossible d'entendre toutes ces communications dans les quelques jours que nous allons passer ici.

. . . .

Monseigneur, Mesdames, Messieurs, le Secrétaire général du Comité d'organisation, dont le devoir, ainsi que je vous le disais en commençant, est de faire respecter le règlement et d'assurer l'exécution des décisions prises, doit prêcher d'exemple. Je cède donc la parole à d'autres orateurs plus éloquents que moi. Mais auparavant — et je serai certainement votre interprète à tous — je prierai S. A. le Prince héritier de vouloir bien exprimer au Prince Albert les vœux ardents que nous formons pour son prompt rétablissement. Je ne désespère pas, d'ailleurs, de Le voir au milieu de nous avant la fin de la session ; et alors quelqu'un de plus autorisé pourra Lui exprimer la gratitude des savants du monde entier pour tous les services qu'Il ne cesse de rendre à la Science et pour la magnifique réception qu'Il nous a ménagée dans ce Musée Océanographique qui est une des gloires de la Principauté.

Sir JOHN EVANS et M. VALDEMAR SCHMIDT prennent à leur tour la parole au nom des délégués. Ils rappellent les services rendus à la préhistoire par nos réunions internationales et ils félicitent les organisateurs de la XIIIe session d'avoir mené à bien la tâche dont ils s'étaient chargés. Ils tiennent à s'associer aux remerciements que les précédents orateurs ont adressés à S. A. S. le Prince de Monaco, dont le dévouement à la science s'affirme en toutes circonstances et dont les belles fouilles aux Baoussé-Roussé ont jeté tant de lumière sur le passé de l'humanité.

L'Assemblée procède ensuite à l'élection du Bureau et du Conseil du Congrès.

Sont élus :

BUREAU

Présidents d'honneur :	MM. G. Capellini (*Italie*),
	Albert Gaudry (*France*).
Président :	M. E.-T. Hamy.
Vice-présidents d'honneur :	MM. Éd. Dupont (*Belgique*).
	Sir John Evans (*Britanniques [Iles]*).
	Émile Cartailhac (*France*).
	Édouard Piette (*France*).
Vice-présidents :	MM. Lissauer (*Allemagne*).
	M. Hoernes (*Autriche-Hongrie*).
	de Loë (*Belgique*).
	Ray-Lankester (*Britanniques [Iles]*).
	M. Boule (*France*).
	L. Capitan (*France*).
	L. Pigorini (*Italie*).
	Abbé L. de Villeneuve (*Monaco*).
	O. Montelius (*Suède*).
Secrétaire général :	M. R. Verneau.
Secrétaire général adjoint :	M. G. Papillault.
Secrétaires honoraires :	MM. Cazalis de Fondouce.
	E. Chantre.
Secrétaires :	MM. l'Abbé Breuil.
	J. Déchelette.
	J. Deniker.
	G.-B.-M. Flamand.
	H. Obermaier.
Trésorier :	M. H. Hubert.

Conseil :   MM. WALDEYER (*Allemagne*).
VON ANDRIAN-WERBURG (*Autriche-Hongrie*).
PIČ (*Autriche-Hongrie*).
E. DE MUNCK (*Belgique*).
ARTHUR EVANS (*Britanniques [Iles]*).
L. MONTANÉ (*Cuba*).
M. ANTON Y FERRANDIZ (*Espagne*).
S. REINACH (*France*).
G. VASSEUR (*France*).
G. BELLUCCI (*Italie*).
J. RICHARD (*Monaco [Principauté]*).
J. FORTES (*Portugal*).
B. MODESTOV (*Russie*).
KNUT STJERNA (*Suède*).
NÜESCH (*Suisse*).

À l'unanimité, le Congrès vote l'article additionnel au règlement pris en considération au Congrès de 1900 et relatif à la composition du Conseil permanent; nous en avons donné le texte plus haut (voir cinquième article additionnel).

Une proposition tendant à autoriser l'emploi de l'allemand, de l'anglais et de l'italien pour les communications, est déposée sur le bureau; elle porte la signature de seize membres. Conformément à l'article 16 du règlement, elle est renvoyée à l'examen du Conseil. (Voir *Délibérations du Conseil*).

Lecture est donnée par le Secrétaire général des noms des délégués au Congrès.

La séance est levée à quatre heures et demie.

Le Secrétaire général,
R. VERNEAU.

.·.

Après la séance d'ouverture, les Congressistes ont visité le
Musée d'Océanographie, dont les honneurs leur ont été faits
par M. le Dr Jules Richard, directeur, et le Musée Anthropologique où, sous la conduite de M. le Chanoine de Villeneuve, ils ont pu admirer les magnifiques collections provenant des fouilles de S. A. S. le Prince Albert dans les grottes
de Grimaldi. Toutes ces collections sont aujourd'hui classées
méthodiquement. De grands échantillons de brèches donnent
une idée de la composition de certaines assises. Les milliers de
débris d'animaux éteints recueillis au cours des fouilles ont
été déterminés par M. Marcellin Boule, professeur de paléontologie au Muséum d'histoire naturelle de Paris. Les objets
archéologiques ont été classés suivant les niveaux par MM. E.
Cartailhac et le Chanoine de Villeneuve. Les squelettes humains, dégagés et restaurés par MM. Verneau et F. Lorenzi,
occupent le centre de la belle salle du premier étage. En
entrant, se trouve une première vitrine contenant le squelette
féminin découvert dans les couches supérieures de la Grotte
des Enfants. La deuxième vitrine renferme le grand squelette
masculin du type de Cro-Magnon découvert dans la même
grotte à près de 8 mètres de profondeur ; c'est, sans contredit,
le plus beau spécimen connu jusqu'à ce jour de cette race. La
dernière vitrine est occupée par les deux curieux squelettes
négroïdes qui gisaient à 0m60 au-dessous du précédent, immédiatement au-dessus des couches à faune chaude.

Sur les murs, ont été peints des plans et des coupes des
principales cavernes des Baoussé-Roussé, de sorte que le visiteur peut facilement se rendre compte de la stratigraphie et
des niveaux auxquels ont été recueillis les différents objets.

A côté des squelettes, de l'industrie et de la faune des
assises quaternaires, se voient, dans deux vitrines spéciales,

les produits des fouilles exécutées dans les grottes néolithiques des Bas-Moulins et des Spélugues par ordre du Prince Albert.

Toutes ces collections constituent un ensemble de premier ordre, qui a vivement intéressé les Congressistes.

Au rez-de-chaussée du Musée, sont installés les objets provenant de diverses stations romaines de la région. Cette collection spéciale est certainement appelée à prendre prochainement un grand développement.

Le soir, à neuf heures et demie, les membres du Congrès ont été reçus au Palais par S. A. S. le Prince héritier. Les grands appartements, comme l'escalier d'honneur, présentaient un aspect féerique. Partout de merveilleuses plantes réjouissaient l'œil. La salle du trône, notamment, disparaissait littéralement sous les fleurs. Le buffet principal avait été dressé dans la grande salle à manger ; la table, en fer à cheval, était jonchée de milliers d'œillets.

Le Prince Louis s'est fait présenter un très grand nombre de Congressistes et il a eu pour tous un mot aimable. Chacun s'est retiré enchanté de cette soirée, tout en déplorant que la maladie ait empêché le Prince Albert de constater par lui-même combien ses attentions avaient été appréciées.

Le Secrétaire général,
R. VERNEAU.

Mardi 17 Avril

DEUXIÈME SÉANCE

Présidence de Sir JOHN EVANS

La séance est ouverte à neuf heures.

M. le Dr H. Obermaier donne lecture d'un manuscrit sur *les Eolithes*.

Discussion : MM. Rutot, Dr Girod, Martial Imbert, Marcellin Boule, Breuil, Dr Hamy, L. Pigorini, J. Evans, Ray-Lankester.

M. É. Cartailhac communique un manuscrit de M. Bourlon, sur *l'Industrie moustérienne au Moustier*.

Discussion : MM. l'Abbé Breuil, Rutot, Dr Girod, É. Cartailhac, S. Reinach, Pigorini.

M. l'Abbé Parat fait part du résultat de ses *Fouilles dans les grottes de la Vallée de l'Yonne et de la Cure*.

M. Martial Imbert expose des *Réflexions générales sur les classifications*.

Conformément à l'article 12 du Règlement, il est procédé à l'élection de la Commission de publication. Sont élus :

MM. Boule, Hamy, Labande, Reinach (Salomon), Richard (Dr Jules), Villeneuve (Chanoine Léonce de).

M. Verneau, secrétaire général du Congrès, est, de droit, président de cette commission. M. Henri Hubert, trésorier, en fait également partie sans être soumis à l'élection.

La séance est levée à onze heures.

L'un des Secrétaires :
H. Obermaier.

Mercredi 18 Avril

TROISIÈME SÉANCE

Présidence de M. le Dr LISSAUER

La séance est ouverte à neuf heures.

M. Verneau donne des nouvelles de S. A. S. le Prince Albert. Bien que la fièvre persiste, l'état n'est pas inquiétant, et il est à espérer que le Protecteur de la XIIIᵉ session pourra assister bientôt aux séances du Congrès.

M. Boule expose les résultats de ses recherches sur *la Stratigraphie et la Paléontologie des Grottes de Grimaldi*.

M. Verneau présente son volume *les Anciens Patagons*, édité par S. A. S. le Prince de Monaco, ainsi que le premier fascicule du tome II de la publication intitulée : *Les Grottes de Grimaldi*; ce fascicule est consacré à l'anthropologie. M. Verneau décrit les restes humains trouvés dans ce gisement et recherche les survivances du type négroïde.
Discussion : MM. le Dr Hervé, Schenck, Pittard.

M. Cartailhac fait une communication sur *l'Industrie des Grottes de Grimaldi*.
Discussion : MM. S. Reinach, de Baye, Obermaier, Capellini, Déchelette, Hervé, Chanoine de Villeneuve, Verneau, Boule.

M. Gaudry lit un mémoire sur *le Berceau de l'Humanité*.

M. l'Abbé Cardon fait l'*Historique du foyer ou abri sous roche du Cap Roux*.

M. le Dr Guébhard parle de la *Nécessité et des moyens d'arriver à un inventaire général des enceintes préhistoriques*.

MM. DE BAYE, CARTAILHAC et FLAMAND s'associent aux vœux émis par l'orateur.

M. FLAMAND parle des *Camps du Sahara* et, plus spécialement, du Sahara central.

M. JOHNSTON-LAVIS présente une *Note sur une plate-forme néolithique à Beaulieu*.

La séance est levée à onze heures.

L'un des Secrétaires :
H. BREUIL.

QUATRIÈME SÉANCE

PRÉSIDENCE DE M. VALDEMAR SCHMIDT

———

La séance est ouverte à quatre heures et demie.

M. VERNEAU annonce que S. Exc. le Gouverneur général de la Principauté veut bien mettre, pendant toute la semaine, sa loge entière, au théâtre du Casino, à la disposition des Congressistes. Il invite ceux qui voudraient profiter de cette gracieuseté à s'inscrire au Secrétariat.

M. S. REINACH fait une communication *Sur les squelettes peints en rouge*.
Discussion : MM. PIGORINI, A. ISSEL, DESPLAGNES, G. BUCHET, J. EVANS, GUÉBHARD.

M. S. REINACH pose une question sur l'infection des cavernes sépulcrales.

M. CARTAILHAC répond à cette question et parle à ce propos du décharnement des cadavres. Une discussion a lieu sur ce dernier point ; y prennent part : MM. le D⟨r⟩ Verneau, Desplagnes, Gaudry, Hamy, Issel, Imbert, Vasseur, Trutat, Guébhard, Flamand.

M. Pillard d'Arkaï parle des *Enceintes dites ligures*.

M. H. de Gérin-Ricard présente une *Liste et une Carte des Castella préromains des environs de Marseille, d'Aix et de Saint-Maximin*.

M. l'Abbé Parat communique des *Matériaux pour l'établissement d'une chronologie des temps quaternaires*.

M. G.-B.-M. Flamand fait quelques observations sur les *Gravures rupestres du Nord de l'Afrique*.
Discussion : M. S. Reinach.

La séance est levée à six heures et demie.

L'un des Secrétaires :
G.-B.-M. Flamand.

Jeudi 19 Avril

CINQUIÈME SÉANCE

Présidence de M. le Professeur HOERNES

———

La séance est ouverte à neuf heures.

M. Pigorini présente une note de M. R. Paribeni sur *une Nécropole archaïque de la ville de Gênes.*

M. Nüesch parle de *la Stratigraphie du Schweizersbild.*
Discussion : MM. Boule, Obermaier, Cartailhac, John Evans, Arthur Evans, Montélius.

M. Flamand expose ses idées sur *l'Age des gravures néolithiques de l'Afrique du Nord.*
Discussion : M. Boule.

M. Léon Coutil présente un mémoire sur *la Transition entre le paléolithique et le néolithique en Normandie.*

Le Conseil se retire pour délibérer. Un nouveau bureau est constitué et M. le Baron de Baye prend place au fauteuil de la présidence; il est assisté de M. É. Trutat, comme vice-président, et de M. Paul Goby, comme secrétaire.

M. Bidault de Grésigny fait part des résultats de ses *Recherches pratiquées dans les sépultures mérovingiennes de la vallée de la Saône.*
Discussion : M. de Baye.

M. Wirth lit une communication sur *la Race Alpine dans l'histoire.*
Discussion : MM. l'Abbé Hermet, de Baye.

M. Jacquot donne lecture d'un mémoire sur la *Vulgarisation des études préhistoriques*.

Discussion : MM. Imbert, Bayet, l'Abbé Hermet, Trutat, Taté.

A la suite de cette discussion, M. Imbert dépose un vœu relatif à cette question.

M. Lalanne communique un mémoire intitulé : *Contribution à l'étude des populations néolithiques du Bas-Médoc*.

M. Bloch parle sur l'*Origine du nom des Russes*.
Discussion : M. de Baye.

La séance est levée à onze heures et demie.

L'un des Secrétaires :
J. Deniker.

SIXIÈME SÉANCE

Présidence de M. le Professeur PIGORINI

La séance est ouverte à deux heures et demie.

M. l'Abbé Breuil fait une communication sur *l'Évolution de la peinture et de la gravure murales à l'époque du Renne*, et une autre sur *Quelques exemples de dessins stylisés et dégénérés à l'époque du Renne*.

Discussion : MM. Flamand, Salomon Reinach, Arturo Issel, Deniker, Breuil.

M. le Baron de Loë lit un mémoire intitulé : *Contribution à l'étude de l'époque intermédiaire entre le paléolithique et le néolithique*.

M. Ulysse Dumas expose le résultat de ses fouilles dans *La Grotte des Fées à Tharaux (Gard)*.

M. Valdemar Schmidt décrit les *Dernières découvertes archéologiques faites en Danemark*, principalement par M. Sarauw.

M. Moriz Hoernes communique un travail sur *Les premières Céramiques en Europe Centrale*, dans lequel il cherche à établir deux grandes périodes de l'âge néolithique.
Discussion : M. Salomon Reinach.

M. Vasseur présente des photographies de *Poteries usuelles grecques et indigènes de Provence*.
Discussion : MM. Déchelette et Vasseur.

MM. J. Bouyssonie, A. Bouyssonie et L. Bardon parlent des fouilles exécutées par eux dans *la Grotte de la Font-Robert (Corrèze)*.

La séance est levée à quatre heures et demie.

L'un des Secrétaires :
J. Déchelette.

Vendredi 20 Avril

SEPTIÈME SÉANCE

Présidence de M. O. MONTELIUS

——————

La séance est ouverte à neuf heures.

M. le Secrétaire général communique une note de M. Frœlicher sur *Un nouveau Dolmen de Sissonne (Aisne)*.

M. l'Abbé Hermet présente une nouvelle série de *Statues-menhirs des départements de l'Aveyron et du Tarn*.

M. Déchelette lit un résumé de l'ouvrage des Frères Siret sur *les Premiers Ages du métal dans le Sud-Est de l'Espagne* et résume aussi mémoire de M. L. Siret sur *les Origines de la Civilisation néolithique en Occident*.

Discussion : MM. Pigorini, Déchelette, Sir John Evans, Montélius, Vasseur, J. Fortes, Arthur Evans.

M. Goby fait une communication sur *les Enceintes à gros blocs de l'arrondissement de Grasse*.

Discussion : MM. Carrière, de Saint-Venant, Trutat, le Baron de Baye, Vasseur, Martial Imbert, Goby.

M. Taté présente une note de M. H. Martin ayant pour titre : *Superposition de deux tailles d'âges différents sur un même silex*.

M. Cotte expose ses recherches sur *le Néolithique dans la région de Grasse*.

M. Müller communique le résultat de ses études *Sur les stations et gisements préhistoriques des environs de Grenoble*.

M. Tabariés de Grandsaignes lit un travail sur *la Navigation primitive et les procédés de fabrication des pirogues monoxyles*. *Discussion* : M. le Prof. E.-T. Hamy.

Diverses pièces sont ensuite présentées au Congrès : par MM. Capitan, Breuil et Peyrony, des *Dessins de félins, de proboscidiens et d'Ursidés* copiés sur les parois des grottes ornées ; par M. Capitan, la *Photographie d'une défense de mammouth ouvrée*, trouvée à Gorge d'Enfer ; par MM. Capitan, Breuil, Clergeau et Peyrony, des *Gravures sur os et sur pierre* provenant des Eyzies. MM. Cartailhac, Capitan, Breuil et Peyrony font ressortir la différence qui existe entre le fini des représentations animales et la grossièreté des figures humaines.

La séance est levée à onze heures.

L'un des Secrétaires :
H. Obermaier.

HUITIÈME SÉANCE

Présidence de M. CAZALIS DE FONDOUCE

La séance est ouverte à deux heures et demie.

M. Verneau donne connaissance d'une lettre qu'il a reçue de la Société française des Fouilles archéologiques. Les membres de la section de Nice se mettent obligeamment à la disposition des Congressistes pour leur faire visiter les travaux exécutés à La Turbie, le jour de l'excursion aux enceintes du Pas-des-Mules et du Mont-Bastide.

Le Secrétaire général lit également une lettre de M. le Gouverneur de la Principauté, qui regrette que l'état de santé de Madame Olivier Ritt ne lui ait pas permis de suivre, comme il l'aurait voulu, les séances du Congrès. Il adresse aux savants réunis à Monaco ses félicitations et leur donne l'assurance que c'est avec une satisfaction bien sincère qu'il a appris par les ordres du jour combien la Science pourra tirer profit des importantes questions traitées au cours de la session.

M. L. de Martón fait une communication sur *la Répartition locale des monuments de l'âge du fer en Hongrie*.

M. Coutil expose quelques *Considérations très générales sur le cuivre et le bronze en Normandie*.

M. Déchelette indique la *Distribution géographique des cachettes de l'âge du bronze en France*.
Discussion : MM. Salomon Reinach, Déchelette, Pigorini, Déchelette.

M. Lissauer présente le *Dictionnaire provisoire de M. Schweinfurth pour la description des objets lithiques*.

M. Lissauer fait une communication sur l'importance des *Cartes préhistoriques* et met sous les yeux des Congressistes des spécimens de celles qu'il a déjà publiées.

M. J. de Saint-Venant présente une note sur *les Sphéroïdes de l'âge du bronze et leur répartition en Gaule*.
Discusssion : Sir John Evans, M.-A. Issel.

M. Papillault lit le rapport de la *Commission d'unification des mesures anthropométriques*.

M. Arthur Evans explique la signification des termes : *Egéen, Minoen, Mycénien* et indique à quelle civilisation chacun d'eux répond.

M. l'Abbé Parat décrit *les Stations des époques de Hallstatt et de la Tène dans les vallées de la Cure et de l'Yonne*.

M. Olivier Costa de Beauregard fait une communication sur les *Cuirasses et cnémides de l'époque de Hallstatt*.

Discussion : MM. Hoernes, Arthur Evans, Cartailhac, Déchelette, Montélius.

M. Olivier Costa de Beauregard expose la répartition des *Objets d'or préromains en Gaule*.

M. le Baron de Loë remet deux notes, l'une sur *l'Age du bronze en Belgique*, l'autre sur un *Ornement en or trouvé à Arlon*.

M. G. Carrière décrit un *Instrument en fer trouvé dans l'oppidum du Mont Menu*.

La séance est levée à quatre heures et demie.

L'un des Secrétaires :
H. Breuil.

Samedi 21 Avril

NEUVIÈME SÉANCE

Présidence de M. le Prof. E.-T. HAMY

La séance est ouverte à neuf heures.

M. G. Carrière présente une note sur des *Matériaux pour servir à la palethnologie des Cévennes.*

M. Hervé signale l'intérêt qu'il y aurait eu à étudier comparativement les restes de l'époque néolithique rencontrés dans la région de Monaco et ceux découverts dans les régions voisines.

M. Verneau, secrétaire général du Congrès, exprime ses regrets de ne pas avoir vu aborder par le Congrès la question des races néolithiques de la Côte d'Azur.

M. J. de Saint-Venant fait la présentation d'*Anciennes épées supposées boïennes.*

M. Modestov discute la question : *Les Osques étaient-ils de race aryenne?*

M. Debruge envoie un mémoire sur le résultat des *Fouilles de la station d'Ali-Bacha;* ce manuscrit est communiqué par M. Flamand et il est complété par une étude de M. le Dr Delisle sur les *Restes anthropologiques* recueillis dans ce gisement.

M. Flamand expose ses *Nouvelles observations sur le préhistorique du Sahara.*

M. Raquez donne quelques indications sur *le Préhistorique de l'Indo-Chine.*

M. Vasseur communique une note de M. de Gérin-Ricard sur des *Silex d'Asie Mineure importés à Marseille*.

Discussion : MM. A. Issel, Rutot, Hamy, Sir John Evans, Arthur Evans, Cartailhac.

M. Hoernes présente un travail sur *la Nécropole de Hallstatt*.

M. Flamand fait une communication sur des *Silex taillés du Sahara* et présente son ouvrage sur les *Gravures rupestres du Nord de l'Afrique*.

Une discussion a lieu sur ce dernier sujet ; y prennent part : MM. S. Reinach, Desplagnes, Arthur Evans.

M. G. Buchet discute *l'Existence probable de colonies ibériques dans le Nord du Maroc*.

M. Jacquot dépose un manuscrit sur *les Troglodytes du Djebel-Aurès*.

M. l'Abbé Breuil applique sa méthode de recherches à la signification des motifs qu'on observe sur les *Poteries décorées de Suse*.

MM. Capitan et Boudy décrivent les résultats des *Recherches préhistoriques dans le Sud Tunisien*.

M. le Dr Verrier montre *l'Utilité de la pelvimétrie anthropologique*.

M. le Dr L. Montané fait une communication sur les restes de *l'Homme de Sancti-Spiritus (Cuba)*.

M. le Prof. E.-T. Hamy attire l'attention sur l'intérêt de plusieurs des figures présentées par M. Montané.

M. le Prof. Gaudry communique une note *Sur le prognathisme inférieur*.

M. le Dr Papillault présente un nouvel instrument de mensuration : *la Toise Papillault-Lapicque*. M. von Luschan le remercie de cette communication.

M. le Dr VERNEAU, secrétaire général du Congrès, résume plusieurs manuscrits : ceux de M. V. ARNON, sur des *Pointes de lance et de flèche du Sahara*; de M. G. POULAIN, sur *l'Abri du Mammouth à Métreville (Eure)*; de M. F. REY, sur *l'Étude de l'âge du bronze dans le département de la Côte-d'Or*.

La séance est levée à onze heures et demie.

L'un des Secrétaires :
G.-B.-M. FLAMAND.

Dimanche 22 Avril

SÉANCE DE CLOTURE

PRÉSIDENCE DE M. LE PROF. E.-T. HAMY

———

La séance est ouverte à deux heures et demie.

S. A. S. le Prince ALBERT, se trouvant encore dans l'impossibilité de quitter la chambre, a chargé le Secrétaire général d'en exprimer tous ses regrets aux Congressistes et il a délégué le Prince héritier pour le remplacer à cette séance de clôture.

M. VERNEAU rend compte des travaux du Conseil; il propose au Congrès, au nom de ses collègues :

1° De prendre en considération une proposition tendant à modifier, de la façon suivante, le premier article additionnel du Règlement : « La langue officielle du Congrès est le français ; elle est employée pour la rédaction des procès-verbaux et la correspondance de la Commission d'organisation et du Comité. Toutefois, les membres du Congrès peuvent, dans leurs lettres, leurs communications et leurs lectures, se servir de l'anglais, de l'allemand ou de l'italien. Les communications en ces trois langues seront accompagnées d'un résumé en français et les discussions devant le Congrès continueront à se faire en langue française. » *Adopté.*

2° De prendre également en considération une demande d'addition à l'article 6 du Règlement, qui serait complété ainsi qu'il suit : « Toutefois, le nombre des communications inscrites au programme de la session est limité à quatre au maximum pour chaque auteur. » *Adopté.*

3° D'approuver les conclusions du rapport rédigé par M. ERNEST CHANTRE au nom de la Commission internationale de la légende des cartes préhistoriques. *(Les conclusions de ce rapport que l'on trouvera plus loin [voir Délibérations du Conseil, p. 50] sont approuvées).*

4° D'émettre le vœu suivant : « Le Congrès international d'Anthropologie et d'Archéologie préhistoriques, réuni à Monaco, exprime le vœu qu'une plus grande extension soit donnée dans tous les pays à l'enseignement de l'Anthropologie. Il estime que tous les établissements de Hautes Études, sous quelque forme qu'ils se présentent, devraient être dotés d'un enseignement officiel de cette science, dont l'utilité n'est plus à démontrer. » *Adopté à l'unanimité.*

5° D'adopter la proposition suivante : « Toutes les pierres écrites ou gravées préromaines du Nord de l'Afrique seront estampées ou moulées, et les estampages ou moulages de ces documents seront exposés dans un dépôt public d'Algérie. » *Cette proposition est adoptée, et le Congrès décide que ce vœu sera soumis à la haute compétence de M. le Gouverneur général de l'Algérie.*

6° D'approuver le projet qui suit : « Il serait désirable qu'il fût fait, à chaque session, un rapport de nature à faire connaître l'état de la science et son évolution depuis la session précédente. A cet effet, chaque nation désignerait un rapporteur. » *Adopté.*

7° D'accepter les offres du *Department of Agriculture and Technical Instruction for Ireland* de tenir la XIV° session à

Dublin, de décider que cette session aura lieu en 1909 et d'adresser les remerciements du Congrès à M. le Vice-Président de ce Département. *Adopté à l'unanimité.*

LE SECRÉTAIRE GÉNÉRAL ajoute : « Quelques autres vœux ont été renvoyés à l'examen du Conseil; tout en en reconnaissant l'intérêt, nous avons pensé qu'ils présentaient un caractère trop spécial, ou que les mesures proposées étaient d'une mise en pratique trop difficile pour que nous vous demandions de les sanctionner par votre vote.

« Ma tâche est terminée pour le moment; il me restera à assurer la publication du compte rendu de la brillante session qui touche à sa fin. J'espère que vous voudrez bien me faciliter l'accomplissement de cette dernière partie de ma besogne en me rédigeant à bref délai les communications que nous avons applaudies.

« Laissez-moi, mes chers collègues, vous remercier, du fond du cœur, pour la bienveillance que vous n'avez cessé de me témoigner et grâce à laquelle j'ai pu accomplir facilement les lourdes fonctions que vous m'avez fait l'honneur de me confier.

« Je serai certainement votre interprète à tous, en adressant à S. A. S. le Prince ALBERT, l'expression de notre vive gratitude pour la belle hospitalité qu'il a bien voulu nous accorder et l'intérêt qu'il n'a cessé un instant d'apporter à nos travaux. Chaque jour, en effet, notre Protecteur me faisait appeler auprès du lit où le retenait la maladie, pour s'enquérir de la marche du Congrès et se faire rendre compte des communications que nous venions d'entendre. Pendant de longs mois, il n'a cessé de songer aux préparatifs de cette session et il se promettait d'assister à nos séances, de prendre part à nos excursions; la fatalité ne lui a pas permis de réaliser ses projets et l'a privé, suivant ses propres expressions, d'une des plus grandes joies qu'il eut éprouvée en son existence. Puisse le témoignage de notre reconnaissance et de notre respectueuse sympathie accélérer une convalescence qui, depuis quelques heures, s'annonce comme très prochaine.

« Que S. A. S. le Prince héritier veuille bien agréer aussi les remerciements de cette assemblée. Aucun de nous n'oubliera la bonne grâce avec laquelle il nous a reçus dans ce Palais de Monaco, où sont toujours bien accueillis les hommes qui travaillent aux progrès de la Science, ni l'honneur qu'il nous a fait en assistant aux séances d'inauguration et de clôture de la XIIIe session. »

M. le Prof. ALBERT GAUDRY, président d'honneur du Congrès, prononce le discours suivant :

MONSEIGNEUR,
MESDAMES,
MES CHERS CONFRÈRES,

Pour nous consoler de ne pouvoir lire dans l'avenir, nous tâchons de lire dans le passé. Quelques-uns d'entre nous étudient les évolutions des Êtres qui se sont succédé à travers les âges, et leur grandiose histoire nous donne de vives jouissances. La plupart des membres de ce Congrès font mieux encore ; au lieu de scruter les origines des animaux, ils scrutent celle de l'Homme. Il y a des créatures humaines qui sont mauvaises et leurs discordes semblent aux paléontologistes un étonnant contraste avec les harmonieux spectacles auxquels ils sont habitués. Mais beaucoup de figures d'Hommes sont si bonnes, si belles, qu'elles nous font aimer l'humanité. Vous êtes heureux, Messieurs, d'avoir la pieuse mission du culte des ancêtres ; rien n'est si touchant que d'assister aux efforts, aux succès de nos premiers parents.

Ce pays est particulièrement favorable pour l'étude de l'homme fossile ; car, tandis que le plus souvent on n'a pu le suivre qu'à partir de l'âge glaciaire, ici nous le voyons à l'époque chaude qui a précédé cet âge. Les fouilles si méthodiques, entreprises, sous la direction de S. A. S. le Prince Albert Ier, par M. le chanoine de Villeneuve, ne laissent pas de doutes sur les superpositions des assises ; et les déterminations de M. Boule marquent d'une manière certaine la faune chaude dans les parties inférieures des Baoussé-Roussé. Il y avait des Éléphants et des Rhinocéros très différents des espèces velues de l'âge glaciaire, des Bœufs, des Cerfs et des Bouquetins énormes, des Loups, des Ours, des Félins, des Hyènes ; et, si incroyable que cela paraisse dans ce pays très sec aujourd'hui, un Hippopotame devait se jouer dans quelque étang ou rivière de la Côte d'Azur.

Plus tard est survenue la grande phase glaciaire qui a laissé pour témoins des restes de Rennes. L'Homme quaternaire a vu tout cela : les travaux anciens de M. Rivière, ceux plus récents de MM. Verneau et Cartailhac nous ont appris à le connaître.

Quels changements aujourd'hui, mes chers amis, et quels progrès ! Vieux Éléphants, Rhinocéros, Hippopotames, Hommes des Baoussé-Roussé, qu'êtes vous devenus? Les heureux de la terre, les femmes les plus belles vous remplacent dans ce domaine, qui passe justement pour le plus charmant du monde. Et vous, Messieurs les membres du Congrès d'Anthropologie avec votre protecteur, le Prince Albert, n'êtes-vous pas une frappante manifestation du progrès. Vous êtes voués aux choses de l'esprit ; souvent, aux dépens de vos intérêts et en dépit des difficultés, vous vous obstinez à élargir le domaine de la science. Vraiment, l'Anthropologie nous fait assister à de curieuses transformations. Permettez à un vieillard, qui bientôt devra cesser de vous aider, de pousser, en vous voyant, cette exclamation : « Ah ! comme elle est jolie l'humanité que nous avons mission d'étudier, quand elle est représentée par des hommes qui ne cherchent que le vrai, le beau et le bien ! »

En clôturant ce Congrès, nous ne pouvons pas oublier que son succès a été dû en partie à son Protecteur. A l'Institut de France, dont il est le correspondant, le Prince Albert Ier nous communique sans cesse de nouvelles découvertes ; il explore également les profondeurs des Océans et celles des temps passés. Son Musée d'Océanographie va être un établissement unique au monde, et dès aujourd'hui son Musée d'Anthropologie est digne d'attirer tous ceux qui s'intéressent à l'histoire de l'Homme. Il vient d'offrir au Congrès international d'Anthropologie et d'Archéologie préhistoriques une hospitalité magnifique. En échange de ce qu'il fait pour la science et les savants, nous avons pour lui une affectueuse reconnaissance.

Nous éprouvons, Monseigneur, un vif chagrin que le Prince Albert Ier soit tombé malade au milieu de ce Congrès dont il avait depuis longtemps préparé l'organisation. Votre Altesse a su dignement le remplacer. Nous la prions de partager les respectueux remerciements que nous adressons à son auguste père.

M. le Prof. E.-T. Hamy, président, clôt la session par l'allocution suivante :

Monseigneur,
Mesdames, Messieurs,

Nous voici parvenus au terme de nos travaux ; neuf laborieuses séances se sont succédées depuis l'ouverture de notre Congrès et c'est à grand'peine que nous avons épuisé, hier matin, un ordre du jour bien plus chargé que ne l'avaient jamais été ceux des réunions précédentes. Les communications que nous avons entendues ont atteint en effet le chiffre inespéré de 80 et dans ce nombre considérable d'extraits ou de mémoires il s'est manifesté quelques œuvres de premier ordre et qui seront vraiment honneur aux actes que votre Comité de publication va se trouver en mesure de publier.

Cette sorte de pléthore scientifique, qui témoigne si heureusement de la vitalité de notre association, a singulièrement compliqué le rôle du savant dévoué qui avait à mener à bien les destinées de la session qui s'achève. M. le Dr Verneau a été à la hauteur de la lourde tâche qui lui incombait ; vous l'avez vu se multiplier de mille manières avant et pendant cette laborieuse semaine. Il apportait à l'organisation de nos séances l'expérience acquise dans les mêmes fonctions à la réunion de Paris, et le succès de notre Congrès lui est dû pour une large part. Je vous prie donc de lui voter de chaleureux remerciements.

J'adresse également l'expression de notre reconnaissance à MM. les Vice-Présidents et à MM. les Secrétaires du Congrès, dont le concours empressé nous a été si précieux pendant ces neuf longues séances. Je remercie, comme il le mérite, M. Hubert, le trésorier modèle qui a bien voulu, cette fois encore, tenir la comptabilité de notre session.

Qu'il me soit permis enfin de saluer en votre nom, mes chers collègues, les dames et les demoiselles qui ont accompagné à Monaco leurs maris et leurs pères et qui se pressaient si nombreuses et si attentives à nos réunions, consacrant par leur assiduité l'intérêt de nos travaux.

Et cet agréable devoir ainsi rempli par votre président, il ne lui restera qu'à vous témoigner sa profonde gratitude pour l'insigne honneur que vous avez bien voulu lui faire en le mettant pour quelques jours à votre tête; c'est vraiment le couronnement d'une longue carrière de devoir et de labeur. Je conserverai bien précieusement le souvenir de ces heures fécondes que nous avons vécues ensemble, Messieurs, et en rentrant dans le rang, je vous donne rendez-vous en 1900 à Dublin, où tout nous permet d'augurer une XIVᵉ session à la fois agréable et instructive.

Nous ne saurions nous séparer sans tourner encore une fois notre pensée vers le Protecteur de notre Congrès, que la maladie a privé de la grande satisfaction qu'il aurait éprouvée à suivre nos séances. Je vous propose, en conséquence, de voter l'adresse suivante :

« Le XIIIᵉ Congrès international d'Anthropologie et d'Archéologie pré-historiques vote les plus chaleureux remerciements à S. A. S. le Prince de Monaco pour l'accueil qu'il a bien voulu réserver à notre Association et l'intérêt qu'il accorde à nos travaux, et exprime tous ses vœux pour son prompt et complet rétablissement. » (Voté par acclamation).

La XIIIᵉ session est close.

DÉLIBÉRATIONS DU CONSEIL

Le Conseil s'est réuni le lundi 16 avril et a décidé de présenter comme membres de la *Commission de Publication* les Congressistes dont les noms suivent :

MM. BOULE, HAMY, LABANDE, REINACH (SALOMON), RICHARD (Dʳ JULES), VILLENEUVE (Chanoine LÉONCE DE).

Aux termes de l'article 12 du Règlement, M. le Dʳ VERNEAU, secrétaire général du Congrès, est, de droit, président de cette Commission, et M. HENRI HUBERT, trésorier, en fait également partie sans être soumis à l'élection.

M. HAMY propose d'envoyer un télégramme de félicitations à l'un des doyens de l'archéologie préhistorique, M. ÉDOUARD PIETTE, qui est entré depuis le 11 mars dans sa quatre-vingtième année et qui a eu le regret, en raison de son état de santé, de ne pouvoir assister à la XIIIᵉ session du Congrès. *(Adopté à l'unanimité.)*

La seconde séance a eu lieu le jeudi 19 avril, à dix heures et demie du matin.

LE SECRÉTAIRE GÉNÉRAL donne lecture d'une proposition tendant à modifier le premier article additionnel du Règlement, qui stipule que « la langue française est seule admise pour les communications verbales pendant les séances et dans la publication du compte rendu du Congrès et des mémoires qui y sont joints ».

Les auteurs de la proposition rappellent que, dès 1874,

Virchow et neuf autres membres du Congrès de Stockholm avaient proposé l'emploi facultatif des langues allemande, anglaise et française, outre celle du pays où se tenait la session. Cette proposition, conformément au Règlement, fut soumise au Congrès suivant et repoussée. Elle est reprise aujourd'hui par les seize membres dont les noms suivent : MM. von Andrian-Werburg, Bernett, Birkner, Sir John Evans, Giuffrida-Ruggeri, Heierli, Hoernes, Knorr, von Landau, Lissauer, Obermaier, Rehlen, Schliz, Sergi, Szombathy, Waldeyer.

Le Président met successivement en discussion chacun des paragraphes qu'elle comprend. Le premier est ainsi conçu : « *La langue officielle du Congrès est le français; elle est employée pour la rédaction des procès-verbaux et la correspondance de la Commission d'organisation et du Comité.* » Le Conseil adopte ce texte.

Le deuxième paragraphe était rédigé dans les termes suivants : « Toutefois, les membres du Congrès pourront, dans leurs lettres, leurs communications verbales ou leurs lectures, se servir aussi de l'allemand, de l'anglais ou de l'italien. »

M. Capellini demande qu'en séance, on conserve l'usage exclusif de la langue française.

M. Waldeyer propose que, dans les discussions, les Congressistes soient autorisés à se servir des langues ci-dessus mentionnées. Il affirme que différents Congrès internationaux ont accepté cette règle, et n'ont eu qu'à s'en louer.

M. Verneau cite l'exemple de la Conférence internationale de Sarajevo. Toutes les langues étaient admises; mais les discussions étaient devenues impossibles et les membres de la réunion, sur sa proposition, décidèrent que les communications et les discussions faites en anglais ou en allemand seraient résumées en français ou en italien, et, inversement, que les communications en français ou en italien seraient suivies d'un résumé en anglais ou en allemand. Il fut impossible de mettre en pratique cette décision, car le temps matériel eut fait complètement défaut pour épuiser le programme. M. VERNEAU est donc d'avis d'employer une langue unique dans les séances.

M. PAPILLAULT rappelle qu'à certains Congrès internationaux où plusieurs langues ont été en usage, on a vu sortir de la salle des séances nombre de membres lorsqu'un orateur se servait d'un idiome qui n'était pas le leur.

Sir JOHN EVANS demande que les auteurs puissent rédiger leurs mémoires en l'une des trois langues proposées, à la condition qu'ils soient envoyés d'avance au secrétaire général et suivis d'un résumé en français.

M. LISSAUER confirme l'opinion de M. WALDEYER. Il assure que, dans plusieurs Congrès auxquels il a assisté, on n'a eu qu'à se féliciter de l'emploi de plusieurs langues.

M. HOERNES est d'avis que les communications et les discussions doivent avoir lieu dans les quatre langues, mais qu'il sera nécessaire qu'elles soient suivies d'un résumé en français; s'il en était autrement, le Congrès d'Anthropologie et d'Archéologie préhistoriques serait un Congrès purement français et non un Congrès international.

M. BOULE proteste contre cette allégation : malgré l'usage exclusif du français, aucune nation n'a eu jusqu'à ce jour la pensée d'accaparer le Congrès.

M. PIGORINI rappelle qu'aux sessions qui se sont tenues en Italie, on a toujours employé la langue française, sans qu'elles perdissent leur caractère d'internationalité.

M. CAPELLINI appuie les observations du précédent orateur et il ajoute que, dans l'intérêt même du Congrès, les Italiens n'ont pas hésité à adopter une langue qui n'était pas la leur.

M. WALDEYER accepte que les discussions aient lieu en français, tout en réclamant pour les Congressistes la faculté de faire leurs communications en une autre langue.

M. le Baron VON ANDRIAN-WERBURG, tout en se rangeant à l'opinion de M. WALDEYER, demande que, dans certains cas, les orateurs, peu familiarisés avec la langue française, soient autorisés à se servir d'un des idiomes mentionnés dans la proposition que l'on discute en ce moment.

M. SALOMON REINACH pense qu'on pourrait imprimer le compte rendu dans les quatre langues, à la condition que chaque communication soit suivie d'un résumé en français, que l'auteur se chargerait de fournir lui-même au Secrétariat.

M. VERNEAU croit nécessaire que le résumé soit fait séance tenante, pour permettre aux membres du Congrès de répondre immédiatement aux observations qui seraient présentées.

M. LE PRÉSIDENT propose d'accepter le deuxième paragraphe en lui donnant la forme définitive suivante : « Toutefois, les membres du Congrès peuvent, dans leurs lettres, leurs communications et leurs lectures, se servir de l'anglais, de l'allemand ou de l'italien. »

M. SERGI constate qu'en adoptant cette formule, on abandonne les usages suivis jusqu'à présent par le Congrès.

La rédaction de M. LE PRÉSIDENT est mise aux voix et adoptée.

M. HAMY met également aux voix le texte suivant, qui deviendra le dernier paragraphe du premier article additionnel du Règlement : « Les communications en ces trois langues seront accompagnées d'un résumé en français et les discussions devant le Congrès continueront à se faire en langue française. »
Cette rédaction est adoptée.

La troisième séance du Conseil s'est tenue le dimanche 23 avril, à dix heures et demie du matin.

M. VERNEAU communique au Conseil le document suivant, qu'il a reçu de M. ERNEST CHANTRE :

Le XIIe Congrès international d'Anthropologie et d'Archéologie préhistoriques réuni à Paris en 1900, sur la proposition de son Conseil, et après avoir entendu les explications de M. le professeur Virchow relativement à l'utilité de nommer une Commission internationale chargée d'arriver à une entente sur le meilleur moyen à mettre en œuvre pour établir des Cartes préhistoriques, a décidé :

1º Que la Commission de la légende internationale serait chargée d'examiner la proposition faite par M. R. Virchow au nom de M. le professeur Voss, et de lui donner les suites qu'elle comporte.

2º Que M. E. Chantre, membre de la Commission de la légende internationale recevrait le mandat de s'entendre à ce sujet avec ses collègues de la dite Commission et de présenter un rapport au prochain Congrès.

Rapport de M. E. Chantre.

Comme promoteur d'une entente internationale pour la création d'une légende unique des cartes paléoethnologiques (adoptée au Congrès de Budapest en 1876) et rapporteur de la Commission nommée à cet effet au Congrès de Stockholm, en 1874, j'ai accepté volontiers le mandat que le Conseil du Congrès m'a fait l'honneur de me confier à Paris. Mon premier soin a été de correspondre avec les membres, encore vivants, de la dite Commission. Celle-ci était composée à l'origine de MM. Capellini (Italie), Desor (Suisse), Dupont (Belgique), Engelhard (Danemark), John Evans (Grande-Bretagne), Hans Hildebrand (Suède), Léemans (Hollande), Lerch (Russie), Gabriel de Mortillet (France), Romer (Autriche-Hongrie), Virchow (Allemagne), et Chantre, rapporteur.

Depuis sa formation, cette Commission a perdu la plupart de ses membres, et actuellement elle ne compte plus que MM. Capellini, Dupont, John Evans, Hans Hildebrand et Chantre.

Tout d'abord nous avons été d'avis de compléter la Commission et de proposer au suffrage du Conseil du Congrès de Monaco les noms de quelques-uns de nos collègues appartenant aux pays qui ne sont plus représentés dans la Commission.

Je me suis mis, d'autre part, en rapport avec M. Voss et M. Lissauer pour étudier et discuter la proposition de M. Virchow à Paris. Il ressort des explications de ces savants qu'il n'était pas question de la légende internationale elle-même, qui est destinée à l'indication topographique des stations et découvertes préhistoriques, mais de la notation, sur les cartes, des divers types industriels préhistoriques et de leurs nombreuses variantes. Le projet de la Commission centrale de la Société allemande d'Anthropologie, au nom de laquelle M. le professeur Lissauer a écrit un rapport fort détaillé, du reste, est très explicite à cet égard.

Nous sommes donc d'accord pour proposer au Conseil du Congrès :

1º Le maintien, dans toute son intégrité, de la Légende internationale telle qu'elle a été adoptée à Budapest, en 1876. De nombreux travaux publiés depuis cette époque montrant qu'elle a été universellement admise, il n'y a pas lieu d'y revenir.

2° D'adjoindre aux membres actuels de la Commission : MM. Bobrinski (Russie), Forel (Suisse), Hoernes (Autriche-Hongrie), Lissauer (Allemagne), Sophus Muller (Danemark).

3° De charger la Commission ainsi complétée d'étudier les nouveaux signes conventionnels du projet de la Société allemande d'Anthropologie, et leur application d'après les essais de M. Lissauer.

4° De demander à la Commission un rapport sur cette question qui serait présenté au prochain Congrès.

Le Conseil se rallie à ces conclusions, qui seront soumises à l'adoption du Congrès à la dernière séance.

M. le Président donne lecture du télégramme suivant, envoyé par M. Piette, en réponse à celui que lui avait adressé le Congrès.

J'ai éprouvé une bien douce émotion en recevant les félicitations et les assurances de sympathie que m'a adressées le Congrès ; cela m'a fait regretter, une fois de plus, que ma mauvaise santé m'ait empêché de me trouver à l'heure actuelle au milieu de vous. Veuillez transmettre aux membres du Congrès et recevez pour vous tous mes remerciements, l'expression de ma reconnaissance et de mes sentiments confraternels.

EDOUARD PIETTE.

M. Boule propose d'intervenir auprès du Ministre de l'Instruction publique pour faire accorder à M. Piette la croix de la Légion d'Honneur, distinction que notre savant collègue a si bien méritée par les nombreux services qu'il a rendus à la Science.

Le Conseil charge les membres français du Bureau de faire la démarche proposée par M. Boule.

Onze membres du Congrès ont déposé, entre les mains du Secrétaire général, la proposition suivante d'addition à l'article 6 du Règlement général : « Toutefois, le nombre des communications à inscrire au programme de la session est limité à quatre, au maximum, pour chaque auteur. »

Cette proposition est prise en considération et sera soumise au prochain Congrès.

M. Geo. Coffey, au nom du *Department of Agriculture and Technical Instruction for Ireland*, offre au Congrès de tenir sa quatorzième session à Dublin et donne connaissance de la lettre qu'il a reçue de M. le Secrétaire général de cette Institution.

À l'unanimité, le Conseil accepte les offres qui lui sont faites et décide que cette session aura lieu dans trois ans.

Enfin, le Conseil a décidé de proposer à l'adoption du Congrès plusieurs vœux dont nous reproduisons ci-dessous le texte.

Le Secrétaire général :
Dr R. Verneau.

VOEUX

VOTÉS PAR LE CONGRÈS

I

Le XIIIᵉ Congrès international d'Anthropologie et d'Archéologie préhistoriques réuni à Monaco, en présence des grands progrès accomplis par l'anthropologie dans ces dernières années, et vu l'importance philosophique et pratique de cette science, émet le vœu : « Qu'une plus grande extension soit donnée dans tous les pays à l'enseignement de l'anthropologie. Il estime que tous les établissements de Hautes Études, sous quelque forme qu'ils se présentent, devraient être dotés d'un enseignement officiel de cette science, dont l'importance n'est plus à démontrer. »

II

Le Congrès international d'Anthropologie et d'Archéologie préhistoriques émet le vœu que toutes les pierres écrites ou gravées préromaines du Nord de l'Afrique soient estampées ou moulées, et que les estampages ou moulages de ces documents soient exposés dans un dépôt public de l'Algérie. Le Congrès croit devoir soumettre ce vœu à la haute compétence de M. le Gouverneur général de l'Algérie.

III

Il serait désirable qu'il fût fait, à chaque session, un rapport qui fit connaître l'état de la Science et son évolution depuis la session précédente. A cet effet, chaque nation désignerait un rapporteur.

**

Deux autres propositions avaient été déposées sur le bureau et renvoyées à l'examen du Conseil, qui n'a pas crû devoir les prendre en considération. L'un de ces vœux tendait à ce que les études archéologiques fussent vulgarisées, en faisant notamment appel aux instituteurs qui pourraient inculquer à leurs élèves le goût des recherches préhistoriques.

Le Conseil a jugé qu'il y aurait un véritable danger à engager des gens sans expérience à pratiquer des recherches exigeant des connaissances spéciales et une longue pratique. Le rôle de l'instituteur consisterait plutôt à signaler les trouvailles aux hommes compétents, qui peuvent seuls en tirer des résultats profitables pour la science.

Le deuxième projet visait la nomination d'une Commission internationale ayant pour mandat de provoquer et de coordonner les recherches sur les enceintes préhistoriques tant de l'Europe que de l'Afrique du Nord. Malgré l'intérêt de cette proposition, le Conseil a été d'avis qu'elle était, à l'heure actuelle, d'une application trop difficile. Pour l'instant, il convient de recueillir les documents et de les communiquer aux Congrès internationaux d'Archéologie, qui sont les organes naturels où doit s'opérer la synthèse.

EXCURSIONS

1ᵉ VISITE A L'EXPOSITION ARCHÉOLOGIQUE DE MARSEILLE

A l'occasion du Congrès de Monaco, la Société archéologique de Provence, sur la proposition de son ancien Président, M. le Professeur Vasseur, avait organisé à Marseille une exposition préhistorique et protohistorique des plus intéressantes. Cette exposition, d'un caractère purement régional, avait permis de grouper au Musée de Longchamp un certain nombre de collections particulières comprenant les objets préhistoriques et protohistoriques découverts, au cours des dernières années, dans les départements des Bouches-du-Rhône, de Vaucluse, du Var et des Basses-Alpes. D'accord avec le Comité d'organisation du Congrès, l'inauguration de l'exposition de Marseille avait été fixée au jeudi 12 avril, pour permettre aux Congressistes se rendant à Monaco d'assister à cette cérémonie.

MM. de Gérin-Ricard, Président de la Société archéologique de Provence, et Vasseur, Secrétaire général, attendaient, à deux heures, les excursionnistes à la porte du musée. Le Président leur a souhaité la bienvenue dans les termes suivants :

MESSIEURS ET SAVANTS CONFRÈRES,

Au nom de la Société archéologique de Provence, j'ai le très grand honneur de vous souhaiter la bienvenue et de vous dire combien nous sommes reconnaissants au Comité du XIIIe Congrès international d'Anthropologie et d'Archéologie préhistoriques d'avoir compris dans son programme la visite de notre exposition archéologique.

Nos remerciements les plus cordiaux s'adressent aussi à vous tous, messieurs, qui nous avez donné un précieux gage d'intérêt et de confraternité en répondant à notre modeste invitation.

La Société archéologique de Provence possède, comme son titre l'indique, un domaine fort étendu et comprend une région riche en reliques du passé ; aussi, la tâche de notre jeune compagnie s'est-elle trouvée plus vaste que ses ressources, mais grande est sa bonne volonté et son désir de bien faire. Ses efforts en témoignent, et lorsque vous saurez, messieurs, qu'en moins de trois ans, elle a pu assurer la publication d'un bulletin trimestriel, organiser des excursions dans la région et aussi à l'étranger, récompenser des dévouements, entreprendre la carte archéologique de la Provence au 20.000^e, provoquer, comme à Saint-Cyr, l'installation de musées communaux, assurer la conservation de quelques antiques, organiser des conférences et ouvrir une exposition locale d'archéologie préhistorique, vous estimerez peut-être qu'elle a droit à quelque encouragement.

Aujourd'hui, la présence au sein de notre Société de collègues aussi distingués que vous est une de ces satisfactions morales dont je veux parler, une de celles qui réconfortent le plus le cœur et l'esprit d'un groupe de laborieux. Oui, certes, l'inauguration de cette exposition, organisée à votre intention, pour vous permettre de voir réunies sur un seul point plus de douze collections particulières représentant les découvertes préhistoriques et protohistoriques effectuées au cours de ces dernières années dans les départements des Bouches-du-Rhône, Vaucluse, Var et Basses-Alpes, comptera à jamais parmi les jours heureux de nos annales.

C'est à notre éminent collègue et ancien Président, M. Vasseur, que revient pour cette exposition et l'idée et sa réalisation.

Dans cette exposition — la première du genre à Marseille — sont venus se joindre aux intéressantes découvertes de M. Vasseur, celles effectuées par MM. Arnaud d'Agnel, Baillon, Baux, Bout de Charlemont, Dalloni, Deydier, Fontanarava, de Gérin, Moulin, Pauzat, Paul Plat, Repelin, Sauvagnan, de Ville-d'Avray, etc. Nous remercions bien vivement ces collaborateurs dont le concours dévoué a permis à notre Société de faire une manifestation scientifique à la veille de l'ouverture de l'Exposition coloniale dont les collections ethnographiques ne peuvent manquer d'exciter votre intérêt.

Je m'en voudrais, messieurs et savants confrères, d'abuser d'un temps aussi précieux que le vôtre ; je vous invite donc sans plus tarder à venir voir les collections exposées, non sans vous souhaiter au préalable heureux voyage et bonne arrivée au port de Melkhart où vous accompagneront nos vœux les meilleurs et aussi quelques-uns d'entre nous, désireux de s'instruire au foyer de la lumière qui, grâce à vous, va briller pendant plusieurs jours sur le majestueux et féerique rocher des Grimaldi.

La Société archéologique envoie aussi en ce jour un respectueux salut au Prince savant et généreux, sous l'égide tutélaire duquel vont se tenir vos assises, à S. A. S. Mgr le Prince de Monaco, dont un des oncles, ancien évêque de Condom, abbé commendataire de Saint-Victor de Marseille, a laissé un impérissable souvenir de charité par ses libéralités princières envers les déshérités de notre ville et envers nos hôpitaux, qui lui doivent une de leurs plus grandes dotations.

Après ce discours, qui a été accueilli par de vifs applaudissements, s'est effectuée la visite des collections exposées. Nous regrettons de ne pouvoir en donner une description ; mais plusieurs d'entre elles ont fait l'objet, au Congrès de Monaco, d'intéressantes communications que le lecteur trouvera plus loin.

2° EXCURSION AUX GROTTES
DES BAOUSSÉ-ROUSSÉ

Le Comité d'organisation avait pensé qu'une excursion aux Grottes des Baoussé-Roussé s'imposait avant toute discussion sur ces célèbres gisements. Cette excursion a eu lieu le mardi 17 avril, après une séance tenue le matin au Musée d'Océanographie ; elle a présenté un intérêt tout à fait exceptionnel.

Chaque congressiste avait reçu, au préalable, un plan d'ensemble des Grottes de Grimaldi, une coupe longitudinale de la Grotte du Prince et des coupes de la Grotte des Enfants et de la Grotte du Cavillon. C'est à M. Boule que revient l'heureuse idée de cette petite plaquette qui, en frontispice, portait une vue du Musée anthropologique fondée à Monaco par le Prince Albert Ier.

Arrivés au pied des Baoussé-Roussé, sur un point d'où la vue peut embrasser tout le rocher, les excursionnistes se groupent autour de M. Boule qui leur donne quelques explications topographiques et géologiques.

Notions générales sur les Grottes de Grimaldi
par Marcellin BOULE.

Le rocher des Baoussé-Roussé représente, avec la pointe voisine de Gerbai, l'extrémité continentale d'une bande de calcaires compacts du Jurassique supérieur. De part et d'autre de cette arête viennent des bandes de terrains crétacés, l'ensemble formant une sorte d'anticlinal séparant deux régions synclinales occupées par des terrains tertiaires : la cuvette de Menton à l'Ouest, les calcaires nummulitiques de La Mortola à l'Est.

Les calcaires du Jurassique supérieur dessinent, dans les Alpes-Maritimes, les principales lignes tectoniques du système alpin et forment, entre Nice et Ventimiglia, les reliefs les plus hardis, les accidents topographiques les plus pittoresques de la Côte d'Azur. Aux Baoussé-Roussé, c'est une roche dure, compacte, de couleur claire, dont la surface prend, par altération, des colorations rougeâtres.

Il y a 35 ans, l'extrémité du rocher plongeait directement dans la mer ; il n'y avait de libre qu'un petit espace servant de passage à la *via Aurelia*. Latéralement, les escarpements calcaires se raccordaient avec la plage par des talus d'éboulis couverts de grandes Euphorbes.

En 1870, la construction du chemin de fer de Nice à Ventimiglia entama profondément les talus d'éboulis et traversa les Baoussé-Roussé par un tunnel. Plus tard, la topographie primitive subit de nouvelles modifications, des constructions s'élevèrent au bord de la mer ; le massif calcaire devint l'objet d'une exploitation qui dure encore et qui a fait reculer d'une vingtaine de mètres la ligne des escarpements primitifs. C'est aussi vers 1870 que M. Rivière commença l'exploration de quelques-unes des anfractuosités creusées dans les calcaires au-dessus de la ligne des éboulis.

Toutes les grottes s'ouvrent vers la mer, de sorte qu'on les aperçoit parfaitement du large. Leurs ouvertures sont grandes, plus hautes que larges ; elles affectent une forme ogivale qui doit les faire considérer comme de simples fissures élargies par l'érosion.

Les excavations sont peu profondes ; ce sont plutôt des grottes que des cavernes ; la Grotte du Prince, qui est la plus vaste, n'a guère que 30 mètres de longueur ; les plus petites sont de simples abris.

Le remplissage de ces cavités est dû, ici comme partout ailleurs, non à des phénomènes cataclysmiques ou d'une grande violence, mais simplement au jeu normal et régulier des agents physiques. Les dépôts qu'elles renferment représentent, soit les produits d'altération ou de désagrégation des calcaires encaissants, soit des apports extérieurs dus au ruissellement des eaux superficielles.

Les grottes des Baoussé-Roussé sont, ou plutôt étaient, au nombre de neuf qu'on peut numéroter, en allant de l'Ouest à l'Est, comme l'a fait M. Rivière.

1° *Grotte dite des Enfants*, à cause des squelettes qui y furent découverts par M. Rivière et qui se trouvent aujourd'hui à l'Institut catholique de Paris.

PLAN D'ENSEMBLE
des
GROTTES DE GRIMALDI
par M. CH. TSCHIRRET.
Route
Nationale
N° 7
de
Paris
à
Rome
Grotte du Prince
Douane
Grotte du Cavillon
Grottes des Enfants
Barma grande
Carrière
Musée
Barma di Baousso da Torre
Restaurant Abbo
Route
MER MÉDITERRANÉE

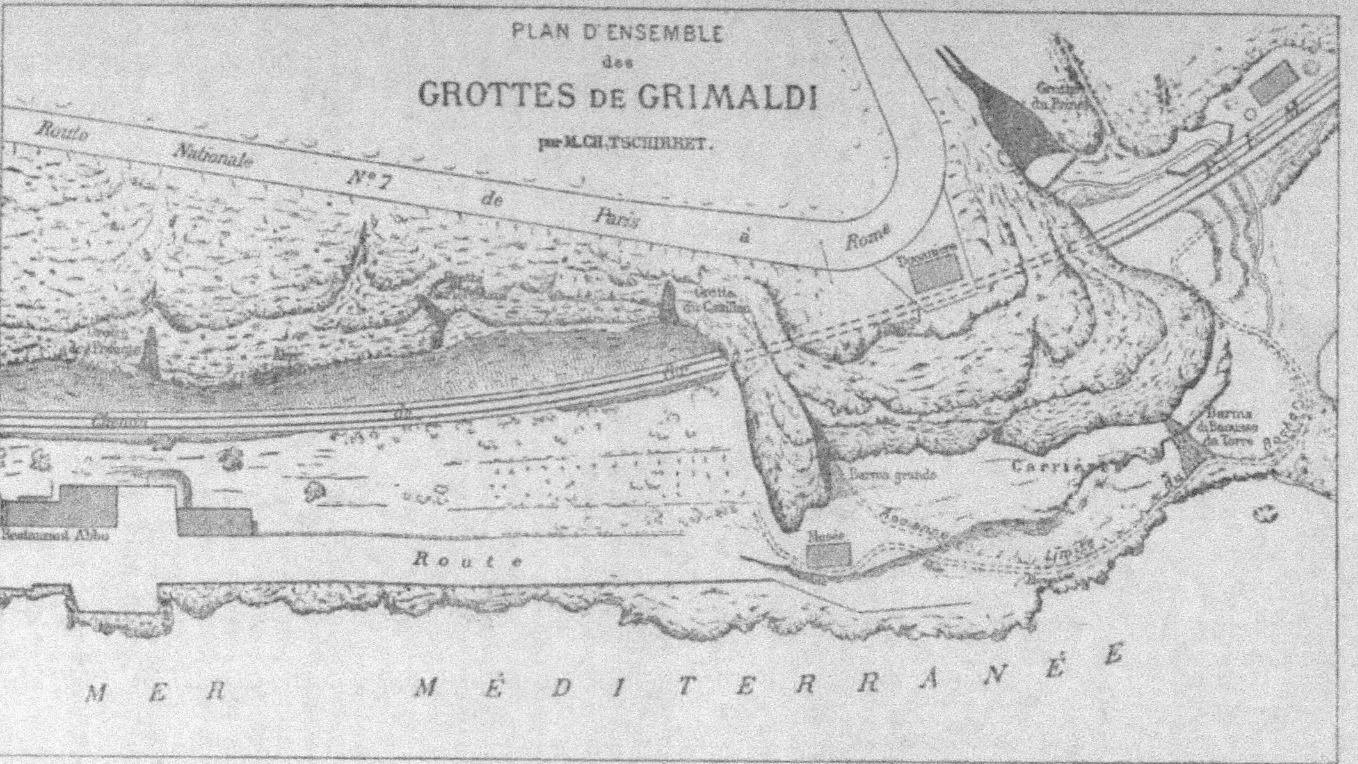

Fig. 1.

2° *Abri Lorenzi*, petite anfractuosité désignée sous le nom de l'habile et dévoué préparateur du Musée d'Anthropologie de Monaco.

3° *Grotte de Florestan*, où le Prince Florestan Ier fit des fouilles vers 1843.

4° *Grotte du Cavillon*, qui a fourni à M. Rivière le squelette humain exposé dans la galerie d'anthropologie de notre Muséum national et connu sous le nom de l'*Homme de Menton*.

5° La *Barma Grande*, ou *Grotte Abbo*, du nom de son propriétaire. Les progrès de l'exploitation de la carrière de moellons ont détruit une partie de cette excavation qui a livré des squelettes humains et de nombreux objets visibles dans un petit musée construit près de l'entrée.

6° La *Grotte du Baousso da Torre*, aujourd'hui complètement détruite par les carriers. M. Rivière déclare l'avoir complètement vidée.

7° La *Grotte du Prince*, qui est la propriété du Prince Albert Ier.

8° et 9° Simples abris sans importance.

On sait que les grottes de Grimaldi ont provoqué depuis longtemps de nombreuses recherches, au premier rang desquelles il faut placer celles de M. Rivière. Pourtant il a régné, jusqu'à ce jour, beaucoup d'incertitudes sur la chronologie de ces gisements. On s'est livré à de longues discussions sur l'âge de leurs squelettes sans arriver à une entente définitive. Cela tient à ce que les fouilles, trop superficielles, n'avaient pas été conduites avec toute la précision scientifique qu'on doit exiger aujourd'hui de ce genre de travaux.

S. A. S. le Prince Albert Ier, désireux de préparer la solution des importants problèmes qui se posent aux Baoussé-Roussé, ordonna, il y a quelques années, des travaux d'exploration systématique. Les fouilles, faites par M. le Chanoine de Villeneuve, aidé de M. Lorenzi, portèrent d'abord sur la seule Grotte du Prince. Elles ont fourni, nous le verrons tout à l'heure, d'intéressants résultats aux points de vue stratigraphique et paléontologique ; grâce à elles nous sommes aujourd'hui en présence de renseignements précis et tout à fait nouveaux sur la succession des temps quaternaires dans la région de Monaco. Les ossements fossiles d'animaux, retirés des 4000 mètres cubes environ de matériaux du remplissage de la grotte, sont innombrables ; mais on ne rencontra pas un seul débris humain, et ce fut une déception car on avait beaucoup compté sur la Grotte du Prince et sur son intégralité pour arriver à fixer définitivement l'âge des divers fossiles humains trouvés dans les grottes voisines et sur lesquels on avait tant discuté.

Le Prince décida alors de porter ses chantiers sur d'autres points. La Grotte des Enfants n'avait été que très imparfaitement fouillée. Ici les recherches eurent, au point de vue anthropologique, le plus grand succès, puisque quatre squelettes humains y furent découverts, à trois niveaux différents. Comme on exhuma en même temps beaucoup d'ossements d'animaux et que la stratigraphie de la grotte put être faite avec la même précision que celle de la Grotte du Prince, les deux gisements se complétèrent admirablement.

Enfin les fouilles furent poursuivies dans la Grotte du Cavillon, dont les plus anciens matériaux de remplissage encore intacts, quoique relativement peu épais, fournirent de belles pièces paléontologiques.

La visite des grottes a débuté par celle du Prince. Son nom lui vient du Prince Albert Ier, qui en a fait l'acquisition et qui l'a fait explorer, sous sa direction, jusqu'au sol primitif ; on sait combien cette exploration a été fructueuse pour la science. Pour permettre de contrôler ses observations, M. le Chanoine de Villeneuve a laissé, le long de la paroi orientale de la caverne, un témoin sur lequel on peut voir encore la stratification des diverses couches dont se composait le remplissage. En vue de l'excursion, un carton portant soit une lettre soit un chiffre avait été fixé sur chaque couche ou sur chaque foyer, de sorte que les Congressistes ont pu suivre avec la plus grande facilité les explications qui leur ont été données.

M. le Chanoine DE VILLENEUVE a fait l'historique de ses fouilles et résumé ses observations dans les termes suivants :

Lorsque S. A. S. le Prince me confia le soin de fouiller cette grotte — c'était en avril 1895 — le remplissage de terre caillouteuse et de blocs s'élevait jusqu'à la voûte. Le niveau d'encombrement s'y voit encore marqué par des points rouges.

Pour s'introduire dans la cavité, alors surbaissée, obscure, humide et froide de la caverne, il n'existait qu'un passage étranglé, pratiqué dans une brèche de demi-blocs fortement agglutinés, sur une longueur de neuf mètres.

La tradition mentonnaise attribuait à un Français le percement de cet étroit couloir. Il est certain qu'en le dégageant des terres qui l'avaient obstrué en partie, nous trouvâmes une monnaie génoise de la fin du dix-huitième siècle posée à proximité de quelques morceaux de bois à demi-carbonisés. Je me hâte d'ajouter que cette fouille n'a pu avoir aucun résultat. Les apports modernes dans lesquels elle fut pratiquée n'intéressaient pas le dépôt primitif, et l'eût-elle atteint, elle serait demeurée infructueuse parce que cette partie de la grotte, directement soumise à l'action des eaux d'un canal d'écoulement supérieur, n'a jamais été habitée.

Sur tous les autres points de sa surface, le remplissage s'est montré revêtu d'une couche stalagmitique, plus ou moins épaisse, qui formait un renflement semblable à celui d'une carapace de tortue. Cette bosse n'existait que sur les deux tiers antérieurs de la chambre, au delà desquels elle subissait une dépression de deux mètres au moins, remplie de pierres sèches détachées de la voûte. Mais sous cette surcharge de matériaux, la nappe stalagmitique s'étalait, sans solution de continuité, jusqu'à la paroi semi-circulaire du fond de la grotte, et pénétrait dans une poche qui en est le prolongement.

Le plancher stalagmitique formait donc un scellement hermétique, sauf sur l'étroite bande correspondant, à l'est, au petit couloir dont j'ai signalé le creusement.

En avant de la grotte, la couche carbonatée atteignait en puissance 1ᵐ10 dans sa plus grande épaisseur et adhérait à la douelle de la voûte ; puis elle s'amincissait jusqu'à n'avoir plus que 12 centimètres dans le dernier tiers de la chambre. Pour la rompre nous dûmes avoir recours à la dynamite.

J'ai tenu à donner ces renseignements avec quelques détails pour bien établir l'intégrité du dépôt inférieur.

L'ensemble, la masse du remplissage, depuis l'ancienne plage qui en forme la base jusqu'à la corniche d'érosion marine qui coïncide avec le foyer le plus élevé, pourrait être divisé en deux étages, dont la ligne de séparation serait une couche d'éboulis agglomérés qui coupe obliquement le tableau du témoin que j'ai conservé. Cette division ne répond, au point de vue de l'établissement des surfaces habitées, qu'à ce seul fait d'observation que, au-dessous de cette ligne, les couches de cendre couvrent toute la superficie de l'aire de la grotte, alors que, au-dessus de cette même ligne, elles ne se retrouvent qu'au fond de la chambre. De plus, cette couche intermédiaire d'éboulis a été la dernière grande strate d'un régime dont l'écroulement d'une partie de la voûte semble, à un moment donné, avoir profondément révolutionné l'économie.

Tous les matériaux qui remplissent la cavité proviennent des pentes extérieures et supérieures. Ils ont été charriés par les ruissellements et déchargés dans la grotte, le plus habituellement, par un petit canal qui en suit le rein de voûte. Leur amas a formé un cône de déjection. Celui-ci, graduellement développé par couches successives, a envahi la caverne peu à peu, non par une progression continue, mais, semblerait-il, par à-coup, périodiquement espacés ou non, entre lesquels les formations stalagmitiques, les brèches de cailloutis, les surfaces terreuses durcies par les sels calcaires représentent de longs intervalles, au même titre que les passages de fauves et les foyers humains figurent dans la marche du remplissage des temps d'arrêt dont on ne peut évaluer la durée. J'ai retrouvé, dans le fond de la grotte, des bosses stalagmitiques de 31 et 33 centimètres, reposant sur un lit de gravier et ensevelies sous la couche limoneuse qui lui a succédé.

Chacune des strates, facilement reconnaissable par sa couleur ou par sa composition, est plus ou moins inclinée en talus d'avant en arrière, suivant l'élévation plus ou moins grande du cône au moment de la formation de l'enveloppe qu'elle y représente.

Ne pouvant faire l'ablation du terrain que par tranches horizontales qui ne révélaient en surface que des affleurements de lignes plongeantes, j'ai dû conserver un témoin sur un des flancs de la chambre. Dès lors il m'a été facile de connaître, de nommer, de numéroter chacune des enveloppes du cône, d'en suivre la courbe, d'en mesurer l'angle d'inclinaison, d'en contrôler les irrégularités. Les strates se suivaient sur le tableau de la tranchée transversale dans le même ordre de succession que sur le témoin. Chacune de celles d'entre elles qui révélaient des traces du passage de l'homme était marquée de proche en proche par des jalons ; nous la désignions par une lettre de l'alphabet. Les objets que nous y trouvions, os ou pièces d'industrie, étaient étiquetés, au fur et à mesure que nous les découvrions, d'un cachet de la couleur que nous avions spécialement affectée à ce niveau.

Les cachets vert, rouge, brun, jaune, bleu, gris et violet figurent autant de niveaux fossilifères.

Sur ces sept niveaux, six sont des foyers.

J'entends par foyer un ancien plan du remplissage qui a été habité. Je le reconnais généralement à des traces de feu, accompagnées de débris de cuisine et de vestiges d'industrie.

Je me hâte d'ajouter que si cet énoncé théorique avait été pratiquement applicable à la Grotte du Prince, je devrais, au lieu de six foyers, y compter vingt-huit aires ou surfaces d'habitation.

Mais il est arrivé que les couches cinéritiques se superposant à de faibles intervalles, il n'a pas été possible d'attribuer à l'une plutôt qu'à l'autre les récoltes de fossiles qui ont été faites dans l'ensemble, principalement dans la partie postérieure de la grotte, où, fréquemment, toutes les nappes cendreuses se fondaient pour ne plus former qu'une couche unique.

J'ai donc dû les distribuer par groupes et j'ai donné à chacun de ces groupes le nom de *foyer* : foyer A, foyer B, etc.

Cette division n'est pas absolument arbitraire parce que chaque foyer, fût-il composé d'une superposition de sept, huit et neuf feux, est séparé des autres foyers par une interposition d'apports stériles, formant entre leurs gisements respectifs une cloison étanche.

Armé de cette garantie, j'ai le droit d'affirmer que chacun des foyers ainsi entendu, constitue dans l'histoire de la caverne un événement isolé.

On a supposé que les cendres, les fossiles et les outils étaient descendus avec les terres du sommet de la falaise. Je ne crois pas cette opinion soutenable. Les foyers ont été établis dans la grotte durant les périodes d'accalmies extérieures, ce qui le prouve c'est que les couches intermédiaires d'apports terreux entre les foyers sont absolument stériles. J'ai retrouvé, non seulement la place de réunion des hommes en dehors des pentes du cône de remplissage, mais, en deux occasions, des âtres en pierres, établis et intentionnellement construits *in situ*.

Pour ne pas abuser de votre patience, je passerai rapidement en revue tous les niveaux archéologiques en commençant par le plus ancien foyer qui court presque parallèlement à l'antique plage prequaternaire. Le foyer E comptait deux lits de cendre qui paraissent s'être étendus jusqu'à l'arche de pont situé de l'autre côté de la voie ferrée.

Le cône de déjection, alors situé à huit mètres en avant du seuil actuel de la grotte, le cône, dis-je, continuant de s'élever, nous trouvons le foyer D, dont la première couche cinéritique est absolument horizontale. Elle est suivie de six autres feux dont les amorces se profilent en éventail à la base du témoin pour se confondre vers le milieu de la chambre. Les lignes noires, qui sont ici séparées les unes des autres par des chevauchements de terre rouge, avaient pour interposition, dans les parties planes de l'aire de la grotte, des couches de fin gravier de dix à douze centimètres d'épaisseur. Le foyer inférieur E offrait la même disposition. Si ce ne sont pas les hommes qui ont étalé ces lits de matière aride, si cette intercalation est naturelle, je ne m'explique pas pourquoi le même fait ne s'observe jamais entre les épanchements successifs d'apports stériles qui forment la grande partie du remplissage.

Remarquez que la distinction entre les foyers E et D est justifiée par l'interposition d'une couche d'argile dans laquelle nous n'avons fait aucune récolte et qui se poursuit jusqu'à l'extrémité de la grotte.

Bien autrement considérable était l'intervalle existant entre le foyer D et le foyer C. Ce dernier correspond à la robuste strate d'éboulis. Entre les deux s'étendait un épais dépôt de terre caillouteuse dans laquelle se trouvent deux traînées de coprolithes.

Le foyer C comptait sept feux superposés dont on ne retrouverait que quelques faibles traces sur le témoin, mais qui s'étaient conservés dans un bon état, en avant de la grotte, auprès de l'embouchure du tunnel. Les feux, séparés les uns des autres par des couches de fin gravier, descendaient jusqu'à un mètre environ en recul du seuil de la caverne, où leur réunion formait un magma charbonneux, très noir et luisant, comme s'il avait renfermé un résidu graisseux ; au delà on en peut suivre le niveau que nous avons indiqué par des traits de minium au fur et à mesure que nous en faisions le dégagement.

Ce foyer qui, comme la strate à laquelle il appartient, s'est montré constamment durci par les sels calcaires, est le dernier dont les nappes cendreuses couvrent toute la surface de l'aire de la grotte. Je ne parle pas de la superficie actuelle sous voûte, mais de celle beaucoup plus étendue qu'avait alors la chambre de la caverne.

A dater de ce moment, je relève deux faits :

1º Le recul du plan de chûte de la rigole d'écoulement supérieure d'une longueur de plus de huit mètres ;

2º L'introduction dans la chambre d'une énorme masse rocheuse.

Ces remarques pourraient faire supposer que le surplomb antérieur de la grotte s'est écroulé et que c'est cet avancement rocheux qui, ayant glissé sur la pente humide du cône, est venu barrer le fond de la grotte.

Quelle qu'ait été la cause de cette dislocation, il semblerait que pendant longtemps la grotte dut paraître ruineuse et ne plus inspirer de sécurité.

Cependant un puissant apport terreux y est introduit ; l'herbe y pousse sans doute, car les escargots s'y installent en grand nombre. L'homme survient, mais n'y fait qu'une courte halte attestée par quelques paquets de cendre. Une série de revêtements boueux, apportés par les ruissellements, empâtent les pentes du talus ; la végétation y naît derechef, et, cette fois, ce sont des rongeurs qui s'y logent.

Entre-temps, l'eau des ruissellements extérieurs se fraye un passage à travers les fissures de la voûte et dépose dans le fond désormais isolé de la grotte un sédiment de terre fine sableuse, étrangement rouge.

La fosse produite par le barrage rocheux n'avait pas moins de sept mètres de profondeur et une surface correspondant au tiers de la chambre. Elle avait pour annexes deux anfractuosités terminales, dont l'une recueillait dans une sorte de vasque les égouttements du toit, encore mal joint à l'heure actuelle.

Les ours des cavernes y élirent domicile et y firent un foyer à leur façon, piétiné et jonché de débris d'animaux.

Il paraîtrait que l'homme fût venu leur disputer la possession de ce trou. Nous y avons trouvé deux cadavres d'ours des cavernes, étendus l'un sur l'autre, à peu près entiers, sauf le crâne de l'un deux, écrasé sous un demi-bloc. La présence de cette grosse pierre et de deux autres, dont l'une avait brisé la jambe gauche du plus grand des ours, nous parut digne de remarque dans ce dépôt d'infiltration où le cailloutis même ne pouvait pas pénétrer.

Non loin de là et sur le même niveau, car ce sédiment était régulièrement stratifié, nous vîmes un très petit foyer de cendre avec quelques débris de cheval et de jeune éléphant.

Au sommet de ce sédiment, qui, si je m'en souviens bien, avait une épaisseur de près de deux mètres, nous avons rencontré une couche de remplissage de formation étrange : une croûte terreuse de douze à quatorze centimètres, dure comme du béton au point que les ouvriers ne pouvaient la diviser qu'au moyen de coins en fer enfoncés à coups de masse, et, ce qui la particularise, d'une coloration verte, qui tranchait à cru sur la terre à briques très rouge du dépôt inférieur. Nous l'avons appelée le *foyer vert*.

Le *foyer vert* pénétrait dans les anfractuosités terminales de la grotte. Il formait le passage entre la terre à briques sans mélange de pierraille du niveau sous-jacent et le prolongement terro-caillouteux d'un des grands côtés du cône de déjection surmontant le barrage formé par le rocher-cloison.

Il renfermait des ossements en grand nombre et très peu de cendre, sauf dans la plus étroite des grottes annexes, où les matières comburées, cendre et os calcinés, remplissaient un trou de cinquante à soixante centimètres. C'est ce qui m'a décidé à le faire figurer au nombre des foyers.

Les récoltes, dans les collections, sont marquées d'un cachet brun.

Le motif pour lequel je l'ai distingué d'un autre foyer dont il n'était séparé que par une interposition argileuse de quelques centimètres, c'est son état de concrétionnement même, qui ne peut être attribué, m'a-t-il semblé, qu'à une longue durée d'exposition à découvert et, par conséquent, à un abandon prolongé de la grotte en tant que séjour d'habitation.

Cet autre foyer, dont je viens de parler et dont un faible intervalle le séparait, était constitué par une série de neuf feux superposés.

Cet ensemble a constitué, au point de vue des récoltes, la zone la plus riche que nous ayons rencontrée. C'est le foyer B qui a fourni en grand nombre des têtes de bouquetins, des crânes de bœuf, des bois de cerf, beaucoup de fossiles donc, mais, en revanche, très peu d'outils. Le foyer B, dont chacune des couches de cendre devrait être isolée, car plusieurs d'entre elles offraient une caractéristique spéciale, était établi au fond de la grotte, à la hauteur des arcatures naturelles qui se dessinent sur la paroi ouest.

Un de ces lits de cendre était bordé en avant par sept plaquettes d'argile pétrifiée. Elles étaient de même hauteur, alignées de front et paraissaient avoir été usées par frottement.

Une autre couche cinéritique aboutissait à une sorte de cheminée dont une des arcades que j'ai citée formait un côté. De ce point, un muret haut de 1^m60 décrivait un arc de cercle laissant subsister une ouverture au ras de la paroi. La cavité était remplie de cendre charbonneuse mêlée d'os calcinés sur une hauteur de 35 centimètres.

Le sixième niveau était surmonté d'un trophée de chasse, dont le Prince a voulu qu'une petite partie fût transportée au Musée de Monaco. J'y comptai vingt et une têtes de bouquetins. Les os devaient être frais et les têtes encore pourvues de leur peau quand a été allumé le feu supérieur, autrement tout aurait été carbonisé. Les bois de cerfs, moins protégés, ont seuls un peu souffert.

Le foyer B a eu des feux extérieurs en avant de la grotte, que je n'ai pu raccorder avec aucun de ceux que je viens de décrire.

Il ne me reste plus à parler que du foyer A, qui est le dernier. Il était séparé du précédent par une épaisseur de terre caillouteuse stérile de 1^m60 qui m'a paru trop considérable pour que les deux feux pussent être rapportés non seulement au même temps de séjour, mais encore à la même génération de chasseurs. Enfin il n'y avait pas jusqu'à une certaine opposition dans leur disposition respective qui ne parût justifier cette distinction. Les feux du foyer B ont été invariablement relevés du côté de l'ouest, alors que le foyer A, unique et presqu'entièrement assis sur un âtre en pierres, longeait le mur vertical de l'est. Cet âtre avait en longueur 2^m20. Je n'en connais pas la largeur, qui reste, en partie, enfouie dans un enfoncement. Le dallage était grossier mais horizontal; les pierres, assez exactement juxtaposées. Il n'y a pas de doute qu'il n'ait été construit intentionnellement.

Au-dessus du foyer A s'étendait le grand scellement stalagmitique pénétrant les cendres que nous trouvâmes si fortement concrétionnées que nous n'avons pu en dégager qu'un très petit nombre de fossiles.

Depuis lors, la caverne du Prince n'a conservé aucune trace d'établissement humain. Les apports terreux ont cessé d'y être introduits, probablement parce que le sommet du cône, ayant, derechef, atteint la douelle de la voûte, l'orifice de la grotte se trouva obstrué.

Durant des séries de siècles, les dépôts meubles ont dû s'accumuler sur le talus extérieur jusqu'à en faire disparaître toute trace. Les Romains, qui séjournèrent assez longtemps ici pour dégager leur route *Julia Augusta* de l'impasse où ils l'avaient fourvoyée, ne l'ont pas connue. Du moins ils n'y ont laissé aucun vestige de leur passage.

Rien ne comble l'intervalle de temps qui s'est écoulé entre le foyer à pointes moustiériennes A et le petit feu de gros bois daté par un demi-sou génois.

M. MARCELLIN BOULE a pris la parole après M. le Chanoine de Villeneuve, et, avec sa lucidité habituelle, il a exposé *la*

Stratigraphie et la Paléontologie de la Grotte du Prince. Il a bien voulu résumer pour ce compte rendu la conférence qu'il a improvisée dans la grotte même ; voici ce résumé :

M. de Villeneuve vient de faire devant vous l'historique des fouilles qu'il a pratiquées dans cette grotte sur les ordres du Prince Albert Ier. Avant de vous présenter les principaux résultats de mes études sur la stratigraphie et la paléontologie de cet exceptionnel gisement, je désire m'acquitter d'un double devoir. Je suis sûr que toute l'assemblée voudra se joindre à moi pour adresser au Prince Albert Ier, qui se faisait fête de se trouver parmi nous et à qui les médecins ont ordonné de garder la chambre, l'hommage de notre profonde gratitude.

Ce que M. le Chanoine de Villeneuve ne vous a pas dit, dans sa conférence, et ce que je sais bien, pour en avoir été le témoin au cours de mes longs séjours à Monaco, c'est avec quel soin, quelle habileté, quelle patience notre aimable et savant confrère et son dévoué collaborateur, M. Lorenzi, se sont acquittés de leur tâche. Ils ont droit à nos remerciements et aussi à toutes nos félicitations.

Depuis qu'elle est débarrassée de ses dépôts de remplissage, la Grotte du Prince apparaît comme une vaste excavation de 34 mètres de longueur, 21 mètres de hauteur et 16 mètres de largeur à l'entrée. Le plancher, assez régulier, coïncide avec la surface de séparation du calcaire jurassique et de son substratum ; celui-ci est formé par des marnes crétacées. Le calcaire jurassique des Baoussé-Roussé est donc, au moins sur ce point, couché ou renversé sur le terrain crétacé et c'est sur ce terrain crétacé que sont venus s'étaler les premiers dépôts de remplissage.

La stratigraphie de ces dépôts est assez compliquée, comme vous pouvez vous en convaincre en examinant le témoin laissé en place contre la paroi orientale de la grotte. Ce témoin comprend la plupart des couches (1).

Celles-ci sont de deux sortes :

1° Les plus inférieures, c'est-à-dire les plus anciennes, ont une origine marine ; leur épaisseur est relativement faible, 2 mètres environ.

2° Au-dessus se superposent, sur plus de 15 mètres d'épaisseur, une série de formations d'origine continentale : blocs et cailloux calcaires de toutes grosseurs, plus ou moins mélangés d'une terre argileuse provenant de la décomposition des calcaires. La plupart de ces formations sont disposées en lits à double pente, à la manière d'un cône de remblai.

L'édification de ce cône a exigé beaucoup de temps. Elle ne s'est pas faite d'une façon absolument continue. Certaines couches sont plus terreuses que d'autres. Parfois d'énormes blocs, détachés de la voûte, sont venus jeter quelque perturbation dans l'ensemble de la stratification. Enfin cette

____

(1) Des lignes peintes au minium montraient sur les parois de la caverne les limites des divers niveaux stratigraphiques et ceux-ci étaient désignés sur le témoin par des lettres et des numéros en gros caractères correspondant aux lettres et aux numéros de la coupe que chaque excursionniste avait en main.

masse est coupée par des *foyers* ou zones de terre de couleur plus foncée, renfermant des cendres, des morceaux de charbon, niveaux particulièrement riches au point de vue paléontologique et correspondant à des périodes d'occupations humaines. Sur le témoin que vous avez devant vous, les *foyers* ont été désignés par des lettres et les couches stériles par des chiffres.

La plage marine renferme des coquilles appartenant à des espèces méditerranéennes actuelles. Il n'y a pas de formes boréales. Quelques types, comme le *Strombus bubonius*, dénotent au contraire des eaux plus chaudes que les eaux actuelles.

Les dépôts subaériens se laissent facilement diviser en deux groupes que séparent de grands blocs éboulés et dont l'allure est assez différente : d'une part les couches 1 à 5, avec les foyers subordonnés E, D, C; d'autre part les couches 6 à 9, avec les foyers subordonnés B et A.

Les éléments caractéristiques de la faune des foyers E et D ont une signification bien nette ; ce sont des espèces dénotant un climat chaud : Éléphant antique, Rhinocéros de Merck et surtout Hippopotame. Il est intéressant de constater que ces dépôts inférieurs, à faune mammalogique *chaude*, succèdent immédiatement à la formation marine avec faune malacologique un peu plus chaude que la faune de la Méditerranée actuelle. Le caractère archaïque de ce premier groupe est encore accusé par la présence d'une espèce chevaline et d'une forme d'Ours aux affinités pliocènes.

Dans le foyer C il n'y a plus d'Hippopotame, mais nous y trouvons encore l'Éléphant antique et le Rhinocéros de Merck. Le Chamois commence à introduire une note froide. Ces différences sont encore peu importantes ; il y a continuité évidente dans la faune comme dans les dépôts.

Les couches 4, 5, 6, d'une épaisseur totale considérable et où se voyaient de nombreuses traces du séjour des fauves, correspondent à une longue période d'inoccupation de la grotte par l'Homme. Au cours de cette période, les modifications de la faune deviennent sensibles par la disparition progressive des éléments chauds et par l'apparition ou le développement d'espèces froides. C'est ainsi que le contenu paléontologique des foyers B offre un caractère nouveau accusé surtout par la présence du Renne, que j'ai été le premier à signaler dans les gisements de Grimaldi.

La superposition de ces deux faunes, l'inférieure dénotant un climat chaud, la supérieure dénotant un climat froid, a été constatée maintes fois dans l'Europe centrale et occidentale. En France surtout nous ne manquons pas d'observations précises à cet égard, mais on s'est souvent demandé si la même superposition pouvait être admise pour les pays méridionaux ou si, au contraire, les faunes *chaudes* du Midi n'avaient pas été contemporaines des faunes *froides* du Nord. L'étude stratigraphique et paléontologique de la Grotte du Prince nous montre que cette succession doit être admise pour la Côte d'Azur comme pour les Pyrénées, les bords de la Seine ou de la Tamise.

Quelle place doivent occuper les divers dépôts de la Grotte du Prince dans la série des temps géologiques ?

Il faut d'abord remarquer que tous les terrains, à l'exception peut-être

COUPE LONGITUDINALE DE LA GROTTE DU PRINCE
dressée par M. Tschirret, sous la direction de M.M. M. Boule et L. de Villeneuve
Jurassique
Calcaire
Marbe mer des Lithodomes
Plage marine
Marnes Cenomaniennes
A
B
C
D

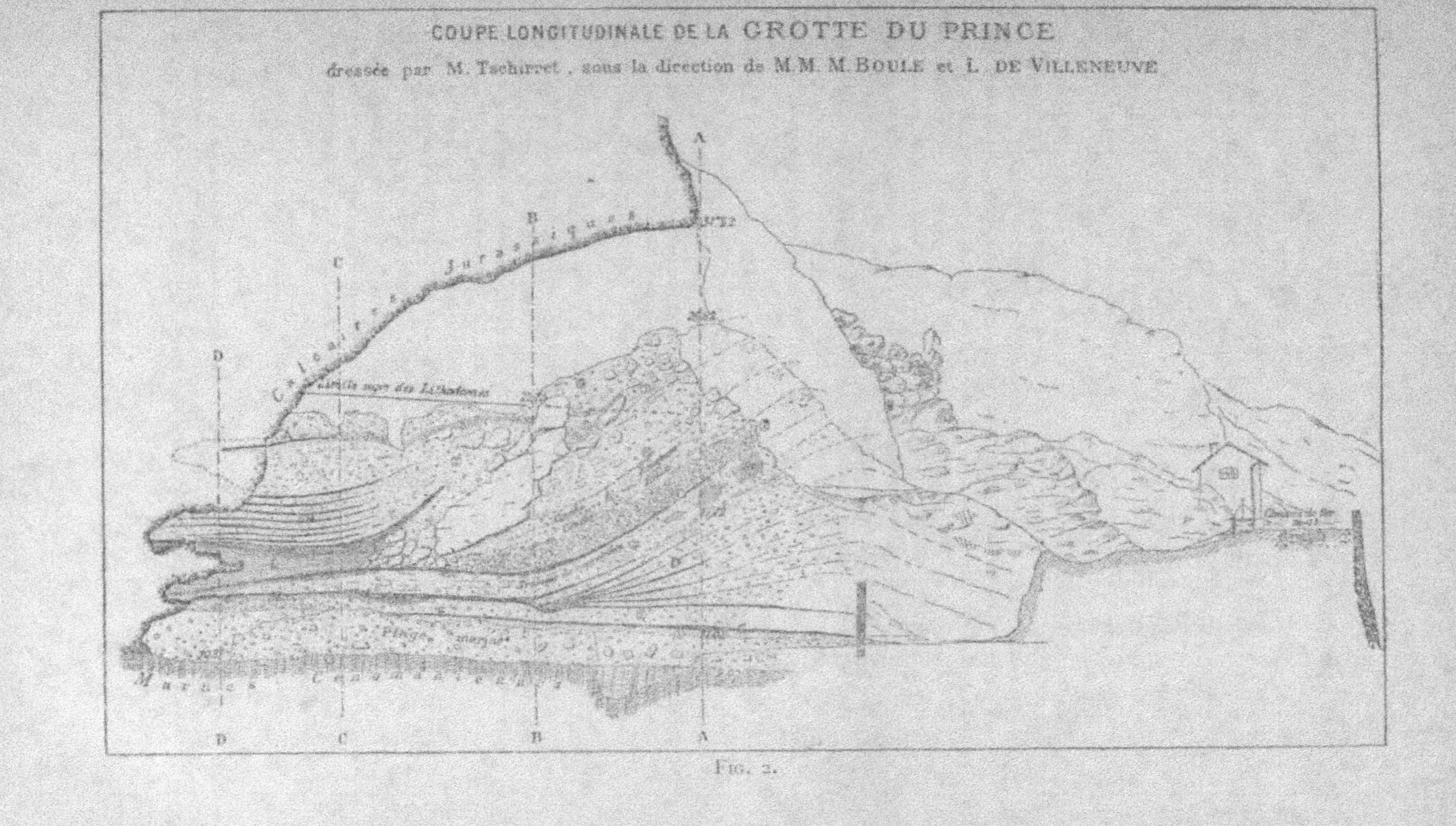

Fig. 2.

du n° 9, c'est-à-dire toutes les couches comprises entre l'ancienne plage marine et le plancher stalagmitique supérieur 8, sont d'âge pléistocène, puisque le foyer A renfermait des ossements d'Éléphant, d'*Ursus spelæus* et d'*Hyæna crocuta*, espèces qui ont disparu de nos pays avant l'aurore des temps actuels.

Que les dépôts inférieurs, c'est-à-dire les couches 1, 2 et les foyers subordonnés E et D doivent être rapportés au Pléistocène inférieur et considérés comme synchroniques des couches de Chelles, cela ne saurait, je crois, faire l'objet d'un doute car, avec les espèces caractéristiques du Pléistocène inférieur : Hippopotame, Éléphant antique, Rhinocéros de Merck, ces dépôts renferment un certain nombre de formes animales d'un caractère très archaïque.

Ce rapprochement étonnera sans doute beaucoup de Préhistoriens. Les pierres taillées recueillies dans les niveaux les plus inférieurs de la Grotte du Prince sont, en effet, différentes des types qu'on donne comme caractéristiques des gisements chelléens classiques ; elles reproduisent plutôt les formes de l'industrie dite *moustiérienne*, qui est ordinairement associée en Europe à la faune du Mammouth.

Faisant ici surtout œuvre de géologue et de paléontologiste et nullement d'anthropologiste, je devrais laisser à mes savants amis, MM. Cartailhac et Verneau, le soin de discuter et d'expliquer cette anomalie. Je me permettrai pourtant de présenter quelques observations.

La première idée qui s'offrira à l'esprit des Préhistoriens, pour qui l'argument archéologique a plus de valeur que tout autre, sera de supposer que la faune chaude, à Éléphant antique et Hippopotame, a vécu sur la Côte d'Azur pendant que la faune froide régnait dans le reste de la France. On pourrait peut-être admettre cette explication si l'on n'avait trouvé que des débris d'espèces chaudes dans les gisements des Baoussé-Roussé. Mais nous avons vu que la faune froide y est représentée dans des couches superposées, comme partout ailleurs, à celles de la faune chaude.

Les géologues enclins à multiplier les périodes glaciaires et désireux de trouver dans les données paléontologiques des arguments en faveur de leurs conceptions d'ordre purement physique, penseront peut-être que la faune chaude des foyers inférieurs de la Grotte du Prince n'est pas contemporaine de celle de Chelles mais qu'elle correspond à un retour de cette faune pendant une époque interglaciaire plus récente. Je ferai remarquer, dans ce cas, qu'aucun fait ne vient à l'appui d'une telle hypothèse ; qu'une pareille alternance n'a jamais été constatée dans des couches en superposition (1). Et d'un autre côté, puisque l'industrie moustiérienne est partout ailleurs contemporaine d'une faune froide, elle ne saurait indiquer que des conditions glaciaires et non interglaciaires.

Il nous faut donc admettre, et c'est à mes yeux un des plus importants

---

(1) Quoique partisan de la périodicité des grands phénomènes glaciaires qui ont marqué la fin du Tertiaire et le Quaternaire, je ne puis dissimuler que les observations d'ordre purement paléontologique ne s'accordent pas avec une trop grande multiplicité des phases glaciaires et interglaciaires.

parmi les résultats scientifiques nouveaux fournis par l'exploration méthodique de la Grotte du Prince, que dans ce gisement l'industrie moustiérienne, c'est-à-dire l'industrie généralement considérée comme caractéristique du Pléistocène moyen, est contemporaine de la faune chelléenne, c'est-à-dire de la faune du Pléistocène inférieur.

Ce fait, quelqu'inattendu qu'il soit, n'offre, après réflexion, rien d'extraordinaire. S'il nous étonne un peu, c'est peut-être parce que nous connaissons très mal le faciès industriel des dépôts des cavernes remontant au Pléistocène inférieur. L'industrie dite moustiérienne est une des plus primitives qu'on puisse imaginer; elle est plus simple certainement que celle qui a produit les beaux spécimens de Chelles et de Saint-Acheul, puisqu'elle ne se compose que d'éclats retouchés sur les bords. Il n'est donc pas étonnant qu'elle nous apparaisse dès les débuts de la période paléolithique. D'ailleurs les stations humaines renfermant à la fois l'industrie *chelléenne* et l'industrie *moustiérienne* sont extrêmement nombreuses (1). Le gisement de Chelles lui-même offre, à côté des pièces de choix que recueillent tous les collectionneurs, une foule de types plus petits, analogues à nos pierres taillées des foyers inférieurs, et beaucoup des *éolithes*, signalés par M. Rutot dans les alluvions quaternaires de la Belgique, sont des produits de cette industrie primitive. Par contre, nous connaissons des gisements d'une industrie purement chelléenne, comme celle des quartzites des environs de Toulouse, qui sont exactement contemporains de la faune froide et qui, par suite, tiennent ici la place du Moustiérien. Ces différences ne sauraient avoir une grande portée au point de vue chronologique; elles tiennent souvent à des causes accidentelles. Il est possible, par exemple, que les Paléolithiques des Baoussé-Roussé, forcés de tailler leurs instruments dans des galets de petites dimensions, n'aient pu se procurer des blocs de matière première d'un volume suffisant pour la fabrication de grandes pièces amygdaloïdes.

Les faits d'ordre géologique et paléontologique ont une signification et une portée plus générales que les faits ethnographiques parce qu'ils sont indépendants de l'action humaine. C'est aux géologues et aux paléontologistes qu'il appartient d'établir les grandes divisions des temps quaternaires et c'est dans les cadres fixés par eux que les Préhistoriens pourront à leur tour faire des subdivisions archéologiques. Dans le cas actuel j'estime que l'ethnographie doit s'incliner devant la géologie et la paléontologie. Il ne me paraît pas possible de douter que les foyers inférieurs de la Grotte du Prince, à faune chaude, ne doivent être rapportés au Pléistocène inférieur.

C'est aussi dans cet étage que, pour des raisons développées dans mon mémoire détaillé, je fais entrer la plage marine; il est donc probable que les dépôts subaériens, à fossiles terrestres, ne représentent que la partie supérieure de ce Pléistocène inférieur.

Le Pléistocène moyen et le Pléistocène supérieur sont ici très difficiles à délimiter. Je serais porté à attribuer presque tout le reste du remplissage

(1) D'Acy en a donné une énumération fort longue quoique incomplète dans *L'Anthropologie*, t. V, p. 371.

au Pléistocène moyen, le foyer C faisant transition. Il faut lui rapporter, à coup sûr, les couches 4, 5, 6, qui correspondent à une période de grande activité des agents atmosphériques : désagrégation des roches, accumulation de brèches tant à l'extérieur qu'à l'intérieur des grottes, dépôt de couches d'argile à ossements.

Je ne saurais affirmer qu'il y ait, dans la Grotte du Prince, des couches fossilifères représentant le Pléistocène supérieur, lequel est plus développé, comme nous le verrons tout à l'heure, dans les grottes voisines où les apports humains sont plus importants, où les phénomènes physiques ont joué un moins grand rôle dans le remplissage et où, surtout, les documents archéologiques et anthropologiques, plus nombreux et plus variés, permettent de faire des divisions plus précises.

En quittant la Grotte du Prince, les Congressistes se sont rendus à la Barma Grande où se trouvent encore en place trois des squelettes qui y ont été découverts ; M. Joseph Abbo les y attendait. Il a bien voulu leur montrer également les collections provenant de cette caverne et exposées dans le Musée préhistorique que Sir Thomas Hanbury a construit à quelques mètres de l'entrée actuelle.

M. VERNEAU, qui a assisté à une partie des fouilles et qui a décrit autrefois les squelettes humains et les objets rencontrés au début, a fourni à ses collègues les renseignements suivants :

La Barma Grande, telle qu'elle s'offre aujourd'hui à vos yeux, ne représente qu'une portion de la grotte primitive. Elle s'avançait autrefois plus loin vers la mer ; c'est en exploitant le rocher pour en tirer des matériaux de construction qu'on en a détruit la façade.

Lorsque M. Rivière exécuta ses recherches aux Baoussé-Roussé, il ne récolta dans cette caverne, en dehors d'une faune assez riche et d'assez nombreux objets travaillés, qu'un fragment de mâchoire humaine. Et cependant la Barma Grande recélait d'abondants restes de l'homme. En 1884, M. Louis Julien ayant fait pratiquer une excavation le long de la paroi gauche de la grotte, rencontra un premier squelette à 8m40 de profondeur. Malheureusement, la fouille avait été faite sans aucune méthode et elle ne donna pas de résultats bien utiles pour la science.

Sur ces entrefaites, M. Abbo se rendit acquéreur de la Barma Grande, et il n'eut d'abord aucune intention de l'explorer scientifiquement. Il se mit à en extraire la terre qui la remplissait encore en partie pour la transporter dans son jardin. Or, le 7 février 1892, un de ses fils, en creusant le sol, rencontra une tête humaine, et bientôt après le reste d'un squelette. Un deuxième et un troisième cadavres avaient été découverts lorsque je suis arrivé, quinze jours plus tard. Il est bien regrettable que, malgré la barrière établie par M. Abbo à l'entrée de la grotte, des curieux aient pu s'y introduire et aient sérieusement endommagé les ossements. Je les ai réparés de mon mieux dans les années qui suivirent, mais le grand squelette, aujourd'hui placé dans le Musée préhistorique, avait tellement souffert qu'on ne pouvait songer à le compléter.

Les trois premiers squelettes rencontrés par M. Abbo dans la Barma Grande étaient couchés parallèlement, en travers de la grotte, avec la tête dirigée vers l'est. Le grand cadavre masculin était allongé sur le dos ; les deux autres — celui d'une femme et celui d'un jeune sujet dont les épiphyses des os longs n'étaient pas encore soudées aux diaphyses — reposaient sur le côté gauche. Le premier avait les membres allongés ; les autres avaient les avant-bras fortement fléchis, de sorte que les mains se trouvaient au niveau de la face. Vous pouvez juger de l'attitude des squelettes de la femme et du jeune sujet, car ils ont été laissés à la place même où ils ont été découverts et dans la position qu'ils occupaient.

Lors de mon arrivée aux Baoussé-Roussé, le 21 février 1892, les trois cadavres auxquels je me réfère actuellement étaient encore en grande partie empâtés dans une couche ocreuse dont vous pouvez voir les traces. Il m'a été facile de constater que le lit de peroxyde de fer s'étendait un peu en arrière des sujets et qu'il s'arrêtait brusquement, suivant une ligne droite, à un endroit où la terre grise, qui constituait le remplissage de la grotte, avait été coupée verticalement ; la coupe se prolongeait un peu au delà de la tête et des pieds des squelettes. Il était bien évident qu'une fosse avait été creusée pour recevoir les morts, fosse dont la paroi postérieure se voyait encore nettement, et qu'elle avait reçu un lit d'ocre apportée du dehors. C'est là une constatation qui a son intérêt, car elle démontre à elle seule que les défunts avaient reçu la sépulture.

D'ailleurs, les observations que j'ai pu faire en dégageant les squelettes le prouvent surabondamment : la tête de la femme avait été couchée sur un fémur de bœuf, dont le tiers inférieur débordait en avant du frontal ; celle du jeune sujet reposait sur une magnifique lame de silex travaillé, qui mesure 17 centimètres de longueur sur 48 millimètres de largeur maxima. M. Abbo avait découvert une lame de même largeur, mais longue de 23 centimètres, au niveau de la main gauche de l'homme, et la femme avait également dans la main gauche une lame encore plus belle qui mesure 26 centimètres de longueur sur 5 centimètres et demi de largeur. On ne saurait douter que tous ces objets n'aient été déposés intentionnellement aux endroits où ils ont été recueillis, lors de l'ensevelissement des morts.

Ces morts ont été inhumés avec tous leurs objets de parure. Sur la tête de l'homme se trouvaient des canines de cerf perforées et décorées de stries, des vertèbres de poisson percées suivant leur axe et des coquilles de *Nassa neritea* également percées d'un trou. Tout cela devait faire partie d'une coiffure. Au cou, le même sujet portait un collier composé des mêmes canines de cerf, des mêmes vertèbres de poisson et de jolies pendeloques en ivoire, planes d'un côté, renflées en forme de demi-sphère de l'autre, avec un petit prolongement plat, percé d'un trou de suspension. La partie renflée est ornée de séries de fines stries parallèles. Au niveau du thorax, on a recueilli de ces pendeloques, en même temps que des vertèbres de saumon perforées et un objet en os orné sur tout son pourtour de petites stries disposées en rangées parallèles et qui, par sa forme, peut se comparer à deux grosses olives réunies bout à bout. Au point où elles sont accolées, il existe un étranglement qui permettait de suspendre l'objet sans qu'il fût nécessaire d'y percer un trou. Enfin, de chaque côté du tibia gauche de cet homme, un peu au-dessous du genou, gisait une grosse coquille perforée du genre *Cypræa* ; ces coquilles avaient sans doute été suspendues à une sorte de jarretière.

Les parures de la femme étaient moins nombreuses. Elles consistaient en une sorte de coiffure agrémentée de Nasses, de vertèbres de poisson perforées et d'une de ces petites pendeloques en ivoire dont je viens de vous parler. Une pendeloque en forme de double olive, découverte au niveau de la poitrine, complétait ses ornements.

Quant au jeune sujet, il portait la même pendeloque en forme de double olive au devant du thorax, un très joli collier et une coiffure. J'ai pu me rendre un compte fort exact de la disposition de ses objets de parure. La coiffure était constituée par des vertèbres de truite et des coquilles de *Nassa neritea* perforées, auxquelles s'ajoutaient, sur le front, les petites pendeloques hémisphériques en ivoire. Son collier, dont les pièces avaient été maintenues dans leur position respective par une chape de terre, se composait de deux rangées de vertèbres de poisson surmontant une rangée de coquilles de Nasses. A des intervalles réguliers, ces trois rangées étaient interrompues par une dent de cerf perforée et décorée de stries.

J'appelle toute votre attention sur la beauté des objets de parure et des lames en silex que vous pouvez voir dans le musée. Aucune des autres grottes des Baoussé-Roussé n'a livré d'objets comparables.

Le squelette que vous voyez au-dessus de ceux découverts en 1892, a été mis à jour par M. Abbo le 12 janvier 1894 ; j'en ai achevé le dégagement il y a deux ans et j'ai constaté qu'il était complet. Son attitude est légèrement différente de celle des précédents. Il repose un peu sur le côté gauche, dans le sens de la longueur de la grotte, et, tandis que son avant-bras gauche est fléchi de telle sorte que la main se trouve sous le menton, la main droite est ramenée sur le thorax ; les jambes sont croisées, la droite passant en avant de la gauche.

Ici, la couche de peroxyde de fer semble faire défaut ; mais, au-dessus du cadavre, trois grandes pierres plates avaient été placées pour le protéger. La première, mesurant 70 centimètres sur 66, recouvrait la tête et s'appuyait sur trois blocs de 25 à 35 centimètres de diamètre. La seconde s'étendait au-dessus de la partie inférieure du tronc et des cuisses et reposait directement sur le sol. La troisième, posée sur la terre comme la seconde, était placée au-dessus des jambes.

Les objets de parure de ce sujet de sexe masculin consistaient en Nasses perforées, en canines de cerf percées et décorées de stries et en pendeloques hémisphériques en ivoire. Ces divers objets ont fait partie d'une coiffure et d'un collier. Au niveau de la main gauche, on a trouvé, non pas une grande lame de silex, mais un morceau de gypse assez volumineux.

Enfin, près du fond de la grotte, M. Abbo a recueilli les ossements carbonisés d'un cadavre qui, lui aussi, possédait ses ornements en *Nassa neritea*. Ce squelette carbonisé, dont les débris sont dans le musée, avait les cuisses légèrement fléchies et les jambes ramenées sous les cuisses au point que les talons touchaient les ischions.

Je ne vous décrirai pas les caractères ethniques de ces sujets ; j'en ai donné à plusieurs reprises une description détaillée. Il me suffira de vous rappeler qu'ils rentrent tous dans le type de Cro-Magnon.

Vous pourrez voir dans le Musée préhistorique la quantité d'objets travaillés et d'ossements d'animaux qui ont été extraits de la Barma Grande. Cette grotte était l'une des plus riches, sinon la plus riche, de toutes celles qui ont été fouillées aux Baoussé-Roussé, et elle nous aurait fourni des documents du plus haut intérêt si elle eut été explorée avec méthode. Malheureusement toutes les couches du haut, jusqu'à 8 mètres ou 8m 50 de profondeur, n'ont pas été fouillées avec le soin nécessaire, et, lorsque M. Abbo trouva les premiers squelettes humains, il mit trop de hâte à les découvrir et à chercher des instruments et des objets de parure. Depuis, son fils aîné, Joseph, a tenu compte dans une large mesure des conseils qui lui ont été donnés ; au fur et à mesure qu'il découvre une pièce travaillée ou un débris d'animal, il note le niveau de la trouvaille ; toutefois, il est encore trop pressé. Il a pratiqué le grand trou de sondage que vous avez devant vous pour savoir ce que recèlent les couches inférieures, au lieu de poursuivre ses recherches par assises. Il est vrai qu'il a eu la satisfaction de rencontrer en bas d'abondants restes d'un Éléphant, qui semble bien être l'Éléphant antique, et une industrie caractérisée surtout par un outillage en grès et en quartzite ; mais qu'il me permette, en le remerciant de vous avoir ouvert toutes grandes les portes de la grotte et du musée, de lui conseiller de nouveau de procéder lentement et avec méthode. Ses découvertes futures n'en auront que plus de valeur, et il rendra des services réels à la science.

Ce que nous savons aujourd'hui suffit à démontrer que, dans la Barma Grande, comme dans la Grotte du Prince dont MM. Boule et de Villeneuve viennent de vous exposer avec tant de clarté la stratigraphie et la paléontologie, il existait une superposition de couches dont les plus anciennes remontent à l'époque où une faune chaude prospérait aux Baoussé-Roussé et dont les plus récentes se sont peut-être formées à l'époque néolithique. Il est prouvé également que l'Homme fréquentait la caverne lorsque l'Éléphant antique vivait dans le pays et qu'il n'a cessé de s'y abriter jusqu'à la fin des temps quaternaires. Nous pouvons assurer aussi qu'à l'âge du Renne (1), le troglodyte des Baoussé-Roussé n'abandonnait pas ses morts au hasard, et enfin qu'il avait des goûts artistiques, comme ses congénères du Périgord, car s'il ne nous a pas laissé des gravures et des sculptures comparables à celles du sud-ouest de la France, il nous a légué ces jolis objets de parure, souvent décorés de stries et de forme parfois élégante que vous pouvez voir dans le musée préhistorique.

____

(1) Il a été trouvé des restes de Renne dans la Barma Grande au niveau des sépultures fouillées par M. Abbo.

L'excursion aux Baoussé-Roussé s'est terminée par une visite à la Grotte des Enfants.

M. le Chanoine DE VILLENEUVE a donné sur les fouilles qu'il y a pratiquées les intéressants détails qui suivent :

Dans la description écrite que j'ai faite de la Grotte des Enfants, je n'ai pas divisé le remplissage par foyers, bien que les couches cinéritiques y aient été rencontrées toujours nettement tranchées. Mais, contrairement à ce que nous avons vu dans la Grotte du Prince, les interpositions de terre qui séparent les lits de cendre, au lieu de se montrer stériles, renfermaient, dans la plupart des cas, autant de fossiles et de produits d'industrie que les foyers mêmes.

Le terrain grisâtre de l'intérieur de la grotte avait l'apparence d'un sol piétiné et altéré par le contact avec les déchets de la vie domestique, et cette teinte contrastait avec la couleur rouge de l'argile du talus extérieur.

J'ai repéré les niveaux par deux chiffres : l'un de profondeur, au-dessous du sommet du remplissage ; l'autre de hauteur, au-dessus de la ligne d'horizon marin.

La Grotte du Prince ne recélant aucun squelette humain, je sollicitai l'autorisation de faire quelques recherches dans les grottes voisines, notamment dans celle dite des Enfants, dont l'excavation, interrompue après la découverte d'une double sépulture de jeunes enfants, n'avait pas été poursuivie plus avant.

Encouragé par MM. Boule et Verneau, le Prince y consentit volontiers et, le 22 avril 1900, vint inaugurer cette nouvelle fouille.

A la vérité, un four à chaux, dont l'ouverture occupait un tiers de la surface de la chambre et la trouée des anciennes excavations avaient considérablement entamé le remplissage, mais un témoin important conservé sur le premier plan de la grotte compensait en partie la perte d'une épaisseur de 2^m 70 à 3 mètres du dépôt.

Je fis déblayer la grotte et nous entreprîmes de vider le four à chaux.

Il renfermait une quantité d'éclats de silex et quelques petits outils qui offraient pour nous un intérêt exceptionnel, parce qu'ils ne pouvaient provenir que des couches du sol antérieurement exploitées.

Pour compléter les données que je pouvais réunir sur un état de chose dont il ne subsistait que des débris, je fis retailler le témoin.

Celui-ci était placé à gauche de l'entrée de la grotte. Il occupait entre la paroi ouest et le bord du four à chaux un espace de 4 mètres de front.

Nous trouvâmes au sommet une couche de terre végétale de dix centimètres d'épaisseur et, au-dessous, un sol extraordinairement durci par les infiltrations aqueuses, mêlé de terre grise, de cendre, d'os brisés et de coquillages, ayant l'aspect d'un foyer profondément bouleversé. Je supposerais même que sur le lit de cendre dont je ne retrouvais que les éléments dispersés, il y avait eu une sépulture, car, à 60 centimètres de profondeur, nous recueillîmes deux mâchoires de très jeunes enfants.

A un mètre plus bas, fut rencontré un squelette de femme qui paraissait avoir été en partie déterré par des animaux fouisseurs, replacé tant bien que mal et inhumé derechef. Il avait été entouré de blocs. Deux longues pierres, plantées verticalement au milieu des ossements, étaient, sans doute, destinées à les maintenir en place. M. le Dr Capitan et M. le Dr Thulié l'ont vu dans cet état et ont assisté à son dégagement.

Jusqu'au niveau des deux corps d'enfants découverts par M. Rivière, le terrain n'offrit rien qui me paraisse digne d'être signalé.

Il est à remarquer qu'aux trois foyers supérieurs de cette grotte étaient associés des squelettes. Je ne crois pas douteux, je le répète, que le foyer A dont la cendre éparpillée par les animaux fouisseurs attestait l'existence, n'ait servi de couche funéraire à deux petits enfants dont nous avons retrouvé les mâchoires ; le foyer B, situé à 70 centimètres plus bas, était celui de la sépulture de femme ; enfin, sur le foyer C reposaient aussi deux enfants.

De ce dernier foyer nous retrouvâmes seulement les deux extrémités et une trace cendreuse le long d'une des parois.

Le terrain sous-jacent, gris et caillouteux, était traversé par une mince nappe cinéritique qui, à 5 mètres à peu près avant d'atteindre le fond de la grotte, s'arrêtait à un mur semi-circulaire qui me parut construit de main d'homme. Il décrivait une courbe à convexité antérieure, renfermant un dépôt de terre noirâtre méphitique, des cendres et des parcelles charbonneuses d'os calciné. Nous recueillîmes une dent humaine. Dans quel but aurait été construit ce mur ? Je ne le soupçonne pas, si son sommet n'a pas été rencontré lors de la fouille de M. Rivière, abritant la sépulture d'enfants. Ce muret s'enfonçait assez profondément. Nous en retrouvâmes la base à 1m 20 dans le sous-sol.

Les fondations reposaient sur un foyer qui lui-même était étalé sur une couche de blocs. Les cendres pénétraient dans l'intérieur de la demi-enceinte terminale. Nous en avons retrouvé des traces certaines.

Ce foyer est un des plus puissants et, au point de vue de l'industrie, un des plus riches que nous ayons vus. Nous y trouvâmes, disposés par petits tas, un certain nombre de pièces remarquables par le choix et la coloration de la roche qu'on avait employée à leur fabrication. Nous y recueillîmes aussi des restes de cheval, de bœuf, de daim, d'ours et d'hyène en assez grande quantité.

La couche inférieure de blocs avait une épaisseur de 60 centimètres environ. Immédiatement au-dessous passait une fine nappe de cendre remarquablement continue, mais qui ne nous fournit que très peu de chose.

Elle était surtout caractérisée par des galets. Quelques-uns paraissent avoir été usés ou martelés.

A la base de la tranchée de 1 mètre dont elle occupait le sommet, je constatai un recul de la terre grise des cavernes, causé non seulement par un empiétement de la terre rouge du talus extérieur, mais aussi par un alignement de blocs calcaires très forts. Ils pénétraient profondément dans le sol et barricadaient entièrement l'entrée de la chambre. Plusieurs de ces grosses pierres étaient dressées sur leur champ, mais je n'oserais pas me porter garant que cette barricade a été faite intentionnellement. Toutefois, soit coïncidence fortuite, soit mesure de sauvegarde de la part des habitants de la grotte, ce barrage fermait deux niveaux à sépultures, et ce n'est, très probablement, qu'à sa protection que nous devons d'avoir pu retrouver trois squelettes entiers.

Avant d'arriver aux foyers-sépultures, nous dûmes dégager un lit de cendre très épais qui passait sous le fond du four à chaux. La cendre s'y trouvait en grande abondance, mais il se montra très pauvre en fossiles et en produits d'industrie.

La barricade de blocs se doublant à sa base devenait très incommode et gênait le va-et-vient des brouettes. Il fallut la faire disparaître. Nous nous trouvâmes alors en présence d'une tranchée de terre grise au sommet et de terre rouge à la partie inférieure. Chacune des zones était coupée par la ligne noire horizontale d'un foyer.

Sur la limite de la terre rouge du talus, au niveau et en contact avec le plus bas foyer, nous trouvâmes un éclat de grès pourvu de son bulbe et de son conchoïde de percussion. L'exploitation des deux feux avait été poursuivie sur une longueur de 5o centimètres environ, quand un ouvrier, déplaçant une pierre à la base de la tranchée, découvrit une petite cavité, absolument vide, au milieu de laquelle je vis un crâne humain. La boîte cranienne reposait sur le front: elle était fracturée et la terre n'y avait pas pénétré. Je ne me doutais pas alors qu'une seconde tête était ensevelie au-dessous de la première.

En passant la main sur le sol, je m'aperçus qu'il était semé de parcelles brillantes de fer oligiste et que le front du squelette reposait sur un petit galet de schiste vert.

Nous recouvrîmes le tout de papier et de planches que nous dissimulâmes sous un amas de terre, puis je télégraphiai au Prince pour lui annoncer la découverte et demander ses ordres.

M. Cartailhac, alors en mission en Sardaigne, se rendit gracieusement à l'appel qui lui fut fait et le docteur Richard, Directeur du Muséum océanographique de Monaco, ainsi que le regretté Conservateur des Archives du palais du Prince, M. Saige, lui furent adjoints pour diriger les travaux d'exhumation du squelette.

Or il arriva que la sépulture était double et, que dans le foyer supérieur, on trouva un autre corps.

L'interposition terreuse entre les deux sépultures était, en moyenne, de 7o centimètres.

Le foyer inférieur reposait entièrement sur une couche de terre vierge, dans laquelle nous trouvâmes, presqu'en surface, une mâchoire de rhinocéros, des dents d'ours et quelques débris de bouquetin, dont une tête mutilée.

L'épaisseur de la couche de terre vierge était de 6o centimètres.

Immédiatement au-dessous s'étendait un foyer à trois lits de cendre, formant un empiètement sur la terrasse extérieure de la grotte, entre deux bourrelets de terre rouge. Il est très vraisemblable que cette coupure fut pratiquée pour favoriser l'écoulement de l'eau qui séjournait dans la grotte et obtenir le dessèchement de l'aire intérieure de la chambre.

Les trois plans cinéritiques séparés dans la partie extérieure se fusionnaient avant d'atteindre le fond de la cavité. Le troisième s'appuyait sur une traînée de coprolithes piétinés et fortement concrétionnés.

Ce passage de fauves était séparé par un mince lit marneux d'une autre jonchée de coprolithes, tout autant concrétionnée que la première.

A cette seconde couche de fumées d'hyènes adhéraient les îlots cinéritiques d'un foyer très ruiné.

Les vestiges si abondants des visites assidues des hyènes sur ce niveau fréquenté par l'homme me dispensent de rechercher pourquoi nous n'y trouvâmes pas d'os d'animaux.

Les produits d'industrie que nous y recueillîmes ont été fabriqués dans une roche différente de celle des niveaux supérieurs. La technique est aussi plus lourde et plus grossière.

M. Boule a ensuite résumé en ces termes les résultats de ses recherches sur la *Stratigraphie* et la *Paléontologie* de la Grotte des Enfants :

La Grotte des Enfants nous offre des caractères fort différents de ceux de la Grotte du Prince, tant au point de vue de la nature des terrains de remplissage qu'à celui de leur contenu. Tandis que la Grotte du Prince est une vaste excavation où s'ouvrent de larges fissures ayant servi de canaux souterrains aux eaux sauvages, et que ses terrains de remplissage portent la marque d'un ruissellement intense, la Grotte des Enfants, plus petite, peu fissurée, mieux close, a été beaucoup plus à l'abri des apports extérieurs.

Les Hommes paléolithiques y ont séjourné d'une façon à peu près permanente pendant toute la longue durée qui correspond à la formation de couches cinéritiques, superposées sur près de 10 mètres d'épaisseur et offrant presque toutes, à un degré plus ou moins accusé, le caractère d'apports et de foyers humains.

La stratigraphie de cette grotte méritait d'être étudiée avec le plus de précision possible, à cause de la présence de squelettes humains à divers niveaux du remplissage. Je lui ai donné tous mes soins. Après avoir minutieusement examiné les lots d'objets recueillis couche par couche, j'ai cherché, autour des squelettes humains et dans leur gangue même, les débris d'animaux qui pouvaient y être restés.

Tout le remplissage est pleistocène, puisque le Renne a laissé ses traces dans les couches tout à fait supérieures (1re coupe) (1) ; c'est là un premier résultat auquel conduit l'étude de la faune. Et ce résultat est des plus

____

(1) Entre C et B des figures ci-jointes.

importants au point de vue de la solution du problème, tant discuté, de l'âge des squelettes humains.

La Paléontologie est ici d'accord avec l'Archéologie pour démontrer que, dans leur ensemble, les dépôts de la Grotte des Enfants sont un peu plus récents que ceux de la Grotte du Prince, ou, pour parler d'une façon plus précise, que les couches inférieures y sont un peu moins anciennes et les couches supérieures un peu plus récentes.

Les couches les plus profondes, reposant immédiatement sur le plancher rocheux de la grotte, ne renfermaient ni *Elephas antiquus*, ni Hippopotame. Le seul élément caractéristique du Pléistocène inférieur qui y ait été rencontré est le *Rhinoceros Mercki*. Or, il semble ressortir de l'étude de la Grotte du Prince et de celle d'autres gisements européens, surtout de l'Europe méridionale, que le *Rhinoceros Mercki* paraît avoir survécu dans nos contrées à l'Hippopotame et à l'Éléphant antique. La présence du Rhinocéros de Merck ne suffirait donc pas toujours, à mon avis, pour caractériser le Pléistocène inférieur. Pour ce qui est de la Grotte des Enfants, on peut encore remarquer que le Rhinocéros de Merck est associé, dans les couches inférieures, à l'*Ursus spelæus* en même temps qu'à l'*Ursus arctos*. Je serais donc porté à rapprocher ces couches inférieures (10ᵉ et 9ᵉ coupes) [1], non pas des premiers foyers E et D de la Grotte du Prince, mais du foyer C, c'est-à-dire de les considérer comme formant le passage du Pléistocène inférieur au Pléistocène moyen.

Les squelettes de Négroïdes du foyer I, lequel surmonte directement ces dépôts inférieurs, appartiendraient donc au Pléistocène moyen et seraient ainsi sensiblement de l'âge des squelettes de Spy, en Belgique.

Le foyer H, renfermant le grand squelette masculin, a livré une faune ne différant par aucun caractère important de celle du foyer I; je la rapporte encore au Pléistocène moyen, ce qui entraîne à vieillir notablement la race humaine dite de Cro-Magnon représentée dans le foyer H.

Quand on examine les listes d'animaux établies couche par couche, on est frappé de voir qu'à partir de ce foyer H jusqu'au sommet des dépôts, la faune est très uniforme; les grandes espèces carnivores y sont rares, ce qui peut s'expliquer, en dehors de toutes considérations chronologiques, par le fait que la grotte, continuellement habitée par l'Homme, ne pouvait servir de repaire.

Le Renne a été trouvé dans les 5ᵉ et 1ᵉ coupes [2]; il est très logique de supposer que ces niveaux supérieurs de la grotte sont contemporains de la plus grande extension de cet animal et qu'il faut les rapporter à l'âge du Renne, c'est-à-dire au Pléistocène supérieur. Dès lors l'âge des squelettes humains trouvés par M. Rivière d'abord, dans le foyer C, et par M. de Villeneuve ensuite, dans le foyer B, se trouve parfaitement établi. Il n'est pas douteux que ces squelettes soient pléistocènes, mais on peut affirmer, je crois, qu'ils ne remontent pas au delà du Pléistocène supérieur.

----

[1] Comprenant les foyers L et K des figures ci-jointes.
[2] C'est-à-dire vers le foyer K et entre C et B des figures ci-jointes.

GROTTE DES ENFANTS
GROTTE DU CAVILLON
Niveau actuel 3075
Niveau Rénien 2108
Chemin de fer
Chemin de fer

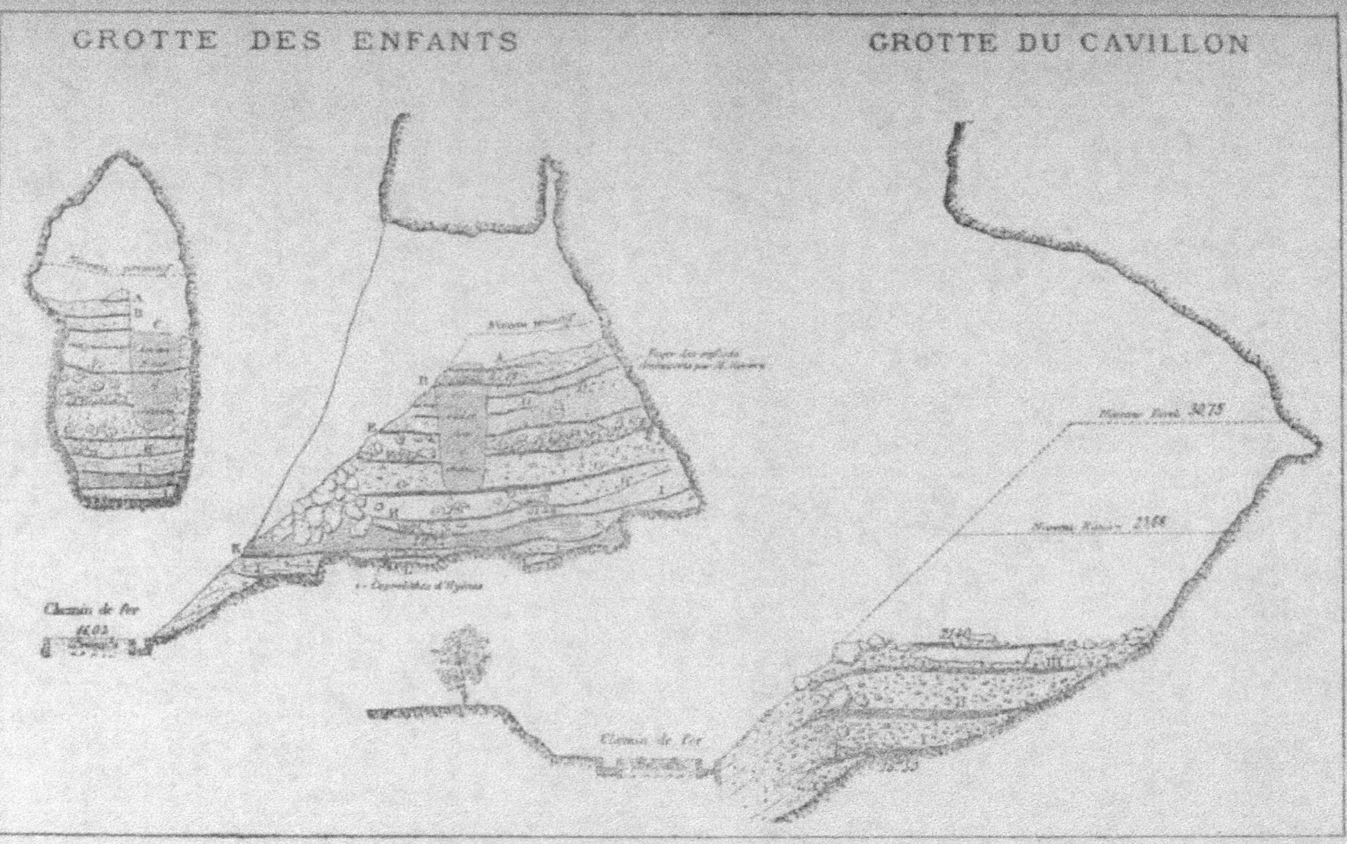

Fig. 3.

M. Verneau signale l'intérêt tout particulier que les découvertes faites dans la Grotte des Enfants présentent au point de vue anthropologique.

Dans cette grotte, dont la stratigraphie ne laisse rien à désirer, nous constatons, aux divers niveaux, l'existence de types ethniques différents, dont il est, par suite, facile de déterminer l'ancienneté relative. M. Boule vient de vous dire à quelle période du Quaternaire remonte, selon lui, chacun des squelettes qu'y a rencontrés M. le Chanoine de Villeneuve; je ne puis que prendre bonne note de ses conclusions.

Lorsque j'ai publié mes premiers mémoires sur la Barma Grande, j'avais pensé que les squelettes rencontrés par M. Abbo n'étaient pas franchement quaternaires et qu'il fallait plutôt leur assigner comme date la période de transition qui s'est écoulée entre le Paléolithique et le Néolithique; les trouvailles faites depuis, notamment celle de plusieurs mâchoires de Renne recueillies au niveau des sépultures, ont modifié mon opinion.

Ici, le doute ne me semble pas permis : tous les cadavres, y compris celui qui gisait dans la portion des niveaux supérieurs que n'avaient pas entamée les fouilles de M. Rivière, sont du Pléistocène. Ceux qui ont été découverts immédiatement au-dessus des dépôts inférieurs à faune chaude sont forcément très anciens.

Le squelette le plus récent a été malheureusement trouvé dans un état de conservation trop défectueux pour qu'il soit possible d'en déterminer le type avec certitude. Toutefois on peut affirmer que, par ses caractères, il se différencie nettement de ceux rencontrés sur les foyers que M. le Chanoine de Villeneuve a distingués par les lettres H et I (voy. la coupe fig. 3, p. 81).

Le grand sujet masculin du foyer H appartient incontestablement à la race de Cro-Magnon. Il offre bien, dans le crâne, quelques particularités qui autorisent à en faire une variante ; mais, dans l'ensemble, il présente de telles analogies avec le type des chasseurs de renne de la Vézère, qu'on ne saurait l'en séparer.

Le Musée anthropologique de Monaco possède le squelette entier de ce sujet. J'ai pu l'étudier à loisir et il m'a été permis de compléter les données que nous possédions sur la race de Cro-Magnon en y ajoutant les renseignements tirés de l'examen du bassin et des proportions des membres. Déjà j'avais, sur ces deux points, quelques documents que m'avaient fournis les restes humains de la Barma Grande; je vous résumerai demain les conclusions auxquelles je suis arrivé.

Les deux cadavres de la double sépulture inférieure offrent un intérêt exceptionnel. Ils se ressemblent tellement entre eux qu'il est certain qu'ils appartiennent au même type ethnique. Or, ce type est totalement différent de tous les types quaternaires connus jusqu'à ce jour; il se rapproche singulièrement des Nègres actuels, dont il exagère même quelques traits.

Ainsi, entre l'époque où vivait aux Baoussé-Roussé une faune chaude — caractérisée, dans la Grotte du Prince, par l'Éléphant antique, l'Hippopotame et le Rhinocéros de Merck, et dans celle des Enfants, par ce dernier animal seulement — et l'époque où a vécu la race de Cro-Magnon, nous constatons l'existence d'une race nouvelle pour la science, que j'ai proposé d'appeler *Race de Grimaldi*. Elle mérite de retenir un instant l'attention du Congrès; et, en raison de l'heure avancée qui va nous obliger à rentrer à Monaco, j'en ajourne la description à notre prochaine séance.

Ce qu'il était bon de noter sur place, c'est la situation stratigraphique qu'occupait la double sépulture de nos Négroïdes par rapport aux autres. Grâce au repérage soigneusement indiqué par M. le Chanoine de Villeneuve sur la paroi de la grotte, il vous est facile de vous en rendre compte. Quoique la différence de niveau entre le foyer de l'homme de Cro-Magnon et celui des Négroïdes ne soit pas considérable; quoique la faune des deux foyers ne se distingue, comme vient de vous le dire mon savant ami, M. Boule, par aucun caractère important, il n'en est pas moins certain que, les couches n'ayant pas subi le moindre remaniement, les deux sujets de la double sépulture sont plus anciens que le sujet masculin qui reposait à 60 ou 70 centimètres au-dessus. Or, nous verrons que la race de Grimaldi, plus ancienne que les autres races représentées aux Baoussé-Roussé, offrait, par rapport à celles qui lui ont succédé, des caractères d'infériorité évidents. Il y a là un nouveau fait qui vient s'ajouter à ceux déjà connus, pour démontrer l'évolution du type humain pendant l'époque quaternaire.

Je n'insisterai pas davantage, aujourd'hui, sur cette question. Je préfère céder la parole à M. Cartailhac qui a des choses intéressantes à nous dire en face de cette Grotte des Enfants dont il a suivi un moment les fouilles et dont il a vu extraire les squelettes négroïdes qui ont fait tant de bruit dans le monde des anthropologistes.

M. CARTAILHAC, ainsi invité à prendre la parole, s'exprime en ces termes :

MESSIEURS,

Je dois vous exposer les résultats archéologiques fournis par l'exploration de ces cavernes.

Mais auparavant il me semble qu'un devoir nous incombe. Nous sommes en Italie, sur cette terre privilégiée qui mérite à tant de titres la reconnaissance des préhistoriens. Nous devons rappeler le souvenir de la Spezzia où fut fondé notre Congrès, et puisque nous avons le bonheur de posséder ici, auprès de nous, le professeur Capellini, acclamons-le. Il fut l'un des promoteurs sinon l'initiateur de cette institution. Hier il s'effaçait modestement au profit de chers collaborateurs disparus. En tous cas, il ne peut désavouer la session de Bologne. Cette réunion fut son œuvre. Le Prince Humbert avait daigné en accepter le patronage et suivre les séances, entouré des ministres italiens et des délégués illustres de toutes les nations. C'est le Congrès de Bologne qui mit avec splendeur nos études anthropologiques en pleine lumière et consacra l'importance de l'archéologie préhistorique.

L'Italie n'aime pas seulement la science, elle est la patrie souverainement belle des arts. L'habile directeur des fouilles dont le succès nous réunit ici, M. le Chanoine de Villeneuve me saura gré de faire remarquer que ses ouvriers italiens ont été des artistes patients et ingénieux. C'est une bonne fortune que d'avoir eu leurs concours dans ces chantiers dangereux et compliqués.

C'est au Congrès de Bologne que nous eûmes la révélation de la valeur des gisements des Baoussé-Roussé. M. Émile Rivière, dans les années qui suivirent, accumula les découvertes, multiplia les publications sensationnelles. Puis l'immense Grotte du Prince qui était intacte, et la Grotte des Enfants, à peine entamée, furent explorées par ordre de S. A. S. Albert Ier et d'après le plan magistral qu'il avait tracé.

Vous verrez au Musée anthropologique de Monaco les collections archéologiques que j'ai eu mission de classer et de décrire. Devant les vitrines, j'aurai l'honneur de vous fournir les renseignements que vous désirerez et dans une de nos séances prochaines j'insisterai sur l'âge et l'intérêt de ces reliques d'un très lointain et très long passé. Vous les avez déjà entrevues.

Ici, Messieurs, vous admirez seulement le site merveilleux, ces amples cavernes où gisaient tant de trésors dans les cendres accumulées des antiques foyers. Vous pouvez remarquer sur les murailles les traces qui révèlent la puissance des couches enlevées. Comblez par la pensée cette tranchée de chemin de fer qui passe en avant de plusieurs grottes et entame si profondément le talus ossifère ; vous jugerez qu'il s'agit bien d'un gisement extraordinaire auquel seuls peuvent être comparées les stations interminables et inépuisables des bords de la Vézère, aux Eyzies.

Vous avez pu vous rendre compte déjà, surtout en écoutant la parole autorisée de MM. de Villeneuve, Boule et Verneau, qu'ici vous avez un avantage très exceptionnel. Une seule direction a effectué l'exploration des deux principaux gisements. Une surveillance sévère fut constante. Un journal des fouilles extrêmement minutieux a été tenu. Tout ce qui a été exhumé a été conservé avec soin. Tout peut être soumis à votre examen et à votre contrôle.

De sorte que nos conclusions seront perpétuellement vérifiables, vous pourrez connaître l'industrie de chaque mince couche, apprécier les différences d'une couche à l'autre, noter les changements et l'évolution des arts et des mœurs des hommes qui les premiers séjournèrent dans ces parages.

Nous avons une série de gisements, ils se prêtent un mutuel appui. Ils ont fourni des observations concordantes et il n'y a rien dans les publications anciennes qui ne soit également d'accord avec les faits nouveaux auxquels on doit des lumières inattendues.

En particulier, l'âge des squelettes humains est fixé. Nous pouvons les déclarer quaternaires, préciser même le niveau, très ancien, qui les réclame. Enfin, ce sont indubitablement des sépultures.

Les premiers hommes arrivés au pied de ces falaises ont stationné dans les principaux abris. Les plus anciens vestiges de cette occupation sont des débris de cuisine et des pierres taillées, des quartzites et des calcaires éclatés qui se rapportent aux formes d'une station typique célèbre ; ce sont les pointes et, plus rares, les racloirs du Moustier dont l'aspect est familier à tous les préhistoriens.

Or, M. Boule vous a dit que les couches inférieures de la Grotte du Prince, qui renferment ces objets, contiennent aussi la faune chaude caractéristique de la phase quaternaire A.

C'est là un fait essentiel dont la gravité ne vous a point échappé.

La faune ancienne marche ici avec cette industrie que nous sommes habitués, dans l'Europe occidentale, à classer à un niveau déjà avancé des civilisations paléolithiques, niveau du milieu de la phase quaternaire B.

Dans la Grotte du Prince, moustiérien et faune chaude sont d'abord synchroniques. Des couches successives témoignent de l'évolution du climat et de la faune; la faune froide a paru et s'est installée; la culture humaine n'a pas subi d'influences nouvelles, ne témoigne d'aucun changement, le moustiérien dure toujours. Tout au plus si l'on peut signaler une plus grande quantité de silex au milieu des quartzites, dans les plus hauts foyers.

Ainsi se termine l'occupation de la Grotte du Prince, et cette occupation, moustiérienne de la base au sommet, correspond à un laps de temps énorme.

Les Moustiériens ont stationné en même temps dans les abris voisins et leurs vestiges ici et là sont identiques. Il n'y a nulle part un seul échantillon de ces formes classiques de nos alluvions anciennes, aucune « langue de chat », aucun coup de poing chelléen.

Dans son ensemble, ce matériel archéologique semble donc tardif. Aussi bien il annonce vaguement, dans la variété de ses formes, le facies industriel de la civilisation prochaine des Baoussé-Roussé.

C'est celle-ci qui va lui succéder, à peu près sans transition, dans la Grotte des Enfants, c'est elle qui apparaît aussi dans les remblais supérieurs des grottes voisines, c'est elle qui, dans ses foyers superposés, renferme les sépultures.

La Grotte des Enfants l'a révélée avec cette abondance de menus silex et de jaspes taillés qui, depuis l'origine des recherches, a été comme la spécialité des grottes de Menton. Il y a aussi quelques os ouvrés formant un groupe très homogène. A ces silex et à ces armes ou instruments, nous pouvons ajouter les objets décoratifs et autres qui accompagnent les squelettes humains.

Tout cet ensemble industriel et artistique est parfaitement caractérisé et vient prendre une place régulière dans nos classifications paléolithiques, entre le Moustiérien et le Solutréen classiques, si je puis ainsi dire. Si vous voulez, pour employer un terme spécial dérivé du nom d'une station célèbre depuis longtemps, c'est de l'*Aurignacien*.

Mais cette station d'Aurignac (Haute-Garonne), *comme toutes les autres*, a ses particularités; elle ne représente pas toute la division en vue, mais seulement une partie. Il convient donc de dire, sous cette réserve, que les gisements paléolithiques des Grottes de Grimaldi, superposés au Moustiérien, appartiennent à cette période pré-Solutréenne.

Demain nous entrerons dans les détails, nous préciserons. Je me contente, en terminant, d'insister sur le fait que de leur côté MM. Boule et Verneau vous ont affirmé. Les gisements en question sont paléolithiques jusqu'au sommet et il n'y a pas l'ombre d'une infiltration néolithique dans ceux de la Grotte des Enfants. Nous avons là des sépultures paléolithiques certaines.

Nous savons d'ailleurs que dans les autres grottes, et partout ici, l'apport néolithique fut superficiel et insignifiant.

C'est presque à regret que les Congressistes ont quitté les Baoussé-Roussé. Ils en ont emporté la certitude que les fouilles du Prince de Monaco ont été conduites avec tout le soin, toute la méthode que la science est en droit d'exiger et ils auraient sûrement été heureux d'en féliciter le Souverain qui en a eu l'initiative et qui en a dicté le plan, si la maladie ne l'avait pas privé de la satisfaction de prendre part à notre excursion. Les compliments n'ont pas fait défaut à M. le Chanoine de Villeneuve et à son modeste collaborateur, M. Lorenzi, et, vraiment, ils y avaient bien droit.

L'heure était arrivée de regagner la Principauté pour assister, au théâtre de Monte Carlo, à la représentation de gala que la Direction du Casino avait organisée en l'honneur des Congressistes, avec *Méphistofélès* au programme.

3° EXCURSION AUX ENCEINTES DES MULES
ET DU MONT BASTIDE

Cette excursion, qui devait avoir lieu dans l'après-midi du jeudi 19 avril, a été remise, par suite du mauvais temps, au samedi 21. Ce jour-là, encore, la route qui conduit aux *Mules* était impraticable pour les voitures, et la plupart des Congressistes se dirigèrent vers le mont Bastide, soit directement, soit en passant par La Turbie. Néanmoins une petite caravane gagna *Les Mules* à pied et put visiter leurs curieuses enceintes.

A La Turbie, une délégation de la section niçoise de la Société française des fouilles archéologiques attendait les excursionnistes au pied de la Tour d'Auguste. L'aimable secrétaire de la section, M. Philippe Casimir, s'était, en effet, obligeamment mis à la disposition des membres du Congrès pour leur faire visiter les travaux en cours et il s'était fait accompagner d'un certain nombre de ses collègues. On sait que la Société française des Fouilles archéologiques a entrepris d'élucider le mystère qui planait sur le monument de La Turbie. Elle a commencé de laborieuses fouilles qui ont démontré que la Tour d'Auguste s'élevait au-dessus d'un vieil édifice romain, composé de gros matériaux fort bien travaillés, et qui semble avoir eu une grande importance. Les pierres de taille de l'édifice sont retirées une à une et soigneusement numérotées, de façon à ce qu'il soit possible de reconstituer le monument. C'est un travail gigantesque, qui réclame les plus grandes précautions pour ne pas ébranler la Tour.

Par suite du retard qu'entraîna la visite à La Turbie, les Congressistes qui avaient pris cette direction arrivèrent au mont Bastide à une heure assez avancée. Déjà, ceux qui les y avaient précédés effectuaient leur retour, et M. le Chanoine de Villeneuve s'est vu dans la nécessité de ne donner sur ses fouilles que des renseignements sommaires ; mais il a bien voulu les compléter dans la note que nous publions plus loin. Malgré tout, chacun a pu voir le rempart composé de gros matériaux bruts qui couronnait le sommet du mont, les ruines d'habitations, les rues qui parcouraient cette sorte de village fortifié. Les collectionneurs ont eu la bonne fortune de faire quelques récoltes qui démontrent que l'enceinte a été occupée à des époques très diverses, car, à côté de poteries récentes, ils ont rencontré des poteries sigillées faciles à dater, et l'un d'eux a même découvert une monnaie de potin et un bouton en cuivre.

Il ne nous appartient pas, d'ailleurs, d'émettre une opinion sur l'âge ni la destination de cette enceinte, et nous renvoyons le lecteur à l'intéressant travail de M. de Villeneuve.

4ᵉ EXCURSION AUX ENVIRONS DE GRASSE

Après la clôture de la session — le mardi 24 avril — une excursion eut lieu dans les environs de Grasse. Elle avait pour but de faire connaître aux Congressistes les dolmens et les tumulus de la région et de leur permettre d'étudier sur place quelques enceintes à gros blocs.

De toute la Provence, ce sont les environs de Grasse qui possèdent le plus grand nombre de ces divers monuments. M. Paul Goby en a fouillé ou étudié une quantité importante, et ce fut une bonne fortune pour les excursionnistes d'avoir un guide aussi expérimenté. C'est grâce à lui, grâce au soin méticuleux avec lequel il a réglé tous les détails de l'expédition, que les membres du Congrès ont pu faire, sans la moindre fatigue, une promenade de plus de quarante kilomètres, aussi agréable que fertile en enseignements.

Dès sept heures du matin, les excursionnistes se réunissent en haut du Cours de Grasse, pour prendre bientôt en voiture le chemin de Saint-Cézaire. Presque à la sortie de la ville, M. Paul Goby leur signale deux enceintes à gros blocs : l'une, à droite, sur le plateau de Roquevignon, l'autre, en forme de demi-ellipse, sur le sommet de la colline de Stramousse. La caravane traverse ensuite rapidement le village de Spérascèdes, où notre cicerone a fouillé dernièrement une grotte intéressante. Le temps faisant défaut pour nous y arrêter, nous poursuivons notre route en nous contentant de noter au passage, dans la direction du Nord, l'emplacement du camp retranché de la Barre du « Courpatas » et celui de « l'Eouvière ».

A neuf heures, nous arrivons au quartier du Brusquet, en pleine région des dolmens. Sur chacun d'eux, comme sur tous les monuments que nous devions visiter dans la journée, M. Paul Goby nous donne d'intéressants renseignements.

Le premier dolmen examiné est le petit dolmen du *Brusquet*. Situé sur un mamelon assez bas, à une centaine de mètres de la route, il est peu profond, et son entrée, qui regarde à l'Ouest, n'est pas précédée d'un couloir. La dalle supérieure n'est plus en place, mais on en observe les fragments tout autour, ainsi que les traces bien apparentes d'un galgal très caractéristique.

Ce dolmen fut signalé et fouillé, en 1877, par A. de Maret, qui n'indique pas ce qu'il y trouva. M. Paul Goby a tamisé les terres de la cella et il a pu encore recueillir divers ossements, des dents et un fragment de poterie micacée dont la pâte est identique à celle des tessons rencontrés dans les camps voisins.

A droite, sur un mamelon plus élevé, se voit le dolmen de « *Lou Serré Dinguille* ». Ce monument, assez bien conservé, est composé d'une chambre formée de cinq dalles, avec entrée à l'Ouest et couloir d'accès. Le pilier de droite est légèrement incliné en avant, mais en bon état ; la table de recouvrement gît tout autour, en fragments épars.

Ce dolmen a été fouillé, en 1866, par Bourguignat ; en 1877, par A. de Maret, qui y trouva un morceau de hache polie et deux perles en bronze ; en 1900 et 1904, par M. Paul Goby, qui put y recueillir encore quelques ossements brisés, vingt-quatre dents et deux perles faites de sections de dentalium fossile.

De ce point, nous observons au Nord le grand dolmen de « *Colbas* » et l'emplacement de ceux du « *Prignon* », que l'éloignement ne nous permet pas malheureusement d'aller visiter.

Le troisième dolmen est celui des « *Bernards* », situé tout au bas, à gauche, en redescendant sur la route. Dégarni, quelques jours auparavant, des pierrailles qui l'encombraient, il laisse voir, à notre arrivée, une cella presque rectangulaire, formée par une grande dalle au Nord et deux de chaque côté. A l'Ouest, se trouve le couloir d'accès ordinaire, qui est d'ailleurs assez peu visible.

Tout autour du monument, les Congressistes recueillent divers silex taillés.

Nous visitons encore, dans cette région, le dolmen de « *la Graou* » (1), le plus beau, peut-être, et le mieux conservé du pays. L'immense galgal qui l'entoure retient un instant l'attention des excursionnistes, qui examinent ensuite la chambre composée de cinq dalles, avec entrée toujours à l'Ouest et un couloir d'accès, très bien indiqué. La grande dalle du Nord mesure 1 m. 80 de hauteur ; la largeur de la cella, du Nord au Sud, est de 1 m. 60.

En 1866, Bourguignat l'avait fouillé pour la première fois ; en 1877, De Maret y trouvait une pointe de flèche en silex ; Rivière le visitait lors de son passage dans le pays ; en 1900 et 1904, M. Goby, reprenant les fouilles, y découvrait encore un petit fragment de bronze, trois perles en dentalium, divers ossements et des dents.

L'heure s'avançant, les Congressistes se dirigent sur le village de Saint-Cézaire ; mais, avant de se rendre dans la salle où a été servi le déjeuner, ils vont contempler, au sud du petit village, le spectacle grandiose qu'offrent les maisons accrochées sur le bord d'une immense crevasse, au fond de laquelle dévale, en flots d'écume, la rivière la Siagne.

A onze heures et demie, tout le monde a pris place autour de tables où un repas substantiel est absorbé avec entrain. Au dessert, MM. Cartailhac, Pigorini et Waldemar Schmidt remercient les organisateurs de l'excursion, notamment M. Paul Goby qui a su tout prévoir pour la rendre aussi agréable qu'instructive. Ils expriment la satisfaction que chacun de nous éprouve d'avoir pu visiter un pays aussi pittoresque où, en dehors des intéressants monuments préhistoriques dont notre aimable guide nous fait connaître les particularités, il nous est donné de voir défiler devant nos yeux des panoramas variés, souvent merveilleux.

(1) M. Paul Goby se propose de publier prochainement un travail d'ensemble sur ces dolmens et sur tous ceux de la région. La monographie, qui sera accompagnée de photographies et de plans, contiendra l'historique des fouilles, la description des objets rencontrés et tous les détails relatifs à ces monuments.

Au sortir de la salle où les Congressistes viennent de se restaurer, ils sont entourés par une partie des habitants de Saint-Cézaire. Dans la foule, MM. les Drs Georges Hervé et R. Verneau avisent une fillette de dix ans dont la chevelure crépue rappelle celle des Nègres les plus caractérisés. La mère est présente et elle n'offre rien de semblable. Interrogée sur son mari et sur les ascendants tant de celui-ci que d'elle-même, elle affirme qu'aucun n'a possédé de cheveux crépus. Ne se trouverait-on pas en présence d'un cas d'atavisme partiel et ne serait-on pas en droit de regarder la fillette comme une descendante arriérée de ces Négroïdes de Grimaldi dont M. Verneau a entretenu le Congrès ?

A une heure, les voitures reprennent leur marche et gravissent lentement la route de Mauvans. Au bout de trois quarts d'heure, nous faisons une nouvelle halte pour visiter, à droite, le dolmen du *Sud de Maurans*. Comme ceux déjà vus, il est entouré d'un superbe galgal de pierres ; la chambre, précédée d'un couloir, est formée par cinq dalles verticales, relativement hautes puisque l'une d'elles mesure 1 m. 70 à 1 m. 90 environ.

Ce dolmen a été fouillé, en 1892, par M. le Dr Guébhard qui y a rencontré des dents et quelques ossements humains.

Non loin de là, se trouve un tumulus à chambre à peu près ronde, formée par de petites dalles. — M. le Dr Guébhard y a recueilli des ossements humains fragmentés et trois cents dents.

Les voitures continuent l'ascension de la côte, et nous arrivons au grand dolmen des « *Puades* » ou des « *Lèques* », qui est situé en contre-bas de la route. Entouré d'un énorme galgal, il montre une entrée bien conservée, avec couloir de 1 m. 20 environ de longueur. La cella mesure 1 m. 51 de largeur de l'Est à l'Ouest. La dalle qui la limite à l'Est est une des plus belles de toutes celles qui ont été utilisées pour la construction des monuments mégalithiques de la région.

Le dolmen des Puades est le premier qui ait été fouillé dans les parages de Saint-Cézaire. En 1866, Bourguignat, qui recherchait alors des ossements d'animaux dans les grottes et les cavernes du pays, y recueillit des ossements humains, divers fragments de vases, une pointe de flèche en silex, deux bracelets en bronze, quatre canines perforées et des objets de parure en os poli, percés d'un trou de suspension.

Photographie de M. Paul Goby.

Fig. 4. — Dolmen sous tumulus des Puades, au-dessus
de Saint-Cézaire (Alpes-Maritimes).

Un peu plus bas, dans la direction de l'Ouest, nous jetons un coup d'œil sur un autre tumulus à petites dalles, avec chambre rectangulaire. — Il a été fouillé autrefois par M. Bottin et M. le Dr Guébhard.

Mais nous apercevons, sur le sommet du mamelon de Mauvans, les murs de l'antique Castellaras, vers lequel nous nous dirigeons en gravissant une pente fort escarpée.

Le *Castellaras de Mauvans* est de forme ovale ; il mesure 75 mètres de long sur 50 mètres de large. Au Sud, se voient deux murs d'enceinte et les vestiges d'un troisième ; dans le deuxième, on distingue nettement une des portes qui donnaient accès dans le camp. Sur d'autres points, on observe des traces de mur double. Le parement septentrional de l'enceinte se fait remarquer par la grosseur des blocs qui le constituent.

Le temps fuit avec trop de rapidité, et c'est à peine si nous jetons en passant un coup d'œil sur le tumulus de la propriété Lorrain, situé à quelques centaines de mètres du Castellaras de Mauvans.

Avant de gagner le merveilleux « Castel Assout », qui devait marquer le terme de l'excursion, nous visitons encore le dolmen du quartier du « *Dégoutay* ». Le galgal, d'où émergent des dalles de 1 m. 25 à 1 m. 30, ressemble de loin à un vulgaire clapier. Le dolmen est cependant fort bien conservé et répond au type classique du pays : entrée à l'Ouest ; couloir d'accès ; chambre formée de cinq dalles verticales, avec des murets en pierres sèches dans les angles.

Ce monument a été fouillé, en 1880, par M. Bottin, qui y recueillit deux cent trente dents, divers ossements, un vase en terre grossière, trois pendeloques, dont deux en défense de sanglier, une pointe de lance en bronze et trois os taillés.

Enfin nous arrivons à « *Castel Assout* ». C'est le plus beau camp — et l'un des plus typiques — de la région. Sa forme est ovale, ses parements sont habilement agencés. Le mur double qui l'entoure est bien conservé et permet de se rendre un compte exact de son mode de construction. La porte d'entrée, située à l'Est, est formée par l'interruption d'un mur rentrant ; elle est suffisamment déblayée pour qu'on en voie tous les détails.

Les Congressistes examinent avec le plus grand intérêt toutes les particularités de cette remarquable enceinte, d'où ils peuvent apercevoir, disséminés dans les environs, d'autres camps retranchés dont la visite ne figurait pas au programme : *Castel Abram*, l'*Audide*, le *Mortier*, la *Tourré*, le *Camp Carbonel*, etc.

M. le Dr Guébhard a eu la délicate attention de faire dresser des tables, chargées de mets variés, de pâtisseries et de rafraîchissements, sur le roc nu de la vieille forteresse. Des guirlandes de fleurs et de verdure les entourent, jetant une note gaie au milieu des blocs sombres.

Obligé de rentrer le soir même dans la Principauté pour s'occuper de l'excursion au lac de Varese, M. le Dr Verneau prend congé des Congressistes et remercie au nom de tous M. le Dr Guébhard d'avoir su allier, d'une façon si charmante, le préhistorique et les raffinements de la civilisation du XXe siècle. Il exprime également à M. Paul Goby la gratitude que chacun lui conservera pour les soins qu'il a apportés à l'organisation d'une promenade qui a tant appris à ceux qui y ont pris part.

Avant de quitter le camp, M. le Dr Capitan renouvelle les remerciements des membres du Congrès aux deux organisateurs de l'excursion, le maître et l'élève, qui ont contribué dans une si large mesure à faire connaître la préhistoire des environs de Grasse. S'ils rivalisent de zèle pour projeter la lumière sur le passé des Alpes-Maritimes, ils font assaut d'amabilité pour accueillir les amis de la science qui viennent visiter leur pittoresque pays. La journée si bien remplie qui prend fin à Castel Assout restera gravée dans la mémoire des archéologues venus de Monaco, et, lorqu'ils évoqueront le souvenir de la riante vallée de Grasse ou des agrestes parages de Saint-Cézaire et de Saint-Vallier, ils se rappelleront les figures si sympathiques de M. Adrien Guébhard et de M. Paul Goby.

5° EXCURSION AU LAC DE VARESE

Beaucoup de Congressistes s'étaient promis, en quittant Grasse, de se rendre à Milan pour prendre part à l'excursion projetée au lac de Varese. Ils espéraient bénéficier des réductions consenties par les Compagnies des chemins de fer italiens et accomplir le voyage dans des conditions vraiment avantageuses. Ils savaient qu'ils pouvaient compter sur un accueil empressé de M. le Professeur Pompeo Castelfranco, et ils étaient assurés que, au point de vue scientifique, l'expédition ne serait pas sans résultats. Malheureusement, les lenteurs des administrations ont découragé le plus grand nombre. Les billets, demandés bien longtemps à l'avance, ne sont arrivés qu'à la dernière heure, et ceux de beaucoup d'inscrits ne sont pas parvenus au Secrétaire général. Les réclamations réitérées de ce dernier, la bienveillante intervention de M. le Gouverneur général de la Principauté de Monaco n'ont abouti à rien.

Néanmoins, quelques membres du Congrès se sont rendus à Milan. Le jeudi, à huit heures et demie du matin, ils ont été reçus à la gare du Nord par le Professeur Castelfranco et le Docteur Antonio Magni qui leur servirent obligeamment de guides. A Gavirate, les barques du Sénateur Ponti les attendaient pour les transporter à l'Isolino.

On sait que l'Isolino — ou Isola Virginia — est une île artificielle formée par les détritus de la plus considérable des palafittes qui se sont élevées sur le pourtour du lac de Varese. Par les soins du Professeur Castelfranco, deux tranchées avaient été creusées pour montrer aux visiteurs les restes des pilotis. Ces tranchées avaient donné leur contingent habituel d'ossements, de débris de poteries et d'outils en silex.

Des tranchées, les Congressistes se sont rendus au petit musée où M. le Sénateur Ponti a rassemblé les produits des fouilles de l'Isolino et de diverses autres palafittes. Toutes les récoltes ont été admirablement classées et rangées par le Professeur Castelfranco, qui a été l'organisateur et qui est en quelque sorte le curateur de ce musée.

Le Sénateur Ponti, retenu à Milan par l'arrivée du Roi et de la Reine d'Italie, venus pour l'inauguration de l'Exposition, n'avait pu recevoir lui-même les visiteurs ni présider la table du banquet auquel il les avait conviés et qui avait été préparé pour de nombreux excursionnistes. Il s'était fait remplacer par M. Pompeo Castelfranco qui, à la fin du banquet, a prononcé le discours suivant :

Messieurs et très honorés Collègues,

Avant toute autre chose, permettez-moi, au nom du propriétaire de cette île, M. Hector Ponti, sénateur, maire de Milan, de vous souhaiter la bienvenue. C'est avec une véritable joie que je m'acquitte de ce devoir, et ce m'est un grand honneur d'avoir été choisi pour vous parler, pour vous recevoir, moi le plus obscur de vos collègues.

M. Hector Ponti, à la veille de l'inauguration de notre Exposition, aujourd'hui jour de l'arrivée du roi d'Italie, a été retenu à Milan par les devoirs de sa charge, et il a bien regretté de ne pas pouvoir venir lui-même, autrement il serait ici. Il m'a donc chargé de vous présenter son hommage, de vous remercier de votre visite au Musée créé par son illustre père et continué par lui, et de vous porter un toast respectueux....

Soyez les bienvenus !...

. . . .

Nous sommes ici dans une île singulière, une île artificielle élevée dans des temps préhistoriques, au sommet et au centre des traces d'un immense village lacustre, le plus ancien de la série. Nulle autre part nous n'aurions pu mieux nous trouver qu'ici pour évoquer les souvenirs de nos ancêtres préhistoriques.

C'est votre science, ce sont vos études, chers collègues, qui ont fait parler ces débris des civilisations qui nous ont précédés ; sans autre aide que ces décombres, vous avez su écrire l'histoire de ces peuples dont il ne restait aucun souvenir, pas même dans les traditions. L'histoire de ces ancêtres paraissait inaccessible à la curiosité de nos contemporains. Vous leur avez appris à lire ces palimpsestes muets qui, avant Boucher de Perthes, Nilson, Keller, Mortillet, Cartailhac, Evans, Capitan, Pigorini, Gastaldi, avaient paru indéchiffrables. Votre parole savante est venue nous apprendre quelle a été la vie, quelles ont été les mœurs, les croyances de ces ancêtres ; et aujourd'hui, grâce à votre science, l'écho lointain du bruit qu'ont fait ces peuplades disparues vient répondre à votre voix, et il me semble l'entendre bruisser dans les feuilles de ces grands arbres dont les racines se nourrissent de leurs os..... C'est l'écho de la voix puissante de ces précurseurs de la grande civilisation italique qui répond à votre appel.

Je ne sais comment vous dire combien je suis heureux de vous voir ici, de pouvoir vous saluer, au nom des descendants des Gallo-Cisalpins, des Celtes de l'Insubrie, au nom des descendants des proto-Ligures, au nom de mes compatriotes, en somme, et si vous me le permettez, en mon nom aussi.

Je lève mon verre et je porte un nouveau toast à la Science, à vous qui en êtes les luminaires, à la prospérité et à la gloire des nations qui sont représentées ici.

Evviva !

M. le Dr CAPITAN a répondu au nom des Congressistes à M. le Professeur Castelfranco, qu'il a prié de vouloir bien transmettre à M. le Sénateur Ponti les remerciements de ses collègues et les siens pour l'accueil qu'il leur avait réservé. Il a remercié M. Castelfranco lui-même des sentiments qu'il venait d'exprimer et des explications pleines d'intérêt qu'il avait fournies au cours de la visite de l'Isolino. Il l'a félicité enfin de la méthode avec laquelle il a classé dans le Musée les produits des fouilles exécutées dans les palafittes du lac de Varese et des services qu'il a ainsi rendus à la science préhistorique.

REPRÉSENTATION DE GALA
ET CONCERT CLASSIQUE

AU

THÉATRE DU CASINO DE MONTE CARLO

La Direction du théâtre du Casino a offert, le mardi 17 avril, une représentation de gala aux membres du Congrès international d'Anthropologie et d'Archéologie préhistoriques. Elle avait eu la délicate attention de mettre au programme *Méphistofélès*, l'opéra de Boïto que bien peu de Congressistes avaient eu l'occasion d'applaudir.

La pièce avait été montée avec le luxe dont on est coutumier à Monte Carlo ; tous les tableaux seraient à citer, mais il en est deux surtout qui paraissent avoir fait une profonde impression sur les spectateurs : « le jardin » et « l'enfer », qui lui succède immédiatement. Les ballets, merveilleusement réglés, ont surpassé, disaient quelques-uns, ceux de Milan ou de l'Opéra de Paris.

L'interprétation a été ce qu'on pouvait attendre d'artistes comme Mlle Giachetti dans les deux rôles de Marguerite et d'Hélène, Mme Deschamps-Jehin dans les rôles de Marthe et de Panthalis, M. Marconi dans le rôle de Faust, MM. Luzardi et Arnaud dans les rôles de Nérée et de Wagner. Chaliapine, l'incomparable basse, dont le nom seul sur une affiche suffit à assurer le succès d'une pièce, est un Méphistofélès vraiment terrifiant ; il a le don, en maints endroits, de faire frissonner toute la salle.

S. A. S. le Prince de Monaco et S. Exc. le Gouverneur général de la Principauté avaient bien voulu mettre leurs loges à la disposition du Bureau et du Conseil du Congrès. Pendant un entr'acte, S. A. S. le Prince héritier réunit les membres du Bureau et tous les Délégués des Gouvernements dans un des salons de sa loge pour leur offrir un thé. Chacun se retira enchanté de la bonne grâce avec laquelle il avait été accueilli par le Prince Louis, qui sut trouver pour tous un mot aimable.

Le mercredi, 18 avril, les Congressistes se retrouvaient, à deux heures et demie, dans la salle du théâtre de Monte Carlo, où un Concert classique avait été organisé en leur honneur. Les amateurs de bonne musique ont dû être pleinement satisfaits, car le moins qu'on puisse dire de l'orchestre, c'est qu'il n'est composé que de véritables artistes, et, en la circonstance, ils se sont tous montré à la hauteur de leur tâche.

OUVRAGES

OFFERTS AU CONGRÈS

ARNON (Victor). L'époque acheuléenne à Rosereuil-Igornay, près Autun (Saône-et-Loire). [Extrait du *Bulletin de la Société d'Histoire naturelle d'Autun*]. *Autun*, 1904, in-8.

AUXY de LAUNOIS (Comte A. d'), DOLEZ (Maurice), HUBLARD (Émile). Rapport sur les fouilles de Montignies-lez-Lens. *Mons*, 1897, in-8.

BATRES (Leopold). Osteologia. *Mexico*, 1900, in-8°. — Excavaciones en la Calle de las Escalerillas. *Mexico*, 1903, gr. in-8°. — Estudios de las ruinas de Mitla y noticia de las excavaciones hechas en el valle de Mitla. *Mexico*, 1901, in-8° — Exploraciones de Monte Albán. *Mexico*, 1902, in-8°. — Visitas á los monumentos arqueológicos de la Quemada (Zacatecas), año de 1903. *Mexico*, 1903, in-8°. — Tlaloc ? *Mexico*, 1903, gr. in-8°. — Mis exploraciones en Huexotla, Texcoco y monumento del Gavilan. *Mexico*, 1904, in-8°. — El monolito de Coatlinchan. *Mexico*, 1904, in-8°. (Ouvrages offerts par M. H. Wallach).

BAYE (Baron de). Varia. Recueil de notices. *Paris*, in-8. — Les Bronzes émaillés de Mostchina, gouvernement de Kalouga (Russie). *Paris*, 1891, in-4. — Le trésor de Szilagy-Somlyo (Transylvanie). *Paris*, 1892, gr. in-8°. — L'art Barbare en Hongrie. *Bruxelles*, 1892, in-8°. — Rapport sur le Congrès international d'Anthropologie et d'Archéologie préhistoriques de Moscou. *Paris*, 1893, in-8°. — Le Congrès international d'Anthropologie et d'Archéologie préhistoriques de Moscou en 1892 [Extrait des *Mémoires de la Société nationale des Antiquaires de France*] *Paris*, 1893, in-8°. — Souvenir du Congrès international d'Anthropologie et d'Archéologie préhistoriques. XI⁰ session, Moscou 1892 : 1) Allocution prononcée à la séance du 12 août ; 2) La sculpture en France à l'âge de la pierre ; 3) Origine orientale de l'orfèvrerie cloisonnée. *Paris*, 1893, in-8°. — Rapport sur le Congrès international d'Anthropologie et d'Archéologie préhistorique de Moscou. *Paris*, 1894, in-8°. — Rapport sur les découvertes faites par M. Savenkov dans la Sibérie orientale. *Paris*, 1894, in-8°. — Antiquités frankes trouvées en Bohême. *Caen*, 1894, in-8°. — Notes sur les Votiaks païens des gouvernements de Kazan et de

Viatka (Russie) [Extrait de la *Revue des traditions populaires*], *Paris*, 1897, in-8°. — La nécropole d'Ananino, gouvernement de Viatka (Russie) [Extrait des *Mémoires de la Société nationale des Antiquaires de France*] *Paris*, 1897, in-8°. — Extraits des procès-verbaux de la Société des Antiquaires de France. Communications faites en séance par M. de Baye. *Paris*, 1898, in-8°. — Communications faites en séance de la Société des Antiquaires de France. Extraits du *Bulletin. Paris*, 1898, in-8°. — Extraits des procès-verbaux de la Société nationale des Antiquaires de France. *Paris*, 1899, in-8°. — Communications faites en séance de la Société nationale des Antiquaires de France. Extraits du *Bulletin. Paris*, 1899, in-8°. — Notes de Folklore Mordvine et Metchériake. *Paris*, 1899, in-8°. — Note sur quelques objets en bronze rapportés de Sibérie [Extrait des *Procès-verbaux de la Société nationale des Antiquaires de France*]. *Paris*, 1900, in-8°. — Fouilles de Kourganes au Kouban (Caucase) [Extrait des *Mémoires de la Société nationale des Antiquaires de France*]. *Paris*, 1900, in-8°. — En Imiréthie. Souvenirs d'une mission. *Paris*, 1902, in-8°. — Les Juifs des montagnes et les Juifs géorgiens. Souvenirs d'une mission. *Paris*, 1902, in-8°. — En Petite-Russie. Souvenirs d'une mission. *Paris*, 1903, in-8°. — En Abkhasie. Souvenirs d'une mission. *Paris*, 1904, in-8°. — En Lithuanie Souvenirs d'une mission. *Paris*, 1905, in-8°.

BAYE (Baron DE) et VOLKOV (TH). Le gisement paléolithique d'Aphontova-Gora, près de Krasnoïarsk (Russie d'Asie) [Extrait de l'*Anthropologie*]. *Paris*, 1899, in-8°.

BREUIL (Abbé). Prétendus manches de poignard sculptés de l'âge du Renne [Extrait de l'*Anthropologie*] *Paris*, 1904, in-8°. — Essai de Stratigraphie des dépôts de l'âge du Renne [Extrait du *Premier Congrès préhistorique de France*]. *Paris*, 1905, in-8°. — L'évolution de la peinture et de la gravure sur murailles dans les cavernes ornées de l'âge du Renne [Extrait du *Premier Congrès préhistorique de France*.] *Paris*, 1905, in-8°. — Les Cottés. Une grotte du vieil âge du Renne à Saint-Pierre-de-Maillé (Vienne) [Extrait de la *Revue de l'École d'Anthropologie de Paris*]. *Paris*, 1906, in-8°.

BRUHALD. Louis de Pauw, conservateur général des collections de l'Université libre de Bruxelles. *Mons*, 1898, in-8°.

CAPITAN, BREUIL, et PEYRONY. Nouvelles observations sur la grotte des Eyzies, et sa relation avec celles de Font de Gaume.

CAPITAN, BREUIL, PEYRONY et BOURRINET. Fouille de l'Abri-Mège à Teyjat (Dordogne) [Extrait du *Premier Congrès préhistorique de France*]. *Paris*, 1905, in-8°.

CHANTRE [E.]. Compte-rendu des travaux anthropologiques de la XIe session des Congrès internationaux d'Archéologie préhistorique et d'Anthropologie, réunie à Moscou, in-8°.

CHANTRE (Ernest) et SAVOYE (Claudius). Répertoire et carte paléoethnologique du département de Saône-et-Loire. [Extrait des *Comptes-rendus de l'Association française pour l'avancement des Sciences*]. Paris, 1902, in-8°. — Le département du Jura préhistorique [Extrait des *Comptes-rendus de l'Association française pour l'avancement des Sciences, Congrès de Grenoble*]. *Paris*, 1904, in-8°.

CHASSAIGNE et CHAUVET (G.). Analyses des bronzes anciens du département de la Charente. *Ruffec*, 1903, in-8°.

CHAUVET (G). Stations humaines quaternaires de la Charente. N° 1. Bibliographie et statistique. Fouilles au Ménieux et à la Quina, 1897, in-8°. — Statistique et bibliographie, des sépultures préromaines du département de la Charente [Extrait du *Bulletin Archéologique*] *Paris*, 1899, in-8. — Une ville gallo-romaine, près Saint-Cybardeaux (Charente) Sermanicomagus (Germanicomagus ?) *Ruffec*, 1902, in-8°. — Ce que nous apprend l'analyse des bronzes préhistoriques. Controverse [Extrait des *Bulletins de la Société historique et archéologique du Périgord*]. Périgueux, 1904, in-8°.

CHAUVET (G.) et CHESNEAU. Classification des haches en bronze de la Charente. [Extrait des *Comptes-rendus de l'Association française pour l'avancement des Sciences*]. *Paris*, 1905, in-8°.

CHAUVET (G.) et LIÈVRE. Les tumulus de la Boixe [Extrait des *Bulletins de la Société archéologique et historique de la Charente*]. *Angoulême*, 1878, in-8°.

DUMAS (Ulysse). Note sur la grotte de l'En-quissé, commune de Sainte-Anastasie (Gard). [Extrait du *Bulletin Archéologique*]. *Paris*, 1904, in-8°. — La grotte Nicolas, commune de Sainte-Anastasie (Gard) [Extrait de la *Revue de l'Ecole d'Anthropologie de Paris*]. *Paris*, 1905, in-8°. — La grotte de la Baume-Longue, commune de Dions (Gard) [Extrait du *Bulletin Archéologique*]. *Paris*, 1905, in-8°. — Epoque halstattienne. Tumulus d'Aigaliers, Baron et Belvezet [Extrait du *Bulletin de la Société des sciences naturelles*]. *Nimes*, 1906, in-8°.

EVANS (Sir John) Petit album de l'âge du bronze de la Grande-Bretagne. *Londres*, 1876. — Les âges de la Pierre. Instruments, armes et ornements de la Grande-Bretagne. Traduit de l'anglais par Barbier. *Paris*, 1878, in-8°. — The silver medal, or map of sir Francis Drake. [Extrait de la *Numismatic chronicle*]. *Londres*, 1906, in-8°.

FAVRAUD (A.). Une sépulture du premier âge du fer, aux Planes, commune de Saint-Yrieix (Charente). *Angoulême*, 1906, in-8°.

FORTES (José). Os fibulas da Peninsula (*Portugalia*). *Porto*, 1903, in-8°.

GEORGE (J.) et CHAUVET (G.). Cachette d'objets en bronze découverte à Vénat, commune de Saint-Yrieix, près Angoulême. *Angoulême*, 1895, in-8°

GIROD (Dr Paul). Les stations de l'âge du Renne dans les vallées de la Vézère et de la Corrèze. Contribution à l'étude des bâtons percés. Un nouveau bâton de la Madeleine. *Paris*, 1906, in-4°.

GIROD (Dr Paul) et AYMAR (Alphonse). Stations moustériennes et campigniennes des environs d'Aurillac. *Paris*, 1903, in-8°.

GIROD (Dr Paul) et MASSÉNAT (Éliz). Les stations de l'âge du Renne dans les vallées de la Vézère et de la Corrèze. Laugerie-Basse. Industrie, sculptures, gravures. *Paris*, 1900, in-4°.

GOBY (P.) et GUÉBHARD (Dr A.). Sur les enceintes préhistoriques des Préalpes maritimes [Extrait des *Comptes-rendus de l'Association française pour l'avancement des Sciences*]. *Paris*, 1900, in-8°.

GUÉBHARD (Dr A.). Sur un trésor de deniers romains trouvé en 1901 aux environs de Nice. *Nice*, 1904, in-8°. — Fouilles et glanes tumulaires aux environs de Saint-Vallier-de-Thiey (Alpes-Maritimes). *Le Mans*, 1904, in-8°. — Essai d'inventaire des enceintes préhistoriques (castelars) du département du Var. [Extrait du *Compte-rendu du premier Congrès préhistorique de France*]. *Le Mans*, 1905, in-8°.

HAMY (Dr E. T.). Notice sur la roche fendue de Santenay (Côte-d'Or). *Semur*, 1874, in-8°. — Notes pour servir à l'anthropologie préhistorique de la Normandie. [Extrait des *Bulletins de la Société d'Anthropologie de Paris*]. *Paris*, 1878-79, in-8°. — Les habitants primitifs de la Basse-Orne. [Extrait des *Comptes-rendus de l'Association française pour l'avancement des Sciences. Congrès de Rouen*]. *Paris*, 1883, in-8°. — Notice sur les fouilles exécutées dans le lit de la Liane en 1887. [Extrait de la *Revue d'Anthropologie*]. *Paris*, 1889, in-8°. — Étude sur les ossements humains trouvés par M. Piette dans la grotte murée de Gourdan. [Extrait de la *Revue d'Anthropologie*]. *Paris*, 1889, in-8°. — Compte-rendu de la dixième session du Congrès international d'Anthropologie et d'Archéologie préhistoriques tenue à Paris du 19 au 27 août 1889. *Paris*, 1890, in-8°. — Le pays des Troglodytes. [Extrait de l'*Anthropologie*]. *Paris*, 1891 in-8°. — Nouveaux matériaux pour servir à l'étude de la paléontologie humaine. [Extrait du *Congrès international d'Anthropologie et d'Archéologie préhistoriques*]. *Paris*, 1892, in-8°. — Vie et travaux de M. de Quatrefages. *Paris*, 1894, in-8°. — Les grottes de la Basse-Falize à Hydrequent, commune de Rinxent (Pas-de-Calais). *Boulogne-sur-Mer*, 1897, in-8°. — Note sur le *Planstellum pœnicum*. Note sur les ruches berbères. *Paris*, 1900, in-8°. — Nouvelles observations sur la grotte de Kakimbon (Guinée française). *Paris*, 1900, in-8°. — L'âge de pierre de la Falémé. [Extrait du *Bulletin du Muséum d'Histoire naturelle*]. *Paris*, 1901, in-8°. — Sur une sépulture néolithique découverte par M. H. Corot sous un tumulus à Minot (Côte-d'Or). [Extrait du *Bulletin du Muséum d'Histoire naturelle*]. *Paris*, 1901, in-8°. — Sur les ruches en poterie de la Haute-Égypte. [Extrait des *Comptes-rendus de l'Académie des Inscriptions et Belles-Lettres*]. *Paris*, 1901, in-8°. — Les Tumulus des Vendues de

Veroilles et de Montmorot à Minot (Côte-d'Or). [Extrait du *Bulletin du Muséum d'Histoire naturelle*]. *Paris*, 1902, in-8°. — Sculptures Haidas. *Le Puy*, 1902, in-8°. — Quelques observations au sujet des gravures et des peintures de la grotte de Font-de-Gaume. *Paris*, 1903, in-8°. — Quelques observations sur les tumulus de la vallée de la Gambie, présentées à l'occasion d'une exploration récente de M. le capitaine Duchemin. [Extrait des *Comptes-rendus des séances de l'Académie des Inscriptions et Belles-Lettres*]. *Paris*, 1904, in-8. — L'allée couverte des carrières de Roylaie à Saint-Etienne (Oise). [Extrait du *Bulletin du Muséum d'Histoire naturelle*]. *Paris*, 1904, in-8. — Cités et nécropoles berbères de l'Enfida (Tunisie moyenne). [Extrait du *Bulletin de géographie historique et descriptive*]. *Paris*, 1904, in-8. — Sur une hache en limonite trouvée aux environs de Konakry (Guinée française). [Extrait du *Bulletin du Muséum d'Histoire naturelle*]. *Paris*, 1904, in-8. — L'âge de pierre à la Côte de l'Ivoire [Extrait du *Bulletin du Muséum d'Histoire naturelle*. *Paris*, 1904, in-8. — Note sur un axis humain de la grotte des Fées d'Arcy-sur-Cure. [Extrait du *Bulletin du Muséum d'Histoire naturelle*]. *Paris*, 1904, in-8. — Les « Ardjem » d'Aïn-Sefra, de Magrartahtami et de Beni-Ounif (Sud-Oranais). *Paris*, 1904, in-8. — Le crâne de Métreville (Eure). [Extrait du *Bulletin du Muséum d'Histoire naturelle*]. *Paris*, 1905, in-8. — Note sur un gisement de labradorites taillées, découvert par le Dr Maclaud au confluent de la Féfiné et du Rio Grande (Guinée portugaise). [Extrait de l'*Anthropologie*]. *Paris*, 1905, in-8. — Considérations générales sur les collections archéologiques recueillies par M. F. Foureau. *Paris*, 1905, in-8.

HEIERLI (Dr Jakob). Blicke in die Urgeschichte der Schweiz, in-8.

HERMET (Abbé). La statue-menhir de Frescaty, commune de Lacaune (Tarn) in-8.

HOERNES (Prof. Moriz). Die neolitische Keramik in Oesterreich. [Extrait du *Jahrbuch der K. K. Zentralkommission für Kunst-und Historische Denkmäle*]. *Vienne*, 1905, in-8.

HUBLARD (Émile). Sur l'orientation des sépultures franques. *Tournai*, 1895, in-8. — De l'orientation des sépultures franques. [Extrait de *Jadis*], in-8. — Mercure au repos. Notice sur un statuette antique trouvée près de Mons. [Extrait des *Annales du Cercle archéologique de Mons*]. *Mons*, 1901, in-8. — La roche du pré « del Pierre » à Douvrain (Hainaut). *Mons*, 1902, in-8. — Jusqu'à qu'elle époque l'incinération a-t-elle été en usage dans la Gaule-Belgique? *Mons*, 1904, in-8. — Une fouille archéologique par le Maréchal de Saxe. [Extrait du *Compte-rendu du Congrès d'Archéologie et d'Histoire*]. *Namur*, 1904, in-8. — Notice sur un grand vase en verre avec sigle. [Extrait des *Annales de la Société d'Archéologie de Bruxelles*]. *Bruxelles*, 1905, in-8.

JACQUOT (Lucien). Les tombeaux de Mons. Étude pour servir à un travail sur les sépultures dans la région de Sétif. [Extrait du *Recueil des Notices et Mémoires de la Société archéologique de Constantine*]. *Constantine*, 1900, in-8. — Relevé des monuments mégalithiques de la province de Sétif. [Extrait du *Recueil des Notices et Mémoires de la Société archéologique de Constantine*]. *Constantine*, 1901, in-8. — Au M'zab, Guerrara [Extrait de la *Revue Nord-africaine*]. 1906, in-8.

KUNZ (George-Frederick). Heber Reginald Bishop and his jade collection [Extrait de l'*American Anthropologist*]. *Lancaster*, 1903, in-8. — The production of precious stones in 1904. *Washington*, 1905, in-8. — Natal stones. *New-York*, 1906, in-8.

LAVILLE (A.). Les Pseudo-Éolithes du Sénonien et de l'Éocène inférieur [Extrait de *La Feuille des Jeunes Naturaliste*], 1906.

LEUNE. Notice sur la toise horizontale Papillaud et Lapicque. *Paris*, in-8.

LISSAUER (Dr A.) Zweiter Bericht über die Tätigkeit der von der Deutschen anthropologischen Gesellschaft gewählten Kommission für prähistorische Typenkarten [Extrait de la *Zeitschrift für Ethnologie*]. *Berlin*, 1905, in-8.

LOË (Baron Alfred de). Quelques renseignements sur la provenance des objets lacustres acquis récemment par le Musée Royale d'antiquités, et description de ces objets. *Bruxelles*, 1891, in-8. — Fouilles dans le Trou du Chena, à Moha. [Extrait du *Bulletin de la Société d'Anthropologie de Bruxelles*]. *Bruxelles*, 1892, in-8. — Notice-catalogue de l'Exposition préhistorique organisée à Bruxelles par les Sociétés d'Archéologie et d'Anthropologie. *Bruxelles*, 1892, in-8. — Rapport sur le Congrès international d'Archéologie et d'Anthropologie préhistoriques de Moscou. [Extrait du *Bulletin des Commissions royales d'Art et d'Archéologie*]. *Bruxelles*, 1893, in-8. — Découverte et fouille de puits et de galeries préhistoriques d'extraction de silex, d'Avennes (prov. de Liège). [Extrait des *Annales de la Société d'Archéologie de Bruxelles*]. *Bruxelles*, 1894, in-8. — Exploration des tumulus de Tirlemont. [Extrait des *Annales de la Société archéologique de Bruxelles*]. *Bruxelles*, 1895, in-8. — Les roches polissoirs du « Bruzel » à Saint-Mard (prov. de Luxembourg). [Extrait des *Annales de la Société d'Archéologie de Bruxelles*]. *Bruxelles*, 1896, in-8. — Exploration des tombelles de Sibret. Communication faite à la Société d'Anthropologie de Bruxelles, dans la séance du 29 novembre 1897. *Bruxelles*, 1897, in-8. — Fouilles d'un cimetière du premier âge du fer à Biez (Brabant). [Extrait des *Annales de la Société d'Archéologie de Bruxelles*]. *Bruxelles*, 1898, in-8. — Découverte de Palafittes en Belgique [Extrait des *Comptes-rendus du Congrès international d'Anthropologie et d'Archéologie*]. *Paris*, 1900, in-8. — Les accroissements de la section d'ethnographie ancienne des Musées royaux du Cinquantenaire en 1895 et 1896. [Extrait du *Bulletin des Commissions royales d'Art et d'Archéologie*]. *Bruxelles*, 1900, in-8. — Rapport sur le Congrès international d'Anthropologie et d'Archéologie préhistoriques de Paris. Douzième session, 1900. [Extrait du *Bulletin de la Société d'Anthropologie de Bruxelles*]. *Bruxelles*, 1901, in-8. — La station préhistorique belgo-romaine et franque de la Panne, commune d'Adinkerke (Flandre occidentale). *Bruxelles*, 1902, in-8. — Rapport sur les recherches et les fouilles exécutées par la Société d'Archéologie de Bruxelles pendant l'exercice de 1901. [Extrait des *Annales de la Société d'Archéologie de Bruxelles*]. *Bruxelles*, 1902, in-8. — Les « Terpen » de la Fure. Réponse à M. P. C. J. A. Bocles. [Extrait des *Annales de la Société d'Archéologie de Bruxelles*]. *Bruxelles*, 1903, in-8. — Rapport sur les recherches et les fouilles exécutées par la Société d'Archéologie de Bruxelles pendant l'exercice de 1902. [Extrait des *Annales de la Société d'Archéologie de Bruxelles*]. *Bruxelles*, 1903, in-8. — Les « Marchets ». [Extrait du *Compte-rendu du Congrès d'Archéologie et d'Histoire*]. *Dinant*, 1904, in-8. — Rapport général sur les recherches et les fouilles exécutées par la Société d'Archéologie de Bruxelles pendant l'exercice de 1903. [Extrait des *Annales de la Société d'Archéologie de Bruxelles*]. *Bruxelles*, 1905, in-8. — Rapport général sur les recherches et les fouilles exécutées par la Société d'Archéologie de Bruxelles pendant l'exercice de 1904. [Extrait des *Annales de la Société d'Archéologie de Bruxelles*]. *Bruxelles*, 1905, in-8.

LOE (Baron ALFRED DE) et MUNCK (ÉM. DE). Essai d'une carte préhistorique et protohistorique des environs de Mons. [Extrait des *Annales de la Société d'Archéologie de Bruxelles*]. *Bruxelles*, 1890, in-8. — Ateliers et puits d'extraction de silex en Belgique, en France, en Portugal, en Amérique. [Extrait du *Compte rendu du Congrès international d'Anthropologie et d'Archéologie préhistoriques*]. 1892, in-8.

MUNCK (ÉM. DE). Vœu adopté en assemblée générale au Congrès de la Fédération archéologique et historique de Belgique tenu à Namur en 1886, et présenté à la Société belge de Géologie, de Paléontologie et d'Hydrologie par Ém. de Munck. [Extrait du *Bulletin de la Société belge de Géologie*]. *Bruxelles*, 1887 in-8. — Proposition à la Société d'Archéologie de Bruxelles pour l'organisation d'une excursion géologico-archéologique à faire à Maestricht en septembre 1887, de concert avec la Société d'Anthropologie de Bruxelles et la Société de Géologie, de Paléontologie er d'Hydrologie. [Extrait des *Annales de la Société d'Archéologie de Bruxelles*] *Bruxelles*, 1888, in-8. — Compte rendu de l'excursion des Sociétés de Géologie, d'Anthropologie et d'Archéologie de Bruxelles à Maestricht et aux environs les 17, 18 et 19 septembre 1887. *Bruxelles*, 1888, in-8. — Découvertes d'antiquités préhistoriques faites aux environs de Lanaeken, Snetendael et Asch (Limbourg belge). [Extrait des *Annales de la Société d'Archéologie de Bruxelles*]. *Bruxelles*, 1888, in-8. — Mémoire de M. Ém. de Munck répondant en partie aux questions suivantes : 1º L'homme a-t-il vécu à l'époque tertiaire ? Exposé historique de la question. Examen de la question au point de vue géologique, paléontologique et archéologique. 2º Quel est l'état de la question de l'homme tertiaire en Belgique ? *Bruxelles*, 1888, in-8. — Observations nouvelles sur la taille accidentelle des roches. *Bruxelles*, 1889, in-8. —

Compte rendu de l'excursion de la Société le long du nouveau canal du Centre à Ville-sur-Haine, Thieu, Bracquignies et Houdeng-Aimeries. [Extrait du *Bulletin de la Société belge de Géologie, de Paléontologie et d'Hydrologie*]. Bruxelles, 1891, in-8. — Considérations sur quelques stations préhistoriques belges, ainsi que sur le réseau des voies de communication qui ont pu les relier [Extrait du *compte rendu du Congrès international d'Anthropologie et d'Archéologie préhistoriques*, 1891, in-8. — Recherches et discussions sur les différentes assises du terrain quaternaire des environs de Mons (comprenant 5 mémoires). *Mons*, 1891, in-8. — Communication faite par M. de Munck sur la découverte de l'homme néolithique d'Obourg (Hainaut) [*Fédération archéologique et historique de Belgique*, Session de 1891], in-8. — Notes sur la concordance entre les différentes assises du terrain quaternaire des environs de Mons et celles du quaternaire du Nord de la France. 1892, in-8. — Le monument mégalithique de Ville-sur-Haine (Hainaut). *Mons*, 1894, in-8. — Recherches sur l'emplacement du camp du duc de Malborough, à Havré, 1709 [*Fédération archéologique et historique de Belgique*, IXe session, 1894], 1894, in-8. — Considérations au sujet du tremblement de terre du 2 septembre 1896 [Extrait du *Bulletin de la Société belge de géologie, de paléontologie et d'hydrologie*]. Bruxelles, 1899, in-8. — Aiguière et plateau en argent massif ciselé et gravé de l'époque de Louis XIV [Extrait des *Annales de la Société d'Archéologie de Bruxelles*]. Bruxelles, 1900, in-8. — Le quaternaire du Hainaut (Résumé historique succinct de la question) [Extrait des *Comptes rendus du Congrès international d'Anthropologie et d'Archéologie préhistoriques*, XIIIe session]. *Paris*, 1900, in-8. — Observations sur quelques gisements préhistoriques de la région de Mons. [Extrait du *Bulletin de la Société d'Anthropologie de Bruxelles*]. *Bruxelles*, 1901, in-8. — Note sur la découverte de l'emplacement d'une habitation belgo-romaine à Saint-Symphorien-lez-Mons. 1901, in-8. — Communication de M. de Munck sur une série de silex recueillis dans le Landénien remanié inférieur aux dépôts à silex mesviniens, acheuléens et moustériens de Saint-Symphorien. [Extrait du *Bulletin de la Société d'Anthropologie de Bruxelles*]. *Bruxelles*, 1901, in-8. — Un nouveau gisement à silex reuteliens découvert au lieu dit BeauVal (Mons-Havré) [Extrait du *Bulletin de la Société d'Anthropologie de Bruxelles*]. *Bruxelles*, 1902-1903, in-8. — Observations sur quelques séries de silex paléolithiques et néolithiques recueillies dans le bassin de Paris [Extrait du *Bulletin de la Société d'Anthropologie de Bruxelles*]. *Bruxelles*, 1903, in-8. — Avant-projet de loi sur la conservation des monuments et des objets mobiliers historiques ou artistiques [Extrait des *Annales de la Fédération Archéologique et Historique de Belgique*]. 1904, in-8. — Un mineur préhistorique. Relation de la découverte faite par M. de Munck d'un squelette de mineur d'époque néolithique dans les carrières d'Obourg [Journal «Le Patriote», 16 octobre 1905]. — Une secousse sismique le 16 juillet 1905 à Bon-Vouloir en Havré [Extrait du *Bulletin de la Société belge de Géologie, de Paléontologie et d'Hydrologie*]. *Bruxelles*, 1906, in-8. — Conférence donnée par M. de Munck au Cercle archéologique du canton de Soignies. *Soignies*, in-8. — Saventhem [Extrait de *Jadis*]. in-8. — De la classification et de l'organisation scientifique des musées d'archéologie, in-8. — Révision toponymique. in-8.

NUESCH (Dr Jakob). Das Kiesslerloch bei Thayngen, Kreis Schaffhausen. *Schaffhausen*, 1904, in-8. — Exkursion (Extrait du *Compte rendu de la XXXVIIIᵉ. Versammlung des Oberrheinischen Geologische Vereins zu Constanz*), 1905.

OBERMAIER (Dr Hugo). Beiträge zur Kentniss des Quartärs in den Pyrenäen, 1906, in-4.

PAUW (L. F. de). Notes sur les fouilles des charbonnages de Bernissart. Découverte, solidification et montage des Iguanodons. *Bruxelles*, 1902, in-8.

PAUW (L. F. de) et HUBLARD (Émile). Notice préliminaire sur le cimetière franc de Cerply (Hainaut). *Mons*, 1894, in-8. — Tablettes du fouilleur des cimetières francs. *Mons*, 1896, in-8. — Notice sur les antiquités préhistoriques belgo-romaines et franques découvertes dans la région d'Angre-Roisin, accompagnée d'une carte préhistorique et protohistorique. *Mons*, 1903, in-8.

PAUW (L. de) et WILLEMSEN (G.). La sépulture néolithique de la Tête de Flandre, in-8.

PELLATI (F.). Tra i meandri del passato (L'alto Monferrato nelle età preistoriche). [Extrait de la *Rivista di Storia, Arte, Archeologia d'Alessandria*]. *Alexandrie* (Italie), 1906, in-8.

PIGORINI (L.). Materiali paletnologici dell'Isola di Capri. *Parme*, 1906, in-8.

PITTARD (Eugène). La taille, le buste, le membre inférieur chez les individus qui ont subi la castration [Extrait des *Comptes rendus de l'Association française pour l'avancement des Sciences.* Congrès de Grenoble]. 1904, in-8. — Influence de la taille sur un groupe ethnique relativement pur [Extrait des *Bulletins et Mémoires de la Société d'Anthropologie de Paris*]. *Paris*, 1905, in-8. — Pierres percées des cimetières tatars dans la Dobroudja [Extrait de la *Revue de l'École d'Anthropologie de Paris*]. *Paris*, 1905, in-8. — Analyse de quelques grandeurs du corps chez l'homme et chez la femme (1210 Tsiganes) [Extrait des *Archives des Sciences physiques et naturelles*] *Paris*, 1906, in-8. — Ethnologie de la péninsule des Balkans [Extrait du *Globe*]. *Genève*, in-8.

QUAGLIATI (Q.) et RIDOLA (D.). Necropoli arcaica ad incinerazione presso Timmari nel Materano [Extrait des *Monumenti antichi*]. *Rome*, 1906, in-4.

RAHIR (E.). Note sur l'exploration des plateaux de l'Amblève au point de vue préhistorique; suivie de quelques remarques par le baron A. de LOE. 1904, in-8.

REY (Ferdinand). Etude sur l'âge du bronze dans le département de la Côte-d'Or. *Mâcon*, 1901, in-8.

SAINT-VENANT (J. DE). Fonds de cabanes néolithiques [Extrait des *Mémoires de la Société des Antiquaires du Centre*]. *Bourges*, 1893, in-8. — Tumulus néolithique avec incinérations, près d'Uzès [Extrait des *Mémoires de l'Académie de Nîmes*]. *Nîmes*, 1894, in-8. — Les derniers Aréconiques. Traces de la civilisation celtique dans la région du Bas-Rhône, spécialement dans le Gard [Extrait du *Bulletin Archéologique*]. *Paris*, 1898, in-8. — Ancien vases à bec. Etude de géographie céramique. *Caen*, 1899, in-8. — Dissémination des produits des ateliers du Grand-Pressigny aux temps préhistoriques [Extrait des *Comptes rendus du Congrès international d'Anthropologie et d'Archéologie préhistoriques. XIIᵉ session*]. *Paris*, 1902, in-8. — Antiques enceintes fortifiées du Midi de la France [Extrait des *Comptes rendus du Congrès international d'Anthropologie et d'Archéologie préhistoriques*, XIIᵉ session]. *Paris*, 1902, in-8. — Anciens fers de chevaux à double traverse [Extrait des *Mémoires de la Société des Antiquaires du Centre*]. *Bourges*, 1902, in-8. — Inventaire des polissoirs préhistoriques du Loir-et-Cher [Extrait du *Bulletin de la Société préhistorique de France*]. *Paris*, 1904, in-8. — Le marquis de Nadaillac et son œuvre archéologique. *Vendôme*, 1905, in-8. — Le castelas de Belvezet (Gard). *Caen*, 1905, in-8. — Antiques épingles à belière. [Extrait de la *Revue préhistorique*]. *Paris*, 1906, in-8.

SCHLIEMANN. Les dernières fouilles d'Hissarlik (Troie). Lettres de M. le Dʳ Schliemann à Ém. de Munck. Traduction d'une lettre de M. Schliemann au Prince de Bismarck, in-8.

STURGE (Dʳ ALLEN). Catalogue descriptif des objets exposés de la collection préhistorique du Dʳ Allen Sturge. *Nice*, 1906, in-8.

VERNEAU (Dʳ R.). Les anciens Patagons. Contribution à l'étude des races précolombiennes de l'Amérique du Sud. *Monaco*, 1903, in-4. — Les industries de l'âge de pierre saharien, d'après les collections de M. F. Foureau, *Paris*, 1905, in-4. — Les Grottes de Grimaldi (Baoussé-Roussé). T. II, fasc. I. Anthropologie. *Monaco*, 1906, in-4.

VERRIER (Dʳ E.). Études ethnographiques. *Paris*, 1903, pet. in-8. — Études ethnographiques. *Paris*, 1906, pet. in-8.

VILLE-D'AVRAY (Colonel DE). Bijou antique découvert à Fréjus. [Extrait des *Annales de la Société d'Études provençales*]. *Aix*, 1906, in-8.

VILLENEUVE (Chanoine L. DE). Les Grottes de Grimaldi (Baoussé-Roussé) T. I. fasc. I. Historique et Description. *Monaco*, 1906 in-4.

VOLKOV (Tʜ.). Rapport sur les voyages en Galicie orientale et en Bukovine en 1903 et 1904. [Extrait des *Bulletins et Mémoires de la Société d'Anthropologie de Paris*]. 1905, in-8.

COMMUNICATIONS

ET

DISCUSSIONS

PREMIÈRE PARTIE

LE PRÉHISTORIQUE DANS LA RÉGION
DE MONACO

La Stratigraphie et la Paléontologie
des Grottes de Grimaldi

par M. Marcellin BOULE

Pour compléter les renseignements déjà fournis lors de l'excursion aux Baoussé-Roussé (1) il me suffira de donner ici le sommaire du mémoire que je viens de rédiger sur la stratigraphie et la paléontologie des grottes de Grimaldi. Ce mémoire est divisé en trois parties.

Dans la première, intitulée *Géologie et Stratigraphie*, je décris la géologie des environs de Grimaldi, les caractères physiques des grottes, leur mode de formation et de remplissage.

J'établis ensuite la stratigraphie des dépôts de chacune d'elles, au moyen de coupes dessinées à l'échelle et basées sur des données numériques très précises. Chaque couche est

---

(1) Voir p. 58, 67, 79.

examinée séparément, tant au point de vue de ses caractères physiques que de son contenu paléontologique.

J'ai exposé les conclusions de cette première étude lors de notre visite aux gisements ; je n'y reviendrai pas ici.

La deuxième partie, intitulée *Paléogéographie*, débute par une étude détaillée des formations marines de la Grotte du Prince, qui sont antérieures à tous les autres dépôts de remplissage et contemporaines de la faune chaude à Éléphant antique. Elle montre que, pendant le Pléistocène inférieur, la topographie de la région devait être assez différente de la topographie actuelle. La mer a dû se retirer assez loin pour laisser, entre elle et les escarpements calcaires des Baoussé-Roussé, une zone littorale propre aux évolutions des grands pachydermes.

J'ai ensuite passé en revue les phénomènes du même genre qui ont été signalés ou décrits sur divers points du pourtour du bassin méditerranéen. En rapprochant tous ces faits, on peut chercher à se faire une idée des changements géographiques qui ont marqué, dans les contrées méditerranéennes, les temps quaternaires. J'ai essayé d'établir des rapports entre ces changements, les phénomènes glaciaires et les phénomènes de creusement et d'alluvionnement des vallées ; j'ai tenté d'expliquer par eux les changements de faunes, leur passage du continent européen au continent africain ou *vice versa*, etc.

La troisième partie sera consacrée exclusivement à la *Paléontologie*. Après avoir donné, dans les chapitres de stratigraphie, les listes, couche par couche, des animaux fossiles, ceux-ci doivent être étudiés maintenant au point de vue zoologique. Jusqu'ici on ne savait que peu de chose sur la faune pléistocène de Grimaldi, car les données fournies par M. Rivière se réduisent à de simples énumérations. D'ailleurs les fouilles antérieures à celles du Prince Albert Ier n'avaient livré que des pièces très incomplètes. Les documents rassemblés au musée de Monaco, d'une conservation exceptionnelle, permettent non seulement d'apporter plus de précision dans les déterminations, mais encore de faire une étude plus serrée des espèces composant la faune quaternaire de la Côte d'Azur.

Ces espèces sont décrites une à une; les parties les plus caractéristiques de leur squelette sont reproduites par l'héliogravure. Je me suis attaché à rechercher les liens de parenté de ces formes avec celles qui les ont précédées, c'est-à-dire avec les animaux pliocènes, et avec celles qui les ont suivies, c'est-à-dire avec les animaux actuels. J'ai donné, pour la plupart d'entre elles, leur aire de répartition dans le temps, c'est-à-dire leur répartition stratigraphique, et, au moyen de cartes, leur aire de répartition dans l'espace, c'est-à-dire leur répartition géographique.

L'un des points principaux de cette étude est l'attribution au Bouquetin actuel (*Capra ibex*, Linné), et particulièrement à la race actuelle des Alpes, des ossements de ce Ruminant à cornes creuses dont les débris sont si répandus dans tous les gisements des environs de Menton et qu'on avait successivement attribués à une *Antilope*, à la *Chèvre œgagre*, à une espèce éteinte nommée par Gervais *Capra primigenia*.

L'Anthropologie des Grottes de Grimaldi

par M. le Dr R. VERNEAU

Les fouilles qui avaient été faites dans les grottes des Baoussé-Roussé jusqu'au jour où le Prince Albert Iᵉʳ y entreprit des recherches méthodiques avaient soulevé, sans les résoudre, une foule de problèmes. Les spécialistes n'étaient même pas d'accord sur l'âge des sépultures : les uns les considéraient comme pléistocènes, les autres comme néolithiques. D'autres encore, et j'étais du nombre, étaient tentés de les faire remonter à la période de transition qui s'est écoulée entre le Paléolithique et le Néolithique. A l'heure actuelle, la question est tranchée : M. Boule a démontré que tous les squelettes rencontrés par M. le Chanoine de Villeneuve au cours des fouilles qu'il a poursuivies pendant de longues années avec un soin et une méthode qui défient toute critique, datent bien de l'époque quaternaire proprement dite.

M. Émile Rivière avait avancé que, dans les cavernes de Grimaldi, les morts avaient reçu la sépulture et que certains rites avaient présidé à leur ensevelissement. Les nouvelles découvertes ont prouvé que, sur ce point, il avait raison. Dans la Barma Grande, dans la Grotte des Enfants, on a trouvé des squelettes colorés en rouge par le peroxyde de fer que des mains amies avaient répandu sur les cadavres des défunts, peroxyde qui, une fois que la putréfaction eut accompli son œuvre, est arrivé au contact direct des os. Mais la coutume de répandre une couche ocreuse sur le mort n'était pas générale chez les troglodytes des Baoussé-Roussé : plusieurs des squelettes exhumés n'offrent aucune trace de coloration rouge.

D'autres pratiques funéraires étaient en usage parmi les tribus pléistocènes de Grimaldi. Hier, je vous ai dit que trois des cadavres de la Barma Grande avaient été sûrement inhumés dans une fosse dont, en 1892, j'ai pu reconnaître avec certitude la paroi postérieure (1). Ailleurs, des pierres avaient été dressées verticalement autour de la tête, le long du tronc ou des membres inférieurs, et ces pierres verticales supportaient parfois des dalles horizontales destinées incontestablement à abriter le mort. La plus remarquable de ces petites cistes rudimentaires est assurément celle que M. le chanoine de Villeneuve a observée, dans la Grotte des Enfants, au niveau de la tête de l'un des Négroïdes dont je vous dirai quelques mots dans un instant. Dans certains cas, de grands blocs plus ou moins aplatis étaient simplement posés sur le sol, au-dessus de cadavres déjà inhumés ; peut-être reposaient-ils par leurs extrémités sur les bords de fosses analogues à celles dont il m'a été donné d'observer les traces, vraisemblablement dans le but de préserver les restes des défunts. Le résultat a, d'ailleurs, été l'opposé de celui qu'on cherchait à obtenir, car, par suite du tassement des terres, les blocs se sont affaissés et ont brisé les ossements sur lesquels ils ont exercé leur pression.

L'attitude des squelettes prouve, elle aussi, que les morts n'étaient pas laissés à l'abandon. Tantôt ils étaient couchés sur le dos, tantôt ils reposaient sur le côté. Très souvent les membres supérieurs étaient repliés de telle façon que les mains étaient ramenées au niveau de la mandibule. Les membres inférieurs étaient parfois allongés, parfois croisés l'un sur l'autre, parfois plus ou moins fléchis. L'un des cadavres de la Barma Grande et les deux Négroïdes de la Grotte des Enfants avaient les jambes si fortement fléchies que les talons arrivaient au contact des ischions. La vieille femme découverte dans la sépulture inférieure de cette dernière grotte affecte une posture qu'il est impossible, comme vous pourrez vous en rendre compte lorsque vous examinerez ses restes dans le Musée

(1) Cf. p. 73.

anthropologique, d'attribuer au hasard. Elle gît le dos en l'air, les avant-bras dans la flexion complète, les cuisses ramenées le long du corps et les jambes fléchies à leur tour au plus haut point sur les cuisses. C'est à peu près exactement la position dans laquelle on a trouvé l'homme de Chancelade, et, avec M. le professeur Testut, je suis tenté de croire qu'on n'a pu obtenir une semblable position qu'en ligotant le cadavre.

Rien ne nous donne l'explication de ces différentes postures, pas plus que de la présence ou de l'absence de peroxyde de fer dans les sépultures. On ne saurait faire intervenir la question de sexe, car la même attitude s'observe sur des squelettes féminins et sur des squelettes masculins. Peut-être l'ocre était-il réservé à certains personnages ; mais c'est une pure hypothèse.

Les faits que je vous résume brièvement, je les ai exposés avec détails dans le travail que j'ai l'honneur de déposer sur le bureau et qui est intitulé : « *Les Grottes de Grimaldi (Baoussé-Roussé). Anthropologie* ». Ce travail forme le premier fascicule du tome II du bel ouvrage édité avec grand luxe par S. A. S. le Prince de Monaco et dont M. Boule vous a déjà parlé. En dehors des figures qui illustrent le texte, la partie anthropologique est accompagnée de onze magnifiques planches en héliogravure. J'ai cru devoir faire précéder ma description des squelettes humains de quelques chapitres consacrés à l'Age et aux divers Modes de sépultures, au Mobilier funéraire, et aux Rites funéraires. Le premier de ces chapitres n'est en somme qu'un résumé historique dans lequel je me suis efforcé d'exposer impartialement les opinions émises par une foule d'auteurs au sujet de l'âge des restes humains. Il ne m'appartenait pas d'entrer dans des considérations géologiques et paléontologiques, ces questions devant être traitées par mon savant ami, M. Boule, dont vous connaissez tous la compétence.

La plus grande partie de mon travail est réservée à l'étude anatomique des Hommes fossiles de Grimaldi. Grâce aux données nouvelles que nous ont fournies les fouilles exécutées par M. le chanoine de Villeneuve et son aide aussi modeste que consciencieux, M. F. Lorenzi, sous la haute direction du

Prince Albert, il m'a été possible de distinguer plusieurs types ethniques bien caractérisés, dont nous pouvons indiquer l'ancienneté relative. Permettez-moi de vous résumer très sommairement les résultats de mes recherches.

A. *La femme du niveau supérieur de la Grotte des Enfants.* — Le squelette de femme rencontré dans la Grotte des Enfants à 1 m. 90 de profondeur seulement — le plus superficiel, par conséquent, de tous ceux qui ont été découverts aux Baoussé-Roussé — parait remonter à la fin de l'âge du renne. Il est assez endommagé, et on ne peut guère définir avec précision ses caractères ethniques. Par l'allongement relatif de son avant-bras et de sa jambe, il rappelle les Négroïdes. Par son léger méplat pariéto-occipital et la forme rectangulaire de ses orbites, il fait songer au type féminin de la race de Cro-Magnon. Par d'autres caractères enfin, il se rattache aux dolichocéphales néolithiques. Sa taille est d'environ 1 m. 55. — Il est fort difficile de classer ce sujet à caractères mixtes dans aucun des types fossiles connus, et il serait bien téméraire de le considérer comme représentant une race qui n'aurait pas encore été signalée.

B. *Les sujets du type de Cro-Magnon.* — Il n'en est pas de même de la plupart des individus qui vivaient vers le Pléistocène moyen; ils rentrent sans aucun doute dans la race de Cro-Magnon. Leur nombre et leur état de conservation nous mettent en mesure de compléter ce que nous savions de cette race ou de rectifier les descriptions qu'on en a faites.

Broca avait conclu, de l'étude des os incomplets du vieillard de la Vézère, qu'il devait être de très grande *taille;* il lui attribua 1 m. 80 au minimum. En opérant sur les mêmes restes incomplets, le Dr Rahon prétendit qu'il fallait ramener ce chiffre à 1 m. 72. Or, pour les sujets masculins des Grottes de Grimaldi, je suis arrivé, en me servant des coefficients de M. Manouvrier et en ne tenant compte que des squelettes possédant des os complets des divers segments, à une moyenne de 1 m. 82. J'ai tout lieu de croire que les coefficients dont je me suis servi sont trop faibles pour des individus de très haute stature et que, par suite, il faudrait élever cette moyenne de 5 centimètres au moins ; elle atteindrait donc 1 m. 87 environ. Les écarts individuels vont de 1 m. 79 à 1 m. 94. C'est bien en présence d'une race de très grande taille que nous nous trouvons.

L'état de conservation des sujets précédemment découverts n'avait pas permis d'étudier les *proportions des membres*, ni le développement du thorax à sa partie supérieure dans la race de Cro-Magnon. Grâce aux squelettes des Grottes de Grimaldi, il m'a été possible de combler ces lacunes. Par le rapport du radius à l'humérus, nos sujets se placent entre les Européens et les Nègres (1) ; par le rapport du tibia au fémur, ils égalent ou surpassent les Nègres ; il en est de même par le rapport du membre supérieur au membre inférieur. Enfin, le tronc, comme chez les Nègres encore, se montre relativement très large au niveau des épaules. Les hommes de la race de Cro-Magnon se distinguent donc autant de la généralité des Européens actuels par les proportions de leurs membres et de leur tronc que par leurs caractères céphaliques.

Ces *caractères céphaliques* sont, chez nos individus des Baoussé-Roussé, aussi typiques que chez le vieillard de la Vézère. La capacité crânienne est toujours considérable, ce qui tient en partie à la grande taille de nos sujets.

Le crâne est dolichocéphale ; la face est, au contraire, très basse et très dilatée en travers. Il existe donc une dysharmonie fort accusée entre la portion encéphalique et la portion faciale de la tête.

La courbe antéro-postérieure s'élève d'abord dans une direction très peu oblique au-dessus de la glabelle ; puis elle s'infléchit assez brusquement, après avoir dépassé les bosses frontales, pour se continuer avec régularité jusqu'au tiers postérieur environ des pariétaux. A ce niveau commence un méplat qui se prolonge sur la partie supérieure de l'écaille occipitale et qui est suivi d'un renflement de la région iniaque.

(1) Pour les indices des Européens et des Nègres, j'ai pris les chiffres donnés par Broca.

Malgré sa dolichocéphalie, qui est surtout pariéto-occipitale, le crâne présente des diamètres transversaux avantageux.

La face offre, chez tous nos sujets, les caractères essentiels de la race de Cro-Magnon. La dilatation transversale que je viens de signaler s'arrête au niveau des arcades zygomatiques : les maxillaires supérieurs sont étroits, et le nez, lorsque les bords n'en sont pas brisés, est généralement leptorhinien. A sa racine, on note une dépression très marquée ; mais les os propres se relèvent vite pour faire une saillie très appréciable.

Les arcades sourcilières, très volumineuses au niveau des sinus frontaux, s'atténuent rapidement et ne forment aucune proéminence dans leur portion externe.

Les orbites sont toujours microsèmes. Elles ont leurs angles à peine arrondis et affectent la forme rectangulaire, allongée transversalement, qui est si caractéristique de la race de la Vézère.

La mandibule est très robuste, avec une branche montante large et fort peu inclinée, et un menton proéminent, de forme triangulaire.

Les arcades dentaires ne divergent pas en arrière. Les dents présentent une usure oblique des plus marquées.

Ces caractères ne laissent aucun doute sur le groupe auquel il convient de rattacher les grands sujets des grottes de Grimaldi. Toutefois, une variante s'observe fréquemment aux Baoussé-Roussé. Les bosses pariétales, chez la plupart de nos individus, se détachent moins nettement que sur le crâne du vieillard de Cro-Magnon, et, par suite, la forme pentagonale de la voûte s'atténue ou disparaît. L'occipital, tout en offrant, dans la région iniaque, un renflement notable, est moins proéminent, moins comprimé transversalement, de sorte que le chignon ne se détache pas avec autant de netteté. La base, au lieu d'être aplatie, est plutôt bombée. Enfin, le prognathisme sous-nasal tend à s'effacer.

Ces particularités ne me paraissent pas suffisantes pour séparer les hommes de Baoussé-Roussé du type de la Vézère. Elles doivent être regardées comme des variantes individuelles, car, par l'ensemble de leurs caractères squelettiques, nos sujets de Grimaldi se confondent avec les individus antérieurement décrits de la race de Cro-Magnon.

Nous ne possédions que peu de renseignements sur le *bassin* des chasseurs de renne quaternaires ; c'est une lacune que les découvertes des Baoussé-Roussé m'ont permis de combler dans une certaine mesure. J'ai eu la bonne fortune, en

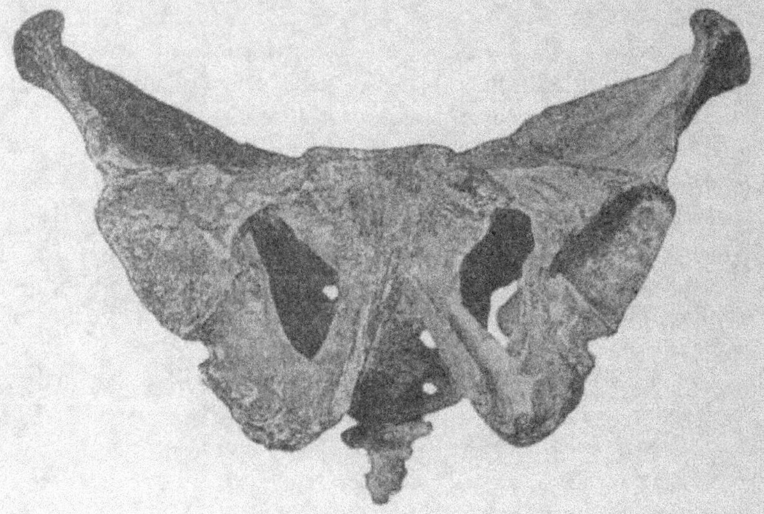

Fig. 5. — Bassin du grand sujet masculin de la Grotte des Enfants (type de Cro-Magnon), vu de face.
Cliché de *L'Anthropologie*

effet, de pouvoir étudier deux bassins masculins complets et les fragments d'un troisième, appartenant tous à des sujets de grande taille. Au premier abord, ils paraissent différer profondément les uns des autres ; mais cette première impression tient à ce que l'un d'eux, quoique très robuste, est atteint de féminisme dans sa portion inférieure, qui se montre exceptionnellement dilatée. C'est là une anomalie qui se retrouve dans toutes les races et qui, chez notre individu de Grimaldi, n'arrive pas à masquer les grands caractères ethniques si accusés chez son congénère. Ces caractères peuvent se résumer ainsi :

1° Robusticité et volume en rapport avec les autres parties du squelette.

2° Accroissement de tous les diamètres verticaux et des diamètres transverses.

3° Diminution des diamètres antéro-postérieur.

4° Indice transverso-vertical légèrement accru par suite de

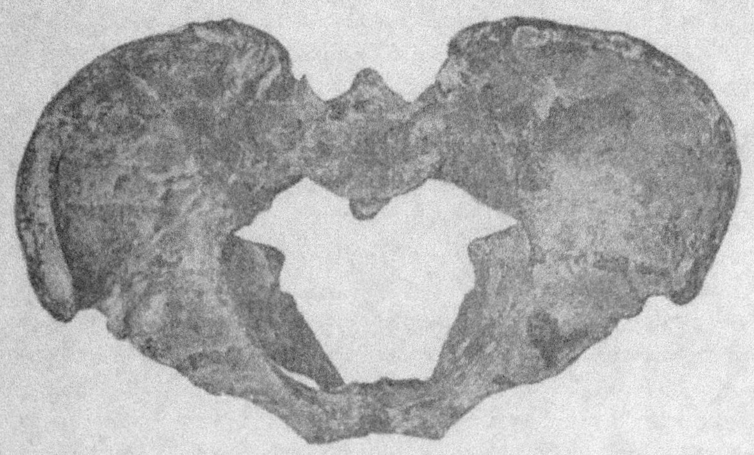

Fig. 6. — Bassin du grand sujet masculin de la Grotte des Enfants (type de Cro-Magnon), vu d'en haut.
Cliché de *L'Anthropologie*.

l'augmentation relativement un peu plus grande de la hauteur que de la largeur.

5° Indice pelvien horizontal notablement diminué en raison de la réduction du diamètre antéro-postérieur et de l'augmentation du diamètre transverse maximum.

6° Indice du détroit supérieur abaissé comme l'indice pelvien.

7° Rétrécissement de la grande échancrure sciatique, dont la profondeur reste notable.

8° Beau développement dans tous les sens de la fosse iliaque interne.

9° Régularité de la courbe de la crête iliaque.

10° Grand développement dans tous les sens du sacrum, dont la face antérieure est peu concave.

En somme, le bassin de nos sujets du type de Cro-Magnon (fig. 5 et 6) présente la même harmonie que celui de l'Européen moderne. Il en diffère essentiellement par ses diamètres antéro-postérieurs très réduits et par ses grands diamètres transverses. Le raccourcissement antéro-postérieur porte principalement sur la région antérieure, de sorte que la portion pubienne est bien moins projetée en avant que chez nous.

Je ne décrirai pas les *os du tronc et des membres* qui, en dehors de leur robusticité, ne présentent aucune particularité vraiment importante. La seule omoplate que j'aie pu étudier est remarquable par son allongement vertical ; par ses proportions, elle diffère plus que celle de l'Européen moderne de l'omoplate des anthropoïdes. La clavicule, relativement longue en comparaison de l'humérus, n'offre pas cependant les dimensions qu'on aurait supposées en tenant compte de la haute stature des individus. L'humérus offre rarement le même développement à droite et à gauche ; parfois c'est le droit qui est sensiblement plus long et plus fort que l'autre, parfois c'est l'inverse qu'on observe. Le cubitus est notable par sa vigueur. Le radius offre un énorme aplatissement antéro-postérieur de sa diaphyse, aplatissement plus marqué encore que celui que j'ai signalé autrefois chez les anciens Patagons.

Outre la colonne que forme sa ligne âpre, le fémur est caractérisé par sa fosse hypotrochantérienne, par sa platymérie, par son faible indice poplité, et par un méplat très prononcé que présente la face antérieure de la diaphyse, au-dessous du grand trochanter, comme chez le vieillard de Cro-Magnon. Le tibia offre la platycnémie habituelle à la race ; une seule fois, je l'ai trouvé normal chez un individu dont l'autre tibia rentrait dans la règle générale. Le péroné ressemble à celui des chasseurs de renne précédemment étudiés par différents auteurs.

La main, par rapport à la taille, présente la même longueur que chez l'Européen de nos jours ; toutefois, le métacarpe en est très allongé tandis que les doigts sont sensiblement raccourcis. Le pied est surtout remarquable par la saillie du talon.

En résumé, l'étude que j'ai pu faire des squelettes du type de Cro-Magnon est venue corroborer ce qu'on avait écrit au sujet de cette intéressante race ; mais elle m'a permis de compléter sur un certain nombre de points les descriptions antérieures et de signaler quelques variantes qui ne vont pas jusqu'à permettre de créer un groupe nouveau. C'est bien à la race de la Vézère que se rattachent tous les sujets de grande taille découverts jusqu'ici dans les grottes des Baoussé-Roussé.

c. *Les Négroïdes de Grimaldi.* — Les deux squelettes qui gisaient dans la Grotte des Enfants, à 8ᵐ50 de profondeur, et à 70 centimètres au-dessous d'un sujet appartenant au type de Cro-Magnon, sont naturellement plus anciens que ce dernier, puisque toutes les couches dont se composait le remplissage étaient parfaitement intactes. Presque immédiatement au-dessous se trouvaient des assises à faune chaude, qui n'étaient séparées de nos sujets que par le foyer sur lequel ceux-ci reposaient et par une couche d'argile rouge à peu près stérile.

Ces deux squelettes, réunis dans une même sépulture, étaient dans une posture bizarre. L'un, celui d'un jeune homme, gisait presque sur le dos, le côté droit un peu déclive, avec les avant-bras et les cuisses légèrement fléchis et les jambes fortement ramenées sous les cuisses. Au-dessus de son bras droit et de la moitié droite de son thorax reposait l'autre cadavre, celui d'une vieille femme, qui, elle, était couchée sur le ventre, la face en bas, avec les avant-bras, les cuisses et les jambes dans la flexion forcée, comme je l'ai indiqué plus haut.

Les caractères physiques de ces deux sujets ne permettent de les rapprocher d'aucune des races fossiles connues jusqu'à ce jour. Ils sont d'une taille au-dessus de la moyenne, car la femme mesurait 1ᵐ59 environ et l'adolescent avait atteint 1ᵐ56, quoique son développement fût loin d'être terminé : ses dents de sagesse étaient encore dans leurs alvéoles et les épiphyses de ses os longs n'étaient pas soudées aux diaphyses.

Par le rapport de l'avant-bras au bras, de la jambe à la cuisse, du membre supérieur au membre inférieur, nos deux sujets sont tout à fait comparables aux Nègres actuels, dont ils exagèrent même les caractères.

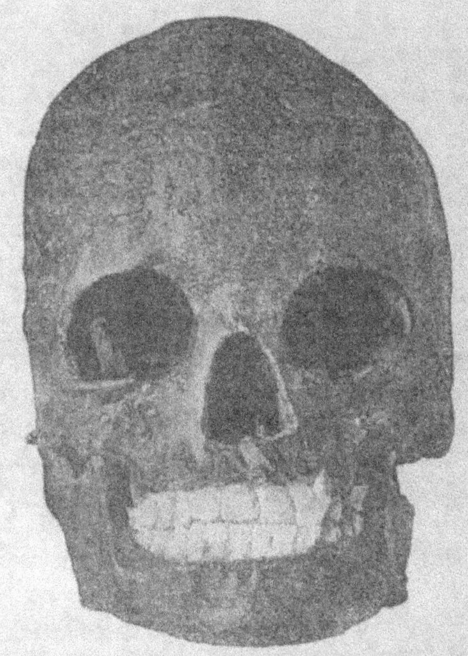

Fig. 7. — Crâne du jeune Négroïde de la Grotte des Enfants.

La tête (fig. 7, 8, 9 et 10) offre des particularités fort intéressantes : elle est profondément dysharmonique, le crâne étant extrêmement dolichocéphale tandis que la face est à la fois très basse et très large. La dysharmonie est plus accusée encore que dans la race de Cro-Magnon.

Le crâne est volumineux, régulièrement elliptique et très développé dans le sens vertical. Le front présente une assez

jolie courbe, qui se prolonge avec régularité jusque vers le tiers
postérieur des pariétaux. En ce point apparaît un méplat qui
se continue sur la partie supérieure de l'écaille occipitale,
méplat qui se trouve bien plus accentué, ainsi que je le rappelais
tout à l'heure, chez nos chasseurs de renne de grande taille.

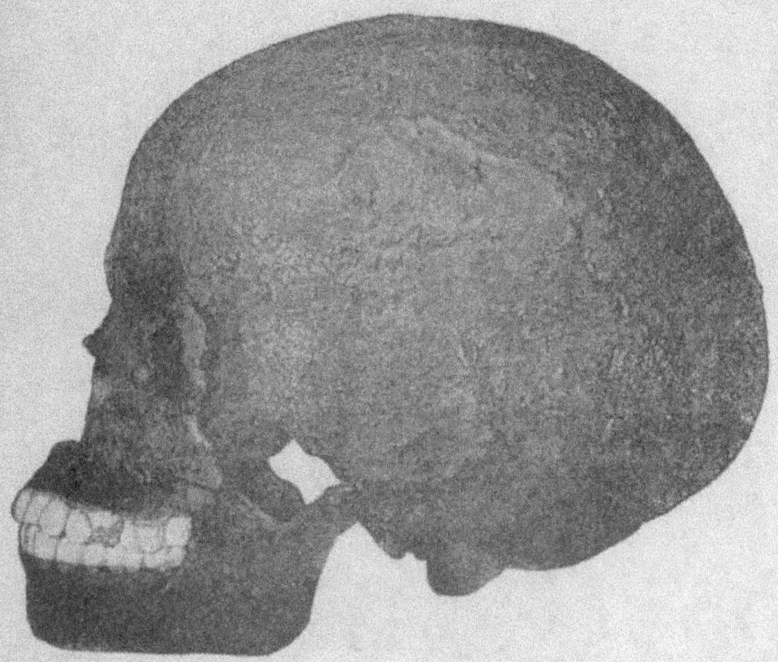

Fig. 8. — Crâne du jeune Négroïde de la Grotte des Enfants.

L'inion est renflé, de même que la base de l'occipital. La glabelle
fait un relief appréciable, et les arcades sourcilières, saillantes
au niveau des sinus frontaux, s'effacent complètement en dehors,
comme dans notre race de haute stature.

Mais si l'on peut constater quelques analogies entre le type
de Cro-Magnon et notre type nouveau — que j'ai proposé d'appeler race de Grimaldi — au point de vue de la dysharmonie

céphalique et de certaines particularités crâniennes, elles se différencient très nettement par la face. Cependant, chez nos deux sujets, nous voyons déjà les orbites affecter une forme rectangulaire et se dilater transversalement pendant que leur hauteur est relativement très faible. Mais le nez est large,

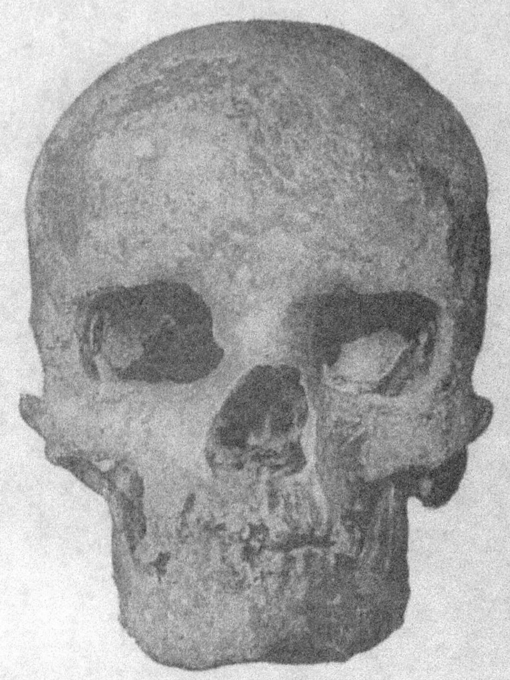

Fig. 9. — Crâne de la vieille Négroïde de la Grotte des Enfants.
Cliché de *L'Anthropologie.*

platyrhinien, et son plancher, au lieu d'être limité par un bord aigu, se prolonge en gouttières sur la face antérieure des maxillaires supérieurs. Ce sont là des caractères essentiellement nigritiques.

C'est également des Nègres que se rapproche notre race de Grimaldi par l'énorme projection en avant des mâchoires (fig. 8

et 10), par l'étroitesse de la voûte palatine, par l'épaisseur du corps de la mandibule, par la fuite du menton, etc.

La vieille femme de la Grotte des Enfants avait les dents trop usées pour qu'on pût en faire une étude profitable; mais l'adolescent possédait toutes ses dents intactes, et nous avons même pu sortir ses dents de sagesse de leurs alvéoles. M. Gaudry

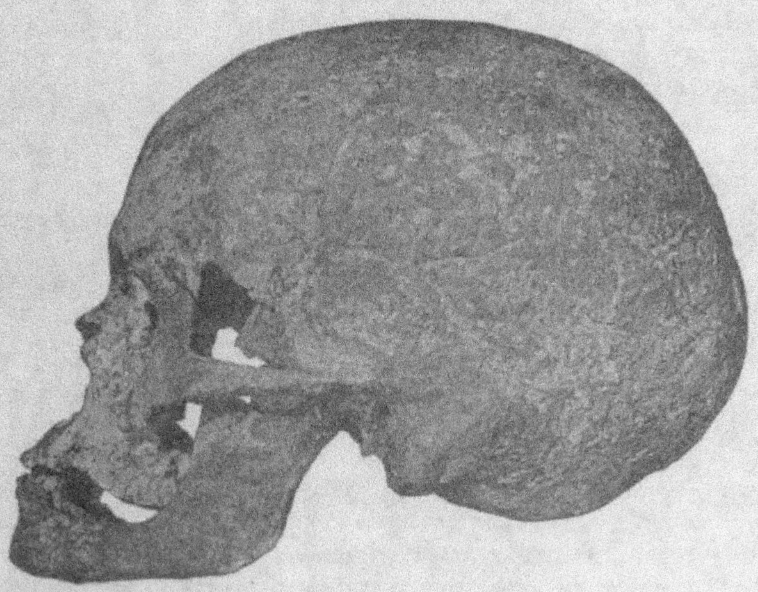

Fig. 10. — Crâne de la vieille Négroïde de la Grotte des Enfants.
Cliché de *L'Anthropologie*.

en a fait une étude minutieuse et il a montré que toutes les dents sont d'un volume considérable et que les molaires offrent, dans le sens antéro-postérieur, un diamètre tout à fait insolite. Il a trouvé, sur ces molaires allongées d'avant en arrière, un denticule postéro-interne très détaché à la mâchoire supérieure (fig. 11), et un denticule postérieur nettement isolé sur la deuxième et la troisième arrière molaire de la mandibule. Ces particularités ne s'observent point dans les races blanches actuelles, mais elles se retrouvent chez une des races les plus inférieures de notre époque, chez les Australiens, de même qu'on les rencontre exagérées chez les anthropoïdes.

Le bassin, chez nos deux sujets, est en assez mauvais état de conservation. Cependant on peut noter son développement en hauteur, la forte courbure de ses crêtes iliaques, l'étroitesse de ses échancrures sciatiques, comme chez les Nègres actuels.

Au membre supérieur, il convient de signaler la torsion très prononcée du cubitus au niveau de l'insertion du muscle carré

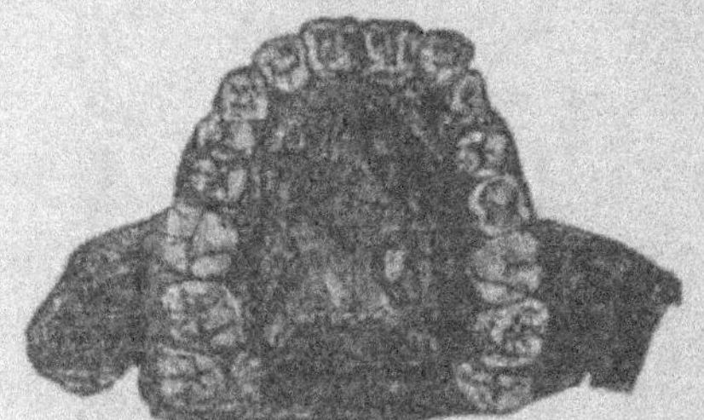

FIG. 11. — Dents supérieures du jeune Négroïde
de la Grotte des Enfants.

pronateur, et l'aplatissement antéro-postérieur du radius qui, en revanche, s'élargit transversalement.

Le fémur est surtout remarquable par l'exagération de la courbure à concavité postérieure de sa diaphyse, comme chez les anthropoïdes. Le tibia offre la rétroversion de l'extrémité supérieure que MM. Fraipont et de Lohest ont signalée chez les hommes de Spy. Enfin, le talon fait une saillie singulièrement prononcée en arrière de la jambe.

Pour ne pas abuser de vos instants, je me bornerai à ce résumé très succinct des principaux caractères de la race de Grimaldi. Vous les trouverez exposés avec tous les détails nécessaires dans mon travail. Si bref qu'ait été mon résumé, il suffira à vous convaincre que, à quelque point de vue que nous nous placions, nous voyons toujours nos deux sujets s'éloigner des Européens actuels et s'identifier avec les Nègres, parfois même avec les Nègres les plus inférieurs, avec les Australiens. Par suite, vous reconnaîtrez avec moi, je l'espère, que je ne suis pas tombé dans l'exagération en qualifiant de *Négroïde* la si curieuse et si intéressante race de Grimaldi.

D. *Les survivances de la race de Grimaldi.* — Quoi qu'il fût bien difficile, sinon impossible, de supposer que nos Négroïdes des Baoussé-Roussé fussent arrivés par mer à une époque où la navigation n'existait sûrement pas, on pouvait néanmoins se demander si les deux sujets de la Grotte des Enfants n'étaient pas des individus isolés et non les représentants d'une race qui aurait précédé dans nos contrées celle de Cro-Magnon. Dans cette hypothèse, leur type devait avoir disparu sans laisser de traces. Si, au contraire, nos Négroïdes représentent bien un élément ethnique très ancien, leurs caractères essentiels doivent, en vertu de l'atavisme, avoir réapparu au milieu des populations qui leur ont succédé, comme réapparaissent de temps en temps les traits de la race de Cro-Magnon, voire ceux de la race de Spy. Il n'était donc pas sans intérêt de rechercher les survivances de la race de Grimaldi, et c'est ce que j'ai pu faire grâce à une mission qu'a bien voulu me confier le Prince de Monaco.

Dès que j'eus appelé l'attention des savants sur les Négroïdes quaternaires, et bien avant que je ne commençasse mes recherches sur les descendants ataviques de la race de Grimaldi, mon ami, le Dʳ Georges Hervé, découvrit dans les collections de la Société d'Anthropologie de Paris deux crânes (fig. 12 et 13) provenant de sépultures de l'Armorique et qui offrent des caractères négroïdes bien manifestes. Bientôt, M. Alexandre Schenk, de Lausanne, signalait, parmi les têtes néolithiques recueillies à Chamblandes, deux crânes qui présentent une partie des caractères de la race de Grimaldi. J'en ai retrouvé moi-même plusieurs spécimens dans les musées du nord de l'Italie, spécimens qui remontent soit à l'époque de la pierre polie, soit à l'âge du bronze, soit au premier âge du fer.

M. Eugène Pittard a décrit deux crânes négroïdes du moyen âge, qui proviennent de l'ossuaire de Sierre, dans le Valais. J'ai examiné une de ces pièces et j'admets les idées qu'a émises à son sujet mon sympathique confrère genevois. Dans les musées de Turin, de Milan, de Bologne, de Florence, etc., j'ai

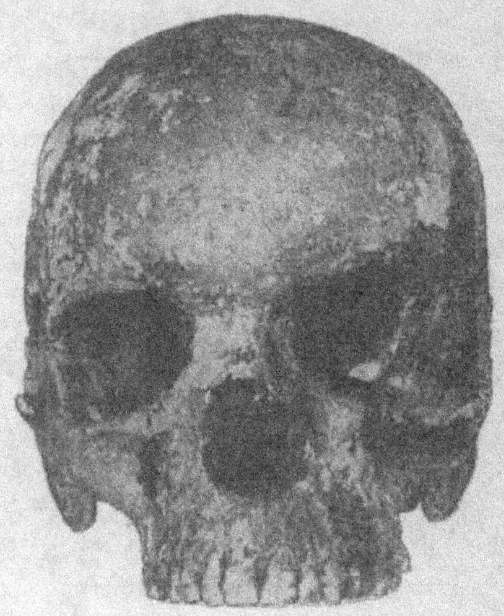

Fig. 12. — Crâne néolithique de Conguel (type négroïde).

vu nombre de têtes modernes provenant du Piémont, de la Lombardie, de l'Émilie, de la Toscane et de l'Ombrie qui présentent des caractères aberrants rappelant de plus ou moins près ceux de nos Négroïdes de Grimaldi, caractères qui s'expliquent aisément par l'atavisme. Une femme de Bologne, dont j'ai décrit et figuré le crâne (fig. 14 et 15), est surtout remarquable à ce point de vue. Enfin, au milieu des montagnes du Piémont, dans une région peu accessible, traversée seulement par des chemins muletiers, j'ai eu la bonne fortune d'observer deux hommes vivants, qui présentent des caractères négroïdes des plus manifestes et qui sont issus de parents ne différant en rien de la majorité des Piémontais modernes. C'est à la description de ces cas de survivance atavique que j'ai consacré les deux derniers chapitres de mon travail.

On pourra m'objecter que là où je vois de l'atavisme, il ne s'agit en réalité que de métissage. Mais il me semble difficile d'admettre que des Nègres aient, à une époque récente, pénétré

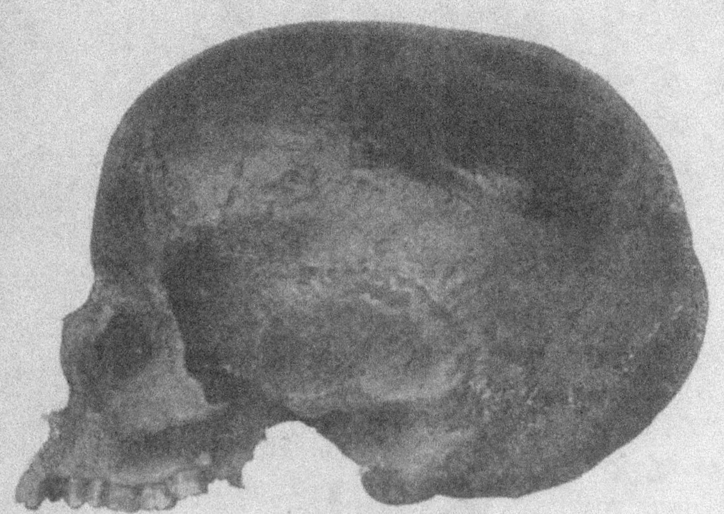

Fig. 13. — Crâne néolithique de Conguel (type négroïde).

dans toutes les régions où s'observent des caractères négroïdes, d'autant plus que j'ai eu soin de faire porter mes recherches sur des localités éloignées du littoral et situées souvent au milieu de districts montagneux que leur isolement plaçait dans des conditions peu favorables à l'introduction d'un élément nigritique. D'ailleurs mes deux Piémontais de l'arrondissement d'Ivrea doivent sûrement leurs caractères exceptionnels à l'atavisme, puisque leurs parents offraient un type tout différent du leur. Par suite, pourquoi n'en serait-il pas de même des autres?

Aujourd'hui que nous connaissons la race de Grimaldi, il est bien plus logique de voir, dans les individus de la vallée du Rhône et du Nord de l'Italie qui présentent un plus ou moins grand nombre des caractères négroïdes de cette race, les descendants arriérés d'un type ethnique qui vivait aux Baoussé-Roussé à une époque reculée des temps pléistocènes. La découverte de

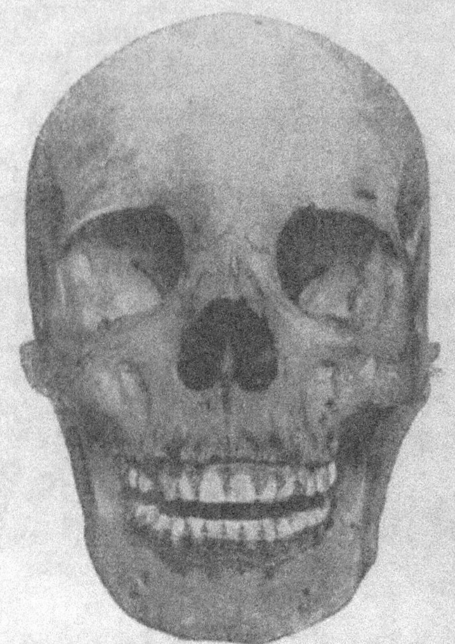

Fig. 14. — Crâne de femme moderne de Bologne
(type négroïde).

ce type nous fait comprendre la fréquence d'un prognathisme accentué chez les Néolithiques, prognathisme qui, sans être aussi commun de nos jours, est encore loin d'être rare chez des sujets qu'on ne saurait soupçonner d'être des métis de Blanc et de Nègre.

Au point de vue de l'Évolution, la race de Grimaldi présente un réel intérêt car elle comble une partie de la lacune qui exis-

tait entre celles de Spy et de Cro-Magnon. Entre ces deux races,
la distance était grande ; à l'heure actuelle, nous savons qu'il a
vécu une race intermédiaire. Cette race, plus rapprochée de
celle de Cro-Magnon que de celle de Spy, nous annonce en
quelque sorte l'apparition de la première. Déjà l'encéphale a
sensiblement évolué ; déjà la tête est dysharmonique à un haut
point ; déjà le crâne offre un certain méplat pariéto-occipal et la

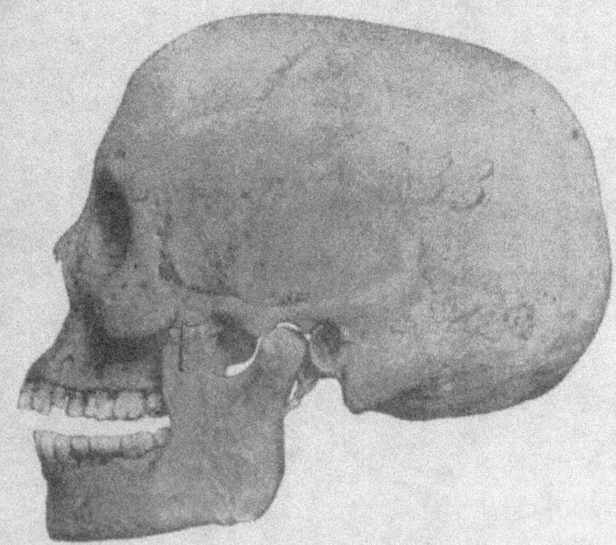

Fig. 13. — Crâne de femme moderne de Bologne
(type négroïde).

face est creusée d'orbites larges et basses, de forme rectangulaire.
Mais combien de caractères d'infériorité n'avons-nous pas noté
en passant ? Physiquement et chronologiquement, la race de
Grimaldi vient donc se placer entre la ou les races du pléistocène ancien et celle qui devait acquérir son summum de développement à la fin de l'âge du renne. C'est là, je crois, un fait intéressant que nous ignorerions encore sans les fouilles du Prince
de Monaco et sans le soin avec lequel elles ont été exécutées par
M. le chanoine de Villeneuve et par M. Lorenzi.

J'ai la confiance que vous voudrez bien me pardonner d'avoir occupé trop longtemps la tribune en raison de l'importance du sujet, quoique je n'aie fait que l'effleurer pour ainsi dire. Je renvoie ceux d'entre vous qui désireraient approfondir davantage la question à se reporter à l'ouvrage que, sous les auspices du Prince Albert Ier, je publie en collaboration avec MM. Boule, Cartailhac et de Villeneuve, et dont je suis heureux d'offrir un fascicule au Congrès.

Le moustiérien et le pré-solutréen ou aurignacien des Grottes de Grimaldi

par M. Émile CARTAILHAC

Lorsque nous avons visité les Baoussé-Roussé j'ai avancé que deux phases successives du paléolithique y étaient largement représentées et que les apports plus ou moins récents y étaient tout à fait négligeables.

Le moustiérien de la Grotte du Prince se retrouve, identique, dans les parties profondes de plusieurs des grottes voisines. Les plus anciens foyers le montrent tous associé à la faune chaude.

Si nous avons là des couches contemporaines des alluvions à faune chaude de la Marne ou de la Seine, de la Somme ou de la Charente, il faut reconnaître que l'industrie est très différente. Elle est non chelléenne, mais franchement moustiérienne.

Dans le gisement typique du Moustier, les formes archaïques, les pointes chelléennes et acheuléennes sont encore nombreuses et elles affectent bien les dimensions et l'aspect de celles qui se rencontrent dans les alluvions tardives où règne la faune froide. Le moustiérien paraît être ainsi l'aboutissement d'une très vieille civilisation que nous voyons évoluer grâce à la richesse des nombreux gisements du sol de la France.

Dans les Grottes de Grimaldi il n'y a pas un seul legs de l'industrie chelléenne, pas une seule de ces pointes plus ou moins tranchantes dites *langues de chat* et *coup de poing*. C'est un moustiérien oublieux des souvenirs archaïques, très tardif en apparence. Et cependant la paléontologie nous avertit qu'il ne faut pas perdre de vue sa très haute antiquité.

Serions-nous donc en présence d'un îlot de population distincte ?

Son outillage, d'aspect fallacieusement moustiérien, correspondrait-il à un travail rudimentaire, plus primitif ?

Ou bien devons-nous penser qu'il faille reviser les conclusions admises jusqu'ici à propos de l'industrie paléolithique ancienne et ne plus s'embarrasser d'un *gabarit* archéologique inexact, si je puis ainsi m'exprimer.

Nous avons mis en tas dans les vitrines (1), et pour chaque foyer, tous les grossiers éclats, infiniment plus nombreux que les pièces retouchées, qui rentrent dans les catégories connues de pointes et de râcloirs. Pour l'école Belge, les pointes et les râcloirs moustiériens ne seraient pas des instruments fabriqués avec intention d'après des vues conventionnelles, mais le simple résultat de l'utilisation. Les éclats que nous appelons grossiers, étaient de très bons outils qu'on utilisait tels quels. Après émoussage du tranchant, on savait l'aviver par des retouches successives, une fois, deux fois, trois fois... Enfin l'arête devenait inutilisable ; l'outil était dédaigneusement rejeté sur le sol.

Les pièces que nous avons étalées avec soin ne seraient que des rebuts.

La théorie est séduisante. Étant donné la haute antiquité des foyers 1 et 2 de la Grotte du Prince, qui renferment en abondance *Elephas antiquus* et *Rhinoceros Mercki*, on pourrait supposer que nous y voyons l'aurore du travail de la pierre. Les peuplades installées sous les abris des Baoussé-Roussé étaient-elles donc encore enlizées dans l'état le plus sauvage — ou bien, par suite de fatales circonstances, recommençaient-elles en quelque sorte à se servir de la pierre, choisissant les meilleures roches de leur voisinage immédiat, brisant par le choc les cailloux roulés de la plage, les parties dures des falaises, mettant immédiatement en œuvre les éclats obtenus ?

L'observateur pourrait s'arrêter à cette conclusion s'il n'examinait pas de plus près cet outillage primitif des Grottes de Grimaldi, s'il avait la possibilité d'isoler les foyers inférieurs

<hr>

(1) M. le Chanoine de Villeneuve avait bien voulu me laisser le soin d'étaler et de classer au Musée Anthropologique de Monaco les belles collections qu'il a su recueillir.

de ceux qui les recouvrent, et de séparer enfin tout cet ensemble du reste de l'Europe.

L'état rudimentaire des pierres taillées ne doit pas être exagéré. Il provient d'abord et surtout de la qualité des roches. Les grès, les quartzites, les calcaires siliceux se taillent mal; avec eux, un résultat médiocre a exigé ordinairement une très grande habileté.

Les éclats eux-mêmes sont dus à un débitage expérimenté.

Ils diffèrent nettement ici — comme ceux des autres stations moustiériennes connues — des fragments irréguliers qu'obtiendrait un tailleur de pierre improvisé et même un de nos carriers. Plus tard, les paléolithiques sauront obtenir, non de larges éclats à base solide, a tendance triangulaire, mais de longues lames, minces, à bords parallèles. Chaque phase de l'âge de la pierre a son débitage spécial. Or, le débitage moustiérien est indiscutable à tous les niveaux de la grotte du Prince.

A côté du stock d'éclats souvent utilisables tels quels, évidemment, mais surtout destinés à la fabrication de certains outils, on peut voir d'excellents spécimens de ces outils, de ces pointes et de ces râcloirs qui servaient à scier, couper, percer, râcler les peaux et le bois, et si bien décrits par Christy et Lartet, surtout par Gabriel de Mortillet.

Ce savant et regretté maître avait remarqué qu'entre les pointes et les grattoirs définis, existent toutes les transitions. Les deux séries et les variétés intermédiaires ne forment qu'un bloc. Pour lui l'instrument n'était pas emmanché, on le saisissait par la base avec le pouce et l'index et on l'utilisait ainsi. Passons sur la question de l'emmanchure, l'ethnographie comparée permettrait de la discuter. Constatons seulement qu'en fait MM. de Mortillet et Rutot aboutissent à la même opinion. Pour eux l'industrie moustiérienne est fort rudimentaire.

En examinant la série des pointes et des râcloirs de la grotte du Prince on ne peut nier que les fabricants aient tiré d'une matière ingrate tout le parti possible. Dès qu'ils peuvent mettre la main sur un bon silex, ils obtiennent des pièces bien meilleures, plus fines incomparablement, et parfois même élégantes. Ces jolies pointes sont rares, mais peu importe, elles nous ouvrent l'horizon. On n'a recueilli en somme qu'un résidu abandonné sur le sol de la station ; et cet ensemble, tel quel, suffit à nous donner l'idée d'une industrie compliquée et perfectionnée ayant un long passé. Nous serions sans doute fort surpris s'il nous était possible d'entrevoir à côté des reliques conservées le matériel périssable détruit par le temps.

Ces pierres taillées sont les mêmes dans tous les foyers de la grotte du Prince. De la base au sommet, d'une phase quaternaire à l'autre, la même industrie, la même civilisation persiste. C'est celle qui règne d'abord aux Baoussé-Roussé.

A juste titre nous l'avons nommé moustiérienne, la rattachant ainsi au bloc des nombreuses stations plus ou moins synchroniques du Moustier.

Evidemment la lumière n'est pas faite autant qu'on le désirerait sur la période si considérable à laquelle ces gisements appartiennent. Nous avons beaucoup d'indications incomplètes, provisoires, surtout autour de la région de Menton.

A l'ouest, un peu loin, la grotte de Bize offre les mêmes quartzites taillés à la mode moustiérienne, mais avec la faune froide. Les grottes de Soyons, dans l'Ardèche, ont de mauvais silex, partant de médiocres petits outils, mais nettement moustiériens, et aussi les animaux de la seconde phase quaternaire. Plus près, dans le Vaucluse, diverses stations ont livré des silex semblables, d'une taille supérieure et une faune indécise.

A l'est, c'est-à-dire en Italie, les renseignements sont encore moins nets. La faune des stations moustiériennes, en Ombrie, par exemple, n'est pas déterminée. Mais il semble bien que la stratigraphie colloque les pierres à la même place archéologique qu'en France, c'est-à-dire à *la suite* de la civilisation chelléenne.

Dans l'Europe centrale les gisements sont trop clairsemés, beaucoup trop rares. Si la grotte du mammouth, en Pologne, du quaternaire B, a de beaux silex moustiériens associés à quelques types amygdaloïdes, la station de Krapina, en Croatie, offre uniquement les pointes et râcloirs, mais avec les espèces du quaternaire A.

En réalité, l'industrie ancienne des grottes de Grimaldi appartient à un niveau archéologique déterminé. Son industrie est suffisamment liée à celle de maintes stations occidentales, en particulier de Pair-non-pair, Gironde, et de Spy, (niveau inférieur), Belgique.

L'absence des formes anciennes nous a fourni une indication. Elle semble confirmée par quelques rapprochements possibles avec diverses formes des foyers qui vont se succéder et dont la date relative est fort bien déterminée.

Le voisinage immédiat de la civilisation nouvelle, qui est du pré-solutréen, est une définitive démonstration qu'il ne faut pas se laisser troubler par la présence de la faune chaude.

Nous avons ici des stations absolument normales, avec deux niveaux successifs, comme à Chatelperron, dans l'Allier, et à La Quina, dans les Charentes, aux Cottés, dans la Vienne, comme à Pair-non-Pair, dans la Gironde. Ces localités, entr'autres, nous présentent de même du moustiérien et du pré-solutréen ou aurignacien (1) superposés.

Voilà les conclusions archéologiques selon moi certaines. Je laisse à mon collaborateur et ami, M. Boule, le soin de nous expliquer pourquoi la faune chaude persiste ici jusqu'au milieu de la période moustiérienne.

Les puissantes couches des Baoussé-Roussé pétries d'ossements et d'objets, dans la suite des âges, furent fort entamées. Les recherches ont souvent porté sur des gisements incomplets. La Grotte des Enfants avait conservé un épais dépôt ; mais, en avant, la tranchée du chemin de fer a détruit des foyers dont on a retrouvé à peine la marge et qui étaient les plus anciens.

Il n'y avait, sous l'abri, que de faibles restes de l'industrie moustiérienne, un lot insuffisant pour nous permettre

---

(1) *Aurignacien*, d'après le nom de la grotte célèbre d'Aurignac, Haute-Garonne. M. l'Abbé H. Breuil et moi nous avons proposé ce mot et avons eu la satisfaction de le voir immédiatement adopté par bon nombre de nos confrères.

d'apprécier si l'aurignacien qui va s'épanouir fut ou non précédé de phases intermédiaires.

En fait, entre l'industrie du sommet du cône de remplissage de la Grotte du Prince, vaguement représentée dans la Grotte des Enfants, et l'industrie du premier foyer important de celle-ci, il y a une lacune. La transition nous manque, comme il arrive si souvent dans nos habitats préhistoriques où l'homme stationne seulement. Il s'y arrête, y demeure plus ou moins, puis s'éloigne. Quand d'autres hommes reviennent, l'industrie est modifiée. Une évolution naturelle a pu s'accomplir ou bien des importations entrer en jeu.

Il semble bien que nous devons admettre ici des influences étrangères, car la civilisation nouvelle dont il s'agit s'est étendue sur une partie de l'Europe, tout au moins de la Belgique à la Ligurie. On ne saura peut-être jamais où fut son point de départ et comment elle gagna ses lointaines limites.

Au niveau des épaves moustiériennes, étaient des coprolithes de Hyène, indice du départ des hommes. Au-dessus s'étendaient neuf assises, dont M. de Villeneuve a poursuivi l'exploration méthodique. Nous avons étalé au musée, dans une série de vitrines, ces mobiliers successifs. On se rend compte aisément à la fois de l'unité de cette industrie et de quelques changements, de quelques innovations, qui se manifestent au cours de sa durée.

De même que la Grotte du Prince nous fournit des renseignements complets sur l'ensemble des faits moustiériens disséminés dans les grottes voisines, de même les foyers de la Grotte des Enfants, nous exposent et nous résument exactement la totalité des documents aurignaciens des autres Grottes de Grimaldi.

Cette civilisation se révèle grâce à d'innombrables silex taillés et à des os travaillés. Nous examinerons séparément les objets qui accompagnent les sépultures que M. Verneau vous a si bien décrites.

Il y a parmi les os ouvrés une forme très typique. C'est une sorte de pointe, baguette au corps aplati, à la base fendue

que l'on connaît depuis les découvertes d'Edouard Lartet à la
grotte d'Aurignac. Elle a été trouvée bien souvent depuis
1861, et toujours dans des dépôts superposés ou postérieurs
à des couches moustiériennes. On la voit datée par une faune
assez ancienne de notre quaternaire moyen, si bien qu'elle
peut être regardée comme parfaitement datée.

Lartet et Christy, et d'autres bien après eux, l'ont rencontrée
dans la station de Gorge d'Enfer, aux Eyzies ; Louis Lartet, à
Cro-Magnon ; de Rochebrune dans la Grotte des Cottés, à
Saint-Pierre de Maillé (Vienne) ; divers explorateurs dans la
Grotte des Fées de Chatelperon (Allier), à La Chaise (Charente) ;
Ed. Harlé, dans les petites Pyrénées de la Haute-Garonne, à
Tarté-Marsoulas ; de Puydt et Lohest la signalent dans le
deuxième niveau de Spy, en Belgique ; Maurice Féaux à la
Gravette de Bayac (Dordogne), etc.

Ces gisements, très vieux par leur faune et par leur stratigraphie, offrent dans leur outillage des caractères qui confirment
amplement leur ancienneté. Ce sont les plus anciennes assises de
l'âge du Renne. D'autres gisements, sans la pointe d'Aurignac,
il est vrai, appartiennent visiblement au même groupe. M. H.
Breuil en donnait naguère une première énumération dans son
Essai de Stratigraphie de 1905 (1) et dans son étude sur *Les
Cottés*, 1906 (2). La révision des collections, des découvertes
récentes, notamment celles de Fr. Daleau à Pair-non-Pair
(Gironde), de Bardon et Bouyssonie aux environs de Brive
(Corrèze), ont sensiblement renforcé cette liste. Un horizon
archéologique fort important s'est ainsi révélé de la Belgique
aux Pyrénées. Il s'est montré susceptible de plusieurs cou-
pures. Toutes sont antérieures, très franchement, aux stations
typiques du Solutréen (moyen âge du Renne), et parfaitement
séparées en conséquence du Magdalénien classique (âge du
Renne supérieur).

Ces pointes typiques d'Aurignac ne se sont pas seulement

---

(1) Congrès préhist. de France. C. r. de la session de Périgueux, 1906, p. 75.
(2) Lu en août 1905 à l'Afas, Cherbourg ; publié dans la Revue de l'École
d'Anthrop., 1906, p. 47.

rencontrées dans la Grotte des Enfants ; elles sont aussi dans les foyers de la Barma-Grande (récoltes Abbo). M. Émile Rivière les a retirées des grottes voisines qui lui ont donné des couches supra-moustiériennes, c'est-à-dire du Baousso-da-Torre, du Cavillon. Il reconnut fort bien, dès la première heure, leur identité avec celles d'Aurignac.

Comment se fait-il donc que les stations de Menton furent rajeunies et que M. Rivière lui-même acceptât de les dater comme magdaléniennes ?

Édouard Lartet, le premier, fit un essai de *Chronologie paléontologique* (1861). Il proposait pour la période de l'humanité primitive l'âge du grand Ours des cavernes, l'âge de l'Éléphant ou du Rhinocéros, l'âge du Renne et l'âge de l'Aurochs, divisions applicables à une région donnée seulement, « comme celles des archéologues. » Il rattachait à l'âge de l'Ours la station d'Aurignac.

Immédiatement les découvertes se multiplièrent et G. de Mortillet, qui avait eu plus que personne le moyen d'étudier les collections soit à l'Exposition Universelle de 1867, soit au Musée de Saint-Germain, soit comme directeur des *Matériaux pour l'histoire de l'Homme*, s'attache à préciser la succession des gisements. Dès 1867, il signale l'importance d'Aurignac (1) et de sa flèche en os. « Elle est dans toutes les stations du même âge. Elle caractérise ce que nous appelons aujourd'hui la première époque des cavernes, et qui, plus tard, pourrait bien devenir par suite des découvertes, la seconde ou la troisième. »

Mais l'année suivante, dans ses « Promenades au Musée de Saint-Germain », il incline à rapprocher Aurignac de l'époque de la Madeleine à cause de ses instruments en os ou en bois de Renne, tandis que les pointes de Solutré lui paraissent le développement des pointes du Moustier.

Le 1er mars 1869, il affirme cette thèse dans sa note célèbre : « Classification des Cavernes et des Stations sous abri, fondée sur les produits de l'industrie humaine. » Nous avons alors les

---

(1) Promenades préhistoriques à l'Exposition universelle. *Matériaux*, III, 1867.

époques successives du Moustier, de Solutré, d'Aurignac, de la Madeleine.

Au Congrès international d'Archéologie préhistorique de Bruxelles, nouveau changement. G. de Mortillet est frappé de l'insuffisance de la paléontologie pour baser de bonnes divisions. « Voilà par exemple une localité nettement caractérisée de l'époque du Renne, les grottes des Baoussé-Roussé, qui n'ont jamais eu de Renne. » Pour ces motifs il a remanié sa classification. Il a tenu compte spécialement de la présence ou de l'absence des instruments en os pour établir cinq divisions. L'époque d'Aurignac disparaît. Le nom même est effacé de la liste des gisements principaux ! Voici ses explications :

« Précédemment, sur l'autorité d'Édouard Lartet, j'avais établi une coupure entre le solutréen et le magdalénien, l'époque d'Aurignac. J'ai reconnu depuis que cette coupure, mal définie, n'a pas tant de valeur. C'est tout au plus une transition, ou mieux encore le commencement du magdalénien. Les instruments en os sont déjà très abondants, et l'industrie ne pouvait se caractériser que par une différence dans la forme des pointes de lances et de flèches en os. A l'époque d'Aurignac, ces pointes sont fendues à la base, et la hampe ou manche entre dans la pointe, tandis qu'à la belle époque de la Madeleine, c'est l'inverse qui a lieu. Les pointes ont leur base taillée en biseau ou en coin pour entrer dans la hampe. C'est un caractère insuffisant pour déterminer une époque. Puis il a été reconnu que la localité typique d'Aurignac présente un mélange de robenhausien ou de pierre polie, de magdalénien et même probablement de moustiérien. »

En effet, j'avais pu établir que la caverne d'Aurignac avait été successivement un repaire d'hyènes, une station de l'âge du Renne, un ossuaire néolithique. Mais la station paléolithique était plus homogène que la plupart de celles que M. de Mortillet devait choisir comme typiques pour ses diverses époques.

Le Dr Hamy, dans son *Précis de paléontologie humaine*, publié en 1870, insiste au contraire, sur l'importance du type d'Aurignac. Il le maintient comme Édouard Lartet l'avait fait, à une période reculée du quaternaire, au voisinage du Moustier et des stations les plus anciennes des Pyrénées et du Toulousain. Il s'étend avec complaisance sur l'intérêt de tous les gisements similaires. « Cro-Magnon, dit-il, reliera Aurignac à un groupe de stations plus récentes que nous décrivons sous le nom de type de Laugerie-Haute. » — Puis il insiste sur les découvertes concordantes des Belges. M. Dupont a découvert le type d'Aurignac à Montaigle, au Trou-du-Sureau, avec une faune archaïque, des silex spéciaux et encore avec la pointe à base fendue longue et plate. On remarquera que les silex qui dominent ici appartiennent à la forme principale du Moustier, ce qui fournirait un argument de plus en faveur de l'ancienneté du *type d'Aurignac*, par rapport à ceux dont nous la faisons suivre. Dans l'ordre chronologique il conviendrait même de placer le Trou-du-Sureau avant Aurignac, qu'il rattache au Moustier. »

On le sait bien aujourd'hui, c'était la bonne voie que le Dr Hamy indiquait et que Mortillet avait abandonnée.

Louis Lartet, dès 1868, avait été aussi très clairvoyant. Dans son rapport si remarquable sur la sépulture de Cro-Magnon il se montre frappé des relations de certaines couches, de leur mobilier, avec les objets d'Aurignac ou de Gorge d'Enfer. Il cite la présence à tous les niveaux des mêmes grattoirs de silex, finement retouchés, des mêmes animaux. « La présence dans ces foyers de débris du mammouth, du lion des cavernes, d'un ours de grande taille, du renne, de l'aurochs, du spermophile, etc., corrobore de tout point la haute antiquité du dépôt. On peut rendre cette évolution plus rigoureuse encore en se basant sur la prédominance du cheval relativement au renne, sur la forme des silex, des flèches, des poinçons en os, des marques dites de chasse... »

Malheureusement cet outillage ne fut, pour ainsi dire, pas publié et fut très dispersé, et les observations de Lartet tombèrent dans l'oubli.

En fait, l'influence de G. de Mortillet nous bloqua trente ans dans une voie fausse, dans une véritable impasse. Seul, peut-être, M. John Evans n'avait pas perdu de vue la vérité. Consulté en

1880 sur l'âge de la couche supérieure des Cottés, où M. de Mortillet ne voit que du magdalénien, il déclare que cette station est de l'âge du Moustier « et de l'âge de Cro-Magnon ». Il ajoute : « cette découverte pourrait bien avoir tendance à prouver qu'après tout Laugerie-Haute est postérieure à Aurignac. »

Une grotte des Pyrénées au lieu dit de Tarté, près Marsoulas (Haute-Garonne), fouillée par M. Éd. Harlé et publiée en 1893 (1), contenait Hyène, Lion, Panthère, Renne, Bovidés, Chevaux (ces trois derniers très abondants), Rhinocéros, et, avec des silex annonçant le solutréen, avec des grattoirs carénés et spéciaux dont je connaissais depuis longtemps l'ancienneté, était un petit et curieux outillage en os, y compris la pointe en os à base fendue.

C'est alors que, rapprochant ce fait de tous les autres, je vis qu'il fallait soigneusement distinguer cette pointe d'un autre instrument très répandu dans les stations de l'âge du Renne plus récent, surtout dans les Pyrénées, la pointe à base fourchue.

Et dix ans plus tard, m'étant chargé de remettre en ordre les nombreuses collections du Musée d'histoire naturelle de Toulouse, je constatai que le lot de Tarté, le lot d'Aurignac, celui de la Gorge-d'Enfer et autres venaient naturellement prendre leur place *avant* nos stations solutréennes et se séparaient, s'éloignaient définitivement du magdalénien.

L'examen que je dus faire à la même époque de l'archéologie des grottes de Menton donna une plus grande force à cette solution, et M. Breuil ayant alors fait à travers la France une révision générale des collections publiques et privées, reconnaissait et publiait l'identité de nos conclusions.

Quand on lit les innombrables discussions dont les grottes de Menton furent l'objet, on reste surpris de voir avec quelle persistance on s'entêtait dans l'erreur. On accumulait à plaisir les affirmations inexactes. On faisait le silence sur les pointes

---

(1) Bull. Soc. Hist. nat. Toulouse, 1893. Collections au Muséum de Paris et au Musée d'hist. nat. de Toulouse ; Faune chez M. Harlé, Bordeaux.

d'Aurignac, on insistait sur les poinçons en os qui les accompagnent. Un d'eux, de belle taille, attirait d'autant plus l'attention qu'il se présentait avec le squelette humain de la grotte du Cavillon, l'homme fossile de 1872, exposé au Muséum.

Gabriel de Mortillet distinguait aux Baoussé-Roussé des trouvailles, des gisements d'âges bien différents. D'après lui, des sépultures néolithiques y étaient éparses dans des dépôts paléolithiques. Ceux-ci étaient attribuables au magdalénien inférieur, ou plutôt au solutréen, « un solutréen un peu modifié » reposant sur du moustérien.

Très convaincu, de Mortillet eut toujours la préoccupation de maintenir les sépultures dans le néolithique et de différencier leur mobilier de celui des foyers de la station « solutréenne ».

Il en arrivait à déclarer, dans son *Musée préhistorique* (1), que les grottes des Baoussé-Roussé ne contiennent pas d'instruments en os, et, dans le *Préhistorique* (2), que « le dépôt archéologique des Baoussé-Roussé, si riche en silex taillés et en débris d'ossements, ne contient pas d'instrument en os ou en corne de cervidé. »

M. Rivière répondait péremptoirement qu'il avait présenté à l'Exposition universelle de 1878 environ 120 instruments et objets divers en os et en corne et que d'autres figuraient au Muséum et au Musée de Saint-Germain. Dans son ouvrage général sur l'*Antiquité de l'homme dans les Alpes-Maritimes*, il fournissait l'image et la description de ces os travaillés.

G. de Mortillet persistait ; et dans une séance de la Société d'anthropologie, le 2 février 1888, il assurait que ces objets se réduisaient en fait à trois catégories. D'abord des éclats plus ou moins aigus d'un travail douteux, ensuite de très rares sagaies à base en biseau ou à base fendue, celles-ci, « l'une des formes les plus anciennes des instruments en os », quelques aiguilles, « des essais, des avant-coureurs, comme il y en a dans toutes les périodes de transition ». Enfin des instruments qui, par leur

(1) Explication de la fig. 114, pl. xviii.
(2) Page 391, même affirmation, éd. de 1900, p. 636.

forme et leur caractère, doivent nettement être rapportés au néolithique, des poinçons, des os aiguisés en pointe.

M. d'Acy, qui défendait avec beaucoup de clairvoyance l'unité chronologique des foyers et des sépultures, s'empressa de faire remarquer que M. de Mortillet ne niait plus la présence des instruments en os dans les dépôts paléolithiques et il ajouta : « Déclarer que ces poinçons ne peuvent être que néolithiques me paraît plus que téméraire ».

La discussion devait recommencer quatre ans plus tard, à la suite de nouvelles découvertes de squelettes humains.

G. de Mortillet réédite ses conclusions dogmatiques. A aucun prix il ne veut céder sur la question de l'âge des sépultures qui sont indéniables, il le reconnaît, mais appartiennent « à une seule et même époque » et qu'il assure néolithiques. Il en arrive à oublier et les sagaies « magdaléniennes » et les sagaies d'Aurignac; il conclut : « A part quelques esquilles plus ou moins aiguës les instruments en os font défaut dans le dépôt formé par les rejets d'habitation. Les instruments, au contraire, se groupent autour des sépultures, et, ce qui ne laisse aucun doute, c'est que ces instruments, au lieu de se rapporter aux formes bien connues du paléolithique, sont tout à fait identiques avec les formes néolithiques. »

D'ailleurs, cette manière de voir est partagée par tous les membres de la Société qui prirent alors la parole. Ils viennent à tour de rôle apporter leur adhésion et, comme M. le Dr Capitan, par exemple, dire que « ce type de pointe en os est bien connu des paléoethnographes et n'a jamais été rencontré à aucune époque paléolithique. » On va plus loin ! M. d'Ault du Mesnil, qui arrive de Menton et a vu les nouvelles découvertes, affirme que « le dépôt qui remplit la grotte (la Barma Grande) est absolument néolithique ne renfermant pas un seul os provenant d'une espèce éteinte. Le milieu est donc aussi néolithique que les squelettes » (1).

_____

(1) C'est parmi les os sortis de cette grotte que M. Boule reconnut d'abord le renne.

M. Rivière, naturellement, lutta contre ce courant en quelques mots trop brefs, assimilant avec raison les nouvelles découvertes aux anciennes et s'en référant, sans phrases, aux conclusions de son grand ouvrage.

G. de Mortillet répliqua : « Je m'engage à montrer des instruments en os incontestablement néolithiques en tout semblables à ceux des Baoussé-Roussé et je défie M. Rivière de faire la contre-partie, de nous montrer des instruments en os certainement paléolithiques, ressemblant à ceux qu'il a recueillis aux Baoussé-Roussé et qu'il a si bien figurés. »

Or, ces pointes, faites tantôt avec une esquille tantôt avec un petit os simplement usé en pointe et dont une extrémité articulaire a été conservée, on les avait déjà rencontrées dans maintes couches quaternaires (1). On les avait même figurées dès 1863 pour Aurignac, dès 1872 pour Chatelperron, dès 1881 pour les Cottés, dès 1887 pour Spy.

Aujourd'hui que les découvertes se sont multipliées et que nous sommes avertis, ces formes simples nous apparaissent, dans les collections, tout à fait indépendantes du magdalénien et à plus forte raison du néolithique. Elles appartiennent déjà à ce niveau pré-solutréen qui s'est enfin dégagé à nos yeux avec sa physionomie spéciale.

Partout les os ouvrés y sont relativement rares. Ce n'est pas du tout la profusion connue de la Madeleine et des stations similaires. L'importance, l'épaisseur des couches, aux Baoussé-Roussé, par exemple, l'abondance des silex ouvrés rendent cette différence très sensible. Il y a des assises où les os paraissent manquer. Il est évident qu'il se faisait à cette époque un grand emploi des branches, du bois, plus facile à utiliser que l'os et l'ivoire. Il ne reste rien de cette matière périssable parmi les innombrables outils en silex qui demeurent indéfiniment. Dans la Grotte des Enfants, la plupart des ins-

(1) Il est juste de rappeler que M. d'Acy, poursuivant avec son érudition réelle l'étude de *l'âge des sépultures des grottes des Baoussé-Roussé*, a parfaitement noté ce fait. Il cite les poinçons du Trou Magrite, en Belgique, de Goyet, de Spy, etc. — *Revue des Questions Scientifiques*, 1894.

truments en os, les pointes d'Aurignac en particulier, sont de
la base du dépôt post-moustiérien, ils étaient disséminés. Il
convient d'observer qu'un seul accompagnait l'un des morts,
une baguette en bois de cervidé, peut-être une sagaie.

A propos de ces morts, il y a un fait qui va dominer notre
étude. Les fouilles méthodiques et complètes de M. de Villeneuve ont mis hors de doute l'intégrité des assises qui surmon-
taient ces squelettes humains, de même que les observations de
M. Boule ont démontré l'ancienneté de toutes ces couches que
datent le renne et d'autres espèces quaternaires. C'est du très
vieux quaternaire.

Or tous les détails observés établissent qu'il s'agit bien de
sépultures. Nous avons là des sépultures paléolithiques incontestables et nous pouvons les rapprocher immédiatement des
autres. M. de Mortillet avait été conduit par la comparaison
de l'allure et du mobilier de celles qu'il connaissait à voir
là des « inhumations appartenant à une seule et même
époque » ; nous devons conclure de même pour toute la
série ; seulement, comme M. Rivière le soutenait depuis la
découverte du premier squelette en 1872 et comme l'avaient
cru quelques auteurs, dont j'étais (1), il s'agit d'inhumations
paléolithiques, du même âge que les couches qui les renfermaient et qui sont très uniformes.

Quelques auteurs, et M. le Dr Verneau tout le premier, qui
est aujourd'hui pleinement d'accord avec moi, avaient été
frappés de la différence d'élégance qui existe entre les mobiliers
funéraires et les objets du dépôt au milieu duquel les corps
ont été inhumés. Ils en avaient conclu à une différence d'âge,
et rajeuni ceux-ci comme on l'a vu.

Dans son magistral mémoire de 1893 (2), M. C. A. Colini
mentionne la qualité des objets des sépultures, leur forme,
leur grandeur, la perfection du travail. Il fait observer que dans

<hr>

(1) Voir par exemple les pages spéciales aux Grottes de Menton dans ma
France Préhistorique, 1889, et le mémoire cité plus haut de M. E. D'Acy.
(2) Scoperte paletnologische nelle caverne dei Balsi Rossi, dans *Bullet. di
paletn. Ital.*, XIX, p. 335.

les foyers on ne trouve ordinairement que des instruments domestiques brisés ou de rebut, tandis que dans les tombes on a déposé des choses précieuses ou fabriquées pour cette destination. Il met à part une série de pièces ornementales, telles que dents d'animaux, vertèbres de poissons, coquillages percés, pendeloques de tous les âges et de tous les pays. L'autre série de parures spéciales aux squelettes lui paraît comme les pointerolles en os, absolument néolithiques. L'éminent archéologue italien aboutissait donc finalement, et par une erreur bien simple, aux conclusions inexactes de maints confrères.

Mieux informés, il nous est facile de sortir d'embarras. Avec les morts étaient des pièces de choix et spéciales si l'on veut, mais incontestablement paléolithiques. Nous avons établi pour les pointes en os qu'il n'y a pas de doute. En outre, un lot de pendeloques, de grains de collier d'une tombe de la Barma Grande a provoqué des critiques. Plusieurs de ces ossements sont recouverts et décorés de bandes d'encoches, ou bordés simplement d'une ligne d'encoches. La grotte dite Baousso da Torre a livré à M. Rivière un bout de côte de bœuf qui portait une décoration semblable sur les deux faces. Il gisait dans les couches ordinaires de cette station. M. Rivière, en le signalant, fut heureusement inspiré, il le rapprocha de la soi-disant « marque de chasse » d'Aurignac, et de la défense de sanglier de la grotte de La Chaise à Vouthon, Charente. Or, La Chaise est un gisement de l'époque d'Aurignac et, à cette époque, les os avec ces encoches, soit sur les bords, soit sur les faces, sont assez fréquents, car nous les voyons encore sur une longue épingle à tête de Gorge d'Enfer, épingle typique de cette phase (1), sur une série d'os des Cottés, sur d'autres de la grotte de Spy en Belgique. On les retrouve sur plusieurs pièces des admirables couches de Pair-non-Pair, en un mot dans la plupart des stations pré-solutréennes ou aurignaciennes les mieux déterminées.

(1) Cette épingle de Gorge d'Enfer (*Reliquiæ Aquitanicæ*, B. Pl. XIII, fig. 1) nous renseigne sur le rôle des grands poinçons, tels que celui du mort de la Grotte du Cavillon.

De sorte que ces pièces de la Barma Grande, ouvragées d'une façon originale, bien loin de nous rapprocher du néolithique et de troubler les données fournies par la stratigraphie et la faune, viennent au contraire nous aider à préciser l'âge des sépultures. Il y a pleine concordance de ce chef entre celles-ci et les foyers datés, dans quatre des grottes de Grimaldi, par la pointe d'Aurignac à base fendue.

Restent à examiner les silex, ceux des foyers, ceux des inhumations.

Pour la Grotte des Enfants, comme pour la Grotte du Prince, tous les silex recueillis sont exposés au Musée Anthropologique de Monaco. Les visiteurs peuvent juger d'un simple coup d'œil que dans le premier de ces gisements, dès la base, au-dessus des épaves moustiériennes, l'industrie lithique nouvelle est franchement établie. Il n'y a pas une transition suffisante, évidente entre le gros de l'industrie de la Grotte des Enfants et de la Grotte du Prince. Mais elle pouvait exister dans certaines parties détruites par le chemin de fer ou sur quelqu'autre point des Baoussé Roussé. Le moustiérien de la Grotte du Prince a quelques racines du pré-solutréen de la Grotte des Enfants, mais les deux gisements ne se joignent pas tout à fait. Les paléontologistes ne partageront pas mon avis, mais dans une période géologique il peut y avoir nombre de périodes archéologiques.

A la Grotte des Enfants, les grès, les calcaires sont abandonnés. Les silex les plus variés sont utilisés et les jaspes de toutes couleurs, caractéristiques de toutes ces stations, abondent. Ces jolis jaspes se retrouvent dans divers gisements pré-solutréens beaucoup plus qu'aux phases subséquentes. Ainsi, à Pair-non-Pair en Gironde, ils prédominent autant qu'à Grimaldi, dès que l'on arrive aux niveaux du même âge. Il y a là un fait fort intéressant.

Tout l'outillage est, à Grimaldi, de petite dimension. Il y a même des séries véritablement microlithiques. Les rognons qui fournissaient la matière première et dont bon nombre d'éclats ont conservé des parties de croûte, étaient eux-mêmes peu volu mineux. Mais les indigènes avaient, par exception, de plus grands morceaux. Nous avons de plusieurs assises de la Grotte des Enfants des fragments de longues et larges lames, et même quelques gros éclats de silex brun rubanné, exactement celui des grandissimes lames des sépultures de la Barma Grande. M. Rivière, antérieurement, avait rencontré des lames superbes de ce même silex, isolées aussi des tombes. De sorte que nous avons ici la preuve *définitive* que les lames accompagnant plusieurs inhumations ne sont pas étrangères, par leur dimension et leur forme, au dépôt qui renferme celles-ci. C'est le cas de rappeler simplement l'observation de Colini : il y a toujours une différence entre les objets abandonnés sur le sol d'une station et les objets de choix déposés auprès des morts et que nous trouvons intacts.

D'autre part, nous sommes habitués à voir de belles lames dans nos stations pré-solutréennes sans qu'il soit nécessaire, comme on le croyait, de faire intervenir le néolithique. Le Musée de Périgueux vous montrera celles de La Gravette qui ont 15, 16 et 17 centimètres, et la collection des Cottés, chez M. de Rochebrune, a des lames de 18, 19, 20 et 21 centimètres. D'ailleurs, n'avons-nous pas de très belles lames dans les alluvions anciennes de la Seine? J'en connais à Rouen des séries admirables.

Les lames plus ordinaires des foyers de la Grotte des Enfants sont en général diminuées par des retouches sur l'un de leurs bords latéraux et aussi creusées sur une plus ou moins grande étendue, ce qui révèle leur utilisation. Ces encoches sont tantôt uniques, tantôt symétriques ou alternées des deux côtés. D'autres lames sont devenues, grâce à de fines retailles, des perçoirs, des burins, surtout des grattoirs concaves ou convexes. Ces derniers prédominent comme dans les autres niveaux de l'âge du Renne, ils sont très variés, et les principales variétés se retrouvent à toutes les assises. A la base, ils sont ronds et épais. Cependant nous n'avons pas le grattoir caréné de Ressaulier ou de Tarté, de Pair-non-Pair ou de Brassempouy. Comme il y a plusieurs niveaux dans le pré-solutréen (nous commençons à les distinguer), les grottes de Grimaldi sans doute n'en offrent qu'une partie, à moins que la situation écartée de ces stations ne donne l'explication des différences et des lacunes constatées.

Les lames dont un bord latéral a été complètement enlevé sont nombreuses et variées. On dirait des lames de couteau ou de canif avec ou sans bois. Quelques-unes, de tous les étages, ont le dos bombé, on observe qu'elles ont été plus retouchées, affinées en quelque sorte. Ce sont ces pointes à gibbosité que, dès l'origine des trouvailles de M. Rivière, on rapprocha des pointes à cran de Laugerie Haute. Elles contribuèrent fort à faire classer dans le solutréen les dépôts qui les contiennent. Je crois que le rapprochement est inexact. Les pointes à gibbosité sont plutôt de petits outils. En tous cas, elles n'aboutissent pas, dans leur évolution, à la pointe à cran, celle-ci étant du solutréen supérieur, ainsi que M. Breuil l'a constaté et publié. Mais, à ce qui semble, elles deviennent, dans les couches supérieures de la grotte, de petits triangles très surbaissés, au long tranchant, ayant quelque analogie avec les pièces bien connues d'un ancien et curieux néolithique, caractérisé par ses formes géométriques qui nous intriguent tous.

En étudiant l'âge de la pierre en Italie, M. Adrien de Mortillet fait une observation suggestive : Nous ne trouvons pas de magdalénien dans la péninsule. La civilisation de la pierre polie a pu y paraître plus tôt que chez nous. Notre confrère se demande même si elle ne succéderait pas au moustiérien.

Les grottes de Grimaldi nous permettent de voir qu'une longue civilisation paléolithique, dans la Ligurie du moins, succède au moustiérien, et l'étude récente que j'ai dû faire à Gênes et à Rome des collections italiennes ne m'a révélé aucune transition entre le néolithique et les couches supérieures des Baoussé-Roussé.

Les Pré-solutréens, les Aurignaciens ont abandonné un jour ces abris sans que nous puissions comprendre pourquoi. Que sont-ils devenus, où sont les stations de leurs descendants? On ne sait.

Nos gisements sont si clairsemés, nos découvertes si peu

de chose, on le devine, à côté des vestiges qu'ils ont dû semer partout ! Nous ignorerions l'âge du Renne si notre sol n'avait pas quelques cavernes, quelques abris sous roche où se sont conservées en quelque sorte des archives paléolithiques.

On ne s'aventure pas en supposant qu'il y avait bien d'autres stations, tout autour des Baoussé-Roussé, de Beaulieu, etc. Ces beaux pays n'étaient pas et ne furent jamais dépeuplés lorsque plus tard les Solutréens et les Magdaléniens parcouraient la vallée du Rhône. Ils avaient leurs habitants. Nous connaissons assez nos civilisations primitives pour affirmer que la station du Pont du Gard, qui correspond aux harpons à fût cylindrique et barbelés, est bien postérieure à celle de la Grotte des Enfants. Nous avons ici les débuts de l'âge du Renne, et là bas c'est la fin (1).

Ainsi les grottes de Grimaldi éclaireront désormais, comme un phare très important, le monde préhistorique.

(1) Postérieurement à la rédaction de ce mémoire, en avril 1907, j'ai vu, au Musée de la Société Archéologique de Montpellier, les produits de fouilles nouvelles exécutées dans la Grotte du Pont du Gard. On a trouvé, au-dessous des couches jadis fouillées par M. P. Cazalis de Fondouce, le niveau Aurignacien. Ainsi se trouvent confirmées mes conclusions antérieures. — E. C.

A la suite des communications de MM. Boule, Cartailhac, Verneau et de Villeneuve sur les grottes de Grimaldi, une discussion a surgi, à laquelle ont pris part de nombreux membres du Congrès. Nous ne saurions mieux faire que de publier textuellement les notes qui nous ont été remises par les auteurs.

M. J. DE BAYE. — La question relative aux sépultures avec ossements colorés en rouge, qu'elles soient paléolithiques ou néolithiques, revêt, selon moi, un intérêt bien digne d'une assemblée telle que la nôtre. Ce rite funéraire est, à mon avis, caractéristique d'une civilisation qui rayonne autour de la Méditerranée et pénètre par les fleuves jusque dans les terres. La Russie méridionale possède des tumuli où les ossements reposent dans une couche pulvérulente de matière rouge. J'en ai fouillé, à Sméla, chez le comte Alexis Bobrinskoy, et à Stavisché, chez le comte Branitsky (les uns et les autres dans le gouvernement de Kief). Des kourganes analogues se rencontrent plus au sud jusqu'aux mers Noire et d'Azof. Au Caucase, dans le gouvernement du Kouban, non loin des rives de la mer Noire, on a trouvé dans des kourganes des sépultures dolméniformes où les ossements humains reposaient dans une épaisse couche de poudre rouge. Des silex d'un travail très remarquable, des vases grecs et des objets en or constituaient le mobilier funéraire de ces sépultures que j'ai publiées il y a quelques années et dont vous trouverez la description dans les *Mémoires de la Société des Antiquaires de France*. M. Toutain a également entretenu cette même société de sépultures à ossements teints en rouge signalées sur la côte septentrionale de l'Afrique.

Estimant que les sépultures à ossements teints en rouge sont caractérisques, il m'a semblé utile de signaler leur importance pour l'archéologie préhistorique et d'exprimer le vœu qu'il soit dressé une carte de l'extension de leur aire géographique.

M. le D' OBERMAÏER. — A propos des ossements peints en rouge, permettez-moi de vous rappeler le squelette de Brünn (Moravie), qui appartient à l'époque du loess le plus récent et qui est très probablement postglaciaire. C'est par erreur, qu'on avait indiqué ce squelette comme ayant été peint en rouge après le décharnement des os. J'ai examiné aussi bien les os humains que les objets et le loess qui les entouraient immédiatement. Il est hors de doute qu'on avait préparé dans la fosse un lit funéraire, formé des grains de matière rouge (ocre). On en avait aussi éparpillé en quantité considérable sur le cadavre même. Les échantillons de loess conservés au Muséum de Brünn le démontrent incontestablement. Même les taches rouges, qui se trouvent aussi bien sur quelques parties du crâne et des autres os que sur quelques objets du mobilier funéraire et sur des os d'animaux, ne sont que locales, irrégulières et accidentelles.

M. PIGORINI. — Il faut distinguer les faits dont on vient de parler en deux groupes. Il y a des cas, comme en Ligurie, où l'on voit des os humains coloriés en rouge parce que le cadavre a été déposé sur un lit funéraire de matières rouges ; dans ces cas, puisque les ossements ont conservé leur exacte position anatomique, le squelette est intact et on ne peut pas admettre que le mort ait été décharné. Dans d'autres cas, le décharnement et la coloration artificielle en rouge des ossements sont incontestables, comme à Sgurgola, dans la province de Rome. A Sgurgola, la face seule de la tête humaine a été peinte en rouge, évidemment pour obtenir un masque funéraire, et la matière employée dans la coloration a été du cinabre.

M. A. ISSEL. — A l'appui des observations qui viennent d'être faites par mon ami, M. Pigorini, j'ajouterai que la coloration rouge des ossements humains peut être la conséquence de trois coutumes funéraires différentes : 1º Inhumation sur un lit d'ocre ; 2º Bariolage du cadavre en rouge, avant l'ensevelissement ; 3º Peinture en rouge du squelette déjà décharné naturellement.

Les deux premiers modes de coloration ont été généralement en usage chez les Néolithiques de la Ligurie. A propos du second, il faut observer que les tombeaux qui se trouvaient en grand nombre dans nos cavernes néolithiques (surtout dans celles dites des *Arene Candide* et de *Pollera*) contenaient toujours de l'ocre rouge et quelquefois aussi un sceau de terre cuite semblable aux *Pintaderas* du Mexique et de l'Amérique centrale et aux objets de la même espèce découverts dans les grottes des Canaries, objets dont le D' Verneau a donné une bonne description. Dans les anfractuosités d'une des *Pintaderas* recueillie dans la caverne des *Arene Candide*, j'ai remarqué des parcelles d'ocre rouge. Ces objets sont très variés au point de vue de la forme et des dessins en creux tracés sur la surface destinée à produire l'impression. Il y en avait aussi de cylindriques et d'olivaire, percés d'un trou axial, qui étaient maniés comme des rouleaux.

M. Capellini rappelle qu'en 1870, Mac Pherson a trouvé dans la *Cueva de la Mujer* de l'ocre rouge, tant en morceau que broyée, entourée de coquilles de dentales ; on a aussi retrouvé des broyeurs. M. Cappelini a expliqué, au Congrès de Bologne, quel avait dû être l'usage de l'ocre rouge en ce lieu. On peut en voir des échantillons au Musée de Bologne.

M. Capellini pense qu'il serait utile de faire une étude comparative de toutes les grottes des bords de la Méditerranée pour arriver à bien préciser leurs rapports chronologiques, préhistoriques et anthropologiques.

M. A. Guébhard fait remarquer que la fréquence des noms de *Baou-Roux*, *Roca roussa*, etc., dans les Préalpes maritimes atteste l'existence d'une cause encore plus commune de rubéfaction des roches et, *a fortiori*, des ossements et autres objets poreux, par la simple dissolution des sels de fer auxquels doivent leur couleur rouge les terres argileuses de certains niveaux du Jurassique, spécialement du Tithonique et Kimeridgien en haut, du Bajocien en bas.

M. S. REINACH commente une lettre de saint Ambroise à sa sœur (*Epist.* XXII), d'où il résulte qu'on découvrit à Milan, en 384, devant le porche d'une basilique en construction, une sépulture préhistorique contenant deux squelettes de grande taille, décapités et recouverts d'ocre rouge. C'est, de beaucoup, la plus ancienne découverte de ce genre dont on ait conservé une mention ; cette mention ne paraît pas avoir encore été signalée.

Saint Ambroise, très préoccupé à ce moment de la lutte contre les Ariens, se trompa complètement dans l'interprétation de cette trouvaille. Il s'imagina, et tout Milan crut après lui, que ces grands squelettes étaient ceux de héros chrétiens, c'est-à-dire de martyrs de la première Persécution ; ignorant les rites très anciens de la décapitation et de la rubrication des squelettes, il conclut que les inhumés avaient été décapités et que leurs corps avaient été couverts de sang. Suivant saint Ambroise, la sépulture en question était celle des saints Gervais et Protais, victimes de la persécution sous Néron ; or, il est évident, d'après la description même de saint Ambroise, qu'il s'agit d'une inhumation antérieure de nombre de siècles à l'Empire romain. Cette explication sauvegarde la bonne foi d'Ambroise, mise en doute par les historiens modernes, mais aux dépens de sa clairvoyance et du sens critique de ses contemporains.

M. JOHN EVANS cite un poème de Schiller décrivant l'enterrement d'un sauvage qui reçoit des couleurs destinées à lui permettre de se peindre dans l'autre monde.

M. BUCHET fait remarquer que dans une sépulture en forme de dolmen demi-souterrain des environs de Tanger, enfouie dans un sol marneux blanchâtre, ne présentant aucune trace de coloration ferrugineuse, il trouva des ossements colorés en rouge par un lit peu épais d'une argile très fortement ferrugineuse qui, certainement, avait été surajoutée.

Ce qui confirme encore cette assertion, c'est que d'autres tombes analogues et voisines, *creusées dans le même terrain et construites avec des dalles de même origine*, renfermaient des ossements ne présentant pas trace de coloration rouge.

M. Verneau. — Je ne puis admettre un décharnement préalable des cadavres des Baoussé-Roussé, car, à l'exception d'un squelette découvert par M. Rivière et dont quelques ossements étaient déplacés — ce qui peut s'expliquer d'une façon très simple — tous les sujets avaient leurs os dans leur position naturelle. Or, on ne saurait supposer que nos ancêtres du Pléistocène possédassent des connaissances suffisantes pour rétablir les connexions anatomiques de tout un squelette, sans commettre la moindre erreur. Tout au plus pourrait-on émettre l'hypothèse que les parties molles étaient grossièrement enlevées sans que les ligaments fussent sectionnés.

Mais tout proteste contre cette hypothèse. J'ai fait allusion, dans ma communication, à la grande fosse de la Barma Grande, qui avait reçu trois cadavres. Toute son aire était remplie de peroxyde de fer, et le fait ne se serait pas produit si le sujet, plus ou moins complètement décharné, avait été badigeonné d'ocre, ou, à plus forte raison, si les os seuls avaient reçu une couche de substance colorante. Cette substance n'aurait pas été assez abondante pour former, en s'étalant, un lit dans toute la fosse.

En outre, dans plusieurs sépultures, les objets rencontrés dans le voisinage des squelettes étaient colorés en rouge comme les ossements humains eux-mêmes.

Il faut en conclure que les morts étaient ensevelis au milieu d'une couche ocreuse qui, une fois que la putréfaction eut accompli son œuvre, s'est trouvée en contact avec les ossements et leur a communiqué sa teinte spéciale.

Je rappellerai que tous les cadavres n'ont pas été soumis à ce rite funéraire et que les os de certains d'entre eux ne portaient aucune trace de coloration artificielle.

M. Albert Gaudry. — Quand nous visitons les Baoussé-Roussé, nous sommes étonnés de constater, avec les habiles explorateurs de ces grottes, que nos pères ont enseveli quelques-uns de leurs morts dans les lieux mêmes où des foyers et des restes d'industrie annoncent leur habitation. Il fallait que l'amour eût chez nos bons ancêtres assez de puissance pour leur faire préférer le bonheur d'avoir près d'eux les débris de ceux qui leur étaient chers à l'incommodité des exhalaisons qu'entraîne l'enfouissement d'un cadavre.

Il est naturel que d'éminents anthropologistes se demandent si, pour diminuer cette incommodité, nos pères n'avaient pas, avant d'enfouir les cadavres, pris la précaution d'enlever le plus possible les parties molles putrescibles. J'ignore ce que nos aïeux ont fait pour les viscères, mais il me paraît peu probable qu'ils aient détaché les chairs; car, lorsque nous disséquons un cadavre, nous constatons qu'il n'est pas facile de séparer les muscles des os; les tendons qui fixent les muscles aux os ont souvent plus de ténacité que les ligaments qui unissent les os entre eux, et, à moins d'être un anatomiste expérimenté, on risque bien de briser des ligaments quand on enlève les muscles. Or les squelettes des Baoussé-Roussé ont leurs os tellement en connexion qu'il est impossible d'admettre qu'ils n'aient pas été ensevelis lorsque les ligaments existaient encore. Ils forment un frappant contraste avec presque tous les squelettes d'animaux fossiles; les paléontologistes sont habitués à les trouver dans un extrême désordre, les débris des espèces les plus différentes étant confondues pêle-mêle.

M. Déchelette demande si l'on a observé dans les dernières fouilles de Menton quelque relation entre les foyers et les sépultures, comme on a cru le reconnaître à Solutré. Les squelettes gisaient-ils au niveau des foyers, ou dans des fosses à un niveau inférieur ?

M. le Chanoine de Villeneuve. — Toutes les sépultures que j'ai dégagées étaient associées et superposées à des foyers. Dans un cas, on a écarté les cendres pour asseoir sur le sol argileux une petite ciste en pierre qui recouvrait les têtes des Négroïdes, mais les corps reposaient sur la couche cinéritique.

M. S. Reinach demande comment les populations primitives qui inhumèrent sur les foyers de leurs cavernes pouvaient supporter l'infection qui en résultait. Faut-il admettre que les corps n'étaient déposés sur les foyers qu'à l'état de squelettes, après avoir été décharnés ailleurs à l'air libre ?

M. Cartailhac pense que la question du décharnement préalable des cadavres est très difficile à trancher en ce qui concerne les Baoussé-Roussé. Au Mas d'Azil, cette pratique a été sûrement en usage. Mais ce qui ne paraît pas contestable, c'est que les vivants supportent parfois les odeurs les plus nauséabondes sans en paraître incommodés. Qu'on se rappelle l'infection des huttes des Eskimos ! En Espagne, d'après M. Siret, des inhumations ont eu lieu dans les habitations elles-mêmes à l'époque néolithique. A Madagascar, on retourne les morts en pleine décomposition dans les chambres funéraires. D'ailleurs, à Grimaldi, les grottes n'ont pas été habitées sans interruption. L'existence de couches stériles démontre qu'elles étaient parfois abandonnées pendant un temps assez long.

M. Verneau est convaincu que, dans les grottes des Baoussé-Roussé, tous les morts étaient *enterrés*. Les détails qu'il a donnés dans son travail, au sujet des sépultures, lui paraissent bien probants. Or, si les cadavres étaient recouverts de terre, leur voisinage devenait beaucoup moins incommode pour les survivants.

M. le lieutenant Desplagnes ne croit pas que la présence d'un mort dans une grotte puisse être un obstacle absolu à l'habitation de la caverne. Dans l'Ouest africain, les chefs sont souvent enterrés dans des cases que l'on continue à habiter.

Sur le berceau de l'Humanité

par M. Albert GAUDRY

———

La question du berceau de l'humanité est une de celles qui ont le plus préoccupé les anthropologistes. Dans ces derniers temps, on a émis l'opinion que l'Homme pourrait être originaire de l'Australie (1).

Les vastes recherches, qui ont été entreprises aux Baoussé-Roussé, sous la direction de S. A. S. le Prince Albert, par M. le Chanoine de Villeneuve, et sont en ce moment l'objet d'une admirable publication de MM. de Villeneuve, Boule, Verneau et Cartailhac, fournissent une occasion d'examiner le rôle que les Australiens ont pu avoir dans l'histoire de l'humanité.

Une des découvertes les plus curieuses faites aux Baoussé-Roussé a été celle de la double sépulture de la Grotte des Enfants : M. Verneau a trouvé aux squelettes de la double sépulture des caractères négroïdes (2). Sur sa demande, j'ai examiné la dentition parfaitement conservée du plus jeune sujet. S. A. S. le Prince Albert a bien voulu m'envoyer le crâne au Jardin des Plantes ; j'ai pu ainsi, grâce à MM. Hamy et Verneau, comparer sa dentition avec celle de nombreux individus des races les plus inférieures, notamment les Australiens, et avec celle des Hommes actuels de nos pays.

Chacun, je pense, en examinant les dessins du travail publié

<hr>

(1) Voir les intéressantes publications de M. Klaatsch et de M. Schoetensack. M. A. Van Gennep vient de donner, dans la *Revue des Idées* (numéro du 15 mars 1906), un article intitulé : *Place des Indigènes australiens dans l'Évolution.*

(2) Il a créé pour eux le nom de Race de Grimaldi.

dans l'Anthropologie (1) ou la pièce qui est dans le musée de Monaco, constatera facilement que la dentition du jeune homme de la double sépulture se rapproche de celle d'un Australien et s'éloigne de celle d'un Européen. Il est donc naturel de poser cette question : l'homme n'aurait pas eu son premier développement sur le continent austral ?

Dernièrement, les magnifiques collections de la Patagonie ont appris que l'histoire de cette contrée est inexplicable, si on ne suppose pas qu'elle a été une portion d'un vaste continent antarctique, maintenant caché sous les eaux et les glaces. Elles ont en même temps révélé que, sur ce continent, la marche de l'évolution a offert une grande différence avec celle de l'hémisphère boréal et que cette différence a surtout consisté dans le fait qu'au lieu d'un progrès continu, il y a eu arrêt dans l'évolution. Ni à l'époque miocène, ni à l'époque pliocène, ni à l'époque quaternaire, ni même à l'époque actuelle, les Mammifères antarctiques ne sont parvenus aux stades de Pachydermes à doigts pairs, de Ruminants, de Solipèdes comparables aux nôtres, de Proboscidiens, de Carnivores placentaires, de Singes anthropomorphes. Cela s'observe en Australie comme en Patagonie.

Madagascar a une faune fossile et vivante bien distincte de celles de l'Australie et de la Patagonie. Cette île a été unie plus longtemps à l'hémisphère boréal, puisqu'on y trouve des formes semblables à celles de notre Oligocène de France. Cependant là encore il y a eu arrêt de développement : nul Mammifère n'est devenu Pachyderme, Ruminant, Solipède, Proboscidien, Singe anthropomorphe.

Ainsi le monde se partage en deux parties : l'une boréale, dans laquelle l'évolution a eu un progrès continu, et l'autre australe, dans laquelle le progrès s'est arrêté à l'époque miocène. Sans doute l'Homme, qui représente le progrès suprême, n'a pas eu son développement dans l'hémisphère austral, mais dans

______

(1) *Contribution à l'histoire des Hommes fossiles*, avec 15 figures (*L'Anthropologie*, t. XIV, janvier 1903).

l'hémisphère boréal où le progrès a été continu et où la vie s'est épanouie dans toute sa magnificence (1).

M. Schoetensack, qui a fait une savante étude sur l'origine de l'humanité, a supposé que l'homme et son chien, appelé Dingo, sont venus de l'Australie. Mais le Dr Laloy, en rendant compte de son travail dans *L'Anthropologie*, a dit que l'Homme, au lieu de venir d'Australie, a émigré dans ce pays et que le chien l'y a suivi (2). Je crois que M. Laloy a raison ; paléontologiquement l'origine australienne de l'homme est aussi invraisemblable que celle de son chien (3).

Comme l'hémisphère austral a pour caractère un arrêt de développement, l'Homme, avec son chien, aura dû y subir cet arrêt. C'est pourquoi il s'y trouve encore aujourd'hui dans le même état que l'Homme de la double sépulture, découvert par S. A. S. le Prince Albert et M. de Villeneuve dans des couches antérieures à la grande époque glaciaire.

---

(1) Par sa faune fossile et vivante, Java, où M. Dubois a trouvé le Pithécanthrope, se rattache à l'hémisphère boréal.

(2) *L'Anthropologie*, vol. XIII, p. 260, 1902.

(3) Aucun animal d'Australie n'a paru en voie de devenir chien.

Sur deux grottes sépulcrales préhistoriques des environs de Vence (Alpes-Maritimes)

par M. Paul GOBY
Chargé de recherches préhistoriques dans les Alpes-Maritimes

———

Au nord de la ville de Vence, l'antique capitale de la tribu des Nerusii, s'élève un pic aux rampes escarpées, dénommé pic des Blancs ou Baou des Blancs, en souvenir d'une ancienne chapelle de *Pénitents*. Au-dessus s'étend un petit plateau, où se trouvent quelques ruines en maçonnerie et mortier ; mais, il est certain, si je m'en rapporte aux nombreux débris de poteries des camps que j'y ai recueillis à maintes reprises, qu'il devait y exister autrefois une enceinte pré ou protohistorique.

Sur le flanc des rochers abrupts, élevés perpendiculairement à plus de 50 mètres de hauteur (1), à la suite d'un mouvement d'anticlinal rompu, s'ouvrent plusieurs grottes. J'en étudierai deux aujourd'hui : la grotte de l'Ibis et la grotte de l'Aigle (fig. 16).

I. — Grotte de l'Ibis (2). *Historique.* — Il y a près de 21 ans, deux jeunes gens de Cannes, MM. Légué frères, excursionnaient au Baou des Blancs. En contournant la base de l'immense colonne de rocher ils aperçurent une toute petite excavation, qu'ils prirent tout d'abord pour un simple terrier de renard. Une pierre en bouchait l'entrée. Ils l'enlevèrent. La curiosité les

---

(1) Le Baou des Blancs est à 670 mètres d'altitude ; il est formé d'assises Jurassiques : Bajocien, Bathonien, Callovien et Oxfordien au sommet. (J IV, J I à III, F, P.)

(2) Ainsi dénommée, à cause de quelques ossements de cet oiseau, qui y auraient été trouvés par MM. Légué. Nous avons tenu à conserver la même appellation, donnée momentanément par ces derniers.

stimulant, et après bien des difficultés, ils y pénétrèrent et se trouvèrent au milieu d'une grotte assez restreinte, descendant en contre-bas. Ils découvraient bientôt une dent et quelques ossements humains. Peu de temps après, ils y retournaient accompagnés de M. Heilmann de Cannes et recueillaient alors plusieurs crânes humains et des poteries. Mais ces recherches n'avaient

Photographie de M. Paul Goby.

FIG. 16. — Le *Baou des Blancs*, au nord de Vence.

Les emplacements de la Grotte de l'Ibis (*au centre*) et de la Grotte de l'Aigle (*à gauche*) sont indiqués par une croix.

été faites surtout qu'à titre de curiosité et il importait d'étudier le gisement plus à fond et de façon plus utile. A intervalles inégaux, de 1901 à 1906, nous nous sommes rendu à la grotte.

Les fouilles ont été très longues à cause de la difficulté d'accès, et du grand nombre de pierres dont il a fallu débarasser l'excavation.

Description de la grotte. — L'entrée s'ouvre au Sud-Ouest. Elle est d'une petitesse exceptionnelle : aussi est-ce péniblement, en rampant et en s'aidant des mains et des pieds qu'on peut y pénétrer ; je ne puis oublier, et cela a failli m'arriver personnelle-ment, « la bonne figure » d'un de mes braves ouvriers, d'assez forte corpulence, qui, par une journée de plein soleil de juillet, se trouva pris par le milieu du corps au travers de l'ouverture et ne put pendant quelques minutes ni rentrer, ni sortir. Il

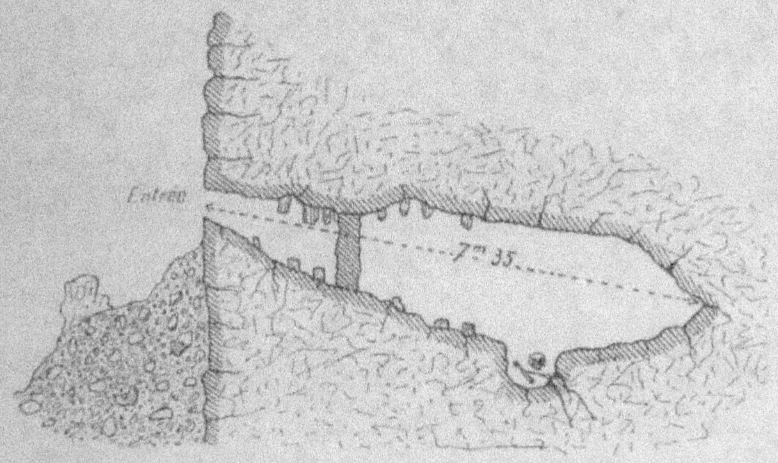

Fig. 17. — Coupe de la Grotte de l'Ibis,
près de Vence (Alpes-Maritimes).

fallut briser plusieurs colonnettes de stalactites où se trou-vaient accrochés ses vêtements, pour lui permettre de sortir de cette situation peu agréable. Agrandie, l'entrée est maintenant un peu plus hospitalière et mesure o m. 75 à o m. 80 de largeur sur o m. 45 de hauteur maximum.

Primitivement, et bien avant les ensevelissements, la grotte ne devait posséder qu'une seule salle. Depuis, le temps et la nature ont continué leur œuvre ; des goutelettes sont tombées, des colonnes de stalactites se sont formées, des rideaux étendus et une sorte de cloison s'est créée au sud de l'excavation (fig. 18).

Il y a actuellement 2 salles : une au sud, l'autre au nord. La première mesure 4 m. 90 de long sur 1 m. 95 maximum de large ; la seconde. 7 m. 35 sur 4 m. 25. Le sol de cette dernière est composé d'un épais tapis de stalagmites, formant une surface en pente raboteuse et très inégale qui recouvre une partie des ensevelissements.

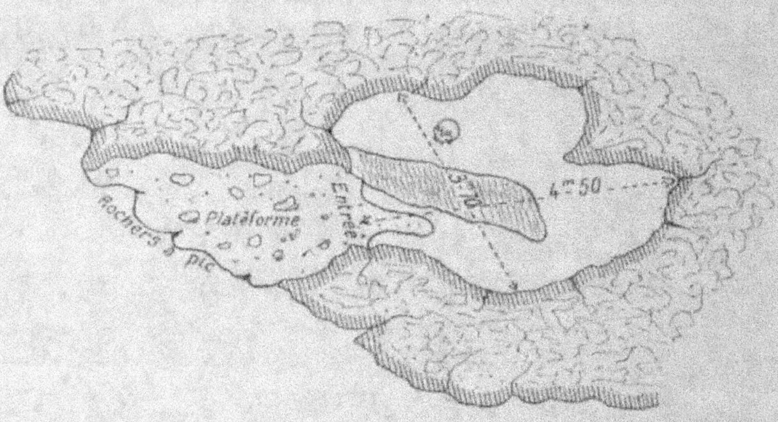

Fig. 18. — Plan de la Grotte de l'Ibis, près de Vence (Alpes-Maritimes) (dressé le 1er mars 1903).

Le nombre des ossements recueillis, joints aux objets d'industrie, fait de cette grotte une des plus intéressantes du pays (1).

(1) Jusqu'à ce jour, les grottes sépulcrales néolithiques ou énéolithiques (?) ont été assez rares dans la région.

Notons pourtant :

E. Desor. — *La Caverne à ossements de Peymeinade* (Ann. Soc. Lett. Scienc. et Arts des Alpes-Maritimes, T. VIII, p. 81). Imp. Malvano. Nice 1882.

Cas. Bottin. — *Fouilles à la grotte Lombard* (Ann. Soc. Lett. Scienc et Arts des Alpes-Maritimes, T. IX, p. 51-60, 3 pl.) Imp. Malvano, Nice 1884.

Marc. Chiris. — *La Sarrée et la grotte de Magagnose* (Bull. de la Société d'Etudes scient. et archéologiques de Draguignan, T. XXI, p. 19-33, 2 pl.). Imp. Latil. Draguignan 1897.

Paul Goby. — *Nouvelles recherches à la grotte sépulcrale du Pilon de Magagnose, près Grasse, Alpes-Maritimes.* (Ass. Franç. Av. des Scienc. Congrès de Cherbourg 1905, p. 682-686).

Ossements humains. — La plupart des ossements gisaient dans la première salle et dans une sorte de fosse, formée de deux blocs de rocher allongés du Nord au Sud. Les crânes ou parties de crânes étaient dispersés ; le plus grand nombre était au Sud.

Quand MM. Légué firent leurs premières recherches, ils trouvèrent tout d'abord (c'est d'eux que je tiens le renseignement) un squelette entier, étendu sur le côté ; au-dessous, c'était un mélange complet de terre, de pierres, de poteries, d'ossements divers. Y a-t-il eu ensevelissements successifs ?

La fosse, et toutes les parties environnantes, après l'enlèvement des stalagmites, m'ont donné de nombreux tibias, des radius, cubitus, fémurs relativement fort bien conservés et qui serviront à une étude de races ; certains tibias ont une platycnémie assez prononcée.

Les crânes entiers qu'on pourra mesurer sont au nombre de deux seulement ; l'un se trouve actuellement au musée de la Société d'Anthropologie à Paris, à qui j'en ai fait don (séance du 19 juin 1902) ; l'autre est encore entre mes mains.

Malgré toutes mes recherches, je n'ai pu savoir où sont passés les autres, recueillis par MM. Legué.

Comme ossements, je dois citer encore plusieurs mâchoires bien conservées (8 à 10), des calottes crâniennes, des fragments de frontaux, pariétaux et rochers ; enfin un nombre considérable de dents et de vertèbres (plus de deux cent cinquante), des os des pieds et des mains, des parties de bassins, des sacrums, etc. (1).

Tous ces ossements seront confiés prochainement à un spécialiste et feront l'objet d'un travail particulier.

Objets d'industrie. — Les vases appartiennent à la période néolithique ; l'un d'eux entier est de forme bombée, à rebord droit, à anses percées d'un trou de suspension (fig. 19). Il est mal cuit et de pâte rougeâtre à l'extérieur. Il appartient à MM. Legué.

---

(1) Nous n'avons pas encore fait le dénombrement exact de ces intéressants matériaux ; mais nous pouvons indiquer que nous en avons déjà retiré au moins 4 ou 5 caisses ; parmi les os longs, beaucoup sont intacts.

J'en ai un autre à pâte noire, également néolithique, en forme d'écuelle ou de calotte crânienne. Un troisième a près du rebord une anse formant bourrelet et aplatie horizontalement ; il est en pâte rougeâtre, lustrée. Enfin il y a encore des fragments de vases plus gros, d'une céramique moins fine, ayant pour tout ornement une bande d'argile appliquée sur le pourtour de la panse. Ces poteries sont sans mica, contrairement à ce qui existe dans la plupart de celles de nos camps et de quelques grottes du pays (grotte de Speracèdes) (1).

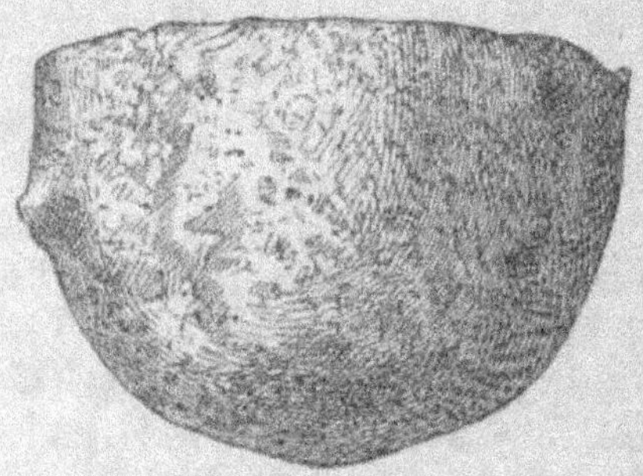

Fig. 19. — Vase en terre, à fond rond,
trouvé dans la Grotte de l'Ibis.

Le tamisage et le triage d'une grande quantité de terre nous ont fourni en outre cinquante-trois perles : seize sont en pierre vert noir, de même nature que certaines haches en pierre polie de la région. Une paraît être en jadéite ; onze sont taillées dans du carbonate de chaux et renflées sur leur pourtour ; d'autres représentent de simples sections de dentaliums fossiles, fournis par divers gisements tertiaires du pays. Il en est une fort belle, de 0^m017 de longueur, de forme olive, en pierre ollaire. Nous avons recueilli encore : quatre pendeloques en os, en forme de

(1) Paul Goby. — *La grotte Ardisson à Spéracèdes, près Grasse (Alp.-Mar.)* — Associat. Franç. p. l'avanc. des Sciences. Congrès de Cherbourg, 1905. Pages 632 à 641, une fig.

crochet, avec trou de suspension ; une pendeloque en os long
poli et troué ; un petit os travaillé, muni sur son pourtour de
rainures imitant une série de perles (la grotte du Pilon de
Magagnosc, près Grasse, m'en avait donné deux) ; une patelle
(coquille marine) ; enfin, une pointe de flèche en silex à base
convexe, finement retaillée, et une sorte de pendeloque, en
métal, probablement en cuivre.

Mentionnons, en dernier lieu, un fragment de verre (vert-

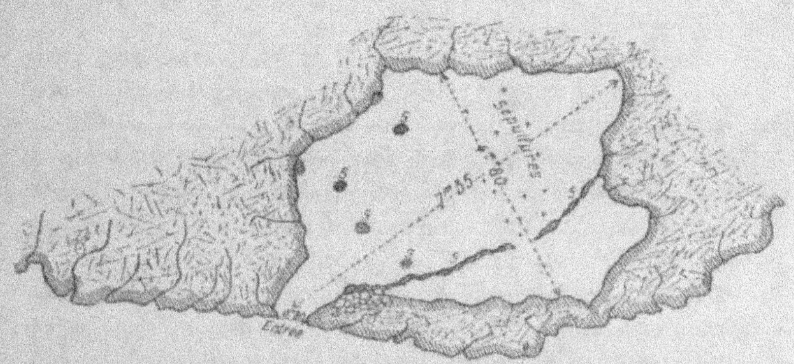

Fig. 20. — Plan de la Grotte de l'Aigle, près de Vence (Alpes-Maritimes)
(dressé le 1ᵉʳ mars 1903).

irisé), grec ou romain, infiltré plus tard dans la cavité, ou
provenant peut-être d'un ensevelissement postérieur (?), verre
importé sans doute de la côte par les tribus de la montagne (?).

II. — Grotte de l'Aigle (1). — Cette seconde grotte est
située à 30 ou 40 mètres à l'ouest de la précédente. Elle
est creusée dans le flanc du rocher, à une vingtaine de
mètres de hauteur. L'accès en est périlleux. Ce n'est qu'en
s'accrochant aux aspérités des rocs, dont quelques-uns forment
gradins, où l'on peut à peine poser le pied, qu'on y arrive. On

____

(1) Nous avons appelé ainsi cette grotte, à cause de sa situation élevée et
accidentée, comme un vrai nid d'aigle.

voit par là quel soin apportaient les hommes de ces époques à la recherche de leurs sépultures.

Sur le devant de la grotte s'étend un petit espace de 3 à 4 mètres carrés, formant prolongement de l'excavation (fig. 20). Celle-ci ouverte de l'Ouest à l'Est mesure 4^{m}5o de profondeur et 3^{m}7o de largeur. L'entrée m'a donné o^{m}9o et 1^{m}8o de large, suivant les points ; la hauteur maximum (direction Nord-Sud) est de 2^{m}38 environ.

A gauche, en entrant, on remarque un bloc de rocher de forme allongé.

Les ensevelissements ont eu lieu principalement, entre ce roc et la paroi nord de la grotte. Cette partie m'a fourni un certain nombre d'ossements humains, plus ou moins brisés, notamment d'enfants ; une centaine de fragments de poteries, dont quelques-uns recouverts d'un bourrelet d'argile, semblable à ceux de la céramique de la grotte de l'Ibis ; la nature de la pâte est également identique, rougeâtre et grossièrement fabriquée. Enfin, le tamisage des terres nous a procuré deux griffes d'oiseau, une cinquantaine de dents humaines et deux dents d'animaux, (renard peut-être), percées d'un trou de suspension.

Les ensevelissements paraissent avoir été contemporains de ceux de la grotte précédente.

Nos recherches ne sont pas terminées dans ces deux grottes ; nous les poursuivrons prochainement, persuadé d'avance qu'elles nous livreront encore d'intéressants documents.

Le gisement du Cap Roux

par M. l'Abbé CARDON

———

La station préhistorique du Cap Roux, sur la route nationale n° 7, entre Èze et Beaulieu, a été découverte et presque anéantie en 1872, sur une longueur de 93 mètres. Délaissées depuis cette époque, les fouilles en ont été reprises par l'auteur du rapport en 1905 et se continuent actuellement. La coupe ancienne en a été soigneusement relevée et reconstituée quant au mobilier de cet abri sous roche. Les recherches semblent devoir donner un excellent résultat, surtout dans les sous-sols de la route où les foyers les plus anciens, naturellement, sont intacts. Une caverne, primitif refuge de l'homme à cet endroit, sera certainement intéressante. M. l'abbé Cardon y rencontre des ossements, des silex et de nombreux spécimens de coquillages.

En quittant le Cap Roux, rendu inhospitalier à cause de l'amoncellement des alluvions apportés par les nombreuses sources du rocher, l'homme n'abandonne pas Beaulieu, mais suffisamment armé contre les fauves et pouvant se construire des cabanes de branchages, il va camper et continuer l'œuvre lente de sa civilisation en pleine campagne, le long des sources du vallon de la Murta où nous le retrouvons.

Sur une plate-forme néolithique
à Beaulieu (Alpes-Maritimes)

par M. le Dr JOHNSTON-LAVIS F. G. S., etc., Professeur agrégé
à l'Université de Naples.

———

Les grottes et les abris sous roches de l'âge néolithique ont été bien étudiés tout le long de la côte des Alpes-Maritimes et du voisinage ; mais nous possédons très peu d'informations concernant l'habitation de l'homme néolithique alors qu'il était dépourvu d'une protection naturelle contre les intempéries.

Il y a quelques années, sans entrer dans la discussion littéraire qui s'agitait autour de la situation de l'ancienne *Olivula*, je me suis mis à étudier pratiquement les moyens de fixer ce site en observant le sol dans tous les alentours, où de nombreuses excavations pour le développement de Beaulieu exposaient des sections intéressantes. Sans trop de difficulté, il m'a semblé pouvoir établir la position de l'ancienne *Olivula* autour de la vieille église paroissiale de Beaulieu actuel. Au cours de mes observations, je me suis aperçu que, dans une partie de ce voisinage, il était facile de relever des traces d'une période préhistorique beaucoup plus reculée que l'ancien *Olivula* grâce aux restes d'une antique plateforme, représentée aujourd'hui par une couche néolithique.

ANTÉCÉDENTS GÉOLOGIQUES. — Nous trouvons d'abord, s'étendant depuis l'embouchure de la vallée de la Murta, un cône ou éventail alluvial, formé des débris amenés par les pluies torrentielles qui, de temps en temps, balayent cette vallée. Quand ce dépôt alluvial est exposé en sections par des excavations, on voit des blocs sous-angulaires de dimensions très variables et du gravier calcaire mêlé à la terre végétale. Au-dessus de ces alluvions, s'étend une couche d'argile singulière, de couleur noire, reposant sur une matière de couleur claire ressemblant beaucoup à un dépôt lacustre, mais dans lequel, cependant, je n'ai encore jamais trouvé de coquilles appartenant à des mollusques d'eau douce. Quelques couteaux de silex sont le seul indice de séjour humain que contienne cette argile. A mesure qu'on approche de l'hôtel Bristol, le gravier sous-jacent à l'argile noire est remplacé par un sable à coquilles, contenant beaucoup de dépôts marins et présentant tous les caractères d'une plage soulevée. Cette plage était très visible, en sections, en plusieurs points autour de la Baie des Fourmis. Mais elle est maintenant couverte par le mur et le remblai de la partie gagnée sur la mer.

COUCHE NÉOLITHIQUE. — Reposant sur le gravier ou sur cette ancienne plage, ou même sur l'argile noire, souvent bien distincte, paraît une couche de terre noire évidemment remaniée. Sa couleur noire est surtout due à une abondance de fragments de charbon de bois brûlé. Mélangé à cela, sont de nombreuses coquilles de *Patella*, *Trochus* et autres restes de mollusques alimentaires. Un certain nombre de fragments d'os s'y trouvent aussi, mais généralement trop décomposés et trop menus pour pouvoir être déterminés. Cette couche contient encore des cailloux calcaires sphériques, variant de deux à quatre centimètres de diamètre et qui, probablement, servaient de pierres de frondes. Ces cailloux ont été trouvés en un tas dans les excavations faites pour la construction de l'hôtel Empress. On rencontre aussi dans plusieurs de ces excavations un assez grand nombre de cailloux ovales, plats, de cinq à vingt centimètres de long, et, comme ils n'entrent pas dans la composition du gravier sous-jacent du torrent de la Murta, il est évident qu'ils ont été portés sur place par une intervention humaine. Leur usage reste encore à découvrir. J'en ai examiné un grand nombre pour voir s'ils étaient marqués de façon à pouvoir faire supposer un emploi comme marteau, etc ; mais je n'ai pu déceler aucun indice d'un usage spécial. Leurs surfaces sont souvent en partie dissoutes ou décomposées par les infiltrations d'eaux pluviales contenant de l'acide carbonique. En un grand nombre de points où j'ai examiné cette couche néolithique, j'ai trouvé des poteries en assez grande quantité. Ces poteries renfermant de l'argile et du sable quartzeux, sont faites grossièrement sans tour de potier et sont imparfaitement cuites. Autant qu'il m'a été possible de reconstituer avec ces fragments les formes originales, ces vases semblent avoir été de différentes dimensions et en forme de bols ou d'un segment basique de cône obtus. En outre, un autre type se présente comme un large plat, bas, avec un bord relevé de 3 ou 4 centimètres et incliné en dehors. Ces derniers, en quelques cas, semblent avoir été faits au moyen du tour du potier. De ce fait, je conclus que cette couche représente une période tardive de l'âge néolithique, ou un âge de transition. Il ne peut y avoir aucun doute que ces deux types de poteries se trouvent intimement mélangés dans la terre noire, ce qui prouverait qu'ils ont été employés simultanément. Les anses sont représentées par de simples mamelons d'argile, fréquemment traversés horizontalement par un ou même deux trous, comme pour le passage de cordes ou de lanières. Je n'en ai trouvé aucun avec le bord épaissi ou avec des essais de dessins ou décorations. La plupart de ces fragments ont été exposés à la fumée du feu et servaient sans doute d'ustensiles de cuisine, ce qui expliquerait pourquoi ils sont si peu décorés.

Avec beaucoup de soin, je suis arrivé à trouver des écailles ou des instruments de silex partout où se présentent ces dépôts de terre à charbon de bois. Or, comme des silex de cette nature ne se trouvent pas généralement dans le voisinage immédiat de Beaulieu, j'en conclus que ceux-ci ont dû y être certainement importés par l'homme.

Le type le plus commun est celui de petits couteaux longs et minces, ne montrant aucun travail secondaire. J'ai trouvé un noyau abandonné, une ou deux pointes de flèches grossièrement travaillées, un grattoir et quelques éclats inutiles.

La couleur du silex varie du noir d'ardoise à la teinte du miel. Le grattoir est d'une roche de couleur ocre avec des marques rouges comme du jaspe. Quelques-uns ont subi une décomposition à la surface, tandis que d'autres ont l'air aussi frais que le jour de leur fabrication.

Aux endroits où cette couche néolithique est exposée en section, elle a généralement une épaisseur très variable dans une courte longueur. Cela provient sans doute de dépotoirs établis près des camps ou des tentes.

En un point situé à environ 36 mètres à l'est de la principale entrée de l'hôtel Empress, sur le côté nord de l'Avenue Laure, nouveau parc Marinoni, la couche, vue en section, montrait environ un mètre d'épaisseur ; elle était composée de terre très noire, contenant beaucoup de poteries, de coquilles, d'os et d'instruments de silex, le tout en forme de monticule. J'y ai remarqué un grand nombre de blocs sous-angulaires de calcaire mélangés à la terre. Mais un examen attentif ne m'a permis de découvrir aucun signe prouvant que ces blocs avaient pu être employés soit comme enclume soit à d'autres usages domestiques. D'après leur arrangement, je suis amené à les considérer comme ayant seulement servi de pavé grossier à un camp.

De cette petite étude, il me semble pouvoir conclure qu'il n'y a aucune raison de douter que l'homme néolithique ait établi, en ce point du Beaulieu actuel, un village de huttes dont l'existence est démontrée par les restes de cette ancienne plateforme.

Ce village était-il plus plébéien que son heureux voisin de l'abri sous-roche du Cap Roux ? Cela pourra être le sujet d'une nouvelle étude.

En tous cas, les indications tendent plutôt à prouver l'existence d'une période néolithique tardive ou de transition pendant laquelle nos ancêtres de cette région avaient déjà découvert le tour du potier.

Les découvertes préhistoriques
de la région Cannoise

par M. le Lieutenant-Colonel THIERRY DE VILLE-D'AVRAY
Bibliothécaire-archiviste, Conservateur des Musées de Cannes.

Bien que la région Cannoise proprement dite, encore à peine explorée, soit peu riche en découvertes antéhistoriques, et cela surtout par suite du manque de recherches sérieuses et suivies, elle ne laisse pas de mériter, croyons-nous, qu'on s'y arrête un instant, ne fût-ce que pour remémorer les découvertes du passé.

Le peu de chemin parcouru dans cette voie d'investigations archéologiques doit être un puissant stimulant pour nous, plutôt qu'un motif de découragement. Et puis, dans ce vaste groupement scientifique, ne devons-nous pas au moins signaler à nos savants collègues les noms des modestes mais infatigables chercheurs de bonne volonté, et leurs plus récentes découvertes?

Il a été constitué à Cannes, en 1902, un *Musée Régional* et nous renouvelons ici le vœu que nous avions formé au Congrès des Sociétés Savantes, à Toulouse, en 1897, comme délégué de la Société de Topographie de France, à savoir : l'*établissement de Musées locaux dans tout centre important.*

En ce qui concerne particulièrement notre région, nous croyons devoir signaler à l'attention du Congrès les Massifs du Tanneron et de l'Estérel, où nous savons exister des sépultures et dolmens à demi enfouis sous un amas de pierre ou de terre, émergeant à peine au-dessus du sol. — Il nous a été encore impossible, faute de temps, de les étudier. Aussitôt que des faits importants ou indiscutables seront obtenus, nous nous proposons d'en donner immédiatement connaissance à nos collègues de la Société d'Archéologie de Provence et à la Société des Études Provençales. — Si, dans l'état actuel de la science, nous ne sommes pas encore bien fixés sur les peuples ayant élevé ces gigantesques constructions et construit les très nombreux camps retranchés des environs de Grasse, au Nord-Ouest de Cannes, sur les hauteurs de Saint-Vallier et de Saint-Césaire, on peut toutefois, après les remarquables travaux de MM. le Dr Guébhard et Paul Goby, avancer que nous sommes ici en présence d'une ancienne population brachycéphale dont les indices varient entre 79,2 et 83,8.

Comme M. le Dr Olivier, nous pensons que les dolmens de notre contrée n'étaient que des ossuaires, ainsi qu'on l'a affirmé pour ceux existant dans les Basses-Alpes. Après avoir déposé leurs morts dans une sépulture spéciale avec leurs objets les plus précieux, c'est-à-dire leurs bijoux et leurs armes, on a tout lieu de croire que les indigènes transformaient les dolmens en caveaux de famille, mais souvent fort longtemps après. Ces sépultures recevaient alors, en bloc, les armes, les ossements et les bijoux mélangés, puisqu'on ne les met au jour pour ainsi dire jamais, ou du moins très rarement, en les trouvant rangés avec soin, avec méthode. — Ces tombes, dira-t-on, ont déjà été violées à diverses époques ; nous ne le croyons pas, car on eut sûrement laissé les ossements et enlevé les objets précieux. — D'un autre côté, malgré la présence de quelques poteries grecques trouvées dans nos environs (notamment dans une sépulture de Saint-Vallier), la présence du bronze, du cuivre et de l'airain permet d'attribuer à ces tombeaux la plus haute antiquité, ce qui justifie amplement l'intérêt de leur étude. On sait, en effet, que ces métaux, ainsi que l'argent et l'or, étaient connus bien des siècles avant l'ère chrétienne.

Régions voisines de Cannes. — L'époque néolithique est ici représentée par quelques très belles pièces, dont l'origine est hélas par trop vague. Signalons d'abord :

Une superbe hache intacte et d'un beau vert, provenant des

Alpes-Maritimes, et donnée par M. Mouton (S. D.). Épaisse de 0^m025, cette arme, très régulière et possédant un fin tranchant, a 0^m113 de long sur 0^m05 à la plus grande largeur.

Parmi les autres pièces, on remarque surtout *quatre grandes haches polies en pierre noire très dure*, et d'autres plus petites, trouvées par nous sans autre explication que celle-ci : « Donnée par M. de Sartoux, et provenant des environs », ce qui est réellement par trop vague ! Ajoutons qu'elles ont dû sûrement être apportées de loin, car nous ne connaissons pas ce genre de pierre dans notre contrée.

Un fragment en pierre verte indéterminé, tranchant très fin de hache polie, et une petite hachette en pierre noirâtre proviennent de *Saint-Cézaire* (don de M. O. Autran, en 1903, au cours d'une de nos excursions).

Saint-Vallier (Alpes-Maritimes) nous a fourni trois magnifiques spécimens de pierres polies, que nous supposons être des pilons, mais d'une époque plus récente, croyons-nous.

Là encore les références manquent totalement ; nous savons seulement que c'est M. Chiris qui a trouvé et donné ces pièces rares, toutes trois en pierre dure extrêmement noire.

M. Ed. Blanc, dont on ne peut oublier les savants travaux, nous a fait don enfin d'un fragment de mâchoire humaine qu'il supposait de l'âge de bronze, trouvée avec un instrument de bronze aux *Plans de Noves, près Vence*, d'un débris de poterie noire très primitive, et d'une dent d'animal perforée, formant ornement de collier, recueillie par lui à la *Caverne de Mars*, également aux environs de Vence.

Découvertes récentes. — Pendant les fouilles exécutées à la célèbre butte de *Saint-Cassien* (près Cannes) par la Société Scientifique et Littéraire de Cannes, en 1902-03, lesquelles, sans être définitives, eurent cependant des résultats fort appréciables, tant au point de vue archéologique qu'à celui de la géologie, *une sépulture Celto-Ligure* fut découverte par les délégués de la Société, le 21 octobre 1903, dans l'ancienne Nécropole, incomplètement fouillée en 1881, et décrite par M. Revellat dans sa « Notice sur la découverte du temple de Vénus, à Saint-Cassien ».

Jusqu'ici, cependant, personne n'a pu préciser au juste l'emplacement de ce sanctuaire, et bien des auteurs étaient, avant ces dernières recherches, en désaccord relativement à la formation de ce monticule.

Comme nous l'avons exposé dans notre rapport (1), nous y avons trouvé les restes d'une tour importante (inconnue jusqu'alors), des corniches, des astragales en pierre dure, une sorte d'Angon franc, des débris de sépultures gallo-romaines, vingt monnaies diverses ; nous avons établi la constitution géologique de tout le sommet de la Butte et recueilli de nombreux ossements d'animaux fossiles, dents de rongeurs, bois de cervidé, etc. De plus, « d'après M. le Dr Bernard, la sépulture découverte alors est celle *d'une jeune femme, probablement morte en couches et enterrée avec le cadavre de son enfant, vraisemblablement aussi mort-né*, indications fournies par le bassin, et d'après l'amas de terre brune qui était entre les pieds du squelette et qui contenait des ossements d'enfant » (2).

Nous avons constaté, boussole en main, que la tête était à l'Ouest et les pieds exactement à l'Est, tandis que les squelettes découverts en 1881 par Révellat étaient orientés Nord-Est, Sud-Ouest. Enfin, chose tout à fait caractéristique, *une grosse pierre de o m. 90 de long*, en gneiss identique à celui de notre Croix-des-Gardes, se trouvait à gauche *au pied de la sépulture*, les bords de cette dernière étant presque verticaux, et non pas inclinés à l'intérieur comme dans celles de Révellat, et dont les *tegulæ* et les *imbrices* ressemblaient à tous ceux connus. Nous avons donc conclu, pour les raisons qui précèdent, que cette sépulture, trouvée à 1 m. 40 au-dessous du sol naturel, est Celto-Ligure, et non Gallo-Romaine.

(1) *Fouilles de Saint-Cassien*, 1902-1903. Nice, Impr. de la « Côte d'Azur Sportive », 1904, plaq. 8°.
(2) *Ibidem*, p. 25.

Nécropole Gallo-Romaine de la Borde, près Ranguin, commune de Mougins. — M. Sardou en eût connaissance, paraît-il, en 1884, mais la Société des Lettres, Sciences et Arts des Alpes-Maritimes ne fut jamais informée de cette découverte de 12 à 15 sépultures gallo-romaines (squelettes orientés aussi Nord-Est, Sud-Ouest, la tête au Nord-Est). Cette nécropole contenait des urnes funéraires de diverses formes, une lampe romaine en terre, un beau fer de lance en bronze, des urnes lacrymales en verre irisé et deux monnaies romaines. Tout est passé, hélas ! aux mains d'un étranger.

Enfin, M. Vial (1) avait alors relevé lui-même le squelette d'un enfant de six à sept ans « portant au cou un collier en perles de verre noir, perles cylindriques ».

Découvertes de M. G. de Jarrie a la Calanque de Saint-Barthélemy et a la Grotte de l'Ours (Estérel 1904-05). — En 1904, M. G. de Jarrie, publiciste très érudit de Cannes, a fait dans l'Estérel plusieurs trouvailles réellement remarquables. La pièce représentée fig. 21 est à notre avis *un poids Massaliote*, et non pas une hache comme je l'avais cru tout d'abord ; et voici sur quoi nous basons cette opinion. Pendant que M. de Jarrie recherchait de son côté des certitudes sur les anciens poids, l'idée nous vint de comparer le poids exact de cette pierre avec les unités grecques. Quel ne fut pas notre étonnement en constatant qu'ici nous avons 440 grammes, ce qui correspond à *la Mine*, la Mνᾶ *grecque, qui pèse exactement 436 gr. 300*, ou poids de cent drachmes (2).

Si notre poids Massaliote dépasse seulement « la Mine » de 3 gr. 700 (écart insignifiant), cela provient simplement de la gangue accumulée à la surface par la succession des siècles. Nous croyons donc ainsi présenter à nos savants collègues la photographie d'une pièce réellement importante, dont l'original figure actuellement à l'Exposition Archéologique de Provence, à Marseille. Les poids en pierre, en effet, n'étaient pas rares

(1) En 1903, officier de réserve au 112ᵉ, domicilié au Cannet.
(2) Voir Bouillet. Dict. de l'Antiquité, t. II, tableau n° 9.

dans l'antiquité (1) : « On sait, écrit à ce sujet M. de Jarrie,
l'influence des Égyptiens sur les Phéniciens et les Grecs, consé-
quemment sur les Phocéens-Massaliotes. Sous un nom différent, les mêmes divinités se rencontrent, les même rites, les
mêmes symboles se retrouvent. Ce galet roulé, mais divisé en
deux parties inégales par le travail de l'homme qui s'est attaché à lui donner la forme d'un cœur (non pas d'un cœur
ornemental mais d'un cœur anatomique), sur lequel il s'est plu

Fig. 21. — Poids Massaliote découvert dans l'Estérel.

a graver le nom de sa ville natale, ne serait-il pas un souvenir
ému d'un trafiquant Massaliote établi sur cette côte sueltérienne,
et attestant sa patrie et ses dieux de sa probité. »

Voici, du reste, une autre preuve relevée par M. de Jarrie
dans *les Antiquités Égyptiennes* (2), dans un passage relatant les
phases du Jugement des âmes : « En présence d'Osiris, toutes
« les divinités attachées au redoutable tribunal examinant
« rigoureusement la conduite de l'âme pendant son séjour...

(1) *Antiquité expliquée*, t. III, 1ʳᵉ partie, p. 116 et suiv.
(2) Toulouse 1867, S. N. A.

« *Son cœur, symbole du mobile de ses actions, était pesé dans l'im-*
« *mense balance d'Amenti*, dont un plateau recevait l'image de
« Thmée... » Tout concorde donc à faire de cette découverte
un fait archéologique méritant d'être signalé avec le plus grand
soin.

Notre figure porte toutes les dimensions désirables, et c'est
au fond de la grande calanque de Saint-Barthélemy, entre le
remblai de la voie ferrée et la route de la nouvelle Corniche,
que ce poids a été trouvé le 22 septembre 1904, à environ
o m. 20 dans le sol. Recueilli à 90 m. au moins du bord de la mer,
au beau milieu des terres, au bas de la grotte Saint-Barthélemy,
il y a tout lieu de croire que cette mesure grecque provient
d'un habitant de cette caverne, antique pêcheur de cette déli-
cieuse calanque si parfaitement abritée.

C'est l'année suivante (juin 1905) que M. de Jarrie trouve
deux bronzes : « à la grotte de l'Ours (Estérel) où déjà précé-
« demment, en 1903-04, j'avais, dit-il, fait des recherches et
« trouvé quelques fragments d'os d'animaux et de bois de
« rennes, la superbe hache néolithique, ainsi qu'une dent
« de loup avec trou de suspension, et un morceau de calcaire
« cristallisé transparent, également perforé (1). Précédemment,
« ce terrain avait été bouleversé sans ordre. Longtemps, avec
« le Colonel de Ville-d'Avray, auquel j'avais soumis ces bronzes,
« nous avions d'un commun accord penché pour une poignée
« de glaive carthaginois. La récente découverte du trésor de
« Touk-el-Garnous (2) vient de nous faire penser que nous
« nous trouvons en présence d'un pied de *Rhyton*, ou corne à
« boire, dont l'extrémité était de bronze. »

. . . .

Les notes précédentes ont démontré, croyons-nous, que des
découvertes d'un réel intérêt préhistorique ou archéologique
peuvent être faites dans notre région Cannoise, à Saint-Cassien,
dans l'Estérel, aux Encourdoules, et dans nos nécropoles antiques, *si les moyens nous en sont fournis.*

(1) Voir M. DE JARRIE. — *L'Estérel aux temps quaternaires. Ses premiers
habitants*, 1906.
(2) *Illustration* du 27 janvier 1906.

Note sur les Enceintes préhistoriques
des environs de Monaco

par M. le Chanoine DE VILLENEUVE

Les enceintes en gros blocs dont je vais parler sont situées dans le voisinage de la principauté de Monaco, sur la partie en bordure de la mer, ou peu éloignée dans l'intérieur des terres, comprise entre Nice et Vintimille.

Les plus remarquables sont, dans la direction de Nice, celles du Mont-Pacanaglia et du Mont-Bastide ; le *Castellereto*, le *Cros*, les *Mules* ou *Las Muras* et le *Ricard*, en vue de Monaco ; le *Casteou*, sur le chemin de Peille, le petit château de *La Porchiéra*, auprès de Peillon ; le rocher d'Ongran, le camp du *Collet de Ranco* sur le versant sud du Mont-Ours, etc.

La forme des enceintes a été généralement imposée par la configuration du site qu'elles occupent. Mais le site lui-même ayant été choisi, nous avons bien plus à nous pénétrer de la convenance qu'il a offerte au but qu'il devait réaliser dans la pensée des constructeurs, que nous n'avons à nous occuper des formes carrée, elliptique ou semi-circulaire des ouvrages qui s'y sont greffés.

L'assiette du plateau est souvent trop étendue et on s'est borné à n'en utiliser que la partie qui offre, par les défenses naturelles qui l'entourent, la disposition la plus favorable à l'établissement du tracé.

Ce tracé a presque toujours pour base un escarpement rocheux et n'oppose des murailles plus ou moins épaisses et quelquefois doubles qu'aux positions d'attaque.

Quand c'est un promontoire rocheux rattaché à la montagne

par une étroite langue de terre et, sur tous les autres points, inaccessible, on s'est contenté de le fermer à la gorge par deux lignes de fortes murailles.

Dans sa forme la plus simple, le camp préhistorique est un espace enclos de murs. A cet égard le *Castéou*, dont le tracé elliptique circonscrit une aire de cinquante et un mètres de longueur sur vingt-cinq mètres dans sa plus grande largeur, réaliserait le type classique, si un de ses murs longs n'avait été reconstruit.

Un des meilleurs exemples est le château de *La Porchièra*, protégé sur un de ses flancs par un précipice et fermé du côté de la terre par deux murs.

Dans l'intérieur des terres, quelques enceintes paraissent avoir été entourées de plusieurs lignes concentriques de défense ; mais il peut arriver qu'on prenne pour des chemises de remparts les murs de soutènement dépourvus des remblais qu'ils étaient destinés à maintenir.

Toutes les fortifications du flanc de la montagne voisine de Monaco comportent des paliers, sectionnant les pentes par une ou plusieurs terrasses, étagées quand elles sont en nombre et maintenues par des murs de soutènement quand on n'a pas pu utiliser les ressauts naturels du versant. Le chiffre des paliers est de trois au Mont-Pacanaglia et de cinq au Mont-Bastide. Le petit château du *Collet de Ranco* paraît en avoir eu jusqu'à six.

Le plateau de sommet est entouré de murailles qui, dans bien des cas, permettaient de l'isoler des paliers dont il est généralement divisé par une barre de rocher. Au Mont-Bastide la seule communication était établie par une porte séparant l'enceinte supérieure des terrasses à flanc de coteau, et les abords de cette porte avaient été soigneusement fortifiés. C'est à la défense de ces acropoles qu'ont été appliqués des dispositifs ingénieux dont je citerai plus loin quelques exemples.

Je dois auparavant mentionner les modes ou procédés de construction que j'ai observés dans les fortifications voisines de Monaco. La pierre y étant à peu près partout la même, la disposition des matériaux, loin d'être uniforme, présente entre les divers châteaux, voire aussi entre les parties d'un même château, des différences non accidentelles, mais certainement voulues.

Il existe une petite enceinte au-dessus de Monaco dont l'altitude n'atteint pas 200 mètres et où les fouilles n'ont fait découvrir que quelques hachettes en pierre polie. Elle dessine un carré de peu d'étendue, appuyé d'un côté par un escarpement, soutenu en avant par un étroit palier (?) et fermé, sur tous les autres points, du côté de la montagne, par un robuste rempart à deux faces, construit en quartiers de rochers, ou en blocs bruts, dressés, pour la plupart, sur leur champ et présentant en parement la surface lisse de leur lit de carrière ; en un mot, offrant les apparences d'une construction mégalithique. Le seul angle qui subsiste est arrondi. L'emploi d'un outil en métal n'y apparaît nulle part.

Sur le territoire restreint que j'ai exploré, c'est entre 200 et 700 mètres d'élévation qu'apparaissent les enceintes construites. L'usage du marteau y est manifeste.

On remarque dans ces ouvrages trois modes de structure :

1° Le *mur de terrasse*, simple rideau de soutènement, formé de blocs superposés. On l'a employé soit pour maintenir la poussée des terres au pied d'un mur, soit pour étayer les dénivellations de plans entre les paliers.

2° Le *mur de rempart*, élevé au-dessus du sol. C'est celui qui est mis en usage sur les grandes lignes du tracé. Il comporte deux parements en blocs allongés dont les queues sont plongeantes perpendiculairement à l'axe du mur, avec une pénétration qui dépasse quelquefois 1 m. 50. L'épaisseur de ces remparts, qui n'excède pas généralement 2 m. 50, atteint jusqu'à 5 mètres sur un point menacé. Aux *Mules*, une de ces murailles se montre blindée de deux faces de revêtement.

3° La *construction en carreaux*, qui paraît avoir été exclusivement réservée pour certains ouvrages destinés à opposer une forte résistance en face d'un terrain d'attaque et peut-être aussi à servir de dernier refuge aux assiégés.

L'emploi du mur en carreaux est-il plus récent que celui du mur en boutisses ? On pourrait le supposer, car l'insertion de cet appareil à l'extrémité d'un long mur de l'enceinte des *Mules* a toute l'apparence d'un renformis.

Les carreaux sont superposés par assises régulières, mais on n'a tenu aucun compte dans leur agencement du principe de la *pose en liaison*, qui veut que, dans la construction, les joints et les pleins des assises se contrarient et se chevauchent.

L'inobservation de cette règle pourrait fournir un élément de critique pour reconnaître les substructions préhistoriques à la base de murs relevés ultérieurement avec les matériaux de ces antiques constructions.

Je ne dirai que quelques mots des clôtures en pierres sèches qui ont été établies sur les larges sommets des montagnes.

Les complications du tracé y ont été peut-être appelées à racheter le défaut de profil, si elles ne sont plus probablement la conséquence d'adjonctions successives faites au plan primitif. Les lignes se doublent et ne se commandent pas. C'est dans ces enceintes, souvent mal construites, que se rencontrent les murailles contremurées (1) et les jambes de fortification s'allongeant démesurément pour quêter un escarpement.

Les principaux dangers qu'on a voulu écarter furent évidemment la sape et le bélier. Tout a été disposé en vue de surveiller les pieds des murs. Aussi y voyons-nous tout détour de muraille engendrant un angle mort appuyé d'un ouvrage de flanquement. Ce dispositif est manifeste au Mont-Bastide et aux *Mules*. Ce n'est, dans ces deux cas, qu'un des angles saillants d'une des constructions massives dont je vais parler, en enfilade duquel on a chanfrené ou arrondi le coude qui masquait l'angle mort, pour étendre la trajectoire des projectiles.

Presque toutes les enceintes que je connais sont pourvues, à une de leurs extrémités, d'une plate-forme surélevée, enclavée

_____

(1) Sur les sommets voisins de Monaco on utilisa parfois, durant les siècles derniers, les vieux remparts préhistoriques comme parapets de tir, dont la banquette pourrait, vu leur état de ruine, passer pour un contremur authentique.

dans le tracé et ne formant pas toujours de saillie extérieure. Ces ouvrages sont opposés aux terrains plats ou jugés favorables aux approches. C'était généralement aussi la disposition des donjons dans les châteaux des dixième et onzième siècles.

Bien que je n'en remarque pas au *Castéou*, je crois qu'on peut émettre en principe que, dans toutes les fortifications préhistoriques que j'ai en vue, le plan comportait une esplanade plus ou moins élevée que le temps et les remaniements ont fait disparaître dans quelques cas.

Au *Castellereto*, que je suppose plus ancien que les autres, ce n'est encore qu'une banquette rocheuse, alors que, dans une enceinte située au sommet du Mont-Gros, c'est un tertre artificiel, carré, en tout semblable à une motte féodale.

Un des plus remarquables exemples se voit aux *Mules*. Le *donjon* y forme un rectangle allongé à deux faces et à deux flancs. La face qui regarde l'intérieur de l'enceinte est aussi robustement bâtie que celle qu'on a opposée au terrain d'attaque. Le tout est construit en blocs posés en carreaux et pourrait avoir été intérieurement remblayé.

Son élévation ne paraît pas avoir été considérable. En rétablissant les matériaux écroulés, sa hauteur aurait été, tout au plus, de trois mètres, ce qui, ajouté à l'exhaussement de la base rocheuse sur laquelle il est assis, lui donnerait un commandement de six mètres sur la campagne.

Entre l'embasement rocheux et l'espace découvert du plateau, il existe un fossé dont l'écartement de parois ne dépasse pas 1 m. 40, et, ce qui est plus remarquable encore, c'est que le fond de ce fossé et l'escarpe du pied du *donjon*, qui constituaient un péril d'approche au même titre qu'une protection, peuvent être également fouillés et battus du haut d'un avancement de rocher, autrefois revêtu de maçonnerie, qui déborde en épi l'alignement de face de cette sorte de bastion.

On conviendra que ce dispositif offre quelque analogie avec la *caponnière* dont l'invention n'est attribuée qu'au xvie siècle.

Chaque enceinte avait une porte, dont l'emplacement n'est pas toujours facile à reconnaître, mais dont le voisinage est souvent indiqué par un élargissement insolite du mur de rempart.

Au *Castéou*, qui n'a pas de palier, elle s'ouvre au bout de l'ellipse et son entrée est biaise relativement au grand axe de celle-ci. C'est aussi le cas, m'a-t-il semblé, pour quelques enceintes de l'intérieur du massif montagneux. Au Mont-Bastide, qui compte cinq paliers à flanc de coteau, la porte a été pratiquée à l'extrémité du grand côté qui domine ces terrasses ; l'entrée est établie entre deux têtes de murs se croisant parallèlement en sens inverse. La porte du *Cros* est tout ce qui reste d'un château jadis considérable. Elle a été, comme celle du Mont-Bastide, précédée d'un *cavœdium* et sa jouée forme un tambour intérieur masquant un réduit.

La largeur des baies est de, plus ou moins, 2 m. 50. Rien ne prouve que ces ouvertures aient été pourvues de vantaux.

A ces portes aboutissent par un crochet les chemins de défilement. Leur tracé, généralement compliqué, toujours en lacet et souvent coupé par des escaliers, est difficilement reconnaissable sur les pentes érodées de la montagne.

Dans l'intérieur des enceintes on rencontre parfois des fonds de cases. Très nombreux au Mont-Bastide, ils ont été approfondis dans le roc. Ils dessinent des rectangles allongés qui devaient être divisés par des refends. En dehors des parties excavées, le tracé de ces loges est indiqué par des pierres posées sur leur champ. Cette disposition particulière au Mont-Bastide avait pour but, sur le sommet à double pente du plateau, d'empêcher les infiltrations des eaux de ruissellement.

Si les vestiges d'habitations qu'on voit au Mont-Pacanaglia et au Ricard sont contemporains des enceintes, les maisons de cette époque étaient construites en pierre, suivant le même système de structure que les murs de rempart, mais en matériaux de moindre échantillon.

Un emplacement de logement au Ricard avait conservé son pavage en ciment.

Les fouilles ont exhumé des magasins (?) des emplacements de bâtisses renfermant des auges creusées en terre et revêtues

intérieurement d'un enduit rougeâtre très résistant. L'un de
ces réceptacles, au Ricard, renfermait des poteries de diverses
époques, dont quelques fragments décorés d'empreintes de
bout de doigt. Au Mont-Bastide, nous trouvâmes un *pithos*
enterré dans le sol et encore muni d'une conduite en terre
cuite ayant fait partie vraisemblablement du matériel d'un
pressoir. Dans cette dernière enceinte, les bâtiments qui paraissent avoir été réservés aux communs occupent les pentes du
plateau exposées au nord. Au Ricard, ils se trouvent en arrière-
plan d'un alignement de substructions situées au midi et où le
pavage en ciment dont je viens de parler m'incline à voir des
logis d'habitation.

On retrouve partout, à l'intérieur et à l'extérieur des murs
des enceintes, de nombreux débris de céramique primitive avec
des inclusions de spath grossièrement concassé, associés à des
fragments de poterie rouge ou noire et à des tessons de vases
de fabrication de l'époque romaine.

Plus de cent monnaies puniques ont été recueillies aux
abords du camp des Mules.

Observons, en outre, que toutes les enceintes de la montagne
qui côtoie le littoral jusqu'à Vintimille — car au dela de la Roya
ces sortes d'ouvrages n'existent pas — sont ouvertes et découvertes du côté de la mer ; que les paliers établis sur le versant
en regard de la Méditerranée sont faiblement munis et que tous
les chemins de défilement se dirigent vers le rivage.

Cet ensemble de remarques suffirait à confirmer la réputa-
tion de piraterie des Ligures, si, malheureusement, le territoire
ligurien, aux habitants duquel s'appliquait ce mauvais renom,
n'était, comme je viens de le dire, entièrement dépourvu de ces
enceintes.

En revanche, sur la montagne de Monaco où ces fortifications
sont nombreuses, les remparts mégalithiques, les tours rem-
blayées, les murs blindés ne se dressent que du côté de la terre :
les camps se bloquent hermétiquement en face des points d'attache de leur plateau avec la montagne.

Toutes les enceintes sont fermées au nord, et ouvertes au

midi, non par une mesure de précaution contre la bise qui ne souffle guère ici, mais, plus vraisemblablement, par la recherche toute naturelle d'une exposition ensoleillée. Ainsi, dans les fortifications voisines de la mer, on n'a jamais interposé entre la place et cette exposition l'écran d'un mur de rempart. Les paliers s'étalent au soleil, autant que possible; je ne connais pas d'exemple d'un palier au nord.

Or, cette considération d'exposition, qui semble légère dans un fort d'arrêt ou dans un refuge temporaire, est, au contraire, vitale dans le cas de résidence permanente.

Le dispositif des *castella* préhistoriques, bien supérieur à celui de nos villes closes du moyen âge, sauvegarde la vie des habitants, sans la priver de l'air et de la lumière.

C'est pour ces raisons que je suis amené à voir dans les enceintes de la montagne, non des camps ni des refuges, mais les primitives bourgades du pays.

Doit-on conclure de la rencontre d'un grand nombre de fragments de poterie de l'époque romaine que ces enceintes ont été habitées jusqu'à la conquête qui eut lieu au temps d'Auguste? Je ne le crois pas, mais je crois probable qu'on a continué de les fréquenter sous Auguste et par delà la conquête.

Je ne pense pas qu'il faille attribuer à l'influence d'une des civilisations dites pélasgiques le principe de l'art que révèlent ces ouvrages. Ils sont le produit du génie des habitants du pays, Ligures ou autres. Néanmoins qu'il me soit permis de chercher dans un témoignage de l'histoire grecque, de date beaucoup plus récente, un texte qui me paraît intéressant, parce qu'il rapporte sur les monuments préhistoriques de l'Attique une tradition qui, si on pouvait l'appliquer à nos enceintes, nous dirait ce que furent beaucoup d'entre elles et ce qu'elles sont devenues depuis qu'a cessé leur raison d'être.

Dans les plaintes adressées a un consul romain par les envoyés d'Athènes contre les déprédations de Philippe V, roi de Macédoine, on lit la déclaration suivante :

« Les Athéniens avaient des sanctuaires que les ancêtres, dispersés par *hameaux*, avaient consacrés dans chaque petit fort ou bourgade et que, plus tard, après leur réunion en une seule ville, ils n'avaient ni délaissés ni négligés. »

Le sanctuaire traditionnel avait sauvé de la destruction le fort *déclassé*, la bourgade délaissée des temps primitifs.

Il dut en être de même ici, où les habitants étaient constitués en ville déjà au sixième siècle avant notre ère.

Le peuple continua d'entourer de sa vénération le berceau et la divinité tutélaire de sa race.

Ainsi s'expliqueraient les renformis d'époques diverses qui se rencontrent dans ces vieilles constructions, les haches votives, les *favissae* ou cachettes où s'entassaient les *ex voto*, de poterie pour la plupart.

La tolérance romaine ne dut pas entraver les manifestations de la piété traditionnelle.

N'en trouverions-nous pas la preuve dans le cirque rustique qui, joint à l'enceinte du mont Pacanaglia, évoque l'image des antiques *paganalia* chez les premiers habitants de la région ?

Que sont les Enceintes à gros blocs
dans l'arrondissement de Grasse (Alp.-Mar.) ?

*Contribution à l'étude des Enceintes préhistoriques
et préromaines de France,*

par M. Paul GOBY, à Grasse.

———

Parmi les questions proposées à l'étude par le Comité du Congrès, il s'en trouve une qui a rapport tout spécialement à certains de nos monuments régionaux, qui ont présenté jusqu'ici un problème encore incomplètement résolu.

Je veux parler de nos enceintes à gros blocs, de nos camps retranchés (1).

Dans les diverses régions de la France, le Préhistorique est caractérisé soit par des stations en plein air, par des grottes, soit par des dolmens, des tumulus ou autres sépultures.

Si notre pays renferme plusieurs de ces derniers monuments, il est surtout recouvert d'un vaste système de curieuses fortifications, dont il est assez difficile de préciser dès maintenant l'origine, faute de documents suffisants.

(1) A la séance de la Société d'Anthropologie de Paris, du 19 juin 1902, M. le Dr A. Guébhard avait bien voulu présenter déjà, de notre part, « *une série de modèles en relief, représentant à échelle rigoureusement réduite et avec les matériaux mêmes, les diverses sortes de constructions préhistoriques de la Provence* (dolmens, tumulus, cists, etc.) *et notamment plusieurs spécimens des curieuses enceintes de pierres des Préalpes Maritimes* », dont nous donnons aujourd'hui, plus en détails, les caractères de construction, (Bull. et mémoires de la Société d'Anthropologie de Paris, 1902, 5e série, tome III, fasc. 5, p. 610).

Voir aussi : Paul Goby et A. Guébhard. — *Sur les Enceintes préhistoriques des Préalpes Maritimes.* (Assoc. franç. p. Avanc. des Scienc. Congrès de Grenoble, 1904, p. 1068 à 1103, avec nomb. fig., plans, coupes et carte coloriée).

Tous les préhistoriens savent que des enceintes fortifiées existent dans maints et maints pays : en Grèce (1), en Italie (2), en Espagne (3), en Portugal, en Angleterre, en Écosse et en Irlande (4), en Allemagne (5), en Autriche (6) et en France (7) — un peu partout. Mais toutes n'ont pas le même *aspect* ; toutes, certainement, ne sont pas de la même époque.

(1) Mycènes, Argos, Tirynthe, île de Théra, de Crète, et plus loin, île de Malte, etc.

(2) Notamment dans le Placentin, la Toscane, le Latium. Voir aussi : PALLAS-TRELLI. *La città d'Umbria*, in-4°, 76 p. 2 plans et 7 pl.

(3) Pour les îles Baléares, consultez le savant ouvrage de M. EMILE CARTAILHAC : *Les Monuments primitifs des îles Baléares* (2 vol. in-4° avec 80 plans ou dessins), contenant également une notice (p. 71) : *Sur les ossements humains des anciennes sépultures de Minorque*, par M. le Dr VERNEAU.

(4) CHRISTISON (DAVID).— *The prehistoric forts of Peeblesshire*. From the Proceedings of the Society of Antiquaries of Scotland, 1886, in-4, 82 p., 7 pl.

IDEM. — *The duns and forts of Lorne, nether Lochaber, and the neighbourhood*. From the Proceedings of the Society of Antiquaries of Scotland, 1889, in-8, 64 p., 43 fig., 18 pl.

IDEM. — *The prehistoric fortresses of Treceiri and Eildon*. Reprinted from Archæologia Cambrensis, January 1897, in-8, p. 17 à 40.

IDEM. — *On some obscure remains in the Parish of Dailly, Ayrshire*. From the Proceedings of the Society of Antiquaries of Scotland, vol. XXVI.

IDEM. — *Forts on whitcastle hill, upper Teviotdale ; and earth-work on flanders Moss, menteith*, (from the Proceedings of the Society of antiquaries of Scotland, vol XL), etc.

(5) Dr A. GÖTZE. — *Die Urzeit des Menschen. Bilder aus den frühesten Tagen unserer heimat*. (Berlin 1898, verlag der gesellschaft « Urania », (64 p.).

IDEM. — *Die Steinsburg auf dem Kleinen Gleichberge bei Römhild, eine vorgeschichtliche Festung*. (in-8, 32 p., 1 carte).

IDEM. — *Die Steinsburg auf dem Kleinen Gleichberge bei Römhild*. (abdruck aus : Bau-und kunstdenkmäler Thüringens. Heft XXXI, 1904) verlag von Gustav Fischer in Jena. p. 466 à 472.

(6) WOLBRICH (J.). — *Verschlackte Steinwælle und andere urgeschichliche Bauten in der Gegend von Strakonic. Separatabdr. « Mittheil. der anthrop. Gesellsch. in Wien »*, in-8, 13 p., 4 fig. Vienne, 1874.

IDEM. — *Wallbauten im südwestlichen Bœhmen. Zweiter Bericht, vorgetragen in der Plenarsitzungam, 4 februar 1875*, in-8, 11 p., 5 fig. Vienne.

Pour l'Istrie, voir : Dr CARLO MARCHESETTI. — *I Castellieri preistorici di Trieste e della regione Giulia*, Atti del Mus. di Storia nat., t. IV, 1903, 206 p., 23 pl. et carte en couleur.

(7) Consultez notamment : Ernest Desjardins, Flouest, De Caumont, Prevost, Col.l De la Noë, Chambrun de Rosemont, Vauvillé, De Saint-Vénant, Dr Bleicher, De Barthélemy, De Beaupré, P. du Châtellier, Martial Imbert, Sénequier, Guébhard, Bouillerot, Drioton, De Gérin-Ricard, etc., etc.

Le but de cette communication est de donner une idée générale du genre de celles édifiées dans les Alpes-Maritimes et surtout dans l'arrondissement de Grasse, centre vraiment important et privilégié pour leur étude, en raison du nombre considérable qui s'y trouve rassemblé. — En se basant sur un type bien établi, il sera facile de pouvoir comparer et de constater soit les ressemblances d'*aspect*, soit les différences qui peuvent exister entre ces vieux monuments de l'ancien pays Celto-Ligure (sans qu'il y ait à déduire encore, *quoique ce soit*, de cette désignation commune) et ceux d'autres régions, dont les représentants assistent à ce Congrès. — Ce ne sera pas tant une rapide description, une vue d'ensemble à vol d'oiseau, qu'une présentation de documents photographiques, tous inédits (1), recueillis dans l'arrondissement de Grasse durant ces dix dernières années en vue d'une étude sur ces monuments, et qui donneront les détails propres à certains d'entre eux.

NATURE DES CONSTRUCTIONS. — Nous n'avons pas ici ces grandes levées de terre formant enceintes (*vallum* avec matériaux calcinés ou non), si nombreuses dans l'Est de la France et étudiées notamment par MM. de Barthélemy (2) et de Beaupré (3), ni ces murs ou forts vitrifiés, dont on a parlé dans la Creuse (4), le Finistère, les Côtes-du-Nord (5), encore moins ces murailles de moëllons bruts, intercalés de grosses poutres en bois retenues par des fiches en fer, murailles dénommées gauloises et si

(1) NOTA. — En dehors de 600 photographies relatives au Préhistorique de la région de Grasse, soumises en albums, M. Paul Goby avait exposé dans la salle du Congrès, à Monaco, 50 agrandissements photographiques montrant les détails de construction des camps des *Préalpes Maritimes*, ainsi qu'un grand tableau à l'aquarelle, représentant le Camp du Bois du Rouret et l'emplacement des fouilles exécutées par l'auteur.

(2) Dr BLEICHER et BARTHÉLEMY. — *Les Camps anciens de la Lorraine*, Ass. fr. av. sc. Congrès de Nancy 1886, séance du 16 août, pages 656-659.

(3) Cte J. DE BEAUPRÉ. — *Les Études préhistoriques en Lorraine*, in-8°, 258 fig. et 30 plans, 268 pages. Nancy, Crepin-Leblond, 1902.

(4) Guéret, Châteauvieux, Puy de Gaudy, Pionnat, Thauron (d'après le récent Inventaire des Camps et Enceintes de France, par A. de Mortillet, *L'Homme préhistorique*, 1er juillet 1906).

(5) Camp de Péran.

bien décrites par le Lieutenant-Colonel de la Noë (1) et M. J^h Déchelette (2).

Nos enceintes ont un aspect de construction plus simple, mais aussi plus fruste, plus massif, plus grossier que ces dernières.

Photographie Paul Goby.

FIG. 22. — Mur Ouest du *Castellaras* de la Malle, à Saint-Vallier (A.-M.) (Ce camp est le mieux conservé des Alpes-Maritimes et de Provence.)

De façon générale, les murs de nos retranchements sont composés de deux parements de blocs bruts, plus ou moins équarris naturellement, entassés les uns sur les autres, sans mortier ni ciment, au milieu desquels se trouve un remplissage de blocs beaucoup plus petits.

(1) Lieutenant-Colonel DE LA NOË. — *Principes de fortification antique.* Paris 1888, pl. VIII.

(2) J. DÉCHELETTE. — *L'oppidum de Bibracte.* Picard et fils, Paris 1903, in-16, 79 p.

Sur les parements extérieurs, les pierres ne sont pas distribuées en assises régulières, mais disposées de façon à s'intercaler les unes dans les autres (Camp de la Malle, voir fig. 22 et 23) (1). Les joints et les vides ont été garnis de blocs de dimension plus petite, quand cela avait paru nécessaire. Il

Photographie Paul Goby.

Fig. 23. — Mur Ouest du Camp de la Malle
à Saint-Vallier-de-Thiey (A.-M.)

arrive parfois, cependant, qu'on rencontre des parements à assises plus symétriques et plus régulières, comme au Camp du Baou de la Gaude (mur Nord intérieur, voir fig. 24). Enfin, on remarque quelquefois des murs formés d'un simple amoncellement de pierres brutes dont il est assez difficile de deviner, sous la masse des éboulis, la forme première. Etait-ce un genre

(1) Le poids seul des blocs, souvent énormes, (quelques-uns atteignent 1 mètre et même 2 mètres cubes : la Malle) suffisait au maintien de l'appareil et à la solidité générale du mur d'enceinte.

de construction tout primitif et voulu, ou faut-il voir là, plutôt
(comme nous le pensons nous même), le résultat d'une dégradation opérée par le temps ou par la main de l'homme à des
époques postérieures ?

Parfois, le remplissage ou blocage n'existe pas ou presque
pas, les pierres formant les deux parements étant suffisamment

Photographié Paul Goby.

Fig. 24. — Mur du Camp du Baou de la Gaude, à Saint-Jeannet (A.-M.)

longues pour se toucher. Dans ce cas, l'épaisseur du mur est de
proportion plus restreinte; mais, c'est moins ordinaire (v. fig. 42).
Les blocs qui forment le parement extérieur, sont quelquefois
un peu plus gros que ceux de l'intérieur.

Presque toujours, les murs s'élèvent de terre verticalement,
ou en coupe de trapèze plus ou moins prononcée. Leur hauteur
est variable, à l'intérieur du camp; elle peut être de 1 m. 50 à
2 mètres (Camp de la Collette, à Saint-Martin d'Escragnolles,

Camp du Mounjoun à Escragnolles) et même de 2 m. 90 à 3 mètres, comme on peut le voir au superbe Castellaras de la Malle, près Saint-Vallier-de-Thiey (mur de l'Ouest).

Quelquefois, la muraille est de niveau avec l'*intérieur* du retranchement ; mais les fouilles du Camp du Bois m'ont démontré (au moins pour celui-ci, et le fait a dû se produire également pour d'autres) qu'autrefois il ne devait pas en être

Photographie Paul Goby.   A. F. A. S., XXXIII, 1904, p. 1091.

FIG. 25. — Mur du Camp du Bois (Le Rouret, A.-M.)

ainsi. Cette mise de niveau s'est opérée à la suite des temps et suivant la nature du sol par l'effet, soit de l'accumulation progressive des terres et des éboulis (dans les terrains en pente, notamment), soit par l'augmentation graduelle de la couche archéologique sur le terrain primitif et contre le parement de l'enceinte.

C'est ainsi que, au Camp du Bois, l'intérieur du retranchement s'est élevé à hauteur égale du mur Sud, tandis que vers l'Ouest le mur est beaucoup plus élevé.

En faisant dans ce retranchement une grande tranchée au Midi, nous avons remis à découvert, sur une longueur de 33 mètres, toute une partie de l'enceinte cachée sur une profondeur de 1 m. 70 ; de sorte qu'à l'origine, cette muraille avait non seulement la hauteur remise à jour, mais encore toute celle qui a disparu depuis, à la suite de la dégradation des parements et

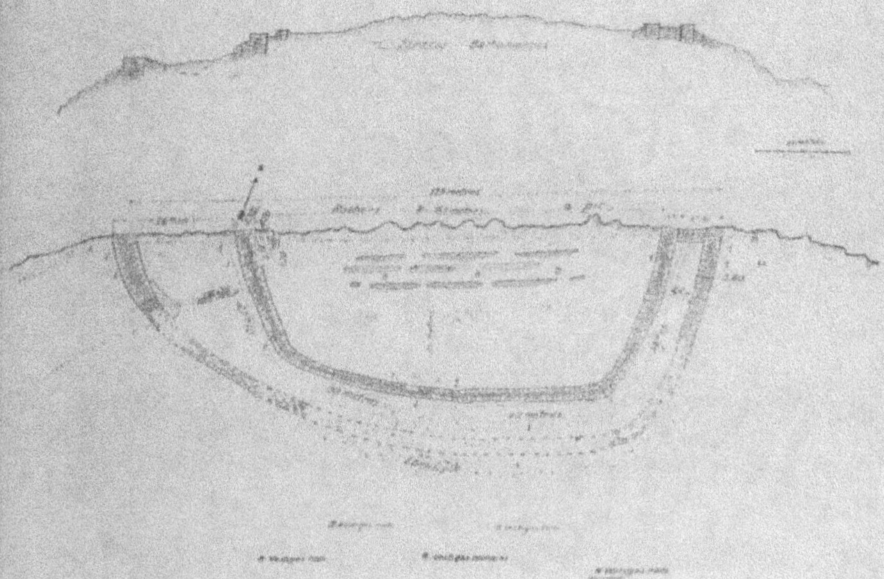

Fig. 26. — Camp du Bois (Le Rouret, A.-M.). Plan et coupe par l'auteur.
(A. F. A. S., xxxiii, 1904, p. 1090.)

de la chute des blocs. Il est certain que les remparts de nos enceintes étaient plus élevés autrefois qu'aujourd'hui.

La largeur des murailles d'enceinte est de 1 m., 1 m. 50, 3 m. et 6 mètres même; dans ce cas, le mur est doublé.

Leur hauteur extérieure varie de 1 mètre à 5 mètres (Camp de la Malle).

EMPLACEMENT. ALTITUDE. — Nos camps sont toujours placés, soit au sommet de pics élevés, dominant toute une vaste région

(Les Audides, 789 mètres, à Cabris ; le Mortier, 1088 mètres,
à Saint-Vallier de Thiey ; Courmettes, 1249 mètres, près du
Bar-sur-Loup ; la Colle des Maçons, 1415 mètres, au-dessus de
Saint-Vallier ; Les Listes, près du Thiey, 1440 mètres, etc.),
soit sur de petits mamelons (les 2 enceintes de La Combe, près
Caille ; Peyloubet, près Grasse ; Le Villars, près d'Esclapon, Var) ;

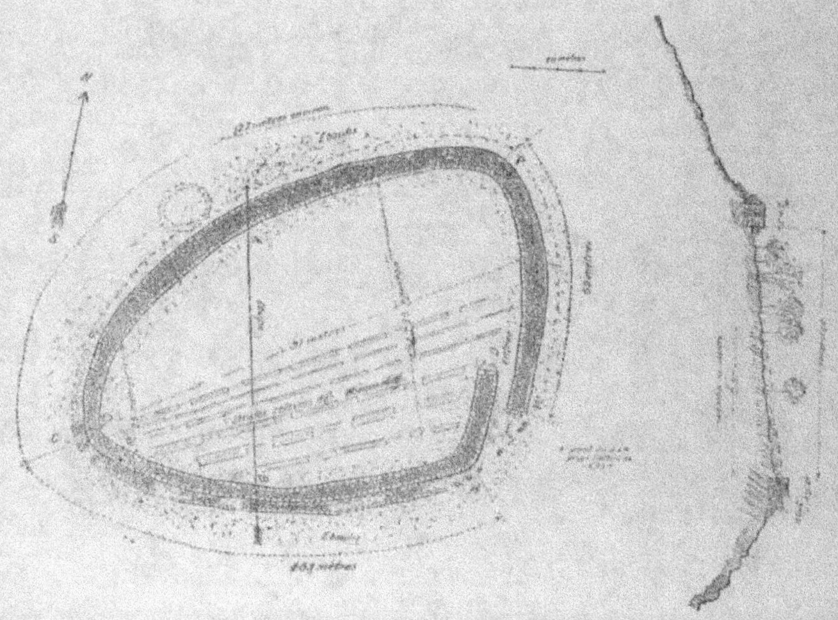

FIG. 27. — Castéou Assout (Saint-Vallier, A.-M.). Plan et coupe par l'auteur.

(A. F. A. S., XXXIII, 1904, p. 1100.)

soit encore sur l'assiette d'un plateau ou, le plus souvent aussi,
sur les bords d'un escarpement à pic (La Sarrée, près Magagnosc
de Grasse ; La Malle, à Saint-Vallier ; la Combe, à Gourdon).
Ils défendaient ainsi des passages entre vallées, des cols, des
défilés, des sources même (Camp Subeyra, à Saint-Cézaire).
Leur altitude varie chez nous de 200 mètres jusqu'à plus de
1400 mètres, à tel point que, durant certains hivers, nombre
d'entr'eux sont couverts de neige pendant quelque temps

(notamment ceux de Caussols, de l'Embarnier, de Thorenc, de Caille, de La Malle, de Saint-Vallier, d'Escragnolles). Généralement nos camps sont d'un accès très pénible ou malaisé. Plusieurs demandent des heures de marche en montagne, sans aucun sentier parfois.

Photographie Paul Goby.   A. F. A. S., XXXIII, 1904, p. 1052.

FIG. 28. — Camp du Mounjoun ou Conrouan, à Escragnolles (A.-M.)

NOMS. — Dans le pays, on les dénomme *Castéou*, *Castellas*, *Castel*, *Castellaras*, *Camp retranché*, *Camp ou travail* « deï Roumins », *Camp de César*, comme d'ailleurs sont désignés du terme générique de Romain tous les vieux monuments, sans que, parfois, nos braves paysans aient tout à fait tort.

GÉOLOGIE. NATURE DES MATÉRIAUX EMPLOYÉS. — Les pierres utilisées pour la construction des murs *ont été presque toujours empruntées au terrain sur lequel l'enceinte a été édifiée*. Mais

il serait intéressant de se rendre compte si, dans une même
enceinte, où l'abondance préalable de blocs utilisables sur place
serait reconnue, il peut y avoir des matériaux rapportés
d'ailleurs; ce qui pourrait démontrer le choix de certaines
pierres préférables pour ce genre de construction (les parements
par exemple). En ce qui nous concerne, nous n'avons jamais

Photographie Paul Goby.

FIG. 29. — Vue d'ensemble du Camp de Colle Basse, à Gourdon (A.-M.)

remarqué que des pierres du sol même ou celles d'un terrain
tout proche.

Nos régions appartiennent principalement au Jurassique,
très tourmenté dans ses plissements. Aussi, nos plateaux, collines et montagnes présentent-ils souvent, à leur sommet, toute
une série de strates, plus ou moins relevées, fournissant *naturellement* des blocs et des dalles presque taillés. La mine d'extraction était tout proche, les matériaux presque à point pour

être utilisés. C'est alors que certains promontoires ou plateaux
ont été en partie rasés de leurs couches en écailles ou en escaliers, qui ont servi sur place à la construction ; mais les stratifications inclinées ou incomplètement mises de niveau s'y
remarquent encore, formant à l'intérieur des retranchements un
sol raboteux et très accidenté. (Castéou-Assout ; Le Villars,
d'Esclapon ; La Tourré, à Saint-Vallier).

Photographie Paul Goby.   A. F. A. S., xxxiii, 19.4, p. 1083.

Fig. 30. — Castellaras de la Malle (Saint-Vallier de Thiey, A.-M.)

Forme. — Elle dépend du terrain ; mais nos camps affectent
surtout la forme carrée ou quadrangulaire sur les plateaux (Les
Tours à Roquefort, Le Castellaras au Rouret, Roquevignon de
Grasse, Pierrefeu près Caussols) ; ovale ou ronde sur les pics ou
mamelons (les deux camps de la Combe à Caille, celui de Colle-
Basse à Gourdon, Castel-Assout à Saint-Vallier, Les Audides
à Cabris ; demi-elliptique sur les à-pic : tels les camps de la
Sarrée près Magagnosc-de-Grasse, de la Combe à Gourdon, de

Stramousse à Grasse, du Courpatas près Cabris, du Bois au Rouret, etc. Enfin, le retranchement peut être formé seulement d'une muraille unique, barrant l'isthme d'un promontoire avancé.

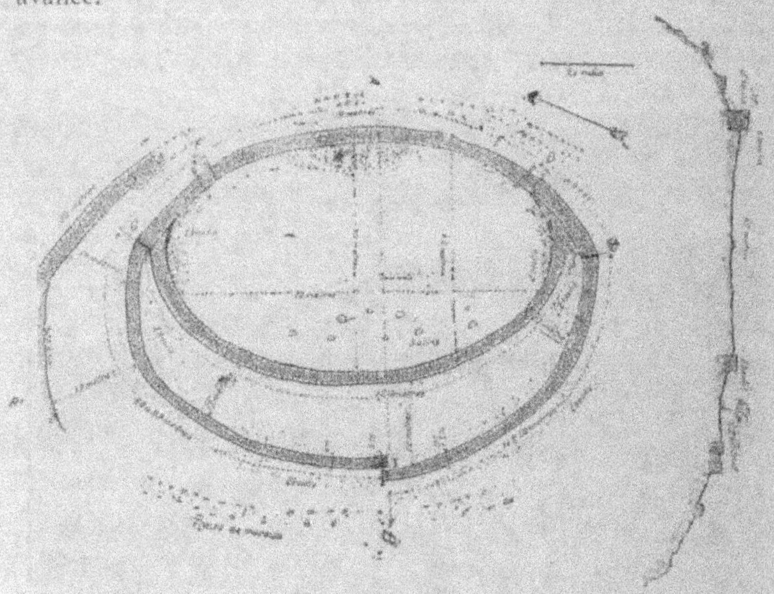

FIG. 31. — Castelar de Mauvans (Saint-Cézaire, A.-M.)
Plan et coupe par l'auteur.

(A. F. A. S., XXXIII, 1904, p. 1095.)

Ce mode de retranchement, assez fréquent pour les Camps (*vallum*) de Lorraine (1), est assez rare ici.

En général, il n'existe pas de mur sur l'à-pic, sauf quand il fallait garantir un point plus faible (La Sarrée, La Malle) ; mais

(1) Voir les Mémoires de la Société d'Archéologie Lorraine.

F. BARTHÉLEMY. — *Contribution à l'étude des Camps vitrifiés et calcinés* (in Mém. Société d'Arch. Lorraine, 1892, p. 266) et autres travaux de cet auteur.

Comte J. BEAUPRÉ. — *Les Études Préhistoriques en Lorraine de 1889 à 1902*, 258 fig. et 30 plans, 268 pages. Crépin-Leblond, imp. Nancy, 1902.

Consulter également l'intéressante *Revue Préhistorique de l'Est de la France*. — Lib. Drioton à Dijon. Articles de MM. Drioton, Bouillerot, de Beaupré, etc., etc.

le côté exposé avait un nombre de murs variable ; certains camps n'ont qu'un seul mur ; d'autres en ont deux, trois et même quatre.

Les enceintes multiples sont séparées les unes des autres par des distances de 5, 10, 15, 20 et jusqu'à 40 mètres ; la longueur des murailles varie également ; on en compte de 40,

Photographie Paul Goby.

Fig. 32. — Murs Nord et Ouest, vus de l'Est, du Camp de l'Adrech
à Caussols (A.-M.)

de 100, de 200, jusqu'à 400 mètres, tel le grand mur du Camp de La Sarrée près Magagnosc de Grasse. Quand un point demandait une protection plus efficace, par suite d'une déclivité de terrain moins grande par exemple, ce point était renforcé au moyen d'une muraille de raccord, qui, partant d'un des murs principaux, venait rejoindre ce dernier sur une autre partie ou expirer sur un à-pic (Les Audides, La Sarrée, La Malle).

Murs doublés. — Il arrive parfois — et plus souvent qu'on ne le pense, si l'on prête à l'examen des enceintes une attention particulière — de voir des murs doublés. Il s'agit d'une deuxième muraille qui a été juxtaposée contre le parement intérieur ou extérieur de la muraille principale. — Ce mur double supplémentaire a de 1 m. 50 à 2 m. 50 d'épaisseur. Il est composé

Photographie Paul Goby.

Fig. 33. — Ensemble du mur doublé du Castellaras de la Malle, à Saint-Vallier de Thiey (A.-M.)

soit de deux parements avec remplissage de blocs plus petits, soit encore d'un seul parement extérieur avec remplissage venant s'appliquer directement contre le parement du premier mur. Le Camp du Collet de l'Adrech, propriété Vidal, à Caussols a, du côté ouest, trois parements avec remplissage ainsi agencés ; ce qui forme une sorte de mur triplé (fig. 34). Le type du mur doublé avait été déjà indiqué par MM. Flouest et de Saint-Venant (1). Nous en avons dit nous-même quelques mots au sujet du Camp de Castel Assout (2).

Mais je dois signaler encore un autre genre de construction ;

Photographie Paul Goby.

Fig. 34 — Mur triplé du Collet de l'Adrech, à Caussols (A.-M.)

c'est une sorte de mur doublé mais beaucoup moins large. Je l'ai remarqué à deux reprises différentes dans les fouilles du Camp du Bois (3) (fig. 35).

(1) M. le Dr Guébhard en a également parlé dans un travail récent : *Sur le Mur double des Gaulois, d'après Jules César.* Bull. de la S. P. Fr., n° 4, avril 1906, page 146.

(2) Voir le plan et la coupe que nous avons fait figurer p. 1160 et p. 1162, vol. Ass. Fr. Av. Sc., Congrès de Grenoble 1904.

(3) 1° *Rapport sur les premières fouilles exécutées au camp retranché du quartier du Bois du Rouret (Alpes-Marit.),* Ass. fr. av. sc. Congrès Cherbourg, 1905. (Voir la figure qui en a été donnée).

2° *Deuxièmes recherches au camp du quartier du Bois, près le Rouret (A.-M.).* Congrès international d'Anthr. et d'Archéol. préhist. de Monaco, 1906.

Il s'agit d'un mur supplémentaire composé d'un seul bloc énorme ou de deux, avec très peu de remplissage ou pas du tout, accolé contre le parement *intérieur* de l'enceinte. Dans les dernières fouilles du Camp du Bois, je l'ai reconnu sur une longueur de 33 mètres et sur une profondeur maximum de 1 m. 70 environ où il reposait sur une base, composée d'une quantité de pierrailles.

On voit encore ce petit mur doublé de façon très nette, à l'intérieur du Camp de Mauvans (à Saint-Cézaire), à Castel

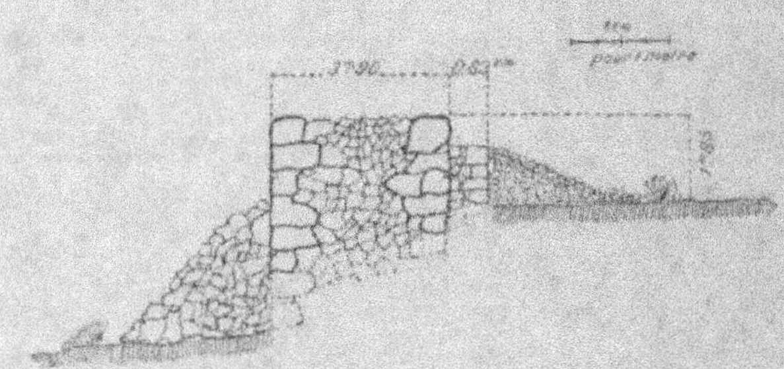

FIG. 35. — Coupe de l'Enceinte intérieure (côté Ouest)
du Camp du Bois du Rouret (A.-M.)

(Partie de mur doublé mise à découvert pendant les fouilles.)

Assout (Saint-Vallier), au Camp du Baou de la Gaude (à Saint-Jeannet) (voyez fig. 36), etc.

Notons encore que certaines enceintes présentent des murs *triplés* développés sur une assez grande longueur.

ENTRÉES OU PORTES. — Elles sont situées presque toujours sur la barre de l'à-pic dans les camps demi-elliptiques sur abrupt (La Malle, Le Bois, La Sarrée, la Combe à Gourdon), (fig. 38). Dans ceux de forme ronde ou ovale, l'entrée a lieu généralement par une interruption de mur, en rentrée chevauchante, de l'un des bouts par rapport à l'autre. Ces deux extrémités sont soigneusement disposées et composées de blocs énormes (Castel Assout, Mauvans; Camptracier à Roquefort;

Camp de la Combe à Caille) (fig. 37). L'espace libre est de
1 mètre à 2 mètres 50 ; nous avons vu également au Camp des
Tours à Roquefort un avancement de mur s'adapter perpendiculairement au mur principal rentrant, pour former, avec

Fig. 36. — Petit mur double *intérieur* du Camp du Baou
de la Gaude, à Saint-Jeannet (A.-M.)

l'autre partie de muraille interrompue, une sorte d'entrée cou-
dée, de beaucoup plus difficile d'accès et par là plus commode
à défendre.

POTERNES. — Enfin, il existe quelquefois, dans l'épaisseur du
mur de certaines enceintes, des ouvertures qui ont eu un but
de construction bien déterminé et qui paraissent avoir été des
poternes. Ces ouvertures sont formées par une grande dalle
servant de linteau, reposant elle-même, de chaque côté, sur

deux ou trois blocs de pierres plus gros que d'ordinaire en guise de pieds-droits. Sur le linteau se trouvent d'autres pierres énormes dont le poids assurait la solidité de l'ensemble, tout en en prévenant la destruction par les assiégeants. Le Camp de la Malle notamment nous a offert, sur cette particularité, le meilleur sujet d'étude (fig. 39).

Photographie Paul Goby.

Fig. 37. — Porte d'un des camps de la Combe, à Caille (A.-M.)

Voici quelques mesures relevées aux poternes de ce camp :
Hauteur de l'ouverture à l'extérieur, 1 m. 20.
Largeur de l'ouverture à l'extérieur, 0 m. 62 à 0 m. 70.
Le linteau supérieur mesure 1 m. 75 de longueur et 0 m. 25 à 0 m. 30 d'épaisseur.
Profondeur totale de l'excavation, 1 m. 90 à 2 mètres.
L'intérieur paraît vouté en encorbellement, au moyen de pierrailles.

Dans l'épaisseur du mur, l'excavation donne o m. 80 de hauteur et 1 m. 20 de largeur.

Une autre poterne de la même enceinte nous a fourni les mesures suivantes :

Fig. 38. — Mur Ouest sur à-pic du Camp de la Combe
à Gourdon, près Grasse (A.-M.)

(Au milieu, une porte très visible, bouchée au moyen de blocs bruts.)

Ouverture extérieure, o m. 75 et o m. 97 de large ; o m. 72, et o m. 74 de hauteur ; profondeur, o m. 95.

Le linteau supérieur a : 1 m. 55 de longueur ; o m. 26 à o m. 28 d'épaisseur ; o m. 63 de largeur.

Une des pierres du dessus, qui conservait la solidité de l'agencement, avait 1 mètre de longueur et o m. 90 de hauteur.

Fossés. — Assez rarement, nous avons observé des fossés aux alentours des enceintes ; il en existe pourtant, tels ceux des camps Carbonnel à Saint-Vallier, de Camp-long à Saint-Cézaire, du Basthiar à Caussols, du Baou de la Gaude à Saint-Jeannet, de Conrouan ou Mounjoun à Escragnolles ; leur profondeur est d'environ 1 m. à 1 m. 50 sur 2 à 4 mètres de large. Les pierres

Photographie Paul Goby.

Fig. 39. — Une des poternes du mur Ouest du Castellaras de la Malle
à Saint-Vallier de Thiey (A.-M.)

et la terre extraites au moment de leur creusement ont été rejetées du côté extérieur pour former un talus protecteur. Actuellement, plusieurs sont à demi-comblés.

Je pense qu'il n'en existe pas davantage dans la région, à cause de la nature du terrain, composé, la plupart du temps, de roc très dur et épais, dont le creusement eut été fort long et difficile, alors qu'une deuxième ou troisième enceinte, dont les nombreux matériaux se trouvaient sous la main, pouvait avantageusement les remplacer. Une quantité suffisante de terre ou de marne facilitait au contraire leur création dans les pays où les pierres manquaient.

Bastions. — Beaucoup plus rares encore sont les bastions pleins, placés aux extrémités angulaires des camps en carré.

Photographie Paul Goby.

Fig. 40. — Castel Abram, à Saint-Vallier de Thiey (A.-M.)
(A gauche, dans le fond, le Camp de l'Audide.)

Cette particularité se remarque notamment dans un des camps de Roquefort près Grasse, qui, pour cette raison, a été désigné sous le nom de « Les Tours ». Ces bastions sont composés d'énormes blocs de pierre brute, fort bien superposés et solidement agencés. Ils ressortent quelque peu des murs, sous forme d'éperon. Ils présentaient aux assiégés une surface de défense beaucoup plus grande que le simple faîte des murs ordinaires.

INTÉRIEUR DES CAMPS. — Rarement plat et de niveau (fig. 40), l'extérieur des camps est souvent incliné, accidenté de rochers en escaliers, à roc nu ou avec une épaisseur de terre plus ou moins profonde. Certains sont boisés, d'autres ont été cultivés ou le sont encore. Il existe dans certaines enceintes un point spécial, plus élevé, ayant vue sur tous les environs et le

Photographie Paul Goby.

FIG. 41. — Vue d'ensemble de l'Enceinte à gros blocs du Baou de la Gaude à Saint-Jeannet (A.-M.)

lointain, qui semble avoir servi de lieu d'observation, de vigie (La Sarrée près Grasse, le Baou de la Gaude, fig. 41). Cet emplacement est quelquefois entouré d'une petite enceinte complète ou en demi-ellipse (selon le terrain), de 10, 15 ou 20 mètres de diamètre. De là, pouvaient se faire des signaux soit optiques, soit accoustiques, au buccin ou à la corne.

Le diamètre intérieur des enceintes varie de 30 à près de 400 mètres, mais avec une moyenne de 70 à 100 mètres.

INTERCOMMUNICATIONS. — Quand on observe attentivement la répartition de nos camps, on est tout étonné de remarquer qu'ils sont généralement en vue les uns des autres, de façon à

Photographie Paul Goby.

FIG. 42. — Mur Ouest du Camp du Baou de la Gaude
à Saint-Jeannet (A.-M.)

(A gauche, le Baou de Saint-Jeannet.)

pouvoir correspondre entre eux. Comme preuve de ces inter-communications, je me bornerai à rappeler le modèle typique fourni par l'étymologie de trois camps des environs de Saint-

Vallier de Thiey, fait signalé par Sénequier et M. le Dr A. Guébhard : Castel *Assout* (à son); Castel *Abram* (à cris); l'*Audido* (ouïe), c'est-à-dire : camp d'où l'on appelait, camp d'où l'on criait, camp d'où l'on entendait (appels faits à la corne, peut-être, comme les bergers de nos montagnes en usent encore de nos jours) (1). Rapprochons de ces désignations particulières, le Castel Bresson (bref son), de Saint-Jeannet, qui correspondait au nord avec le camp tout rapproché du Baou de la Gaude (2).

Un grand nombre d'enceintes ont vue sur la mer, sur les ports de Cannes, d'Antibes, de Nice, anciennes colonies phéniciennes, puis grecques, sur une grande partie des côtes. Le danger venait-il de là, comme on l'a toujours supposé? De l'Orient ou de l'Occident ?

SOURCES ET POINTS D'EAU. — Presque toujours dans le voisinage des camps ou dans leurs environs immédiats, existent des sources, des puits naturels, des torrents ou des rivières. Les nombreux tessons de grands vases recueillis dans l'intérieur de ces retranchements sans excepter des outres en peau dont l'usage est très probable, indiquent suffisamment les moyens de recherche ou d'emmagasinement de l'eau.

En plusieurs points de nos montagnes, et notamment près de la source du Basthiar à Caussols, et près de celle de la Malle, il nous a été donné de ramasser des fragments de poteries, semblables à celles des camps.

---

(1) Lors de l'excursion aux environs de Grasse, les membres du Congrès, de Castel Assout, ont pu voir au loin Castel Abram et l'Audido et par les distances se convaincre facilement de l'exactitude du fait.

(2) Quoique la montagne de l'*Audibergue* (1524, 1615 et à son sommet le plus élevé : Signal d'Andon, 1642 mètres d'altitude), entre Escragnolles et Andon, ne supporte aucun camp retranché, nous croyons cependant qu'elle a été utilisée autrefois comme point d'observation et pour correspondre avec les Camps d'Escragnolles au Sud et ceux des environs d'Andon vers le Nord; nous nous basons pour indiquer le fait, non seulement sur l'emplacement exceptionnel des lieux, embrassant une étendue de pays considérable, sur le nom de la montagne elle-même (Audi-Berg — Montagne de l'ouïe), mais encore sur la trouvaille que nous avons faite de divers fragments de poterie micacée des camps, disséminés sur le flanc nord de ce massif.

SÉPULTURES. — Enfin, il est un point très important à noter et d'un intérêt tout spécial pour l'étude et l'histoire des enceintes à gros blocs. C'est l'existence, autour de ces monuments, de sépultures : grottes, dolmens, tumulus, crémations.

Fig. 43. — Mur Sud de Castel Assout
à Saint-Vallier de Thiey (A.-M.)

On peut les observer notamment aux environs des enceintes de Mauvans, de Colle-Basse, de Castel-Assout, de La Sarrée, des camps de Canneaux, d'Escragnolles, etc.

Cela veut-il dire qu'ensevelissements et enceintes soient tous de la même époque ? Non, évidemment ; mais il est fort probable qu'un certain nombre ont pu l'être, une défense semblable nécessitant forcément des sépultures dans les environs.

Des fouilles seules pourront préciser cette particularité,

Photographie Paul Goby.

FIG. 44. — Mur Sud du Camp de Colle Basse
à Gourdon (A.-M.)

qu'on ne saurait négliger, car c'est de la comparaison des objets recueillis dans chacun de ces monuments et de l'étude scientifique des ossements humains que pourront ressortir les données exactes que nous recherchons.

Ajoutons encore qu'il existe souvent à la base de nos retranchements, des stations contenant de nombreux fragments de poteries romaines et que certains villages, dans la montagne, au voisinage des camps, ont eux-mêmes une origine romaine.

Je citerai notamment Saint-Cézaire *(Castrum Cesarii)* et Saint-Vallier *(Castrum Valerii)* où de nombreux objets romains (bronzes, monnaies, tegulœ, imbrices, meta et catillus, etc) ont été souvent mis à découvert.

Tels sont, résumés, les caractères généraux présentés par nos fortifications en pierres sèches, caractères communs sans doute, sinon à la plupart, du moins à un grand nombre de celles de Provence (1).

Restera maintenant la question des *origines,* question importante, complexe, mais bien délicate à résoudre, sans fouilles :

A quel âge *exact* devons nous faire remonter ces monuments?

Ont-ils tous été élevés au même moment?

Dans quel but?

Aux chercheurs à nous l'apprendre, après avoir utilisé consciencieusement la pioche et le tamis.

(1) Pour les Camps du Var, consulter le travail de M. le Dr A. Guébhard : *Essai d'inventaire des Enceintes préhistoriques (Castelars) du département du Var.* — (1er Congrès Préhist. de France, Périgueux 1905, p. 331-394, 32 fig.). Schleicher frères, édit. Paris, 1906.

Les Enceintes dites " ligures "

par Ch. COTTE, de Pertuis.

Le Comité a proposé comme question les *enceintes dites ligures*. Un auteur a critiqué cette désignation en ajoutant : « Dites ligures par qui? ». Je réponds : « Par ceux qui ont étudié récemment nos oppidums de Provence ». Ceux-ci savaient parfaitement que le terme n'est pas excellent, mais ils s'en sont servi pour désigner l'idée. Tout le monde a compris, et je souhaite que le Congrès fasse adopter une appellation préférable. Le mot ne fait rien à la chose, et c'est la chose que je veux envisager.

Les enceintes qui couronnent nos collines provençales, comme les mamelons de bien d'autres pays, sont extrêmement nombreuses. Je vais envisager leurs âges variés ; ce sera, je crois, le meilleur début pour que le Congrès puisse fixer une classification.

Disons tout de suite que l'on doit se garder, pour faire ces classifications, de prendre pour types les oppidums à industries mélangées. C'est ainsi que le plateau du *Baûs-Rous*, si habilement fouillé par M. Vasseur, ne peut servir de modèle de comparaison puisqu'il a été occupé depuis le néolithique jusqu'à l'époque romaine.

MM. Marin-Tabouret et Dalloni ont signalé le *Camp de Laure*, qui, d'après eux, et aussi d'après la carte de MM. Fournier et Répelin, serait néolithique. En réalité, j'y ai récolté des poteries postérieures à l'âge de la pierre, et, dès lors, il y a lieu de penser que la muraille n'est pas préhistorique. Là, comme en beaucoup d'autres endroits, il y a eu succession de civilisations différentes. Les camps anciens ont fourni bien souvent des haches polies, mais je n'en connais aucun où l'on puisse dater avec certitude de l'époque néolithique les murailles de défense existant actuellement.

Le *Fortin du Saut* (Châteauneuf-les-Martigues) est un rocher sur lequel on ne peut arriver que par escalade. C'était un bastion naturel qui m'a fourni de nombreuses poteries, peut-être néolithiques, mais ressemblant surtout à celles du Gard, dites *durfortiennes* par M. le Dr Raymond (1). Quoi qu'il en soit, ce camp retranché n'offre pas traces de murailles; celles-ci auraient été inutiles.

Je le répète : je ne crois pas qu'il existe en Provence de retranchements sûrement néolithiques.

De même, l'âge du bronze, d'ailleurs très mal connu chez nous, ne nous a pas transmis d'enceintes que nous puissions distinguer de celles de l'âge du fer. Nous devons donc, en l'état actuel de nos connaissances, les comprendre dans une même série.

Nous rencontrons sur nos côteaux escarpés, principalement sur ceux qui ont des sources à leur pied, des murailles généralement éboulées en grande partie, disposées de manière à barrer l'accès des parties facilement accessibles. La disposition des lieux a donc commandé la forme de l'enceinte. Les portes sont généralement placées près de précipices, qui forment la défense naturelle. Souvent, des murailles, disposées en rayons, divisent le camp en secteurs. Certains de ces murs radiaux forment des sortes de couloirs rappelant celui qui réunissait l'Acropole d'Athènes au Pirée. Je noterai la présence de murgers de défense, que nos archéologues ont souvent pris pour des tumulus. Certaines erreurs de ce genre figurent sur des cartes de la région. D'autres fois, les chercheurs, victimes de ce mirage, se sont gardés d'avouer leur déconvenue par un faux

---

(1) Certaines ont une ornementation linéaire faite par l'impression d'un bord de coquille que je n'ai pu caractériser exactement, sans doute le *Cardium Deshayesii*, Payr., ou mieux *C. erinaceum* Link.

amour-propre, alors que l'intérêt de la science exige que l'on fasse part à ses collègues des observations résultant de fouilles infructueuses.

Bien des fois, je suis retourné le carnier vide de mes études d'oppidums. Dans certains camps, je n'ai pas pu recueillir le moindre fragment de poterie. Ailleurs, la quantité de tessons est extrêmement réduite. Il faut admettre que c'était là des refuges construits pendant des époques où les paniques, simplement passagères, ne nécessitaient pas l'occupation permanente des hauteurs fortifiées. Le fait a dû se produire à des époques bien distinctes. Je citerai notamment comme exemples le *fort Gibous* (entre la Chartreuse de La Verne et La Môle-Var) et *Roquemaïère* (près Mérindol-Vaucluse).

Ce dernier m'a donné de très rares fragments de poterie rouge à cassure grise, épaisse, mal tournée, à matière dégraissante relativement ténue. C'est un type de céramique locale assez répandu dans nos oppidums barbares. Souvent, — j'ai déjà insisté ailleurs sur ce point — les poteries ont comme matière dégraissante des cristaux prismatiques d'un noir brillant.

A cette poterie indigène, se mêlent ensuite les céramiques importées par les navigateurs. On connaît les belles recherches effectuées dernièrement dans cette voie. Un fait récent a montré que l'importation continue de nos jours; les bateaux peuvent être modernes et Pégase sort parfois d'un bazar d'Algérie. La science et les chercheurs sérieux ne peuvent être discrédités par ces mésaventures.

Je crois impossible de distinguer d'une façon précise (hormis la présence de tours) les murailles des oppidums où la céramique est purement indigène, de celles des enceintes où l'on trouve de la poterie grecque Les fossés de défense se retrouvent parfois aux premiers comme aux seconds.

En revanche, les tours paraissent n'avoir défendu le front des murs qu'à une époque relativement assez récente. Je citerai celles que l'on observe à *La Cloche* (Pas-des-Lanciers, Bouches-du-Rhône). Lorsqu'un oppidum offre ce système de défense, je pense que l'on peut conclure à sa jeunesse relative.

Certains auteurs ont admis que l'époque romaine n'a pas connu les oppidums. L'erreur de ces archéologues est établie avec la dernière évidence par l'existence de nombreux points fortifiés où les vestiges gallo-romains se mêlent aux restes de civilisations antérieures, par exemple à Constantine (Bouches-du-Rhône), et à Cavaillon (Vaucluse).

Mais la presqu'île rocheuse, à l'extrémité de laquelle se trouve le château de Rognac (Bouches-du-Rhône), offre, entre deux étranglements, une station plus typique encore, puisqu'elle est exclusivement gallo-romaine, si j'en crois les abondants spécimens de céramique que j'y ai récoltés. La poterie sigillée est abondante. Le mode de défense, du côté de l'étranglement qui sépare ce petit oppidum du plateau, consiste en une levée de terre, placée en arrière d'un fossé.

Les refuges avec murs en pierres sèches ont été construits même après l'époque romaine. Le plus typique que je connaisse, parmi ces oppidums relativement modernes, est celui du *Catafaus* (au pied de la montagne de Sainte-Victoire, près Les Bonfillons). Les tessons recueillis peuvent, me semble-t-il, être attribués au haut moyen-âge. On observe des constructions assez intéressantes. Des sortes de salles ont dû être couvertes en tuiles semblables aux tuiles modernes. En outre, dans les angles, une sorte de construction, également en pierres sèches, donnait aux salles des coins arrondis.

Sur la crête de quelques collines courent de longs clapiers, de destinations inconnues pour moi. Ce sont peut-être d'anciennes limites de territoires ou de propriétés. Je juge utile de les mentionner à cause de leur ressemblance avec les murs écroulés des anciens camps.

Ceux-ci semblent en résumé appartenir, pour la majeure partie, aux époques préromaines du fer et peut-être du bronze. On ne peut donc pas appeler ces enceintes : *préhistoriques*, mais bien : *protohistoriques*. Le nom de *ligures* leur convient peu, car il est certain que rien ne les distingue des camps habités par des peuplades autres que les tribus ligures, et qu'en second lieu les auteurs anciens nous disent expressément que l'élément celtique formait une partie de la population provençale.

L'usage de construire des oppidums en pierres sèches s'est continué après l'ère chrétienne.

Il appartient au Congrès de choisir une dénomination pour désigner ce genre de défenses, et de fixer une classification.

M. Müller, chargé de lire la communication de notre collègue sur les « Enceintes dites Ligures » fait suivre cette lecture des observations suivantes :

J'avoue ne pas connaître le sujet et ne pouvoir le discuter. Mais à propos de la phrase : « A cette poterie indigène se mêlent ensuite les céramiques importées par les navigateurs », etc. (voir l'article), et ensuite : « Pégase sort parfois d'un baza d'Algérie. La science et les chercheurs sérieux ne peuvent être discrédités par ces mésaventures », je vois une allusion très nette à un article de M. l'Abbé Arnaud d'Agnel (1), dans lequel cet auteur donne le dessin d'un cheval en céramique, relevant de la poterie de style géométrique, et la figuration d'un lécythe à figures noires, qu'il range dans la classe des vases Attiques du v⁵ siècle.

Ces deux objets, ou plutôt deux reproductions en dessins coloriés, très bien faits, ont figuré à *l'Exposition d'Ethnographie préhistorique* organisée à l'Ecole de Médecine de Grenoble lors du Congrès de l'A. F. A. S. Avec ces dessins, M. l'Abbé Arnaud d'Agnel avait exposé des objets recueillis par lui, soi-disant, dans ses fouilles du Sud-Est (Vaucluse, Bouches-du-Rhône, Basses-Alpes). J'ai cru devoir, dans un compte rendu de l'Exposition indiquée ci-dessus (*Bul. de la Société Dauphinoise d'Ethnologie*

---

(1) *Découvertes archéologiques au Castellas de Vitrolles.* Association française pour l'avancement des Sciences. Congrès de Grenoble, 1904, p. 1027-1034.

et d'Anthropologie, 3-4 décembre 1904, p. 71), signaler, parmi les objets exposés par M. l'Abbé A. d'Agnel, des haches, casse-têtes et balles de fronde *exotiques*. Je mettais en même temps l'exposant en garde contre ses fournisseurs ruraux, probablement de très mauvaise foi.

Maintenant, voici un fait nouveau, qui, à mon avis, justifie pleinement l'allusion au « Pégase Algérien » faite par notre collègue, M. Ch. Cotte. A la page 95 des *Annales de la Société d'Etudes Provençales*, se trouve un article de M. l'Abbé A. d'Agnel intitulé : *Notes complémentaires sur des découvertes archéologiques au Castellas de Vitrolles*. Dans ces notes, l'auteur indique que le petit cheval a été reconnu comme ayant été acheté dans un bazar arabe par une personne habitant Alger et qui était venu passer quelques jours à Vitrolles avec sa famille.

Il est à craindre aussi que le *scyphos*, l'*hydrie* et le *lécythe* de l'article de l'A. F. A. S. (Grenoble 1904), soient des objets importés et complétement étrangers au Castellas de Vitrolles.

Cela démontre que M. l'Abbé A. d'Agnel a été très imprudent en donnant à l'A. F. A. S. un article qu'il est obligé de rectifier deux ans après. Tout le monde peut se tromper, mais les conséquences fâcheuses de l'article en question résident surtout dans le fait que les lecteurs de l'article de l'A. F. A. S., paru en 1904, ignorent qu'il est l'objet d'une très importante rectification en 1906, dans les *Annales de la Société d'Etudes Provençales*.

C'est le point que je tenais à préciser.

Synchronismes archéologiques sur les Enceintes dites ligures

par M. PILLARD D'ARKAÏ

(Résumé)

———

Les enceintes dites ligures ne peuvent être l'œuvre des populations primitives de la région où on les trouve ; en effet, elles indiqueraient une modification complète dans les habitudes d'une population qui vivait d'abord dans les cavernes, modification qu'il est impossible de voir se produire. Elles proviennent donc d'une autre couche de peuples, qui s'imposa par la conquête.

Les premiers habitants de la côte N. de la Méditerranée étaient les Ibères, dont le croisement avec un peuple septentrional a donné la nation basque : on trouve des particularités communes aux crânes des Basques modernes et à ceux de l'homme des Baoussé-Roussé. Peut-être les Ibères, qui sont apparentés aux Berbères, ont-ils une communauté lointaine d'origine avec les Égyptiens.

Si nous examinons l'appareil des enceintes, nous voyons qu'il diffère de tous ceux employés par les peuples antiques pour leurs constructions ; il est aussi loin de l'appareil grec pélasgique que de celui des cités gauloises. Mais nous le retrouvons employé sporadiquement dans tout le bassin de la Méditerranée, en Asie et en Afrique aussi bien que sur le continent et les îles de l'Europe. Les prétendus Ligures, constructeurs de ces monuments, ont donc dû s'étendre sur toute cette surface ; or, à l'époque où cette extension se produisit, deux routes seulement étaient ouvertes aux invasions : l'une, que suivirent les peuples aryens, conduisait du nord du Caucase aux bords de la Baltique, l'autre suivait les côtes de la mer Rouge et conduisait dans le bassin méditerranéen. Les nomades qui suivirent cette dernière route, arrêtés au sud par les Égyptiens, écartés à l'est par les Assyriens, barrés à l'ouest par les Pélasges (Mycéniens), ne purent s'établir que dans les lieux où les populations sauvages autochtones opposèrent peu de résistance.

Quel était le peuple ou l'ensemble de peuples auquel on peut attribuer ces constructions ?

Ce ne peuvent être des Aryens, dont la migration s'effectua au milieu des steppes de la Russie et des forêts de l'Europe centrale. Ce sont ces nomades qui envahirent comme un flot l'Égypte et qui sont connus sous le nom d'*Hyksos*. Les peintures murales de l'Égypte nous ont conservé leur portrait, semblable en tous points à celui des Sémites nomades de l'époque actuelle.

On peut se faire une idée de la vie que menèrent les prétendus Ligures dans les enceintes qui nous occupent, si on réfléchit aux mœurs et habitudes des Sémites : au centre du retranchement se trouvait l'autel de pierre brute, le bétyle renfermant la puissance divine, parfois excavé pour servir de table de sacrifice où le patriarche immolait les victimes ; l'enceinte était la cour sacrée, le lieu saint, qui pouvait au besoin servir de refuge contre les invasions des barbares aryens ou lors du débarquement des conquérants égyptiens.

Il serait préférable de substituer au mot « ligure » celui, plus général et plus exact, d' « araméen », qui indiquerait la provenance réelle de ces monuments.

Deuxièmes recherches au Camp du Bois du Rouret (Alpes-Maritimes)

(Fouilles par niveaux)

par M. Paul GOBY, à Grasse.

Depuis quelques années, un certain mouvement s'est créé en faveur des enceintes à gros blocs de Provence, trop longtemps laissées de côté et, par là, bien mystérieuses encore. La question est à l'ordre du jour.

On a *déjà* beaucoup disserté sur leur origine. Mais où sont les matériaux qui peuvent nous fournir des documents *certains* sur leur histoire? En 1904, au Congrès de Grenoble (1), préoccupé de la question, nous indiquions en quelques mots tout ce qu'il restait à savoir et à faire: travail complexe, il est vrai, et de longue durée.

« A quelle époque exacte, disions-nous, doit-on les faire
« remonter? Sont-elles toutes contemporaines? Quelle race les
« a construites primitivement? Quelle civilisation y avait-il à
« ce moment? Un seul peuple ou plusieurs s'y sont-ils succédé?
« Contre qui ont-elles été édifiées (ou dans quel but l'ont elles été,
« peut-on ajouter). A quel moment paraissent-elles avoir été
« *historiquement* abandonnées? Toutes ensemble, ou, plutôt,
« peu à peu? Autant de questions auxquelles il n'a pas été
« répondu et qui devront être étudiées sous le triple rapport
« chronologique, ethnique et d'industrie. »

---

(1) Paul Goby et A. Guébhard. — *Sur les enceintes préhistoriques des préalpes maritimes.* Ass. franç. pour l'Av. des Sciences. Congrès de Grenoble, 1904, (voyez page 1080, « *Etat actuel de la question* ».

Le seul moyen d'arriver à avoir des données vraiment positives sur leur origine et leur histoire ne consiste pas seulement dans des recherches de simple surface, qui ont évidemment une importance, mais il consiste surtout dans des fouilles profondes et méthodiques, pratiquées, jusqu'au *substratum primitif*, dans l'intérieur de ces retranchements ainsi que dans les sépultures environnantes, afin d'établir les comparaisons utiles de race et d'industrie. Tant qu'on n'en sera pas arrivé là, on ne pourra s'appuyer que sur des hypothèses, qui ne peuvent avoir la valeur de faits.

Jusqu'à présent, dans les Alpes-Maritimes, on s'était borné à des documents de simple surface.

Au dernier Congrès de l'Association française pour l'Avancement des Sciences (Cherbourg, 1905) (1), nous avons donné les premiers résultats des fouilles pratiquées au Camp du Bois du Rouret, à l'Est de la ville de Grasse. Cette enceinte avait été choisie de préférence à d'autres du pays, en raison de son emplacement particulier, situé à 15 kilomètres environ de la mer et aux abords du grand massif préalpin du Nord, couvert lui-même d'un grand nombre de fortifications semblables. En outre, au lieu d'être à roc nu, ce retranchement présentait une épaisseur de terre suffisante pour donner l'espoir d'une couche archéologique d'un certain intérêt. Nous n'avons pas été déçu.

Les premières fouilles nous avaient fourni : deux silex taillés, une hache en pierre polie, un anneau épais en bronze, des poteries romaines, quelques-unes à couverte noire, et un grand nombre d'autres préromaines ; ces objets de civilisations différentes étaient mélangés et non dans des niveaux avec industrie caractérisée ; mais la couche était intercalée de quelques foyers ou amas de cendres et charbons qui ne paraissaient *nullement* remaniés.

D'août 1905 à avril 1906, nous avons poursuivi nos recherches et nous sommes arrivé à avoir une tranchée de 33 mètres

---

(1) Paul Goby. — *Rapport sur les premières fouilles exécutées au camp retranché du quartier du Bois du Rouret* (Alpes-Maritimes). Ass. franç. Av. des Sciences, Congrès de Cherbourg, 1905, p. 686 à 693, 4 fig.

de long sur 1 m. 50 à 2 mètres de large, ayant une profondeur, suivant les points, de 1 m. 25 à 1 m. 70.

Le travail a été relativement très long, mais il a été méthodique ; une grande partie des terres ont été passées au crible. Les fouilles ont été faites par portions ou tranchées de 10 et 5 m. de longueur et par niveau de 0 m. 10 de profondeur seulement ou, au plus, de 0 m. 20 à 0 m. 30, quand il n'était pas possible de faire autrement. Les objets recueillis ont donc été étiquetés suivant le niveau d'où ils étaient extrait avec les ossements et les poteries diverses qui les accompagnaient. Il ne s'agit pour le moment que *d'une simple constatation de faits* ; je me borne à indiquer comment j'ai procédé, à *dire ce que j'ai vu et observé* ; à plus tard, les conclusions nécessaires.

Les diverses portions fouillées portent les désignations de : tranchée B, C, D et E (1). Les tranchées B et C ont 1 m. 25 de profondeur ; la tranchée D, 1 m. 20 ; la tranchée E, 1 m. 70 ; dans celle-ci, à 1 m. 60, nous avons trouvé le sol naturel, constitué par les marnes jaunâtres du Bathonien inférieur inclinées du Nord au Sud ; le terrain naturel n'a pas encore été atteint pour les autres.

Je ne puis m'étendre ici à une monographie de chaque tranchée et me bornerai à esquisser rapidement une vue d'ensemble et à signaler les objets caractéristiques.

La couche archéologique renfermait principalement trois genres de poteries :

1° Des poteries rougeâtres ou noires, plus ou moins cuites, à grains de quartz, calcite et mica ; quelques-unes sont ornées d'incisions à l'ongle ou au trait : chevrons, ondes, triangles, dents de loup, dessins rappelant certaines poteries néolithiques ; mais ici, elles paraissent bien moins anciennes. Il faudra pour l'instant les dénommer *préromaines* ou *poteries des camps* (car on les rencontre surtout dans ces retranchements). Notons également, dans le fond de chaque tranchée, une certaine quantité

____

(1) La tranchée A est représentée par les fouilles dont le compte-rendu a été donné au Congrès de l'Ass. Fr. pour l'avanc. des Sciences (Congrès de Cherbourg, 1905).

d'un autre genre de poteries plus fines, rougeâtres ou très noires quelquefois comme lissées et lustrées, mais *sans mica*.

2° Des poteries à couverte noire, à intérieur rougeâtre ou jaune, très probablement (selon tous les avis émis au Congrès de Monaco), de facture italiote *campanienne*. Le même genre a été rencontré au Baou-Roux, près Marseille, par M. le professeur Vasseur, et dans les fouilles du Mont Bastide, près d'Èze (A.-M.), par M. le chanoine de Villeneuve, le savant directeur du Musée d'Anthropologie de Monaco.

3° Des poteries romaines.

4° Je dois mentionner également différentes autres poteries, grisâtres et jaunâtres, assez fines et très micacées, peut-être spéciales au pays, préromaines sans doute, mais sur lesquelles personne n'a osé encore se prononcer.

Les poteries des camps (rougeâtres ou noires avec quartz et mica) ont été trouvées à tous les niveaux de la fouille, depuis la surface jusqu'au fond de la tranchée; mais, tandis qu'au fond elles se trouvaient presque uniques ou mélangées avec quelques autres sans mica, signalées plus haut, elles allaient en diminuant en arrivant au sommet, où elles se trouvaient associées avec les deux autres (Campaniennes et Romaines). Dans le fond, je les ai remarquées également en contact avec les poteries grises ou blanchâtres micacées non déterminées.

Quant aux poteries à couverte noire, c'est à partir de 1 m. 25 qu'on les observe et elles se maintiennent jusqu'aux niveaux supérieurs. Les fragments romains (beaucoup proviennent sans doute d'importation) sont surtout à la surface, mais ils descendent *en diminuant* jusqu'à o m. 80 ou peut-être à o m. 90 environ de la couche archéologique. Sur o m. 30 de profondeur, celle-ci a été cultivée; tout le reste ne paraît en aucune façon remanié et se trouve alterné, sur toute la longueur et dans niveaux différents, de divers foyers, ou amas de cendres et charbons renfermant beaucoup de débris de poteries et des ossements brûlés. Ces foyers s'appliquent généralement contre le parement intérieur du mur d'enceinte. A ce propos, nous ferons remarquer qu'au cours des fouilles nous avons mis à découvert une sorte de mur doublé composé uniquement d'une ou de deux grosses pierres, superposées et directement accolées contre le parement intérieur du Grand mur. Il y a peu ou pas de remplissage de petits blocs entre les deux appareils. Ce genre particulier de construction n'avait pas encore été signalé.

OBJETS RECUEILLIS. — Quels sont les objets caractéristiques qui pourraient permettre de fixer approximativement la date et l'histoire de cette enceinte? Nous avons d'abord, tout au fond des niveaux inférieurs, trois fusaioles : deux en *poterie micacée* des camps (une à 1 m. 20 de profondeur, l'autre à 1 m. 50, la troisième, en poterie blanchâtre micacée, à 1 m. 20); puis, à 1 m. 50, à côté d'une des fusaioles et d'un énorme foyer, entouré d'une grande quantité de poteries, c'est un beau bouton en bronze fondu, lourd et épais, de forme conique; d'après M. Montelius, qui l'a examiné à Monaco, cette forme serait assez ancienne; plus haut, à 1 m. 20, c'est une perle en verre bleu foncé (1), à surface corrodée, une belle meule plate à grains, en porphyre, ayant à côté sa molette écrasante en grès, toute recouverte des cendres et des charbons d'un foyer; plus haut encore, ce sont divers fragments de bronze, un crochet en fer, une hache en pierre polie (simple *survivance* ou amulette peut-être) non loin d'une superbe monnaie massaliote en bronze déterminée par M. Babelon. Cette dernière est du IIIe au Ier siècle avant Jésus-Christ (tête d'Apollon d'un côté, à droite; Taureau cornupète, de l'autre) (2). Cette monnaie gisait à 0 m. 80 de profondeur; nous en avons recueilli une autre plus bas, à 1 m. 25, mais en métal cassant, mal frappé, qui paraît être une imitation grossière de la précédente et d'origine barbare. M. J. Déchelette la rapproche de certaines monnaies gauloises. Une troisième est indéterminable.

(1) M. J. de Saint-Venant a examiné attentivement cette perle; il la pense de l'époque de la Tène, ainsi qu'un crochet en fer trouvé un peu plus haut; nous sommes également du même avis, qui est confirmé par l'ensemble des fouilles.

(2) La trouvaille en place de cette monnaie dans un camp est intéressante, car elle démontre les relations, pacifiques ou non, qui existaient entre les colons de la côte et les tribus de nos montagnes, fait signalé autrefois par les auteurs anciens.

Disséminés dans la couche de 1 m. 60 à 0 m. 80 (sur l'ensemble de la grande tranchée), nous trouvons encore divers polissoirs en grès, entiers ou en fragments. A partir de 0 m. 80 environ, les poteries romaines apparaissent ; le fer se développe et se trouve représenté par des gros clous de 0 m. 06, 0 m. 10 jusqu'à 0 m. 16 de longueur, et l'on arrive aux niveaux supérieurs, accompagnés toujours par quelques poteries à couverte noire et par des poteries préromaines (micacées) des camps, qui deviennent de plus en plus rares. C'est dans cette dernière portion (de 0 m. 80 de profondeur à la surface) que nous avons recueilli une belle pointe de flèche en bronze (triangulaire à pédoncule), divers rebords et fonds de vases en verre vert irisé, une remarquable bague en bronze intacte, avec sceau en creux, sur laquelle les meilleurs archéologues n'ont pas encore été exactement fixés (1), des fragments de résine odorante à côté du vase brisé qui les avait contenus, des scories de fer, des restes de creuset, etc., etc.

Comme ossements, nous avons noté à des niveaux différents de la couche : une dent humaine, des dents et ossements de cheval, de mouton ou chèvre, de bœuf, de sanglier, de cerf (ces derniers à 1 m. 25). Près des foyers, beaucoup d'ossements étaient calcinés ; quelques-uns ont même été recueillis au milieu des cendres.

En résumé, nous n'avons pu observer jusqu'à présent dans les fouilles du Camp du Bois, sauf vers le fond de la tranchée, de niveaux vraiment caractérisés par une industrie unique. Mais ce que l'on constate, c'est une *infiltration graduelle* d'objets de civilisations différentes, démontrant, quand on jette un coup d'œil sur l'ensemble de la tranchée, qu'il existe néanmoins une sorte de gradation de progrès local, qui a évolué dans le gisement même, et qui s'étend des couches inférieures aux couches supérieures. Ce retranchement a servi d'habitat, pendant une certaine période ; le fait nous est démontré par les restes

---

(1) Depuis, cette bague a encore été examinée par MM. Salomon Reinach, Je Prou, de Baye, Babelon, Fourdrignier, etc. Elle paraît être très probablement mérovingienne, ou peut-être, gauloise ?

d'industrie, les déchets de cuisine et l'existence des foyers, qui y ont été mis à découvert.

Nous attendrons encore, cependant, *avant de conclure*, car nous ne devons point nous baser exclusivement sur ces nouvelles trouvailles pour avoir une opinion *définitivement arrêtée*, soit sur cette enceinte, soit sur toutes celles de la région.

Ce n'est là que la continuation d'un travail que nous avons voulu aussi méthodique que possible : bien faible contribution à l'étude de longue haleine réclamée par de tels monuments. Il faut que l'on poursuive. Mais il sera intéressant de vérifier dans la suite si les enceintes situées au cœur de nos montagnes escarpées, en dehors des grands centres ou passages de civilisations et loin des ports et de la côte, ont eu la même industrie ou une plus arriérée.

C'est le but que nous nous sommes assigné dans des recherches ultérieures ; heureux, si elles peuvent apporter, à l'histoire de ces vieux monuments, quelques utiles enseignements.

M. DE SAINT-VENANT. — Les fouilles dans les vieilles enceintes de pierre sèche du Midi de la France doivent être pratiquées avec esprit de suite, sans se laisser rebuter par les résultats trop souvent médiocres comme quantité et nébuleux en tant que documents ; c'est que la stratigraphie de la couche archéologique est peu nette, que les fossiles directeurs y sont rares et peu caractérisés.

Notamment, la poterie grossière dominante, évidemment préromaine, est assez monotone et a dû être usitée pendant un long temps ; ces tessons, souvent altérés à la surface, sont le plus généralement fort exigus et rendent presque impossible la restitution des formes des vaisseaux. J'ai étudié, dès 1891, d'assez nombreuses enceintes dans le Gard, la plupart inconnues, et elles peuvent éclairer leurs cadettes d'étude. Elles sont également entourées de murailles en grosses pierres sèches et rappellent encore celles de la Provence par leurs tracés, leurs assiettes et la présence, si digne de remarque, que j'y ai constatée, de murailles multiples accolées et absolument indépendantes.

La poterie grossière y semble également de même nature, et beaucoup de morceaux sont remplis de menus grains de spath calcique *dégraissants*, d'autres sont micacés. Mais j'ai pu y recueillir des morceaux plus grands et plus ornés, comme on peut en juger par quelques échantillons exposés ici à côté. Ces décorations rudimentaires consistent en gros cordons saillants, soit uniques autour du col (et présentant alors des séries de petites incisions parallèles, obliques, très rapprochées, des dents, des impressions digitales), soit rejoints par des groupes d'autres côtes en relief montant verticalement le long de la panse ou recroisés. Plus rarement, le col nu porte un ornement courant chevronné, incisé et régulier, mais seulement dans des vases de médiocre capacité. Ce qu'on observe le plus fréquemment, ce sont des séries de stries rapprochées, parallèles, faites à l'ébauchoir à peigne dans plusieurs directions et allant jusqu'à recouvrir toute la panse.

Les autres reliques livrées par le sol des enceintes du Gard (abstraction faite, bien entendu, des reliques indubitablement dues aux Romains, qu'on rencontre dans plusieurs), sont rares mais se rattachent toutes jusqu'ici aux diverses périodes de la Tène : épées typiques en fer avec *umbos* et lances à douilles creuses pénétrantes ; fibules à ressort, de bronze ou de fer, chaînes de baudrier, monnaies anciennes de Marseille, des Volques Arécomiques, plus rarement Tectosages, Allobroges, Séquanes, mais nombreuses coloniales autochtones de Nîmes ; enfin, comme toujours, abondants débris de meules rondes antiques, dures et d'aspect spongieux.

Mais ce qui a attiré mon attention dans les vitrines d'objets exposés par M. P. Goby et provenant des enceintes des environs de Grasse, ce sont certains tessons que je ne crois pas avoir recueillis en Languedoc : leur pâte est assez homogène, sans matières dégraissantes visibles, couleur jaune rosée, avec couverte noire peu brillante et peu tenace. On pourrait vraisem-

blablement attribuer cette céramique aux officines d'Arezzo du
IIe siècle avant notre ère.

Dans ces mêmes vitrines, je viens de remarquer aussi, au
milieu de récoltes peu caractéristiques, au moins pour ma
compétence, une perle en verre bleu et un petit crochet agrafe
de ceinturon en fer, que je regarde comme attribuable aux civilisations de la Tène.

Les fouilles si consciencieuses de M. Goby sont à peine
ébauchées, et l'on voit quel intérêt majeur il y a à ce qu'elles
soient continuées et encouragées ; elles seules pourront amener
des résultats plus importants, qui continueront à concorder avec
ceux que j'ai obtenus de l'autre côté du Rhône. On ne doutera
plus alors que les Celtes ont tout au moins séjourné dans les
enceintes de la Provence orientale, ou que leur influence s'y est
fait sentir.

Un fait nouveau vient encore à l'appui de cette opinion. On
a recueilli en ces mêmes milieux, dans la partie occidentale de
cette province, de curieux crochets en fer et de petites fourches
recourbées à deux, même à trois dents, affectant alors la forme
d'un rateau minuscule à longue douille, comme M. Carrière en
apporte au Congrès. Or, ces objets, très mystérieux pour nous
jusqu'ici et peu connus, n'ont guère été signalés qu'au Beuvray
(Nièvre) et à son Sosie, le *Hradischt de Stradonitz* en Bohême,
d'après nos confrères MM. Pic et Déchelette. Ces curieux instruments caractérisent donc nettement la troisième période de la
Tène, celle qui a vu la conquête de la Grande Gaule, au premier
siècle avant notre ère.

M. CARRIÈRE. — Des monnaies massaliotes ont été recueillies
dans *plusieurs* oppida du Gard, notamment près de Russan et
à Lafous près Remoulins, avec des monnaies des Volces Arécomiques.

Ces oppida ont été occupés depuis l'époque de la Tène, ainsi
que l'indiquent les fibules en fer à ressort, les poteries grossières, typiques, et autres objets qui sont accompagnés le plus
souvent de poteries romaines plus récentes.

M. TRUTAT. — M. Goby vient de nous signaler la présence de quelques rares monnaies fort anciennes dans les dépôts qu'il a fouillés, dans ses curieuses enceintes fortifiées. Je me permettrai de le mettre en garde contre ces constatations. Il m'est arrivé de rencontrer dans la grotte de Niaux (Ariège) une monnaie de Louis XIII dans un dépôt exclusivement néolithique, et cela à 7 mètres de profondeur ; il ne pouvait pas y avoir d'hésitation. La monnaie était d'apport récent et sans la moindre relation avec le dépôt archéologique. Mais il était facile de comprendre comment ce morceau de métal, à forte densité, avait glissé peu à peu, s'était infiltré au milieu des ossements, des pierres, des cendres, entraîné par les eaux sauvages qui s'introduisirent dans la grotte.

Je crois donc que la présence d'une seule monnaie, même de deux ou trois, ne peut être regardée que comme un fait négatif, qu'il faut éliminer d'une manière absolue.

M. LE BARON DE BAYE. — Dans le nord de la France il y a eu des enceintes étudiées scientifiquement, et je pense qu'une étude générale des enceintes découvertes sur le sol de Gaule aurait une grande utilité. Les lieux naturellement fortifiés ont souvent révélé des traces d'époques successives, prouvant qu'ils ont été utilisés à diverses périodes, depuis les temps préhistoriques jusqu'aux temps historiques.

Quant à la présence d'une monnaie ne pouvant servir de base pour dater un gisement, c'est une observation qui peut s'appliquer à un cas particulier. Il est des enceintes où la présence de monnaies gauloises en séries nombreuses et éloquentes sont un caractère révélateur au premier chef, car il concorde avec la présence de céramique gauloise. C'est ainsi que l'enceinte de Pommier, dans l'Aisne, si bien étudié par M. Vauvillé, peut être scientifiquement classée.

M. IMBERT. — Répondant aux observations de divers congressistes, M. Imbert dit qu'il ne faut pas confondre les enceintes étudiées par MM. P. Goby et le Dr Guébhard avec les oppidums dont des orateurs ont parlé. Un caractère de ces derniers est la grande superficie enclose : il y en a qui ont 100 et même 150 hectares, comme Murcens, dans le Lot, alors que les enceintes étudiées par l'auteur de la communication mesurent quelques mètres dans un sens et de 60 à 100 mètres dans l'autre. Sans vouloir se prononcer encore, on peut lui dire que les nombreuses enceintes des environs de Grasse, si restreintes comme étendue, ne sont que des centres d'habitation protégés, occupés successivement par les populations qui se sont succédées dans le pays.

M. Paul Goby. — L'existence de monnaies Massaliotes dans nos enceintes de pierres sèches ne doit pas paraître un fait exceptionnel. M. Carrière vient précisément de signaler la découverte de plusieurs monnaies de la même époque dans les oppidums du Gard ; je sais que certains camps des Bouches-du-Rhône en ont également donné. La constatation de bronzes Massaliotes chez nous est au contraire une pleine confirmation des données antiques et elle est intéressante à noter à cause du voisinage des colonies grecques d'alors : Antibes et Nice ; d'autre part, leur trouvaille en ce camp concorde parfaitement avec l'ensemble des autres documents recueillis au cours de nos fouilles.

D'ailleurs, en apportant aujourd'hui au Congrès ces modestes résultats, — fruit cependant de nombreuses journées, notre but a été seulement d'exposer des faits bien observés et de les présenter comme tels, sans aller au delà. Il ne saurait en être autrement ; malgré ces nouvelles trouvailles, on ne peut encore, comme cela a été dit plusieurs fois, se prononcer de façon définitive, ni sur l'*âge*, ni sur la *destination certaine* des enceintes à gros blocs des montagnes de la région de Grasse, dont l'étude du Préhistorique revêt même un caractère assez local. Dans l'ensemble des camps, il peut encore y avoir eu variation de début dans la construction ? Les fouilles d'une seule enceinte ne saurait donc suffire ; il faut les étendre à plusieurs dans une même région, et c'est un long travail. Ce n'est vraiment que lorsque on sera en possession d'un grand nombre de données *positives, qui manquent entièrement à l'heure actuelle*, qu'on pourra fixer la *date exacte* de nos vieilles fortifications, leur *destination précise*, et, s'il y a lieu, *les classifications* (?) demandées et désirables, qu'on ne pourrait, dans tous les cas, établir dès maintenant, car nous ne sommes qu'au simple début de leur étude *stratigraphique*.

Les comparaisons avec les objets trouvés dans les enceintes d'autres régions seront des plus utiles et prêteront, comme viennent de le démontrer MM. de Saint-Venant et Carrière, à certaines identifications pleines d'intérêt : tels les objets de la *période* de la Tène, époque qu'ont certainement *traversée (à défaut de l'indication précise de la date de construction)* au moins quelques-unes de nos enceintes.

Liste des « Castella » des environs de Marseille, d'Aix et de Saint-Maximin

par M. H. DE GÉRIN-RICARD
Correspondant du Ministère de l'Instruction publique
Président de la Société archéologique de Provence

1. *Salonet* ou *Sainte-Croix* (commune de Salon).

   Bibliographie : ACHARD, *Dict. des Communes.* — GILLES, *Voies romaines.* — CASTANIER, *La Provence préhistorique*, 1893, p. 139 — H. DE GÉRIN-RICARD, *Rapport*, dans les *Nouvelles Archives des missions scientifiques*, XIII, 1905, p. 71.

2. *Caronte* alias *Carchonte* (c. de Pélissane).

   Bibliog. : *Statistique* II, p. 1021 et 256. — Carte de CASSINI, CASTANIER, p. 160.

3. *Gros-Majour* (c. de Grans).

4. *Marlès* (c. de Miramas).

   Bibliog. : *Statist.* II, 256, et CASTANIER, p. 160.

5. *Constantine* (c. de Lançon).

   Bibliog. : ACHARD, *Statist.* II, p. 257. — GILLES, CASTANIER, H. DE GÉRIN-RICARD et ARNAUD D'AGNEL, *Les antiquités de la vallée de l'Arc*, 1905, p. 43. — H. DE GÉRIN-RICARD, *Rapport sur une mission archéol. en Italie (Nouvelles Archives des missions)*, 1905, p. 62.

6. *L'Escalède* (c. de Lançon).

   Bibliog.: GILLES, CASTANIER, GÉRIN-RICARD et ARNAUD D'AGNEL, p. 46.

7 et 8. *Les Cauvins* et *le Jas d'Amont* (c. de Saint-Cannat).

   Bibliog. : *Statist.* II, 256, CASTANIER.

9. *Sainte-Eutropie* (c. de Velaux).

   Bibliog. : GILLES, *Les Saliens avant la conquête.* — H. DE GÉRIN-RICARD et ARNAUD D'AGNEL, *op. cit.*, p. 54

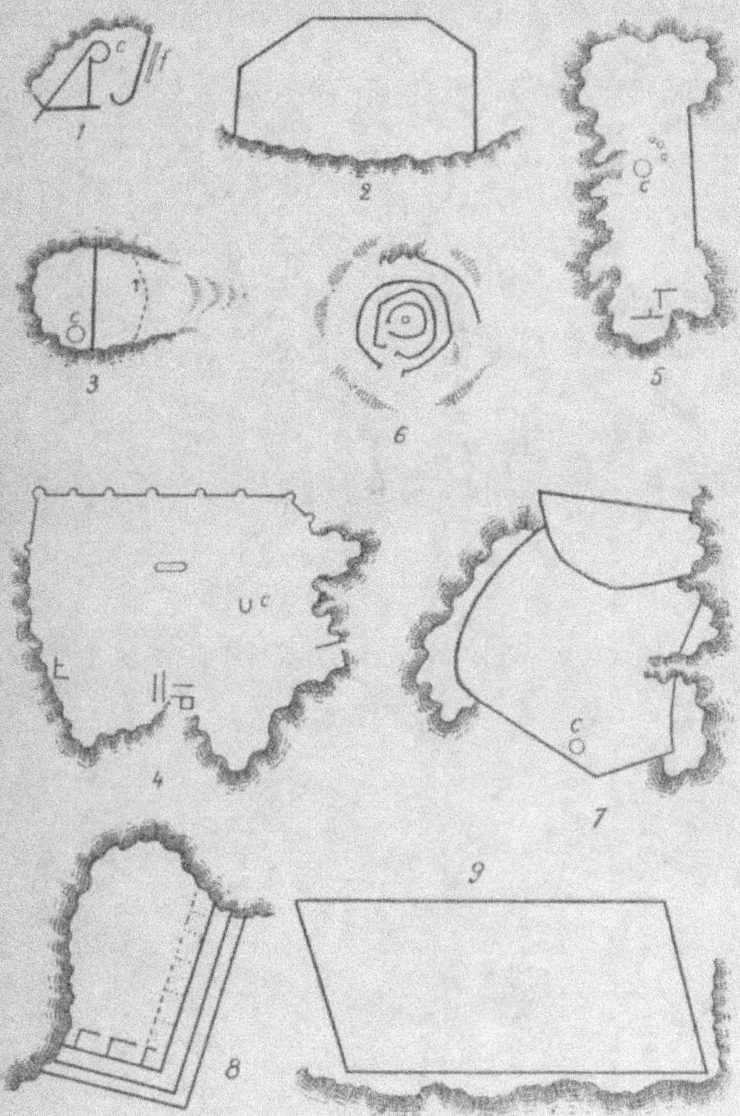

FIG. 45. — Plans de Castella.

1. L'Agache de Belcodène. — 2. Le Tinéou. — 3. Sainte-Eutropie. — 4. Constantine 5. Baou Rouge de Bouc. — 6. Pain de Munition. 7. Le Devens de Saint-Maximin. — 8. Olympe. — 9. Entremont.

(c, citernes ou silos; f, fossé.)

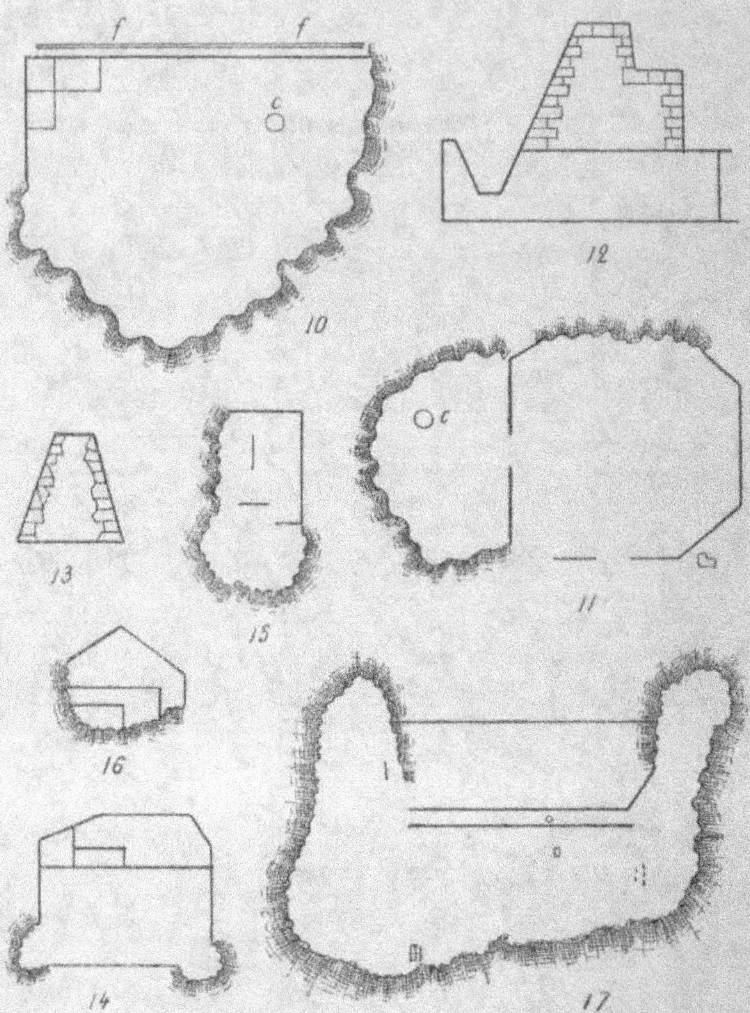

Fig. 46. — Plans et coupes de murs de Castella.

10. Roquefavour. — 11. Meynes. — 12. Coupe d'un mur du Pain de Munition.
13. Coupe des murs d'autres Castella.
14. Les Baumettes de Saint-Antoine. — 15. Baou Rouge d'Auriol.
16. La Cridde de Peypin. — 17. Sainte-Croix de Salon.

(c, citernes ou silos; f, fossé.)

10 et 11.   *Roquefavour* et *Meyrues* (c. de Ventabren et de Velaux).

Bibliog. : ACHARD, *Statist.* II, 257. — GILLES, *op. cit.* — CASTANIER,
H. DE GÉRIN-RICARD et ARNAUD D'AGNEL, p. 53 et 57.

12.   *Entremont* (c. d'Aix).

Bibliog. : ACHARD, FAURIS DE SAINT-VINCENT, *Mém. de l'Acad. d'Aix.*
— ROUARD, MICHEL DE LOQUI, *Statist.* II, 257. — D'AUBERGUE,
Provence artistique. — CASTANIER, H. DE GÉRIN-RICARD et ARNAUD
D'AGNEL, *op. cit.*, p. 36.

13.   *Claps* (c. de Vauvenargues).

Bibliog. : *Statist.* II, p. 258.

14.   *Pain de Munition* (c. de Pourrières).

Bibliog. : *Statist.* II, 258. — ROGUET et TIRAN, *Mém. de la Soc. des
Antiquaires de France*, 1832 et 1840. — DE BONSTETTEN, *Carte
archéol. du Var.* — M. DE DURANTL. — LA CALADE. — CASTANIER,
H. DE GÉRIN-RICARD et ARNAUD D'AGNEL, *op. cit.*, p. 48.

15.   *Le Castellas* (c. de Puyloubier).

Bibliog. : H. DE GÉRIN-RICARD et ARNAUD D'AGNEL, *op. cit.* p. 51.

16 et 17.   *Le Grand Fort* et *le Petit Fort des Agaux* (Pourcieux).

Bibliog. : DE BONSTETTEN, *Carte archéol. du Var* — CASTANIER,
H. DE GÉRIN-RICARD et ARNAUD D'AGNEL, p. 47.

18.   *Le Défends de Castrum Rodenas* (c. de Saint-Maximin).

Bibliog. : DE BONSTETTEN, H. DE GÉRIN-RICARD et ARNAUD D'AGNEL,
p. 51.

19.   *L'Olympe* (c. de Trets).

Bibliog. : *Statist.* II, p. 1023. — DE BONSTETTEN, *Congrès archéol.
d'Arles*, 1876. — CASTANIER, H. DE GÉRIN-RICARD et ARNAUD
D'AGNEL, p. 47.

20.   *Regagnas* et *Saint-Jean du Puy* (c. de Trets), vigies.

Bibliog. : CHAILLAN, *Notice sur Saint-Jean*, 1898. — H. DE GÉRIN-
RICARD et ARNAUD D'AGNEL, p. 38, 50, 59.

21 et 22.   *L'Agache* et *le Tinéou* (c. de Belcodène).

Bibliog. : *L'Hermès marseillais*, 1826. — *Statist.* II, p. 258. — SAUREL,
Dict. des Communes des Bouches-du-Rhône. — CASTANIER, H. DE
GÉRIN-RICARD, *Monographie de Belcodène*, 1900, p. 33. — H. DE
GÉRIN-RICARD et ARNAUD D'AGNEL, *Antiquités de la vallée de l'Arc*,
p. 37.

23.   *Le Baou Rouge* (c. d'Auriol).

Bibliog. : H. DE GÉRIN-RICARD, *Bull. de la Soc. archéol. de Provence*,
p. 190.

24. *Sainte-Croix* (c. de Nans).
Bibliog. : DE BONSTETTEN.

25. *Piegu* (c. de Rougiers).
Bibliog. : DE BONSTETTEN.

26. *Saint-Jean* (c. de Rougiers).
Bibliog. : DE BONSTETTEN.

27. *Saint-Probace* (c. de Tourves).
Bibliog. : DE BONSTETTEN, CASTANIER, H. DE GÉRIN-RICARD, *Notes archéol. sur Tourves*, 1904.

28 et 29. Commune de Roquefort.
Bibliog. : *Statist.*, SAUREL.

30. *La Cridde* (c. de Peypin).
Bibliog. : H. DE GÉRIN-RICARD, *Monographie de Peypin*, 1900, p. 13.

31. *Les Baumettes*, près Saint-Antoine (c. de Marseille).

32. *Le Baou Rouge de Sousquière* (c. de Bouc).
Bibliog. : VASSEUR, *Note sur l'industrie ligure*, 1904. — H. DE GÉRIN-RICARD et ARNAUD D'AGNEL, 1902, p. 38.

33. *Castellas* (c. de Vitrolles).
Bibliog. : ARNAUD D'AGNEL, *Bull. de la Soc. archéol. de Provence*, 1904, p. 62, et *Congrès de l'AFAS*, 1904.

34. *La Cloche* (c. des Pennes).
Bibliog. : GILLES, COTTE et MARIN-TABOURET, *Bull. de la Soc. archéol. de Provence*, 1904, et *AFAS*, Congrès de Grenoble, 1904.

35. *Lou Castéou* (c. de Meyreuil).
Bibliog. : AUDRIC, *Congrès scientif. d'Aix*, 1866. — H. DE GÉRIN-RICARD et ARNAUD D'AGNEL, p. 46.

Sur la nécessité et les moyens d'organiser une enquête internationale sur les Enceintes préhistoriques

par M. le Dr Adrien GUÉBHARD

Agrégé de Physique de la Faculté de Paris

De tous les monuments de l'antiquité préhistorique, il est incontestable que les enceintes fortifiées, qui, sous diverses formes, se rencontrent dans tous les pays du monde, sont les plus importants, comme expression maximale du summum d'effort collectif des civilisations disparues. Mais, à cause de cela même, leur étude est difficilement abordable sans de grandes dépenses de temps et d'argent, et il en résulte presque fatalement que ceux qui s'y livrent emprisonnent dans le cercle des plus proches contingences toutes les ressources de leur esprit d'observation.

Tout au plus, certains auteurs ont-ils étendu leur étude à une région plus ou moins grande ; mais c'est, alors encore, l'esprit régional qui a dominé, et si quelques rares comparaisons avec le dehors ont été tentées, elles ont visé trop souvent à établir des différenciations plutôt que des analogies, à créer des spécifications plutôt que des synthèses. Est-il un seul État d'Europe qui puisse s'honorer de posséder une étude d'ensemble vraiment générale sur ses vieilles enceintes, ou d'en savoir seulement le nombre réel et la distribution géographique ? N'y aurait-il pourtant pas autant d'intérêt à connaître, pour le moins, le recensement de ces anciens centres de vie, aussi nombreux partout que ceux d'aujourd'hui ?

Il serait donc à souhaiter que chaque nation consacrât à connaître sa propre géographie préhistorique une petite parcelle des ressources que presque toutes dépensent généreusement à aller rechercher au loin la simple confirmation ou le complément de quelques détails d'histoires déjà connues. Partout devrait se créer un centre, officiel ou non, pour réunir d'abord en faisceau, puis pour colliger en un tout, les trésors d'érudition éparpillés en de multiples publications locales, et perdus, faute de lien, pour la Science générale.

Sans doute, des appels, partant chacun d'un centre national, suffisamment autorisés, et appuyés d'arguments convenables, trouveraient-ils dans les sociétés provinciales, intéressées à vivifier leur œuvre, un concours précieux, par la désignation de tel ou tel de leurs membres, déjà spécialisé dans cette étude, et pour qui quelque titre honorifique, comme celui de *délégué de la Société*, pourrait servir de stimulant.

Même certaines sociétés non scientifiques, purement sportives, les Clubs Alpins, les Touring-Clubs, etc., ne pourraient-ils, si on leur présentait comme un sport nouveau la *chasse au camp*, devenir de précieux auxiliaires pour la prospection, la détection des enceintes à étudier par les archéologues ? N'y aurait-il pas lieu d'insister auprès de chaque gouvernement pour que les officiers d'état-major chargés du levé des cartes, utilisassent, fût-ce sans critiques, leurs aptitudes professionnelles à reconnaître les fortifications passées, aussi bien que présentes, et à les signaler toutes, comme fait, par exemple, la carte de la Grande-Bretagne ?

Le jour, cependant, où chaque nation aurait ainsi réuni son *Corpus oppidorum*, à quoi servirait-il, s'il restait emprisonné dans la frontière et ne prenait contact avec les voisins ? C'est ici que le rôle du Congrès International pourrait intervenir. Alors même qu'il n'aurait point accepté de prendre la tête du mouvement, pour le disséminer, ainsi qu'il convient, à travers le monde entier, ne pourrait-il essayer d'en récolter les fruits, ou tout au moins leur offrir un terrain d'éclosion favorable, en mettant, sous une forme générale, à son ordre du jour la question des *enceintes préhistoriques*, qui figura, en forme restreinte et particulière, au programme du Congrès de Monaco?

Ne pourrait-il essayer de provoquer, de la part de chacun des pays représentés, des rapports nationaux, dont le seul rapprochement constituerait une première synthèse, qui trouverait toujours, finalement, quelqu'un pour en formuler une autre?

Ce serait là, sans risque d'aucune sorte, avec tout profit, au contraire, une initiative qui nous semble bien digne du caractère de ces grandes assises scientifiques, auxquelles nous nous permettons de la recommander de tous nos vœux.

Un exemple de survivance préhistorique

par M. A. ISSEL

Le pays des anciens Ligures et surtout la zone littorale qui
comprend les provinces de Gênes et de Port-Maurice, la Principauté de Monaco et la plus grande partie du département français
des Alpes-Maritimes, nous révèle par de nombreuses stations
qui appartiennent, les unes au domaine du préhistorique, les
autres à celui de l'archéologie, d'abord l'état sauvage de ses
habitants dans une époque très reculée (âges éolithique et mioli-
thique), puis les étapes par lesquelles ils sont passés successivement (âge néolithique, période de la colonisation phénicienne
et grecque, conquête romaine, introduction du christianisme etc.)
pour sortir de la barbarie et pour atteindre après bien des vicis-
situdes les conditions actuelles, c'est-à-dire le faîte d'une des
civilisations les plus avancées.

Mais l'évolution sociale, comme celle des faunes et des flores
qui se sont succédées sur la terre pendant les périodes géologiques, n'est jamais uniforme et régulière; elle ne se produit pas
dans toutes les directions et dans chaque localité du même pays
avec la même intensité. Il en résulte que dans la région ligu-
rienne, comme partout ailleurs en Europe, il n'est pas difficile
de trouver, à côté des manifestations les plus évidentes de progrès de toute espèce dans l'ordre moral et intellectuel ainsi que
dans le matériel, les traces d'un état social antérieur beaucoup
moins développé. Cela se voit dans certaines coutumes, dans les
traditions, dans les croyances superstitieuses, dans les idées
surannées, dans le langage.

Il s'agit de restes d'un passé très reculé, en partie même

préhistoriques, restes que l'on peut comparer à certaines espèces d'animaux et de plantes qui vivent encore aujourd'hui, localisées sur une aire très circonscrite, et qui appartiennent toutefois à des groupes éteints, espèces d'animaux et de plantes condamnées à disparaître bientôt à leur tour.

Je ne me dissimule point les difficultés qui s'opposent à l'étude d'une question si complexe. Je me propose seulement d'appeler l'attention de mes savants collègues sur un cas spécial de survivance, c'est-à-dire sur certaines constructions actuelles, appartenant toutefois à un type primitif, qui remonte sans doute à une époque antérieure aux souvenirs historiques. Ce sont des habitations rustiques, qui servent encore d'abri aux

Fig. 47. — *Casella* typique du M. Settepani.

pâtres et aux coupeurs de foin dans les localités les plus éloignées des villages et des fermes, surtout sur la montagne. Elles se nomment *cabanne* dans la province de Gênes, *caselle*, *casui*, *casoni* dans celle de Porto-Maurizio, *cabanous* dans les Alpes-Maritimes françaises.

Ceux des ouvrages dont il est question, qui ont conservé leur caractère primitif sont formés de petits blocs bruts, sans ciment ; mais il y en a de bâtis en pierres grossièrement équarries et cimentées par un peu de chaux. Les portes et les fenêtres (celles-ci n'existent pas toujours) sont encadrées de pierres plus grosses et plus régulières, qui supportent en général une espèce de linteau. La forme la plus simple est celle d'un cône tronqué, ayant une seule ouverture qui sert à la fois de porte et de fenêtre. Le toit est une espèce de voûte plus ou moins surbaissée, revêtue à l'extérieur de terre argileuse qui la rend étanche. Le sol est couvert de terre battue. La base n'a pas plus de 3 à 4 mètres de circonférence et la hauteur mesure de 3 à 3 m. 50 ; souvent le diamètre de la base dépasse à peine celui du toit (fig. 1). Ce type est commun sur le Monte Settepani, au nord de Finalborgo près du Col de Melogno, et se retrouve dans les environs de Giustenice, à San Giacomo, au-dessus de Feglino, sur le Monte Calvo (au nord-ouest de Loano) et au Pizzo d'Evigno (au nord d'Oneglia) (fig. 2). On en connaissait

Fig. 48. — *Casella* du Pizzo d'Evigno
(transition au type rectangulaire).

autrefois plusieurs exemples sur le Monte Faudo ; mais ils sont tombés en ruine (1).

Dans la commune de Cervo, on désigne sous le nom de *caselloni* les constructions que je viens de décrire et *caselle de maxére* celles qui sont adossées aux gradins pratiqués sur les flancs des collines, afin de rendre possible ou de faciliter la culture des terrains en pente trop raide. Ces dernières sont quelquefois unies et même compénétrées avec les murailles qui soutiennent les gradins et possèdent, en général, au-dessu du

(1) A côté des *caselle* typiques on trouve sur le Pizzo d'Evigno des huttes en forme de pyramide tronquée à base carrée, avec les arêtes verticales arrondies, qui sont évidemment une dérivation des premières.

rez-de-chaussée, un étage qui communique de plein pied, au moyen d'une petite porte, avec le niveau supérieur à celui qui sert de base à la construction.

Il y a des *caselle* ou *cabanne* avec une ou deux portes, et une ou deux fenêtres. Les premières se ferment par un seul battant en bois; les secondes, sans châssis et sans vitres, sont closes par un volet en bois, ou ne sont pas susceptibles de fermeture. L'intérieur est quelquefois séparé en deux étages par un plancher, et dans ce cas le premier communique avec le rez-de-chaussée par un escalier de quelques marches et reçoit le jour par une lucarne. Là où le sol est humide, il y a un soubassement en pierraille peu élevé, et on est obligé de monter deux ou

Fig. 49. — *Cabanons* du Col Ferrier.

trois marches grossières, aménagées à l'extérieur, pour gagner le niveau de la porte.

Au Col Ferrier, sur le chemin vicinal de Grasse à Caussols, M. le Dr Mader a fait la photographie de deux *cabanons* placés l'un à côté de l'autre, un peu différents de ceux que j'ai observés ailleurs, parce qu'ils portent un toit de pierre en forme de coupole terminée en pointe, coupole dont la base n'atteint pas le bord extérieur du mur périphérique qui la soutient. A côté d'un des deux *cabanons* il y a une petite enceinte en pierre sèche qui devait servir sans doute à parquer les moutons (fig. 3).

On voit dans un cliché publié en 1904 par M. le Dr Guébhard (1), et qui représente le crochet jurassique du Collet de

<hr>

(1) *Bulletin de la Soc. géologique de France*, 4e série, t. II, fasc. 5, p. 573, fig. 41.

la Malle, un exemple intéressant de *cabanon* en pierre sèche, formé par une tour à peu près cylindrique (elle est un peu amincie de bas en haut) qui en supporte une autre en cône tronqué, beaucoup moins élevée et dont le diamètre est de moitié plus petit. Cette partie est aplatie en dessus, et porte sur deux points opposés du bord supérieur deux pierres saillantes. La porte, encadrée de matériaux plus volumineux et de forme plus régulière, est arrondie par le haut ; elle atteint à peine la hauteur d'un homme de petite taille.

Un autre *cabanon* qui semble de dimensions plus réduites est visible dans une planche du même ouvrage, qui représente

FIG. 50. — *Behive house* de l'île de Lewis
(d'après M. Mackenzie).

la montagne de Calern, vue des Planestels du Caussols. Celui-ci consiste en une simple tour surmontée par un toit en coupole.

MM. Guébhard et Goby m'assurent que des constructions du même genre sont très communes dans la partie occidentale du département des Alpes-Maritimes, surtout dans les environs de Grasse. On en trouve dans le voisinage des anciens retranchements et des dolmens.

M. le professeur Vasseur a bien voulu m'indiquer plusieurs localités du voisinage d'Aix et du Quercy, où ils sont assez nombreux. Lorsqu'on s'occupera de les rechercher, on les trouvera probablement dans beaucoup d'autres pays.

Je viens d'apprendre ici même que M. W. M. Mackenzie a décrit en 1904 un type de hutte archaïque nommé *Behive*

houses, en usage dans l'île de Lewis (Hébrides occidentale), et a
signalé sa ressemblance avec les *cabannons* des Alpes-Maritimes
d'après les indications du Révérend J. E. Somerville de Menton (1). L'excellent mémoire de M. Mackenzie contient des renseignements précieux au sujet d'habitations du même genre qui
existent ou existaient dans le Highland, dans le pays de Galles
et en Irlande. Elles se rattachent peut-être, d'après l'auteur, aux
anciennes constructions en dôme du bassin méditerranéen dont
s'est occupé M. A. Evans. Dès 1858, M. le capitaine Thomas

Fig. 31. — *Casella* du territoire de Diano S. Pietro.

avait appelé l'attention des savants sur les *Behive houses* des
Hébrides (2).

Sur le chemin qui conduit de la ville de Diano Marina à
Diano San Pietro, j'ai observé, en 1887, une *casella* ayant la
forme de trois cônes tronqués superposés dont le diamètre va
en diminuant depuis l'inférieur, qui sert de base, jusqu'au troisième qui est couvert par un toit légèrement bombé, revêtu de
terre (3).

<hr>

(1) Proceed. of the Society of Antiquaries of Scotland, vol. xxxviii.
(2) Proceed. of the Society of Antiquaries of Scotland, vol. iii.
(3) Les dimensions principales de cette construction sont :

Diamètre extérieur à la base	4 m. 20
Diamètre intérieur à la base	3 m.
Hauteur totale	3 m. 50
Épaisseur du mur à la partie supérieure	0 m. 50
Hauteur de la porte	1 m. 45
Largeur de la porte	1 m. 20

Il est divisé, à l'intérieur, en deux étages par un plancher très grossier. Le rez-de-chaussée a une porte dont le seuil est un peu plus élevé que le sol environnant ; on accède à cette porte par un escalier de trois marches, placé à l'extérieur. Le premier étage reçoit le jour par une lucarne (fig. 5).

Au point de vue de la forme et de la destination, les constructions dont je me suis occupé reproduisent, en petit, les types des *trulli* de l'Italie méridionale, très nombreux dans les Pouilles et bien connus depuis que MM. De Giorgi, Lenormand et Bertaux les ont décrits ou figurés (1). Ces *trulli* sont aussi des habitations rustiques faites en pierres brutes, ingénieusement superposées sans aucune espèce de ciment. Les plus

Fig. 52. — *Trullo* des Pouilles, type B
(d'après M. Bertaux).

anciens sont en général plus grands et affectent la forme de deux ou trois cônes tronqués placés l'un sur l'autre, de telle façon que celui dont le diamètre est plus étendu sert de soubassement aux autres. De nos jours, on ne construit plus que des *trulli* de petites dimensions, ayant la forme d'un simple cône tronqué.

La petite *caselle* des environs de Diano S. Pietro, que j'ai brièvement décrite, est tout à fait semblable au *trullo* représenté dans la fig. 3 (page 211) du mémoire de M. Bertaux comme exemple de son type B (fig. 6).

Les constructions primitives de la Ligurie dont il a été question présentent des analogies non moins remarquables avec des

___

(1) Voyez surtout à ce sujet l'article de M. E. Bertaux « *Étude d'un type d'habitation primitive Trulli, Caselle, et Specchie des Pouilles, Annales de Géographie*, Paris, 1899 », et le mémoire de M. C. De Giorgi « *Le Specchie in Terra d'Otranto*, Lecce, 1905 ».

monuments qui remontent aux temps préhistoriques et se trouvent en plusieurs points, aux bords de la Méditerranée. Elles se rapprochent particulièrement des *nuraghi*, répandus en grand nombre dans l'île de Sardaigne, surtout vers le nord-ouest, et qui sont bien connus, grâce aux travaux de La Marmora, Spano, Perrot, Pinza et beaucoup d'autres. Ils ont été considérés comme des habitations, des forteresses, des temples, et surtout comme des tombeaux ; mais leur véritable destination est encore incertaine (1).

Les *nuraghi* les plus simples, qui sont aussi les plus nombreux, affectent la forme de cônes tronqués, couverts par un toit plat ou un peu bombé, mais il y en a dont la partie inférieure, en cône tronqué surbaissé, supporte un autre cône plus petit ; c'est le cas de celui de Monte Siseri. On connaît aussi des types tout à fait différents, beaucoup plus compliqués, comme celui d'Ortu, composé d'un groupe de constructions bizarres. Dans tous les cas, leurs dimensions sont bien plus grandes que celles des *caselle* ou *casoni*, et dans leurs murailles, très épaisses, sont ménagées des cavités ou niches à plafond conique, superposées ou juxtaposées et communiquant ensemble.

Plusieurs peuples de l'Afrique du Nord, notamment les Assaorta, construisent encore aujourd'hui des tombeaux qui ont absolument l'apparence des *nuraghi* les plus simples, et sont semblables, par conséquent, à nos *caselle*.

M. Bertaux signale l'analogie des *trulli* ou *truddi*, non seulement avec les *nuraghi* de la Sardaigne, mais aussi et surtout avec les *garritas* ou *barracas* des Baléares, décrits en 1892 par M. Cartailhac. Ses observations s'appliquent parfaitement aux *caselle* en forme de cônes tronqués superposés.

Les bergeries (*margherie*) primitives, les fromageries rudimentaires (*casere*), les huttes misérables (*ciabot*) qui servent

---

(1) J'ai consulté avec avantage sur les *nuraghi* le récent mémoire de M. Pinza (*Monumenti primitivi della Sardegna*, Roma, 1901), qui contient des figures et des plans des types les plus caractérisés.

d'abris temporaires aux montagnards et se trouvent loin des villages, dans les régions les moins fréquentées et les plus hautes des Alpes-Maritimes, sont bien souvent formées par des murs de pierre sèche adossés, plaqués même aux parois des rochers et quelquefois en continuation avec les anfractuosités naturelles (1). Il est difficile de ne pas voir alors dans ces masures une dérivation plus ou moins directe des abris sous roche et des cavernes néolithiques.

Dans les *caselle, casoni, cabanne* ou *cabanons*, dont j'ai donné un rapide aperçu, j'entrevois une influence étrangère au pays, qui s'est fait sentir postérieurement, c'est-à-dire à l'époque de la première introduction des métaux en Ligurie.

D'après les analogies que j'ai signalées, cette influence doit être venue du Midi ou du Sud-Ouest.

Il ne serait pas prudent de ma part de pousser plus loin les hypothèses ; mais d'autres pourront le faire, après une étude plus approfondie (2).

Cette note est encore incomplète. Aussi mon intention a-t-elle été surtout, en la présentant, de provoquer de nouvelles recherches. Je suis heureux que, dès à présent, elle ait donné lieu à des communications intéressantes de la part de plusieurs de mes savants collègues.

Il est à désirer que les observateurs ne se bornent pas, comme je l'ai fait, à décrire des *casoni* ou *cabanons*, mais qu'ils pratiquent des fouilles dans l'emplacement des constructions qui semblent plus anciennes.

(1) C'est là que le berger et sa famille, couchés sur un lit peu moelleux de rhododendron, dorment d'un lourd sommeil, malgré le fracas de la tourmente.

(2) En terminant cette note, je tiens à adresser mes remerciements à MM. Dellepiane, Gervasio, Guébhard, Goby, Gentile, Mader, Poggi, Rovereto, Visseur, qui ont bien voulu faciliter ma tâche en me communiquant des photographies ou des indications utiles.

M. le Dr A. Guébhard signale que l'hypothèse de M. le prof. Issel est d'ores et déjà confirmée par ce fait que des fouilles effectuées, entr'autres, près de Grasse par M. Paul Goby, près de Draguignan par M. Marcellin Chiris, dans les amas circulaires de pierrailles qui paraissaient ne pouvoir être autre chose que les restes de l'effondrement de *cabanons* semblables à ceux qu'élèvent encore en pierres sèches les habitants actuels des Préalpes maritimes, ont fourni des objets semblables aux grottes préhistoriques ou aux *castelars* voisins, c'est-à-dire de la transition de la pierre polie au bronze.

M. le Prof Vasseur dit qu'il avait oublié de signaler, à son éminent collègue de Gênes, les constructions de même genre que l'on observe en grand nombre sur la montagne de Cordes, aux environs d'Arles.

Ces antiques cabanes ont un toit conique et constituent par leur groupement un véritable village.

M. Vasseur n'a pas encore pu les visiter, mais il tient ces renseignements de M. Pranishnikof, archéologue et peintre aux Saintes-Maries, et de M. Bouchinot de Marseille.

M. Imbert. — Aux régions indiquées par M. Issel comme offrant des cabanes qui sont la survivance de constructions préhistoriques des mêmes pays, il convient d'ajouter plusieurs cantons du département de la Dordogne, Thiviers, Excideuil et d'autres encore, où les viticulteurs font usage de cabanes en pierres. Ces constructions sont en pierres sèches, avec un toit conique dont les pierres plates sont rangées en encorbellement. La cabane est circulaire et n'offre que la porte comme ouverture. Cette porte est souvent surmontée d'un linteau formé d'une longue pierre. Aucune autre substance que la pierre n'entre dans la construction.

Ces cabanes ont les dimensions qu'on donne généralement à celles des temps préhistoriques ; elles sont certainement une survivance.

M. Trutat. — J'ai eu l'occasion de rencontrer des cabanes du genre de celles que vient de décrire M. Issel. Un premier groupe se trouve sur les causses calcaires qui terminent le plateau central, dans le Tarn-et-Garonne. A Saint-Antonin (T.-et-G), à Vaour, à Penne (Tarn), j'ai rencontré des cabanes en pierres sèches à voûte sphérique par encorbellement ; elles se trouvent au voisinage de dolmens et diffèrent complètement d'autres cabanes plus récentes élevées de nos jours par les bergers.

Un second groupe appartient à la partie orientale des Pyrénées. Dans l'Ariége, j'en citerai particulièrement une, qui se trouve entre Pamiers et Vavilhes et que l'on peut voir du chemin de fer. Celle-ci ressemble à une tour et elle est surmontée par un toit conique élevé ; les matériaux sont des blocs roulés d'origine glaciaire.

D'autres cabanes, un peu différentes de celles-ci, se trouvent dans les parties hautes de la vallée de Bepmale ; certaines d'entre elles servent encore aux bergers ; ici le toit est surbaissé comme dans les cabanes de Saint-Antonin ; il est toujours fait par encorbellement. Non loin, un pont jeté sur le torrent est également ment fait par encorbellement.

DEUXIÈME PARTIE

QUESTIONS GÉNÉRALES

A propos des Éolithes

par M. le Dr H. OBERMAIER

Comme tous ceux qui se sont voués à l'étude de l'homme primitif, j'ai été amené à étudier la question des *éolithes*, et, en particulier, j'ai pu observer de très près celle des pseudo-éolithes de Mantes. Mes études de géologie m'avaient incliné vers la conclusion que les éolithes ne sont le plus souvent que des silex taillés par accident, ce que l'expérience vient de démontrer.

L'article que j'ai publié à ce sujet dans l'*Archiv für Anthropologie* (1) a provoqué des soi-disant réfutations que je ne peux laisser sans réplique.

La première réponse a été publiée par M. Rutot (2). M. Rutot répète, une fois de plus, que la « question des éolithes » n'existe plus pour lui. Il me reproche, avant tout, d'avoir opposé des photographies retouchées à des « caricatures informes » d'éolithes. Pour les « caricatures », il s'agit de décalques des

---

(1) *Archiv für Anthropologie*, 1905, Heft. 1, et : *Correspondenzblatt der deutschen Gesellschaft für Anthropologie, Ethnologie u. Urgeschichte*, 1905, Heft 1.

(2) *Bull. de la Soc. d'Anthropologie de Bruxelles*, XXIV, 1905. Séance du 31 juillet 1905.

dessins de M. Rutot, dont j'ai consciencieusement cité les originaux. Quant à mes « photographies retouchées », j'ai l'honneur de vous soumettre une attestation de plusieurs savants de l'Université de Munich, en particulier de MM. les professeurs J. Ranke et A. Rotkpletz, et de MM. les docteurs M. Schlosser, F. Birkner et A. Broilé. Ces messieurs ont bien voulu examiner, au cours d'une séance, les originaux de Mantes que j'ai figurés, mes négatifs et les planches que j'ai données dans mon article. Ils attestent qu'*aucune retouche ou amélioration* de mes pièces n'a eu lieu et qu'on ne peut reprocher à mes figures que leur médiocrité, car les angles et les arêtes sont moins clairs, moins accentués que sur les originaux. Il est donc étonnant que M. Rutot ait pu se servir de ce motif pour jeter la suspicion sur mon travail. Quant à mes arguments, M. Rutot se tire d'affaire trop facilement ; il ne parle pas des gisements *tertiaires*, mais seulement des vallées quaternaires belges, surtout de l'exploitation Helin, où il existe réellement un gisement acheuléen. Pour les autres étages de cette carrière et leur interprétation par M. Rutot, ils sont encore bien discutables ! Je tiens, du reste, à répéter qu'il ne suffit pas seulement de parler des éolithes éclatés par l'eau, qu'il en reste encore un autre groupe, non moins important et encore assez mal étudié : les éolithes produits par la pression du sol.

M. Verworn, professeur de physiologie (1), a entrepris, après tant d'autres, des fouilles dans le Cantal, sutout au Puy-de-Boudieu. Il a même vu la petite collection de pseudo-éolithes de Mantes que j'ai envoyée au Congrès d'Anthropologie de Salzburg (1905). Ses réflexions sur les deux industries ont été au moins bien hasardées. Sans avoir *jamais vu* les usines de Mantes, il dit à ses lecteurs que la plupart de ces pseudo-éolithes sont déjà taillés dans la carrière par les pioches des ouvriers. Nous serions vraiment des hommes bien superficiels si nous n'avions pas écarté dès le début cette cause d'erreur et plusieurs autres ! Ce qu'il dit, à ses lecteurs, des procédés aux-

(1) *Umschau*, Frankfurt a./Main, 1906, Nr. 7.

quels seraient exposés les cailloux dans les cuves, sur une seconde
taille, effectuée par les herses des malaxeurs, est en grande partie
de pure imagination. On ne doit donc pas être surpris qu'il
prétende finalement que nos pseudo-éolithes et ses éolithes sont
quelque chose de « totalement différent ». D'après lui, il n'y a
pas « la moindre analogie » entre les deux, — un débutant
pourrait le constater au premier coup d'œil.

Je me borne à opposer à cette déclaration du savant professeur de physiologie, ce que M. Capitan, qui a passé avec moi
deux journées à Mantes, écrit dans les *Bulletins et mémoires de
la Société d'Anthropologie de Paris* (1905, p. 373). Ces pièces
(de Mantes) peuvent simuler des percuteurs, des racloirs, des
grattoirs, voire des perçoirs. De véritables éolithes ont *la plus
grande similitude avec les silex de Mantes*.

Encore un mot, M. Verworn a eu la grande satisfaction
de rencontrer beaucoup d'éolithes dans les stations humaines
situées dans la vallée de la Vézère (1). Il part de là pour expliquer le nombre inouï d'éolithes dans les gisements *naturels* de
silex tertiaires. Ce rapprochement est vraiment par trop naïf !

MM. Rutot et Hahne (2) ne sont pas satisfaits du tout des
résultats que leur ont donnés des expériences faites dans d'autres usines belges ou allemandes. Cela peut s'expliquer. J'ai, de
mon côté, chargé un ingénieur d'étudier aussi d'autres établissements français ; il m'a répondu qu'il serait impossible de se
servir des matériaux provenant de ces usines, car ces établissements possèdent des machines assez différentes et, pour la plupart, inaptes à faire des expériences scientifiques utilisables,
parce que les herses et chaînes y jouent un grand rôle dans la
déformation des rognons, ce qui n'est pas le cas à Mantes. Au
lieu d'écrire une critique singulière, M. Hahne aurait mieux

(1) J'ai consulté à ce sujet M. l'abbé H. Breuil, auquel ses séjours prolon-
gés aux Eyzies ont permis de connaître à fond tous les gisements de ce pays, sur
la valeur de cette assertion. Il m'a répondu que si les gisements acheuléens (La
Micoque) et moustériens contiennent en proportion notable des éclats de silex
naturels, utilisés et retouchés ; ils sont *extrêmement rares*, et pour ainsi dire
absents, dans tous les gisements plus récents de la région.

(2) *Zeitschrift für Ethnologie*, 1905, p. 1024.

fait d'étudier, avec un géologue qui connaisse le quaternaire, la position *stratigraphique* de ses éolithes. M. Wiegers (1) vient de constater que tous les gisements d'éolithes de l'Allemagne du Nord s'intercalent entre le paléolithique et le néolithique de ce pays.

J'aurais encore plus d'une observation à présenter, mais l'humeur dont, au cours de leurs répliques, MM. Rutot, Werworn et Hahne ont fait preuve, s'accommode mal avec les exigences de la discussion scientifique.

J'ajouterai seulement que les expériences que j'ai continuées avec M. Capitan, à Mantes, ont montré qu'il faut distinguer entre les éolithes frais, aux arêtes tranchantes, et d'autres, très usés, qui ont été roulés déjà longtemps dans les tourbillons artificiels. Si l'on pouvait expérimenter sur des silex de provenances différentes et de grosseur plus considérable, tels qu'en contiennent par exemple les graviers de Chelles, de Saint-Prest ou de Puy-Courny, les résultats seraient encore plus variés et plus instructifs.

Quant à ceux qui tiennent à rester fidèles à la cause des éolithes, ils distingueront encore entre éolithes et éolithes, s'en référant toujours à de mystérieux dons d'appréciation. Qu'ils en gardent toujours le monopole ! (2)

(1) F. Wiegers, *Die natürliche Entstehung der Eolithe im nord deutschen Diluvium.* Sonderabdruck aus den *Briefen der Monatsberichte* (Nr. 12, Jahrgang 1905) *der deutschen geologischen Gesellschaft.*

(2) Pour faciliter aux Congressistes la comparaison, le Dr Obermaier avait exposé cinq tableaux de pseudo-éolithes de Mantes et, à côté d'eux, une série de figures originales de M. Rutot.

M. Rutot. — Je ne comptais pas prendre la parole, à Monaco, au sujet de la question des éolithes. Cette question a, en effet, été déjà largement traitée devant les Sociétés scientifiques de beaucoup de pays, mais elle n'a pas encore reçu partout sa solution.

Pour ce qui me concerne, j'estime que le lieu de réunion du Congrès, Monaco, où tant d'autres questions importantes attirent notre intérêt, n'était pas bien choisi pour discuter les faits relatifs aux éolithes, la discussion ne pouvant être utile ni décisive que devant des matériaux complets et bien classés. Dans mon esprit, les conditions les plus favorables à l'étude détaillée de la question des éolithes ne sont, pour le moment, réalisées d'une manière satisfaisante qu'à Bruxelles, où je convie à se rendre toutes les personnes désirant prendre parti et où elles seront toujours les bienvenues.

Je vais maintenant vous dévoiler ma tactique envers les personnes qui veulent bien nous honorer d'une visite.

Quand une personnalité du monde scientifique se présente au Musée royal d'Histoire Naturelle de Bruxelles pour en étudier les collections et plus spécialement les éolithes, j'ai toujours soin de m'informer du temps qu'elle a à mettre à ma disposition.

S'il m'est répondu que l'on est de passage, que l'on est pressé, que l'on a une foule de choses intéressantes à voir, je suis fixé et, sans insister, je sors un plateau composé de telle sorte que je puisse exposer très sommairement la question des éolithes sans rien approfondir; puis je passe à d'autres séries, paléolithiques, auxquelles j'attache également un grand intérêt et dont la taille intentionnelle ne prête pas à interprétations variées.

Si, au contraire, le visiteur me déclare qu'il vient pour se former une opinion précise sur les éolithes et qu'il consent à m'accorder tout le temps nécessaire à la démonstration, alors j'ai recours aux nombreuses séries systématiquement classées que je tiens en réserve et que j'explique en reproduisant expérimentalement les divers types d'instruments constituant l'industrie éolithique.

Évidemment, devant le Congrès, ces explications accompagnées de démonstrations expérimentales eussent été impossibles, le réglement n'admettant que des communications très restreintes, force m'est d'adopter ici ce que j'appellerai le « petit jeu » en me bornant à vous exposer des généralités.

La question des industries rudimentaires ou primitives a pris naissance et s'est développée en Belgique.

Dès 1865, l'ingénieur Gustave Neyrinck récoltait, lors de l'établissement de la voie ferrée de Mons à Charleroi, pendant le creusement des tranchées de Mesvin et de Spiennes, dans une couche de gravier à faciès ballastière, c'est-à-dire dans un milieu soumis à des remaniements successifs, de nombreux instruments à travail rudimentaire, associés à des coups de poing chelléens typiques et à des ossements bien caractérisés d'animaux de la faune du Mammouth.

Silex et ossements furent présentés par nos éminents géologues, F. L. Cornet et A. Briart, au Congrès international tenu à Bruxelles en 1872.

Dans le compte-rendu du Congrès, M. Ed. Dupont a figuré de nombreux exemplaires de ces silex rudimentaires aux planches 51, 52, 53, 54, 55 et 56, provenant des collections Neyrinck, lesquels, sous le couvert de la faune du Mammouth et des haches chelléennes, furent acceptés par tous, sans discussion.

Ce n'est que plus tard qu'un autre géologue belge, Emile Delvaux, qui avait assisté Neyrinck, mort peu d'années après le Congrès, frappé de l'aspect primitif de beaucoup d'instruments accompagnant les coups de poing et de leur aspect plus roulé, se demanda si les deux catégories d'outils étaient bien du même âge.

Delvaux fit de nouvelles recherches dans la tranchée de Mesvin et il eut le bonheur de découvrir, sous le gravier déjà connu, à ossements et à silex, un faible lit caillouteux qui avait échappé à l'observation et qui ne renfermait exclusivement que des silex à faciès primitif.

C'est à la suite de cette découverte que notre confrère annonça qu'il avait trouvé le plus ancien niveau industriel, antérieur au Chelléen, ne renfermant qu'un outillage rudimentaire, dont il fit l'*industrie mesvinienne*.

Cette révélation attira vivement l'attention sur les conclusions de notre compatriote, mais Delvaux, en annonçant sa trouvaille, avait écrit une phrase malheureuse. Voulant donner une idée de son industrie mesvinienne, il dit : « Le caractère de cette industrie est de n'en pas avoir ».

Cette phrase, qui avait cependant un sens précis dans l'esprit de Delvaux, attira la défiance et le sarcasme sur sa découverte et bientôt ses idées furent vivement attaquées, surtout par ses confrères géologues, dont j'étais.

Comme il est dans ma nature de ne jamais rien considérer avec scepticisme, ce qui est un aveu d'impuissance ou de manque d'intérêt, j'entrai résolument dans le débat comme adversaire des conclusions nouvelles.

Toutefois, comme il ne suffisait pas de déclarer que les outils mesviniens ne sont que des jeux de la nature, le simple produit de causes naturelles, j'entrepris de démontrer par des faits que ces causes peuvent conduire à des formes identiques à celles considérées par Delvaux comme d'origine humaine.

Bien des fois je crus avoir mis le doigt sur l'argument définitif, irrésistible, qui devait faire rentrer le Mesvinien dans le néant ; mais bientôt, en approfondissant mes études, je reconnaissais que l'argument était loin d'avoir la puissance que je lui supposais, et il fallait chercher autre chose.

C'est ainsi que j'ai fait peu à peu mon évolution et que, d'adversaire résolu de l'industrie primitive, je suis devenu l'un de ses défenseurs.

Un peu plus tard, ayant terminé mes études du Crétacé et de l'Éocène inférieur de la Belgique, ainsi que les levés de la carte géologique à grande échelle, je me lançai dans l'exploration du Quaternaire, et c'est cette étude, d'ordre stratigraphique, qui me conduisit à la découverte de nombreux niveaux archéologiques, parmi lesquels ceux à industries primitives pures ou éolithiques que j'ai fait connaître.

Ce n'est que tout récemment que la question éolithique, quittant la Belgique, son sol natal, s'élargit pour prendre pied d'abord en Angleterre, avec Sir John Prestwich, et devenir une question internationale.

Et c'est ainsi que d'autres géologues ou préhistoriens, passant maintenant par la phase de doute où j'avais passé moi-même en combattant Delvaux, s'ingénient à leur tour à trouver le fameux argument irrésistible qui m'a toujours si bien échappé et qui leur échappera de même, j'en ai l'intime conviction.

Il y a lieu, cependant, de noter que ma bonne foi est complète.

Je n'appartiens à aucune école et, personnellement, il m'est absolument indifférent que les éolithes existent ou n'existent pas. La seule chose qui m'intéresse est de savoir s'ils existent oui ou non.

Si donc on me présentait un fait précis, décisif, indiscutable, démontrant que les éolithes sont uniquement dus aux actions naturelles, je n'attendrais pas le lendemain pour proclamer bien haut mes torts.

Mais nous sommes loin d'en être là, et, certes, ce ne sont pas les cailloux fracassés sortant des agitateurs mécaniques des fabriques de ciment, que j'ai étudiés avec le plus grand soin en collaboration avec M. le Dr H. Hahne, qu'un pénible évènement empêche de se trouver à mes côtés, et qui ont aussi été examinés avec non moins d'attention par l'éminent directeur des Instituts physiologiques de Göttingen, M. le Dr Max Werworn, qui viendront ébranler nos conclusions.

Non, il nous faut quelque chose de plus direct, de plus précis que la suspecte mécanique de Mantes pour nous en imposer, et aussi quelque chose de plus sérieux et de moins naïf que les éclats quelconques de Duan, provenant d'une couche d'argile à silex d'âge indéterminé.

Du débat qui s'est ouvert, nos convictions sortent intactes et je ne crois pouvoir faire mieux, pour terminer, que d'inviter toutes les personnes désireuses de se mettre sincèrement au courant de la question éolithique, à venir à Bruxelles où tout est préparé pour les démonstrations. Tout visiteur sera reçu avec sympathie et les plus grandes facilités lui seront accordées pour qu'il puisse baser son opinion sur des faits précis.

C'est sur des matériaux bien choisis, permettant d'étudier à la fois le pour et le contre, que chacun pourra établir sa conviction personnelle, et j'attache à ce fait une très grande importance parce que je suis certain que beaucoup de personnes, ayant pris position dans le débat, n'ont vu que des matériaux provenant d'alluvions fluviales, où les caractères de transport, de roulage et d'usure ont laissé leur indiscutable empreinte. Or, ce n'est pas sur de tels matériaux qu'il faut conclure, c'est sur des spécimens stratigraphiquement recueillis à des niveaux où ils ont été préservés de toute action naturelle violente, de tout transport et de tout roulage, et ce sont de tels échantillons que l'on pourra étudier à Bruxelles.

Des pierres dites utilisées

par M. M. IMBERT

On parle de plus en plus de diverses séries de pierres comme ayant été utilisées ou taillées intentionnellement par l'homme

Ces pierres, cependant, ne présentent pas de caractères précis permettant de les admettre comme produit de l'industrie humaine.

Trouvées pour la plupart à des niveaux géologiques anciens, elles sont données comme antérieures aux produits de l'industrie chelléenne.

Il est certain que l'homme primitif n'est pas parvenu du premier coup à produire un outil aussi parfait qu'un *coup de poing chelléen*, dont les spécimens attestent la sûreté de main de l'ouvrier; il est bien évident que la belle industrie de Chelles ou de Saint-Acheul a été précédée par des productions plus simples : cela, du reste, est confirmé par le principe de l'évolution. Les sciences naturelles témoignent toutes de la réalité de la loi de l'évolution. La paléontologie, la zoologie, l'anthropologie s'appuient sur ce grand principe, qui n'est du reste plus contesté aujourd'hui.

Toutes les grandes séries archéologiques attestent une transformation, une sériation progressive, une évolution, en un mot.

Il est, par suite, naturel d'étendre ce principe aux temps ou périodes qui ont précédé l'époque « Chelléenne ». Nous estimons pour notre part qu'il doit exister une industrie plus simple, plus primitive, plus ancienne que celle à laquelle nous donnons le nom de *Chelléen*.

Des pierres ont certainement été utilisées par l'homme ou

ses ancêtres vivant à des niveaux plus anciens que ceux classiquement reconnus comme contenant les *coups de poing*.

Mais il reste à savoir si les pierres présentées comme utilisées par l'homme sont réellement les produits de cette très *primitive* industrie, et c'est là où l'on peut différer totalement d'opinion avec les partisans des *éolithes*.

Nous soulignerons tout d'abord que nous ne mettons pas en doute la très bonne foi des hommes dont nous allons contester les travaux, et qu'il est certain que des savants comme MM. Thieulen, Rutot, Harroy et bien d'autres défenseurs des éolithes sont sincères et dignes de l'estime confraternelle que se doivent les hommes de science.

La question des pierres ayant des formes « intentionnelles » est des plus anciennes ; déjà au xviiiᵉ siècle, Robinet dans son ouvrage, *De la gradation naturelle* ou *Les essais de la nature qui apprend à faire l'homme* 1768, donnait plusieurs figures de pierres ayant des formes très nettes d'un pied humain ou d'un cœur, ou d'une oreille, voire d'un phallus. Mais il est vrai qu'il en attribuait la facture à la nature et non à l'homme ; cependant, ces « sculptures » en ronde-bosse ou leurs similaires peuvent entrer dans la catégorie des sculptures éolithiques.

M. Boule, l'éminent paléontologiste, dans une étude sur les éolithes, rappelle que Bourgeois, Ribeiro, J.-B. Rames, ont, dès 1867, présenté des silex travaillés par l'homme et trouvés dans des terrains tertiaires. On peut y joindre un maître de l'archéologie préhistorique, Boucher de Perthes lui-même, qui dans ses *Antiquités celtiques et antédiluviennes*, donne des planches de silex *sculptés* (?) (1) représentant des têtes ou figures d'animaux.

La vue seule de ces gravures suffit à montrer l'erreur à cet égard du vénéré fondateur du préhistorique.

Nous ne prétendons pas que tous les silex présentés par les défenseurs des éolithes soient des « jeux » de la nature ou les productions de forces physiques naturelles ; il peut y avoir un grand nombre de ces silex qui aient été utilisés par l'homme.

____

(1) Tome I, pl. I et II.

Mais, et c'est là le point essentiel sur lequel nous différons, rien ne caractérise l'intention de taille ou de retouche sur ces instruments. M. Boule dans le travail déjà cité (1) a montré qu'une action mécanique peut produire, sur des rognons siliceux, des éclats ayant l'apparence de retouches qu'on peut rapprocher des retouches intentionnelles produites directement par l'homme.

Les défenseurs des éolithes disent que le bulbe de percussion, le plan de frappe, qui sont caractéristiques dans de nombreuses séries archéologiques, n'existent pas dans les instruments chelléens et dans d'autres groupes moins anciens, que, partant, l'absence de ces éléments d'appréciation ne constitue pas une objection contre les silex tertiaires ou pré-chelléens.

On peut répondre que les pièces qui ne portent pas ces caractères déterminatifs en possèdent d'autres qui ne permettent aucune contestation.

Le grattoir double que nous présentons ici n'a ni bulbe, ni plan de frappe, il a même la gangue superficielle du rognon de silex dont il a été détaché. Il présente des caractères d'un éclat accidentellement détaché de la masse ; et cependant personne ne peut s'y méprendre, c'est bien à un instrument taillé par l'homme que l'on a affaire ; la finesse des retouches, leurs dispositions, la forme de l'objet indiquent son origine ; tout en fait un outil façonné par l'homme.

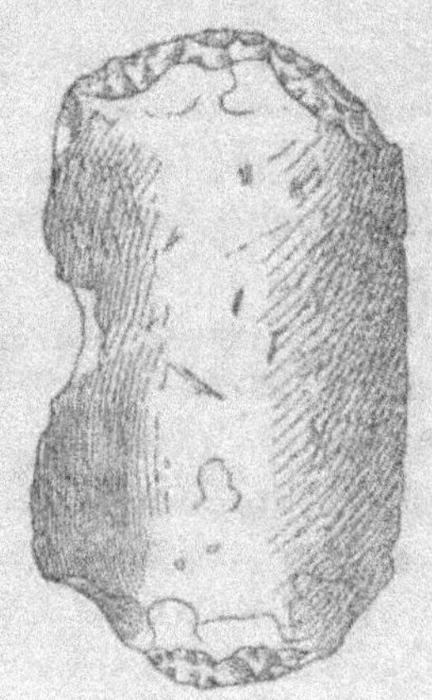

Fig. 53. - Grattoir double.

Si on aborde l'examen des pierres gravées ou sculptées, on se trouve en présence d'affirmations aussi catégoriques que possible formulées par des hommes qui, comme M. Harroy, ont consacré quatorze années à cette étude.

Rien de scientifique n'est cependant produit par ces défen-

(1) *L'Anthropologie*, tome XVI, 1905.

seurs d'un art « hermétique » comme ils l'appellent eux-mêmes (1).

On nous parle de séries de 5o ou 100 pièces identiques et indiscutables (?) pour caractériser des types de figures reproduites sur les cailloux sculptés, mais on ne prouve pas par là la taille intentionnelle, car en trouvât-on 5oo ou 5.ooo d'un type donné, que cela ne ferait qu'établir que la roche d'où provient le type en question s'éclate d'après des données résultant de sa nature, des conditions dans lesquelles elle a pu se trouver, etc., et comme c'est par milliards qu'on peut compter les silex dans une carrière, il n'y a rien que de très naturel à ce que des milliers de types analogues se rencontrent dans un gisement ; — surtout hâtons-nous d'ajouter que les figures en question ne sont ni bien nettes, ni bien visibles et qu'on ne parvient à « reconnaître » une tête qu'avec une mise au point pour lequel il faut un réel apprentissage.

M. Harroy nous déclare (2) « qu'il faut le recul et la lumière « nécessaires, mais variables, même avec l'heure du jour. Elle « peut même sans cela passer inaperçue ou ne valoir qu'autant « qu'on la replace à peu près dans les conditions d'éclairage où « elle est née ». Le même auteur, qui a imprimé « qu'on ne voit « bien un silex qu'avec les doigts (3) », dit lui-même « que telle « pièce éclairée vivement, directement, de face, ne donne rien « qu'un fouillis granulé, pointillé, hachuré, chaotique. »

C'est donc à des jeux de lumière, sur des cailloux brisés pris parmi des millions d'autres cailloux, qu'on trouve des représentations d'animaux : chiens, oiseaux, cervidés, etc. C'est dans de semblables conditions qu'on recherche et qu'on nous présente des silex devant figurer des scènes de la vie humaine : *Couple conjugal, Groupe familial*, etc.

Certes, nous le répétons, les auteurs de ces recherches sont sincères et de bonne foi ; mais ils sont les victimes d'un système

(1) *Revue scientifique*, 1903, p. 270.
(2) *Revue scientifique*, 1903, p. 271.
(3) *Revue scientifique*, 1902, p. 37.

et oublient les conditions premières de la méthode scientifique qui est la clarté évidente pour tous.

Avec les aspérités innombrables des cailloux, avec les jeux d'ombre sur ces pierres, avec le choix de certaines formes parmi de telles quantités, il est facile de trouver la représentation d'objets aussi variés que ceux qui forment la faune terrestre.

Les objets existant sur la terre sont si nombreux, leurs formes sont tellement infinies comme nombre qu'on peut toujours trouver quelque chose dans les nuages ; de même qu'on pourra toujours trouver l'esquisse d'une figuration dans des cailloux brisés ; fallût-il en toucher mille pour avoir une représentation plus ou moins grossière d'un objet quelconque.

Nous n'insisterons pas sur ce que cet art a de contraire aux lois de l'évolution dont le caractère scientifique est aujourd'hui reconnu de tous.

Avec leur puissant outillage, nos lapidaires modernes auraient de la peine à faire un profil humain plus parfait que celui que reproduit la figure 26 de la *Revue Scientifique* citée.

Toutes les connaissances scientifiques de notre époque en anthropologie, en ethnographie, en zoologie, établissent que nos lointains ancêtres quaternaires étaient des humains grossiers, tenant autant de l'animalité que de l'humanité et assurant péniblement une assez chétive existence. Or, ces frustes humains auraient passé leur temps à sculpter d'innombrables cailloux dont l'utilité est bien douteuse — car le nombre des cailloux sur lesquels on peut trouver des figures est véritablement une objection capitale contre la taille intentionnelle de ces objets.

Nous conclurons de ce que nous venons de dire que :

1° L'industrie chelléenne a certainement été précédée par une industrie plus rudimentaire, mais que les éléments déterminatifs des produits de cette dernière nous font défaut ;

2° Qu'il n'est pas démontré que les pierres données comme constituant cette industrie primitive soient taillées intentionnellement ;

3° Que bien des pierres percées peuvent avoir été utilisées

comme objet de parure, mais nous n'avons aucune preuve de cette utilisation ;

4° Les pierres dites gravées ou sculptées sont dans leur ensemble des produits des forces de la nature, sauf quelques-unes de ces pierres qui ont pu être retouchées à des époques diverses (1).

M. Hamy a gardé le souvenir d'une conversation du vieux géologue Cordier, que M. de Quatrefages lui a plusieurs fois répétée. C'était au moment où Boucher de Perthes multipliait ses appels en faveur de l'authenticité des silex d'Abbeville, qui lui paraissaient présenter toutes sortes de tailles intentionnelles et notamment des silhouettes animales et même humaines.

La scène se passait au Jardin des Plantes ; Cordier, se baissant brusquement, ramassa un cailloux quelconque et le montrant à son interlocuteur : « Vous verrez, s'écria-t-il, qu'un jour on vous dira que ce cailloux a été travaillé par l'homme ! »

En serions-nous venus à cette période prévue par Cordier ? Nos préhistoriens en ont toujours un peu voulu à ce géologue de ses résistances aux idées nouvelles ; il me semble qu'ils doivent lui savoir gré de s'être montré si sévère, aujourd'hui qu'ils peuvent mesurer l'étendue du péril qui menace nos études.

Il faudrait vraiment apporter quelque tempérament à ce déterminisme exagéré qui nous envahit et proscrire de nos séances ces *lusi naturæ* qui nous ramènent si loin en arrière et nous font perdre inutilement un temps précieux.

M. Marcellin Boule dit qu'il ne veut pas laisser clore la discussion sur les éolithes sans exposer les raisons qui l'ont

(1) Des pièces présentées au Congrès par M. Dharvent nous paraissent dans ce cas.

porté à combattre sans relâche, depuis vingt ans, certaines théories ne lui paraissant pas reposer sur des bases scientifiques sérieuses.

Quand il s'agit des éolithes recueillis dans les terrains quaternaires, la question n'offre pas une grande importance au point de vue philosophique. Tous les préhistoriens expérimentés, ou simplement instruits, savent depuis longtemps qu'on rencontre, dans les mêmes couches géologiques, avec les beaux instruments paléolithiques, des silex plus frustes, des formes naturelles, portant ou paraissant porter des traces de travail ou, si l'on veut, d'utilisation. Cela paraît si évident qu'ils n'ont pas jugé utile d'écrire de volumineux mémoires pour le démontrer. Mais ils savent aussi distinguer les effets d'un travail intentionnel rudimentaire des effets d'agents naturels.

La question est autrement grave quand il s'agit d'objets provenant de terrains tertiaires où l'on n'a jamais rencontré le moindre fossile humain. Il faut alors redoubler de prudence et bien s'assurer au préalable que des pierres ayant tous les caractères des éolithes ne peuvent pas être façonnées par des agents naturels.

M. Boule rappelle les raisons d'ordre géologique qui l'ont toujours rendu sceptique. On rencontre des éolithes dans toutes les alluvions *torrentielles*, quel que soit leur âge, pourvu que ces alluvions renferment des cailloux de silex. Il résume les observations qu'il a faites dans la fabrique de ciment de Guerville, près Mantes, et dont l'exposé détaillé qu'il a publié dans *L'Anthropologie* (t. XVI, p. 257) a eu pour effet, non seulement d'affermir ses convictions personnelles, mais encore, ce qui est plus précieux, de mettre fin à l'hésitation de beaucoup d'archéologues, un moment ébranlés par les théories à la mode dans certains milieux. Il a distribué très largement sa brochure et il en tient des exemplaires à la disposition des membres du Congrès.

L'auteur a eu le regret de constater que, pour répondre à un travail rédigé d'une façon des plus sérieuses et des plus courtoises, certaines personnalités d'un pays voisin, où la doctrine des éolithes est particulièrement prospère, n'ont pas craint d'employer à son égard des procédés de polémique indignes de véritables hommes de science. C'est ainsi qu'on lui a adressé de Belgique un journal où l'épithète de *faussaire* était accolée à son nom. M. Boule ne saurait s'abaisser à rechercher l'auteur de cette injure anonyme. Il se contente d'en appeler aux membres du Congrès. On l'a accusé d'avoir *truqué* les photographies des pièces figurées dans son mémoire. Il a apporté à Monaco les silex de Mantes ; il les a exposés dans une des vitrines du Musée où se tiennent les séances. Tout le monde pourra les voir, les étudier, les comparer avec les représentations photographiques, retouchées ou non, et se rendre compte que les échantillons sont bien plus démonstratifs que les figures en faveur de la thèse qu'il soutient, à savoir :

Que, des pierres toutes pareilles aux éolithes pouvant être produites en dehors de l'intention humaine, les éolithes recueillis au sein de couches tertiaires ne sauraient suffire à démontrer l'existence de l'Homme tertiaire. Cette existence est possible, elle est même probable, mais nous n'avons pas, scientifiquement, le droit de l'affirmer. L'opinion contraire ne peut être, dans l'état actuel de nos connaissances, qu'une opinion de sentiment.

M. l'Abbé Breuil. — A Saint-Acheul, les graviers, sauf ceux de la base, correspondent à un haut niveau, déposé par une eau calme : les éolithes y sont extrêmement rares. Au contraire, à Montières, bas niveau déposé à une époque de courant très vif, ils sont très abondants, innombrables. Il paraît certain que cette proportion est due à la différence entre la vitesse du courant qui a déposé les sables et graviers de chacun de ces gisements. En principe, si les éolithes devaient marquer une phase plus ancienne de l'industrie humaine, ils auraient dû être plus rares à Montières et plus abondants à Saint-Acheul. Le contraire peut être constaté.

M. le Professeur Ray-Lankester. — Le mot éolithe a causé beaucoup de confusions et de malentendus, parce qu'il a été attribué à des silex cassés, d'origine et de caractère très divers. Les cailloux taillés des graviers des hauts plateaux du Kent, dans le sud de l'Angleterre, n'ont rien de commun avec les soi-disant éolithes qu'on a décrit depuis les observations de Prestwich, sauf qu'ils sont chimiquement de la silice et qu'ils sont cassés.

La collection de Prestwich est conservée dans le Musée d'Histoire Naturelle (British Museum) de Londres. On a séparé de la collection deux formes assez définies qui se présentent en nombre considérable (une dizaine de chacune de ces deux formes). On ne peut pas en donner une idée par des mots, ni même par des dessins. Il faut les examiner en nature. A mon avis, il est impossible d'étudier la série choisie de la collection Prestwich, sans être convaincu que la forme définitive qui se répète dans la série, est due au travail humain. Les silex cassés par les machines, etc. ne ressemblent pas aux éolithes de Prestwich.

M. l'Abbé Breuil. — Les éolithes de la collection Prestwich au British Museum ont été étudiés par M. Obermaier et moi-même, l'an dernier ; nous avons constaté parmi eux plusieurs instruments amygdaloïdes acheuléens ; tous, et ces derniers comme les autres, présentaient de nombreuses traces ferrugineuses, laissées par des instruments aratoires. Ils ont donc été recueillis à la surface et ne peuvent entrer en ligne de compte pour l'étude de la question des éolithes.

M. Rutot. — Tout en rendant hommage à la grande autorité de M. Ray-Lankester, mon impression est que l'éminent naturaliste n'est pas bien au courant de la question qu'il vient de traiter.

M. Ray-Lankester vient de nous dire : il y a éolithes et éolithes, ou plutôt : il y a éolithes et pseudo-éolithes et les seuls éolithes vrais, les seuls valables, sont ceux du Chalk Plateau du Kent, mis en lumière par les travaux de Sir John Prestwich.

En dehors de ces éolithes, tous les autres, ceux de Belgique compris, sont simplement bons à mettre au rancart avec les cailloux de Mantes ; ils ont la même non-valeur.

Je m'élève personnellement avec énergie contre une telle prétention.

M. Ray-Lankester ne nous ayant jamais fait l'honneur d'une visite à Bruxelles, je suis en droit de me demander où il a pris ses points de comparaison pour conclure avec tant d'aisance au rejet de tous les éolithes qui ne proviennent pas d'Angleterre.

Pour ce qui me concerne, le cas est tout différent.

Grâce aux bons soins de Benjamin Harrison, de Santer Kennard, de Percival Martin, de Lewis Abbott et d'autres, le Musée de Bruxelles est en possession de quantité d'excellents matériaux du Chalk Plateau, et je connais à fond toute la littérature publiée.

Or, tout en admettant absolument les éolithes anglais, je puis affirmer, qu'en général, leur état roulé et oblitéré les rendent très inférieurs, comme valeur démonstrative, aux éolithes reutéliens, maffliens et mesviniens de Belgique.

Au point de vue où s'est placé le Congrès, il n'y a donc aucune distinction à faire entre les éolithes anglais, les éolithes belges et certains éolithes français et allemands ; tous se valent et tous subiront la loi commune.

Ou bien il sera démontré que les éolithes sont des jeux de la nature et alors tous, quelle que soit leur origine, rentreront dans le néant ; ou il sera prouvé définitivement qu'ils représentent bien l'industrie humaine primitive, et alors tous devront être admis sans distinction de nationalité.

Les éolithes anglais sont en tous points *identiques* aux éolithes belges, français et allemands, etc., et tous subiront le même sort.

Les comparaisons, rendues possibles au Musée royal d'Histoire Naturelle de Bruxelles, montreront à chacun l'évidence des conclusions que j'émets.

Matériaux pour l'établissement d'une chronologie des temps quaternaires

par M. l'Abbé PARAT

———

Les données de la chronologie relative sont aujourd'hui assez satisfaisantes, mais l'archéologue n'y voit que la moindre partie du problème et aspire à formuler la chronologie absolue. Les recherches faites dans une centaine de grottes de la Cure et de l'Yonne peuvent fournir des indications pour le quaternaire moyen et récent qu'il est utile d'examiner.

On a cherché un chronomètre dans l'action des causes naturelles et l'on a voulu réduire à une règle de proportion leurs effets divers, comme si le rapport mathématique en était connu. L'observation de ces effets autorise-t-elle un calcul ?

Le fait important de l'étude des grottes est leur remplissage qui se compose d'alluvions, de concrétions, et, plus généralement, de détritus des parois mêlés à l'argile introduite par les infiltrations. De sorte que chaque cavité représente en grand la boule inférieure d'un sablier qui donnerait la mesure du temps si l'on connaissait les lois de la descente des matériaux.

1° Le remplissage d'alluvions, borné seulement à quelques grottes, et contemporain des débuts du quaternaire, n'offre aucune base d'évaluation. Il s'est trouvé, par exemple, à la grotte des Fées, d'Arcy, un dépôt de deux mètres de sablons gris et jaunes dont les lits bien distincts étaient au nombre de 1430 environ, correspondants à l'époque moustérienne et magdalénienne. Mais quelle durée embrassent ces dépôts des crues, nul ne peut le dire.

2° Le remplissage de nature chimique prend toutes les

formes, toutes les étendues et toutes les épaisseurs ; mais l'idée d'en mesurer les accroissements s'évanouit bien vite quand on observe les causes multiples d'où relève le dépôt de calcite. En effet, l'action est tantôt en pleine activité et tantôt nulle ou arrêtée depuis longtemps, ou considérablement diminuée. On voit que de grandes épaisseurs côtoyaient de minces revêtements. Il y a des exemples de formation rapide dont on connaît la date. On peut citer le souterrain de Pont-sur-Seine creusé dans la craie et destiné à amener l'eau d'infiltration à un château moderne.

3° Le remplissage formé des détritus des parois mélangés à l'argile du dehors est le plus grand, et souvent le seul dépôt des grottes. Or, voici ce qu'on observe dans la production de ce remplissage. Les cavités creusées au même niveau géologique offrent quelquefois de grandes différences ; les unes ont subi fortement l'action détritique et se sont comblées à l'entrée ; d'autres, très voisines, sont restées telles que la corrosion les a faites et n'ont qu'un remplissage d'argile. Dans le promontoire de Saint-Moré, il se présente même un fait curieux : les éboulis se sont arrêtés près de la pointe sur la faune et l'industrie moustérienne (grotte du Mammouth). En se dirigeant vers la base, la grotte de l'Homme montre un remplissage arrêté sur la faune et l'industrie de la Madeleine ancienne. Plus loin, à la base, au trou de la Marmotte, les détritus contiennent la faune du renne exclusive. Les couches, d'âges différents, sont recouvertes par la couche à poterie primitive que l'action détritique de l'époque des tourbières a produite uniformément. On voit, par ces observations, que l'humidité, cause principale du remplissage, s'est retirée, à l'époque quaternaire, de la pointe à la base, mais rien de plus ne découle de là. Une grotte de ces mêmes escarpements (la Cabane) a commencé son remplissage de détritus à l'époque du bronze, et on y a trouvé des débris de l'époque romaine et du moyen âge. La démolition de la voûte se continue, alors que partout elle est arrêtée. J'avais fait sur ces données et pour cette courte période un essai de chronologie, tout en avouant que cette base de calcul n'est pas plus solide que les autres.

Ces observations ne pouvaient arrêter longtemps l'attention; mais au milieu des récoltes, un fait a frappé l'observateur et lui a donné à réfléchir : partout il trouvait les débris de faune dans un état parfait de conservation. On sait qu'un ossement exposé quelque temps à des alternatives d'humidité et de sécheresse s'effrite et se réduit en poussière. Mais du moment qu'il est soustrait aux influences de l'air par une couche protectrice, il peut échapper à la destruction et même garder une certaine fraîcheur et les détails de son anatomie s'il est promptement recouvert. C'est ainsi qu'aux Fées-d'Arcy, on trouve des ossements de fœtus d'ours qui n'ont pas subi d'altération.

C'est un fait général, aux grottes de la Cure, que la parfaite conservation des ossements, ainsi qu'on peut le constater dans le Musée des grottes. Or, ces débris, recueillis tout à l'entrée, avaient à subir des influences atmosphériques presque aussi fortes que celles du plein air. S'ils ont peu ou point souffert des injures de l'air, c'est qu'ils ont dû être recouverts assez promptement par l'argile et les détritus. Il n'y a d'exception que pour les os volumineux, comme ceux du mammouth, par exemple, qui sont toujours corrodés ou émiettés ; ce qui s'explique par l'épaisseur même de l'os qui exigeait un temps assez long pour se recouvrir.

Est-ce à dire qu'un calcul pourrait être tenté sur cette donnée fournie par le fait certain de la conservation des ossements ? Du moins, une approximation serait possible : il suffirait de placer des échantillons dans des conditions à peu près semblables à celles des grottes, et de noter le moment où la détérioration commencerait.

En tout cas, la grotte du Trilobite d'Arcy (1) a offert un sujet d'étude précieux pour la chronologie. La chambre de l'entrée, largement ouverte, et abritée d'un plafond qui s'est retiré de 8 mètres, laissant une partie du remplissage à découvert, a

---

(1) *La grotte du Trilobite, Bull. de la Société Scientifique de l'Yonne*, 1902.

présenté un ensemble de cinq couches archéologiques allant du moustérien au magdalénien, à faune de renne seul, en passant par le magdalénien ancien et le solutréen. Les ossements étaient disposés par lits ou disséminés dans toute la masse de façon à ne laisser aucune couche stérile.

Quelle durée représente ce remplissage détritique? On pourrait, ce semble, lui assigner un temps maximum s'il était fait des expériences sur la conservation des ossements. On peut du moins mettre en regard de l'état de choses les essais de chronologie absolue. D'après celle qu'a donnée Gabriel de Mortillet, l'époque de la Madeleine occupe, au minimum, 33.000 ans, celle de Solutrée 11.000, et le moustérien 100.000 ans. En additionnant les deux premiers chiffres et en ajoutant seulement 11.000 ans pour la couche moustérienne de la grotte, on aurait un total de 55.000 ans environ, correspondant au dépôt détritique de 5 m. 5o de la chambre du Tribobite. On voit d'après ces chiffres avec quelle lenteur il se serait effectué, puisqu'il aurait fallu 5oo ans pour produire une couche de 5 cent. 5, à peine suffisante pour enfouir la plupart des débris. Or, qu'on expose ainsi des ossements pendant 5 ans seulement, c'est-à-dire cent fois moins longtemps, et l'on verra s'ils pourront garder la fraicheur qu'on admire dans les échantillons des grottes.

Ces observations pourraient, au moyen d'expériences, acquérir une certaine précision. Mais, dès maintenant, elles semblent propres à rectifier les systèmes de chronologie basés sur l'action des causes naturelles ou sur des données géologiques et paléontologiques assez obscures. La conclusion, que tout le monde admettra d'ailleurs, est que nous ne devons pas nous croire arrivés à une chronologie satisfaisante et qu'il faut chercher dans toutes les directions les matériaux propres à l'établir.

Le Quaternaire des grottes des vallées de l'Yonne et de la Cure

par M. l'Abbé A. PARAT

———

Les grottes de la Cure et de l'Yonne, au nombre d'une centaine, peuvent fournir une contribution, pour le bassin de la Seine, à la classification du Quaternaire moyen.

1° *Stratigraphie*. — Deux grottes voisines, fermées, les Fées et le Trilobite d'Arcy (Yonne), situées tout au bord de la Cure, ont un remplissage en partie d'alluvion. Leur plancher rocheux est, pour les Fées, à 4 m. 75 au-dessus de l'étiage et 2 m. 65 au-dessus du fond de vallée ; pour le Trilobite, à 5 mètres et 3 mètres de hauteur.

Aux Fées, le dépôt est formé de sablons argileux stratifiés en une multitude de lits très minces, stériles en partie, qui atteignent 2 mètres d'épaisseur dans une cuvette. La partie supérieure est occupée par un repaire d'ours et d'hyènes pénétré de l'industrie du Moustier.

Au Trilobite, la couche inférieure des alluvions est formée de gros sable granitique stérile, puis d'argile sableuse contenant un gisement moustérien. Au-dessus de la couche alluviale, s'élève, sur 5 mètres environ, la masse des détritus, d'abord très grasse, dont la base est occupée par un gisement assez abondant de magdalénien ancien. Ce niveau du remplissage intercale, sur 1 mètre d'épaisseur, plusieurs lits ondulés de sable fin et de limon mélangé de pierrailles. Ce dépôt d'alluvion, qui se trouve à 6 m. 50 au-dessus de l'étiage, est une indication sûre du régime des eaux. C'est le seul exemple fourni par les grottes de la Cure, qui toutes sont situées sur le bord droit de la rivière, c'est-à-dire dans la partie où les alluvions se forment rarement. Ce fait concorde avec la présence de nombreux silex, lames et outils de l'industrie de la Madeleine, dans les sablières d'alluvion d'Auxerre, situées au ras de la vallée.

Il y avait donc, à la fin du Quaternaire ancien ou au début du Quaternaire moyen, une époque de l'année où l'ours pouvait établir son repaire à 5 mètres environ au-dessus de l'étiage, et l'homme y chercher un abri. Mais, dans les crues, les fines alluvions étaient portées à un niveau bien supérieur à celui qu'atteignent actuellement les eaux, lequel a été de 4 mètres en 1836. Les crues de la Cure sont subites, élevées, mais de peu de durée. De même, à cette époque, les alluvions caillouteuses, du lit majeur de l'Yonne, subissaient des remaniements sous l'action de ces crues.

2° *Paléontologie*. — La couche inférieure du remplissage archéologique, qui est moustérienne, a fourni une faune assez complète. *Carnivores :* lion, lynx, loup, hyène, ours des cavernes ; *rongeurs :* castor, marmotte ; *pachydermes :* hippopotame, rhinocéros, mammouth, cheval ; *bovidés et cervidés :* bison, bœuf primitif, cerf du Canada (1), cerf élaphe, renne ; *oiseaux :* aigle. Le niveau moyen, contenant le magdalénien ancien, comprend les mêmes espèces, sauf le lion et l'hippopotame, mais le rhinocéros, le mammouth, l'ours et l'hyène diminuent graduellement. Il faut ajouter le renard polaire, le bouquetin, l'élan, le chamois. La couche supérieure, la moins considérable, ne contient plus que le renne, des espèces quaternaires. Le renne, très rare dans la couche inférieure, va toujours se développant ; les espèces communes varient peu, comme le cheval et le bison ; cependant la plus grande abondance du cheval coïncide avec le moustérien.

3° *Archéologie*. — Les grottes de la Cure ont en général une couche moustérienne qui est unique ; elle occupe la base du

---

(1) D'après les observations faites par M. Boule aux grottes de Menton, il faudrait supprimer le cerf du Canada, l'élaphe resterait seul.

remplissage. On la trouve à toutes les hauteurs, depuis le fond de la vallée jusqu'à 80 mètres. L'industrie est pure, sauf à la grotte de l'Ours où se trouve un mélange de magdalénien, qui pourrait être un effet du remaniement dans cette galerie où il y avait un courant. Presque tous les gisements possède l'amande de Saint-Acheul, un ou deux échantillons ; une d'elles, en calcaire siliceux, est à talon. Cette même roche se retrouve dans de nombreuses boules polyédriques, dites pierres de jet. On constate, comme partout, l'absence des minéraux colorants et de l'os travaillé.

La couche moustérienne est toujours recouverte par une couche épaisse qui contient le magdalénien ancien. C'est le gisement le plus fréquent, et il forme quelquefois la base du remplissage. Au Trilobite, elle comprend deux couches distinctes : l'inférieure, avec ses outils plus lourds et quelquefois en roche locale, offre les types du présolutréen (1), la lame étranglée, le grattoir caréné, et des pièces similaires à celles de Châtel-Perron et de Cro-Magnon. La couche supérieure, à os incisés et gravés, contient la pointe à base fendue d'Aurignac, qui est un type présolutréen. On constate encore la présence du rhinocéros.

Ces couches sont recouvertes par une couche épaisse qui offre plusieurs pièces nettement solutréennes et même moustériennes, mais sans la pointe à cran ; d'autres pièces sont du type de la Gravelle. C'est dans ce gisement que la taille du silex atteint sa perfection ; on y trouve encore l'éléphant, l'ours et l'hyène.

Une dernière couche, ne contenant que le renne et n'existant que dans trois grottes, constitue le magdalénien récent dont l'industrie est assez semblable à celle de la couche à os gravés. Il y a la sculpture, mais le dessin artistique manque, les pointes torses des niveaux inférieurs sont remplacées par des pointes à tranchant latéral abattu. Dans toutes ces couches il n'y a pas même d'indice du harpon.

---

(1) Les renseignements précis sur les caractères distinctifs des industries m'ont été fournies par M. l'abbé Breuil qui est venu étudier le musée des grottes de la Cure.

L'Industrie moustérienne au Moustier

par M. BOURLON

PROLOGUE.

Par sa situation chronologique, l'époque du Moustier ne semble pas avoir retenu l'attention des observateurs.

Placé entre le chelléen, qui offre l'attrait du plus ancien, et les premières manifestations de l'art du quaternaire supérieur, son outillage peu varié, ne flattant pas le goût des collectionneurs, n'excita pas les recherches, et le manque de grandes séries en empêcha l'étude.

On a paru n'accorder à cette époque qu'un intérêt purement géologique et paléontologique : l'industrie est restée dans l'ombre.

Qu'en connaît-on en effet? Les ouvrages les plus complets ne décrivent que sommairement la pointe et le racloir (certains même les confondant dans un seul outil) ; ils se bornent à une seule citation pour les lames, les scies et les disques. Ils n'ont pas signalé les autres.

A part ces ouvrages de classification générale, auxquels il était interdit de trop entrer dans le détail, rien n'a été écrit sur le Quaternaire moyen.

La pénurie de grandes séries, et surtout de séries d'étude dans lesquelles on puisse suivre tout le développement du travail, peut seule expliquer cette lacune.

Cette série, j'ai eu, au mois de mai dernier, la chance inespérée de la récolter dans des fouilles pratiquées sur la première terrasse du Moustier : tout a été recueilli et noté scrupuleusement dans des couches intactes et non remaniées,

J'ai réuni ainsi une collection de plus de deux mille pièces, où le simple éclat et les plus beaux échantillons sont représentés.

Le docteur Capitan, puis ensuite l'abbé Breuil sont venus à Orléans examiner ma collection : comme moi, ils ont été frappés par la variété de ses types. Sur leur instance, j'ai repris et

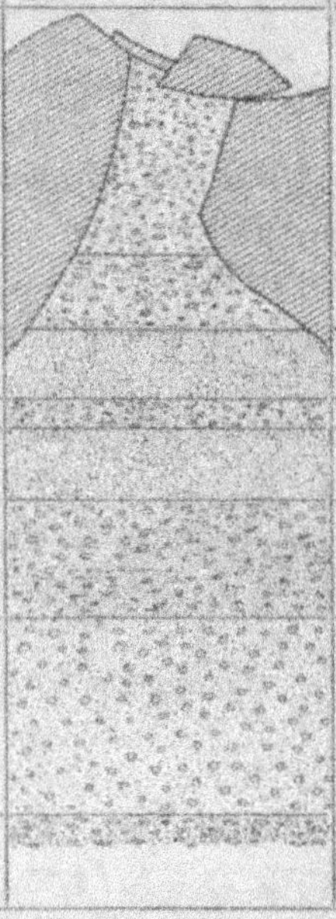

Nᵒˢ des couches	coupe des fouilles	Épaisseur des couches	Nature des couches	Nombre de pièces recueillies dans chaque couche	Caractère de l'industrie
1		1ᵐ00	Sable et éboulis	73	Presolutreen
2		0,30	Foyer	177	Moustérien de transition
3		0,30	Sable	160	Moustérien
4		0,10	Foyer	146	
5		0,30	Sable	19	
6		0,50	Foyer	1455	
7		0,80	Cailloux roulés	"	
8		?	Foyer	50	Moustérien très grossier

FIG. 54. — Coupe du Moustier et résultat des fouilles
exécutées par le lieutenant Bourlon.

approfondi une étude qui me permet de présenter des idées nouvelles sur cette longue époque.

Reprendre et développer les descriptions déjà faites, faire connaître les outils attribués jusqu'alors aux époques suivantes, émettre de nouvelles opinions sur la double question des pointes et de l'emmanchure, tel sera le programme de cette notice.

Pour la clarté de ce qui va suivre, je résume dans un tableau l'article paru dans le numéro 7 de *L'Homme préhistorique*, année 1905, concernant les fouilles pratiquées au Moustier en mai dernier.

ASPECT DE L'OUTILLAGE.

Aspect extérieur. — Avant le détail, je crois utile de décrire l'aspect général de l'outillage.

Tout d'abord, je ne partage pas l'avis de ceux qui le trouvent lourd et épais. Certes, s'il n'a pas l'élégance et la sveltesse du solutréen, il n'en présente pas moins un énorme progrès sur l'époque précédente, et si certains de ses racloirs ont conservé la massivité du coup de poing, beaucoup d'autres pièces — et particulièrement des pointes — ne manquent pas d'une réelle élégance.

Née du chelléen, il était naturel que cette industrie en eût tout d'abord conservé le caractère, mais elle évoluera et, dans les couches supérieures, des types plus allongés et plus minces laisseront pressentir ceux qui leur succéderont.

En alliant à la robustesse du chelléen les formes plus légères du solutréen, on sent que pour la première fois l'homme n'a pas cherché dans le volume et le poids seuls la puissance de ses armes et de ses outils.

Mode de travail. — La manière de débiter le silex concorde avec ce qui a été écrit. Le plan de frappe a été obtenu d'un premier coup de percuteur, de larges éclats et plus rarement des lames ont été détachées du nucléus. L'éclat triangulaire est le plus répandu. C'est de lui que découle pour ainsi dire tout l'outillage. Cette communauté d'origine explique la relation intime qui existe entre tous les types. Pour dissiper un malentendu, je démontrerai ultérieurement que, par un choix judicieux des intermédiaires, on peut insensiblement passer d'un outil à un autre quelconque absolument différent.

Tous les éclats obtenus par notre ancêtre du moustérien sont massifs. C'est dans ce premier travail que réside son infériorité ; c'est là qu'il faut rechercher la seule raison du manque de légèreté de son industrie. Je dis la seule raison, car la manière de traiter l'éclat a été parfaite.

Remarquons d'abord un grand sens de l'appropriation de la forme accidentelle de l'éclat, sens qui se manifeste dans les moindres détails : une bosse, un creux, une partie de cortex ont servi à rendre l'outil plus maniable, plus puissant.

L'économie du travail a été rigoureusement appliquée. Outre l'emploi judicieux de l'éclat qui en est la première manifestation, la partie strictement utile dans chaque a été seule retouchée. Le reste est brut, à la condition toutefois que le tranchant du silex ne risque pas de blesser l'ouvrier. En ce cas, la partie dangereuse a été soigneusement abattue. Ce souci d'éviter les blessures est général, il se retrouvera partout.

Dans beaucoup d'objets, le conchoïde fait défaut, soit qu'on l'ait abattu pour augmenter la commodité, soit qu'on ait employé la portion d'éclat qui en était dépourvue.

D'autres enfin ont été faits d'éclats anciens et retaillés.

Sauf de rares exceptions (dans les disques notamment), une seule face a été retouchée. Les coups portés de dessous en dessus ne l'ont été qu'exceptionnellement de dessus en dessous.

La taille, enfin, en est fort belle. Des retouches très fines, très allongées, couvrent parfois tout le dos de la pièce. Toutefois, la percussion ne serait pas suffisante pour expliquer la finesse et la régularité de certaines retouches. Dans certains cas, quand on a voulu obtenir des objets de choix, la pression s'est substituée au martellement (1).

A signaler aussi les bords de plusieurs échantillons retouchés par l'écrasement.

A part le silex, le jaspe et la calcédoine sont représentés par de rares spécimens. Deux fragments de cristal de roche présentent des traces de percussion.

---

(1) La beauté de certaines pièces acheuléennes permettrait de supposer que ce mode de taille existait déjà à cette époque.

Tels sont les caractères généraux de cette industrie moustérienne dont la variété, comme on le verra, ne le cède en rien à la puissance et à la beauté des formes. C'est un commencement, mais un très bon commencement de la belle taille de silex.

Éclats. — On appelle éclat tout fragment de silex obtenu par le choc du percuteur sur le nucléus.

Plus particulièrement, quand l'éclat est mince, étroit, allongé, et présente une ou plusieurs arêtes, il prend le nom de lame.

La forme et, par suite, la destination des objets résultant de l'éclat initial, je crois essentiel de commencer par l'étude de celui-ci pour la bonne compréhension de l'outillage moustérien.

D'une manière générale, l'éclat est massif. Par manque d'habileté, la lame, d'ailleurs rare, n'échappe pas à cette règle : elle reste courte et épaisse.

Si cette dernière est peu commune, les éclats plus ou moins triangulaires sont innombrables : il s'en trouve de toutes formes et de toutes tailles.

Il résulte de ce mode de taille que tous les nucléus sont discoïdes. Ceux de forme allongée ou conique forment l'exception ; un seul fut recueilli.

On peut donc dire que l'outillage moustérien dérive presque exclusivement de l'éclat au même titre que le solutréen, et le présolutréen déjà dérivera plus tard de la lame. Ces origines diverses expliquent à elles seules la différence entre les deux industries.

Percuteurs. — Après l'éclat, l'outil qui l'a détaché.

La cause était dans ce cas trop intimement liée à l'effet pour qu'auprès de ces énormes débris nous ne trouvions pas un percuteur énorme également.

Cette hypothèse s'est trouvée justifiée. Le seul percuteur recueilli affecte une forme à peu près sphérique de 110^{mm} de diamètre et pèse 1100 grammes. Cinq fois plus qu'un percuteur ordinaire !

J'ai tout d'abord été surpris de n'en avoir récolté qu'un seul spécimen, mais la grande quantité d'instruments et de volumineux cailloux fragmentés qui présentent des traces de percussion me donne une double explication de ce fait.

Ou la violence du coup et la résistance due à la grande dimension de l'éclat brisaient fréquemment les percuteurs dont les fragments étaient alors utilisés, ou, tout aussi vraisemblablement, prenait-on souvent ces derniers comme nucléus.

L'éclat (fig. 55) et le racloir (fig. 56) sont de curieux exemples de ces percuteurs débités et transformés en outils.

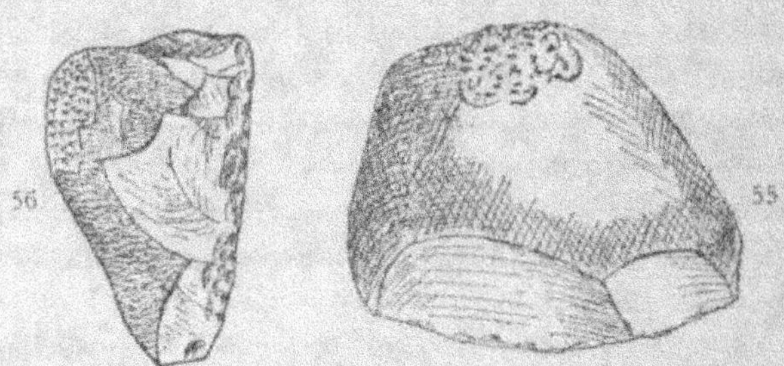

Fig. 55 et 56. — Éclat et racloir porteurs d'étoilures, provenant du débitage d'un percuseur.

Racloirs — L'action de racler, presque complètement abandonnée aujourd'hui, par suite de la multiplicité et la perfection des machines, a été une des plus employées par l'homme préhistorique. Le travail du bois, la préparation des peaux lui en fournissaient souvent l'occasion, le temps suppléant alors dans une large mesure à l'imperfection de l'outil. Il est donc naturel que le racloir soit de beaucoup l'instrument le plus abondant dans les niveaux moustériens.

Le racloir-type, le seul qui ait été décrit, se compose d'un éclat avec plan uni d'éclatement et face supérieure retouchée en arc de cercle convexe. L'échantillon (fig. 57) en est le type comme forme et comme dimensions.

Il y en a bien d'autres.

En effet, alors qu'un éclat n'a pas toujours les qualités de pénétration indispensables à une pointe ou une finesse de tranchant nécessaire à une scie, il peut toujours donner un outil utilisable pour le raclage. Outre les éclats de dégrossissement, nous verrons donc aussi tous les autres concourir à sa confection.

Plus affirmatif que M. le Dr Verneau qui voit dans beaucoup de ces outils des essais malheureux de pointe (1), je pousserai plus loin cette idée et dirai: l'ouvrier en donnant son coup de percuteur a rarement eu l'intention arrêtée de fabriquer un racloir. Il ne l'a confectionné qu'après avoir constaté que l'éclat obtenu, par sa forme, son épaisseur ou son irrégularité, était impropre à toute autre destination.

Fig. 57. — Racloir, type moustérien.

Deux conséquences découlent de cette observation. La première est que, dans l'étude d'une série, on retrouve toute la théorie de la taille. La deuxième — et c'est la plus importante — explique *leur similitude avec les autres objets de l'industrie.*

Mais cette similitude n'est que superficielle. Pour la première fois apparaît la spécialisation de l'outil et sa destination *unique* lui imprime des caractères qui le différencient nettement des autres instruments.

Avec la pointe? Outre les différences essentielles que j'exposerai ultérieurement, je dirai seulement que pas un racloir, par sa forme, ne mérite ce nom. Au contraire, dans beaucoup de cas, lorsque l'éclat présentait une pointe qui n'était pas corrigée

(1) *Enfance de l'humanité*, page 100, § 3.

par une convexité suffisante du bord retouché, on l'abattait et le retour ainsi obtenu évitait d'égratigner le travail. Exemple : figure. 58.

Avec les instruments coupants ? Il faut absolument refuser au racloir la faculté de couper. Ne lui assigne-t-on pas en effet comme un de ses principaux emplois le raclage des peaux ? Ceci suppose donc un bord non coupant et suffisamment épais pour que les retouches soient, sinon verticales, du moins très peu obliques par rapport au plan d'éclatement. Aujourd'hui encore,

Fig. 58, 59 et 60. — Racloirs moustériens.

l'outil des parqueteurs, en tous points semblable au racloir moustérien, est seulement destiné à *racler* les parquets neufs.

Il se différencie encore par la taille qui a été souvent plus négligée. De grands coups ont d'abord ébauché la pièce dont le tranchant a ensuite été rendu mousse et comme écrasé par un martellement plus serré qui en a fait disparaître la moindre aspérité. On peut impunément passer son doigt sur le bord sans risquer de se couper ou même de s'égratigner.

Tels sont les caractères du racloir, de cet instrument commode, si bien en main et si merveilleusement approprié à l'usage qu'on lui demandait (fig. 59, 60).

Racloirs doubles. — De même que le solutréen a utilisé la même lame pour faire deux grattoirs, l'homme du Moustier a réuni deux racloirs sur le même éclat (fig. 61).

Le souci d'éviter des blessures, qui a fait retoucher la partie des outils tenue à la main, a dû donner la première idée du racloir double. Celui-ci se distinguera pourtant des racloirs simples par ses deux bords également retouchés.

L'emploi de cet outil, qui faisait réaliser une économie de travail, s'est vite généralisé et le nombre des spécimens en est assez grand. On le rencontre à tous les niveaux et à peu près dans les mêmes proportions que le grattoir double aux époques

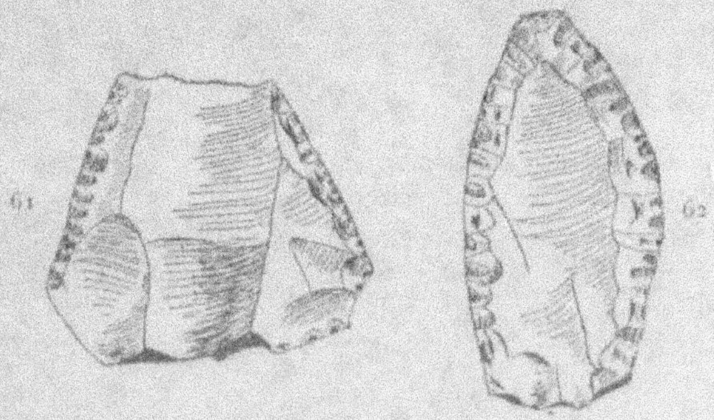

Fig. 61 et 62. — Racloirs doubles moustériens.

suivantes. Il ne faut voir notamment dans beaucoup de soi-disant pointes que des racloirs doubles d'une forme spéciale et travaillés avec plus de soin (fig. 62).

Racloirs concaves et instruments avec coche. — Rien dans le chelléen ne permet de supposer que l'homme ait façonné le bâton. Il en choisissait seulement la grosseur, le coupait, l'ébranchait et s'en servait ainsi.

Dans le moustérien, au contraire, apparaît un outil qui prouve que l'homme ne s'est plus contenté du bâton brut : il l'a

arrondi avec soin et, suivant les besoins, amené *par le travail*
à la grosseur voulue.

Cet instrument est le racloir concave (fig. 63).

Si le racloir convexe semble surtout avoir servi à la préparation des peaux, le racloir concave, lui, semble merveilleusement approprié au travail du bois.

Pour la première fois, dans son travail sur l'Exposition universelle de 1889, l'École d'Antropologie signale un racloir concave. Racloir qui, d'après la figure, semble plutôt être un
instrument avec coche (1).

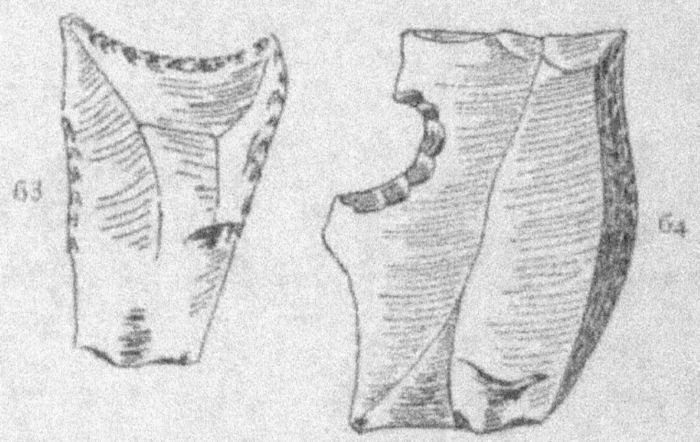

FIG. 63 et 64. — Racloirs concaves et instrument avec coche.

Un an plus tard, M. le Dr Verneau parle d'un grand racloir
fortement concave au sujet de la hampe à laquelle devait être
fixée la pointe (2).

J'en ai recueilli toute une série au Moustier, depuis le racloir
concave largement ouvert, presque rectiligne, jusqu'au tout petit,
ne présentant qu'une coche en demi-cercle de 8^mm de diamètre.

Alors que les premiers constituent l'outil à eux seuls, les
derniers sont généralement accolés à un autre : racloir, grattoir,
lame, etc. ; c'est pourquoi je leur ai donné le nom d'instruments avec coche (fig. 64).

(1) *La Société, l'École, le laboratoire d'Anthropologie de Paris à l'Exposition
de 1889*, page 192.
(2) *L'Enfance de l'Humanité*, page 102.

Si l'on se rend fort bien compte de l'emploi des grands, celui des petits devient plus difficile à expliquer. Quelle était donc la matière susceptible d'être arrondie si finement par d'aussi petits instruments ? L'os ? Peut-être. J'y reviendrai.

Les uns et les autres ne présentant pas de transition bien marquée et ayant à peu près le même usage, je les ai réunis dans une même série.

Scies. — La scie signalée par plusieurs auteurs n'a jamais été décrite. Elle fut cependant, avec le racloir, l'instrument le plus employé.

Comme pour lui, sa confection n'a pas exigé une forme spéciale de l'éclat. La seule condition nécessaire était que celui-ci présentât un bord mince, rectiligne et suffisamment long (fig. 65, 66).

La lame ébréchée à l'usage donna sans doute l'idée de la première scie. L'ouvrier aura en effet remarqué que le travail avançait plus rapidement, la lame mordant alors mieux le bois. Afin d'avoir de suite un outil plus actif et plus résistant, il substitua la retouche au hasard de l'ébréchure : la scie était trouvée.

Il chercha ensuite par le perfectionnement à en augmenter la puissance et la commodité. Les différentes pièces de la série que j'ai recueillie marquent les étapes de ce progrès.

S'est-on servi de cette scie pour de gros travaux ? Évidemment non, mais par le morceau de rondin scié (fig. 67) on pourra se rendre compte que son rôle, quoique plus modeste, n'en a pas moins été fort utile (1).

J'en arrive à une observation qui montrera combien a fait commettre d'erreurs la similitude de formes entre tous les spécimens de l'industrie moustérienne.

M. le docteur Verneau ne voit dans les scies « que des racloirs sur le bord desquels on a enlevé des éclats d'une certaine dimension qui ont laissé entre eux des saillies comparables

(1) Ce sillon a été obtenu par un travail de dix minutes.

aux dents d'une scie (1) ». C'est sans doute qu'il n'envisage que les scies aux bords crénelés. Or ce type est l'exception et le seul échantillon recueilli de ce genre semble n'avoir été qu'un essai vite abandonné (fig. 68).

Non, la différence entre les deux outils ne réside pas dans

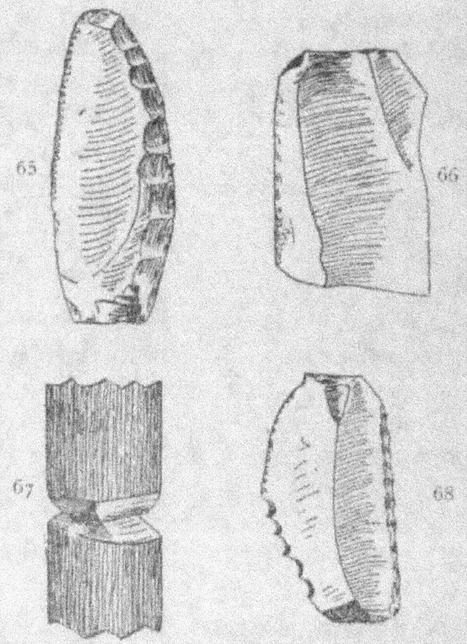

FIG. 65, 66, 67 et 68. — Scies moustériennes.

65. Scie sur éclat triangulaire (pseudo-pointe). — 66. Scie sur éclat mince quadrangulaire.
67. Rondin scié avec une scie moustérienne. — 68. Scie avec dents.

la présence ou l'absence du bord crénelé : quoique moins visible, elle est plus profonde. Si elle ne saute pas aux yeux et si une série choisie conduit insensiblement d'un type à l'autre, les deux extrêmes sont absolument différents. Que la délimitation exacte entre les deux outils en soit difficile, elle est pour le

(1) *L'Enfance de l'Humanité*, page 101.

moins inutile et l'essentiel pour nous est de constater, chez les
deux, des caractères essentiellement distincts : dans l'un, sur le
bord épais et arqué, des retouches accentuées et peu obliques
par rapport au plan d'éclatement ; dans l'autre, et sur un tranchant mince, rectiligne, des retouches excessivement fines et tendant au parallélisme avec ce plan. L'une, enfin, permet d'entamer
profondément un rondin ; l'autre en est absolument incapable.

Coupoirs. — La scie, on l'a vu, outre une qualité d'éclat
assez difficile à obtenir, demandait un grand soin dans les

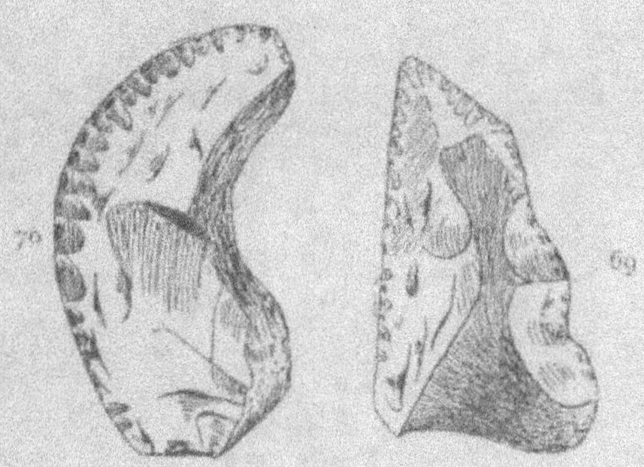

Fig. 69 et 70. — Coupoirs moustériens.

retouches. C'était un outil précieux mais fragile : on devait
chercher à le ménager.

C'est pourquoi, dans beaucoup de cas, notamment lorsque
le travail ne nécessitait pas une grande pénétration de l'outil,
remplaçait-on la scie par un instrument au tranchant toujours
rectiligne et finement retouché, mais plus court et plus épais,
partant plus robuste. Je l'ai appelé coupoir (fig. 69).

Dans un bois dur, recouvert d'une épaisse écorce, son
tranchant rustique avait facilement raison des difficultés du
début et laissait à la scie, pour achever le travail, un chemin où
elle s'engageait facilement.

Une forme extrême du coupoir trapézoïde a donné, en

s'allongeant, le véritable tranchet. Type rare évidemment, mais dont il a été recueilli des échantillons dans les différentes couches (1).

J'ai conservé également ce nom à une série dont le tranchant courbe rappelle certains outils des relieurs. Leur action ne se produit plus alors par va et vient, mais par mouvement oscillatoire (fig. 70).

Grattoirs. — Le grattoir est généralement considéré comme dérivant du racloir, dont il serait pour ainsi dire un diminutif.

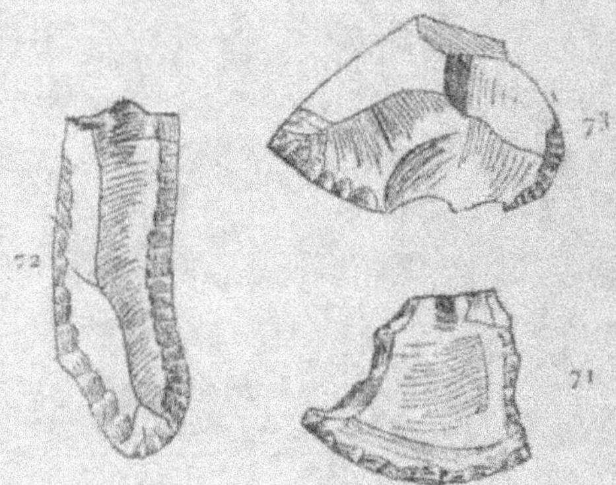

Fig. 71, 72 et 73. — Grattoirs moustériens.

M. de Mortillet, le faisant se développer avec le solutréen, ne le cite que comme transition dans les stations moustériennes.

Cependant, le grand nombre recueilli à tous les niveaux m'incite à penser que le grattoir est beaucoup plus ancien. Si son emploi ne s'est pas autant généralisé que celui du racloir, c'est que le genre des travaux de cette époque ne s'y est pas prêté.

Ces grattoirs conservent le caractère général de l'outillage et sont, dans leur ensemble, plus épais et plus larges que ceux des époques suivantes. On ne s'est pas servi de la lame, mais presque toujours de l'éclat pour les confectionner (fig. 71, 72).

(1) Six tranchets bien typiques ont été recueillis.

A part un spécimen unique, le grattoir double semble avoir été ignoré (fig. 73).

Quant au grattoir concave, à part les instruments avec coche, de rares échantillons représentent seuls ce type.

Instruments d'usage. — Indépendamment des outils aux caractères bien déterminés, il s'en trouve une foule d'autres, faits d'éclats quelconques souvent fort petits et généralement très peu retouchés. Ces instruments de formes très variables, fabriqués hâtivement pour un usage immédiat et de peu de durée, sont communs à toutes les stations.

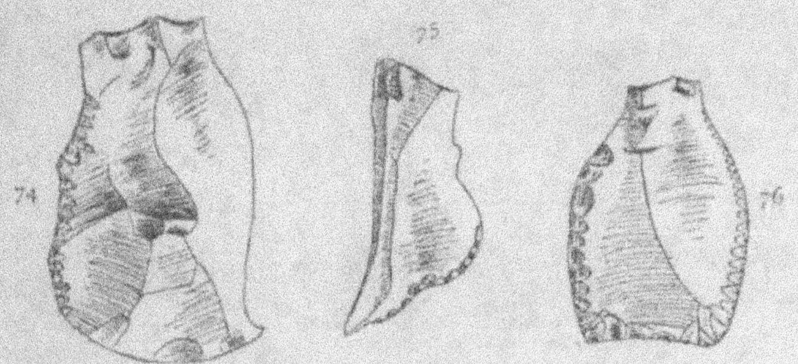

FIG. 74, 75 et 76. — Instruments d'usage.

On les a appelés instruments d'usage : je leur conserverai ce nom (fig. 74, 75).

On retrouvera parmi eux, mais avec un caractère plus grossier, tous les types classiques.

J'ai également compris dans cette série les instruments retouchés sur tout le tour. Ils proviennent de trois types d'éclats, signalés :

1° Eclats rectangulaires ;

2° Eclats quadrangulaires à sommet élargi (fig. 76) ;

3° Eclats rectadrangulaire à sommet retréci.

Si je suis revenu sur ces instruments, qui rappellent des types déjà décrits, c'était (outre pour leur propriété d'être retouchés sur tout le tour) pour démontrer une fois de plus qu'un même éclat pouvait, suivant sa qualité, donner naissance à des outils différents.

Perçoirs. — Le perçoir existait déjà aux époques précédentes et beaucoup de coups de poing n'en étaient que de grossiers spécimens, il est donc naturel de le retrouver dans le moustérien.

Pour la première fois, il se distingue nettement des autres outils, et s'il n'avait pas le prodigieux développement qu'il aura dans la suite, du moins le voyons-nous s'affiner et varier son aspect.

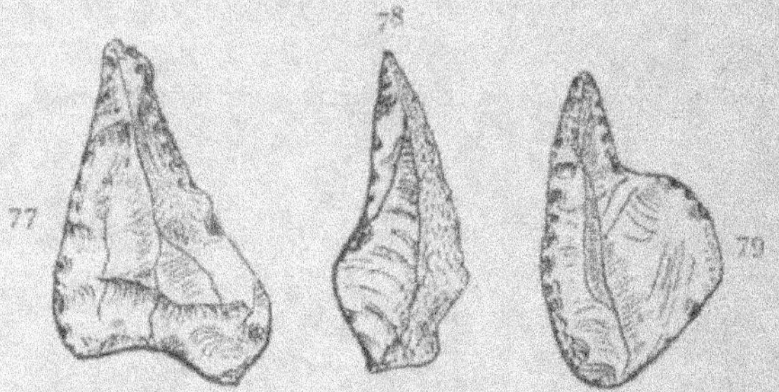

Fig. 77, 78 et 79. — Perçoirs moustériens.

A côté de la forme triangulaire qui domine, on en voit d'autres plus spéciales à cette époque, le perçoir sur coin de lame par exemple. Quelques échantillons, parmi lesquels un véritable bec de perroquet, se rapprochent des types de l'âge du renne.

Pour ces derniers se pose de nouveau la même question : n'avaient-ils pas le même usage et ne faut-il pas faire intervenir le travail de l'os pour expliquer leur finesse.

Les lames — et pour cause — ont peu servi à leur confection. Les éclats, par contre, y ont largement contribué.

L'éclat a, d'ailleurs, sur la lame, l'avantage d'offrir une empoignure facile dans sa partie non utilisée. Grâce à cet avantage le perçoir moustérien sera bien en main (fig. 77, 78, 79).

Disques. — On n'a jamais bien déterminé l'emploi des disques. Quelques ouvrages le décrivent sommairement, la plupart se bornent à une seule citation.

L'École d'Anthropologie, dans son travail sur l'Exposition Universelle de 1889, ne voit en eux que la persistance de la taille chelléenne (1).

M. de Mortillet, dans sa nouvelle édition du *Préhistorique*, reprend cette étude. Il constate d'abord fort judicieusement que, par suite du mode de débit par éclat, nombre de nucléus discoïdes ont été à tort rangés dans les disques. Pour les autres, les véritables, il les considère comme des nucléus régularisés et retaillés en coups de poing de forme spéciale.

Je partage entièrement l'avis de M. de Mortillet en ce qui concerne les premiers et avec lui je demanderai volontiers « si on voit des disques dans toutes les pièces affectant plus ou moins cette forme, où sont les nucléus qui ont donné les éclats ? »

Quant aux autres, je ne puis les considérer comme des coups de poing. Qu'ils aient été confectionnés avec d'anciens nucléus, c'est fort probable ; qu'ils représentent la forme extrême du coup de poing, je l'admets, mais qu'ils en aient eu l'emploi, cela me paraît impossible : sur aucun d'eux je n'ai pu discerner aucune des facultés que l'on accorde généralement aux instruments chelléens, c'est-à-dire celles de percer, scier, couper, racler.

Pour ce qui est de percer, cela est évident. Leurs bords épais s'opposent autant que leur forme arrondie à un emploi comme scie ou coupoir. Reste donc le raclage : il est possible ; quel est en effet le silex qui n'y soit plus ou moins apte ? Mais nous pouvons nous étonner de voir l'homme, qui confectionnait si abondamment et si adroitement les racloirs, leur substituer des instruments aussi incommodes !

Non, comme coups de poing, je ne puis attribuer aux disques un emploi utile.

____

(1) *L'École, la société, le laboratoire d'Anthropologie à l'Exposition de 1889,* page 222.

Il n'en est pas de même si on les considère comme pierres de jet.

Chez tous, en effet, les lois fondamentales de la balistique sont observées. Leur aplatissement, aussi bien que la disposition doublement conique, disposition rappelant la forme ovoïde préconisée actuellement pour tous les projectiles, leur assure un bon comportement dans l'air. Les différences de volume et de poids s'expliquant par le désir d'atteindre un but plus ou moins éloigné.

Une objection très sérieuse se présente contre cette hypothèse. L'homme ne pouvait-il plus simplement utiliser les cailloux roulés de la Vézère ? Il avait là, sans travail, une réserve inépuisable de projectiles de toutes formes et de toutes tailles.

A cette question je répondrai par une autre. Pourquoi le naturel de la Nouvelle-Calédonie, ne se contentant pas du caillou roulé, pousse-t-il jusqu'au polissage la peine prise pour la confection de ses pierres de fronde ? Question de balistique, à laquelle venait probablement s'ajouter, chez le Moustérien, le désir d'augmenter l'action meurtrière de son disque en lui conservant ses arêtes.

Dans une série, on trouve toute la gamme entre la sphère grossièrement équarrie et l'éclat plat arrondi. Les deux extrêmes ne pouvant avoir le même emploi, j'en ai fait deux types.

Grâce à sa sphéricité, le premier (fig. 80) a pu être lancé par la fronde. Cette arme a de tous temps été redoutable, et, sans remonter à David, les Romains, possesseurs cependant d'un armement perfectionné, tenaient leurs frondeurs des Baléares pour de précieux auxiliaires. La fronde était en outre d'une invention facile, bien plus simple assurément que celle du propulseur signalé dès l'âge du renne.

Le disque plat (fig. 81) n'a pas été destiné à la fronde. Lancé par elle, il se serait vite renversé sur sa trajectoire, perdant ainsi toute précision et toute portée. La main ou mieux encore un bâton, dont l'extrémité fendue pinçait fortement le projectile, ont pu être les propulseurs employés.

Industrie de l'os. — On trouve toujours une grande quantité d'os brisés dans les foyers moustériens. Ces éclats, contrairement à ceux du Quaternaire supérieur, sont courts et épais. Beaucoup sont triangulaires. La différence est tellement sensible, remarque fort justement M. de Mortillet, que ces fragments suffiraient à eux seuls à dater un dépôt (1).

Ces os brisés ont-ils servi d'armes ou d'outils pendant l'époque moustérienne? Malgré plusieurs découvertes, en Belgique notamment, la question n'a pas été tranché : M. le docteur Verneau est pour (2), MM. de Mortillet et Cartailhac (3), contre.

Mon opinion n'est pas faite pour les autres stations, aussi

Fig. 80 et 81. — Disques moustériens.
80. Disque doublement conique. — 81. Disque plat.

me garderai-je de prendre parti, mais au Moustier, où j'ai attentivement recherché cette industrie, j'ai pu constater que pas un éclat ne présentait la moindre trace de travail. Pas un, même de ceux qui lui rappelaient le plus les formes de ses silex, n'avait éveillé chez l'homme l'idée du merveilleux parti qu'il pouvait en tirer (fig. 82).

Aussi, tout en reconnaissant volontiers comme possible et très vraisemblable l'usage de ces éclats d'os, tout en constatant que certaines parties de l'outillage comme les coches et

(1) *Le Préhistorique*, édition de 1900, page 193.
(2) *L'Enfance de l'Humanité*, page 101.
(3) *La France préhistorique*, page 87.

les petits perçoirs en laissent fortement pressentir le travail, l'absence de tout document certain me force à reporter à l'époque suivante la naissance de cette industrie.

Pointes. — Est-ce une arme? est-ce un outil?

Telle est la question qu'il faut trancher pour dissiper le malentendu qui règne au sujet des pointes.

Fig. 82. — Éclat d'os

Les avis sont fort partagés ; voici les principaux :

M. le docteur Verneau (1), tout en constatant la grande ressemblance du racloir et de la pointe, n'hésite pas à considérer cette dernière comme une arme.

M. Cartailhac reste muet sur cette question. Toutefois il écrit, en parlant de l'époque solutréenne (2) : « Pour la première

(1) *L'Enfance de l'Humanité*, page 100.
(2) *La France préhistorique*, page 57.

fois les armes se distinguent des outils ». Phrase qui prouverait assez qu'il ne distingue pas la pointe moustérienne du reste de l'outillage.

Bien que *Le Préhistorique* soit antérieur aux deux ouvrages précédents, je ne cite qu'en dernier l'opinion de M. de Mortillet : elle a été la première émise et c'est elle que je discuterai.

M. de Mortillet ne voit en elle qu'un outil manié à la main et propre à percer, couper, racler. Aussi la désigne-t-il sous le nom de « pointe à main » dans la nouvelle édition du *Préhistorique*.

Cette interprétation, certes fort ingénieuse, n'est pas pratique pour l'emploi de la pointe. Pour racler ou pour scier, on manquerait de force, car l'outil, n'étant pas appuyé contre la paume de la main, glisserait entre le pouce et l'index.

Ce n'est pas la seule objection.

Pourquoi vouloir que l'homme moustérien, ayant à sa disposition le perçoir, le racloir et la scie, ait cherché à les réunir en un seul instrument, qui, par suite, n'aurait qu'imparfaitement remplacé chacun d'eux ?

Si réellement, par fantaisie ou économie de travail, un ouvrier avait cherché à réunir trois outils sur le même éclat, il ne l'aurait fait qu'exceptionnellement et à titre d'essai vite abandonné. Leur nombre en serait par suite fort restreint.

Une autre raison que donne M. de Mortillet, à l'appui de sa thèse, est que, dans une série nombreuse, on passe insensiblement du racloir à la pointe. Cela est vrai, mais on a vu dans les séries précédentes que, par suite de leur même origine, cette propriété s'applique à tous les autres types de l'industrie. Cette remarque très bonne est enfin faussée par la conclusion qui en est tirée : « Cela montre, lit-on dans *Le Préhistorique*, que c'est une seule et même série d'outils qui devaient être tenus et maniés de la même manière (1) ».

Oui, on passe insensiblement de la pointe au racloir, mais vouloir que les deux types extrêmes soient le même outil, cela

---

(1) *Le Préhistorique*, édition de 1900, page 171.

me paraît impossible. Ne possède-t-on pas tous les intermédiaires entre le petit tranchet dit flèche à tranchant et la hache polie ? Personne cependant ne saurait leur assigner un même emploi. Plus encore, en appliquant ce raisonnement au perçoir et à la pointe, dont je possède également tous les intermédiaires, ne serait-ce pas démontrer que le perçoir et le racloir ont le même usage ? L'homme enfin aurait-il apporté tant de soin à la confection d'un outil ? A quoi lui aurait servi, par exemple, de pousser si loin le travail dans la superbe pointe que

Fig. 83. — Pointe moustérienne à base retouché
et conchoïde abattu.

représente la figure 83 ? Pourquoi en aurait-il retouché la base, abattu le conchoïde, au risque de lui enlever de sa commodité ? Contester à cette pointe la faculté de percer, couper, racler, non certes, mais elle n'a pas été confectionnée dans ce but et l'homme, qui avait bien d'autres outils plus commodes à sa disposition, n'aurait pas risqué, en s'en servant comme tel, d'abîmer cette jolie pièce, fruit de tant de travail. — C'est donc une arme.

Ce point établi, voyons maintenant la description qui en est faite; elle nous aidera à trouver d'autres causes du malentendu.

« Le sommet pointu et rendu aigu (1) » est le seul caractère

(1) *Le Préhistorique*, édition de 1900, page 168.

essentiel pour une pointe que je relève dans la description de
M. de Mortillet. Les autres ne sont que secondaires et ne se
constatent pas chez toutes les pointes.

Oui, elles conservent leur conchoïde, mais à la condition
que celui-ci n'aura pas un développement gênant, sinon il sera
abattu.

Non, les deux bords ne seront pas toujours retouchés. Suivant la qualité de l'éclat il n'y en aura tantôt qu'un seul, tantôt
même pas du tout (fig. 84).

La base sans retouche? Allons donc, ce n'est que l'exception
et l'absence de retouches à la base ne prouve qu'une chose :
un éclat heureux comme point de départ.

Cette description, suffisante pour un outil, ne l'était plus
pour une arme.

Si, en effet, on a reconnu la nécessité d'un sommet pointu,
en ne spécifiant pas que « *la pointe ne devait pas être arquée* »,
on l'a privée de son principal caractère, de sa faculté de pénétration, et l'oubli de cette condition essentielle a étendu la
dénomination de pointe à des objets qui n'en avaient plus que
la morphologie.

Je proposerai donc la définition suivante, pour laquelle
j'anticipe sur la question de l'emmanchure : « la pointe est un
éclat dont la forme peu ou point arquée, le sommet pointu, la
base mince doivent assurer avec une emmanchure possible une
bonne qualité de pénétration ». Préciser davantage serait
ramener la description générale à celle d'un type fréquent, soit,
mais à côté duquel il y aurait trop d'exception (fig. 85).

On comprendra par cette définition que la confection d'une
pointe nécessitait une qualité d'éclat assez difficile à obtenir.
Seul un très petit nombre, parmi les innombrables éclats triangulaires détachés, répondait au désir de l'ouvrier. Les autres
étaient transformés en objets qui forcément conservaient l'aspect général de l'éclat primitif. De là, cette ressemblance superficielle de la pointe avec tous les éléments de l'industrie.

Afin de rendre plus évidentes les opinions que je viens
d'émettre, j'ai réuni sur un même carton toutes les pièces

permettant de passer insensiblement du racloir à la pointe. C'est
un simple exemple par lequel je me garde bien d'établir une
délimitation exacte entre les deux types. Tel ne sera qu'un
racloir dans une pièce que je dénomme pointe, et inversement.

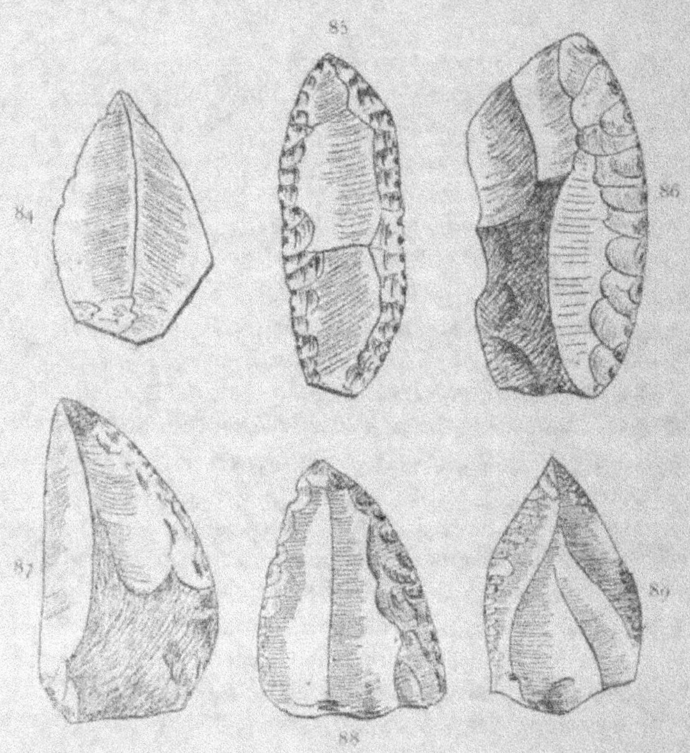

FIG. 84, 85, 86, 87, 88 et 89. — Pointes moustériennes
et transition du racloir à la pointe.

84. Pointe moustérienne sans retouches. — 85. Pointe moustérienne à conchoïde abattu.
86. Racloir. — 87. Racloir triangulaire (pseudo pointe).   } Passage du racloir
88. Pointe grossière, épaisse, véritable transition.   }   à la pointe.
89. Pointe moustérienne type.

Ce sont des détails. Il faut voir la question de plus haut.
L'essentiel est de reconnaître qu'il y a, malgré la ressemblance,
deux objets distincts et d'emplois absolument différents.

Laissons au jugement de chacun l'emploi judicieux du nom et que dans chaque cas particulier l'élasticité de la définition donnée plus haut soit réduite ou augmentée.

Les pointes présentent entre elles, en effet, de grandes différences (fig. 86, 87, 88, 89), tant par les détails de confection que par leur aspect général et leurs dimensions. Il y a tous les genres, depuis la forme lancéolée jusqu'à la forme triangulaire large et aplatie ; toutes les tailles, laissant ainsi pressentir un emploi différent pour les plus petites et les plus grandes.

Il me reste à rechercher les raisons qui font de la pointe une rareté. Ainsi, dans les deux mille objets composant mes séries du Moustier, et après avoir écarté les pièces intermédiaires et douteuses, on ne trouve qu'une cinquantaine de pointes en méritant réellement le nom.

Ce petit nombre, qui peut étonner, ne doit pas être une objection et conduire à les considérer comme des formes exceptionnelles, résultant d'heureux hasard ou d'une plus grande habileté de l'ouvrier. Point n'est besoin de faire intervenir ces facteurs pour expliquer cette pénurie.

Outre que, de tout temps, les armes ont été plus rares que les outils, l'homme a dû être très économe d'objets qu'il se procurait difficilement et, au contraire des autres, ne les rejeter que lorsqu'ils étaient complètement hors d'usage. Les quelques pointes retaillées à des époques différentes et la grande quantité de fragments, tous très beaux, viendraient à l'appui de ce que j'avance.

Les chercheurs, enfin, ont-ils bien tout ramassé ? N'ont-ils pas dédaigné les pointes brutes pour ne recueillir que les belles pièces ? Sans avoir nécessité de retouches, elles présentaient cependant toutes les qualités d'une arme excellente et avaient pu être utilisées comme telles. J'en possède pour ma part un assez grand nombre, et, en les assimilant aux pointes, on peut augmenter sensiblement le nombre de ces dernières.

Emmanchures. — Après l'étude minutieuse de l'outillage, se pose la question de l'emmanchure.

Quoique désireux de ne pas embarrasser la science de suppositions inutiles, je considère comme un devoir d'émettre des opinions, sous réserve qu'elles soient simples, vraisemblables et appuyées sur des faits tangibles. Je m'efforcerai donc de donner ces qualités à celles que j'émettrai tout à l'heure, heureux d'exciter la controverse et de nouvelles observations chez ceux qui ne partageront pas mes idées.

Pour le racloir, la négative s'impose. On n'imagine pas ces éclats courts, épais, maniés autrement qu'à la main. L'emmanchure de cet instrument si complet, si commode n'aurait pu que diminuer sa puissance. Ce raisonnement s'applique aussi au coupoir et au perçoir.

Pour la scie, c'est moins évident ; car si le soin pris pour retoucher la partie tenue à la main ou lui conserver son cortex prouve assez l'absence de l'emmanchure, par contre, l'insertion de ces minces plaquettes dans un morceau de bois est une opération tellement facile qu'on ne peut se prononcer dans un sens ou dans l'autre. Constatons seulement que certaines étaient susceptibles de la recevoir, tandis que d'autres en étaient sûrement dépourvues.

D'une manière générale, les outils étaient donc directement tenus à la main.

J'en arrive à la pointe dont l'emmanchure a été discutée au même titre que l'emploi.

Ces deux questions sont connexes et c'est pourquoi nous voyons M. le Dʳ Verneau ne comprendre l'utilité de la pointe que fixée à une hampe, au contraire de M. de Mortillet qui la lui refuse. C'est logique. Le rôle d'outil dévolu à la pointe n'est pas la seule raison invoquée par l'auteur du *Préhistorique* à l'appui de sa thèse. Il trouve en premier lieu l'invention trop complexe. Ce n'est pas un argument. Toute invention, si complexe soit-elle, a eu un commencement. Pourquoi placer ce commencement plutôt dans le solutréen que dans le moustérien, voire dans le chelléen ? N'a-t-on pas vu, jusqu'au milieu du siècle dernier, les Australiens fixer dans des bâtons des instruments autrement grossiers que le coup de poing ?

Les autres raisons d'ordre industriel, tendant à démontrer l'emmanchure sinon impossible, du moins très défectueuse, ne résistent pas à l'examen de la pièce B⁶ 871, pl. 8, fig. 8. Où est la base irrégulière et épaisse ? Les conchoïdes en creux ou en relief ? Aurait-elle donc nécessité une ligature si volumineuse ?

Tous ces arguments en faveur de l'emmanchure ne sont que la réfutation des opinions contraires. Ils sont très vraisemblables, presque sûrs je dirais même, mais purement moraux et résultant trop de l'impression personnelle.

J'ai cherché autre chose pour baser mon opinion, et des faits tangibles me permettent de démontrer :

1° que les pointes du Moustier étaient emmanchables utilement ;
2° qu'elles l'ont été.

J'ai eu recours à la méthode expérimentale pour la première partie de ma démonstration. Bien qu'il faille se défier de cette méthode, les conditions d'existence n'étant plus les mêmes, elle peut, à la condition de n'en pas vouloir imposer les détails, permettre d'établir la possibilité d'un fait. C'était mon seul but. J'ai donc emmanché trois pointes, de différentes grandeurs, que j'ai choisies, pour donner plus de valeur à mon expérience, parmi les plus défectueuses. Chaque opération, faite avec le seul concours d'une lame de canif, ne nécessite que quelques minutes. Elle était donc pratiquable avec l'outillage moustérien, et les armes ainsi fabriquées étaient d'un emploi réellement utile.

Je n'ai pas eu l'intention de donner *un exemple d'emmanchure*, mais bien d'en démontrer la possibilité pratique et réalisable avec les outils de l'époque (fig. 90, 91, 92).

Je passe à la deuxième proposition, à celle qui a le plus de valeur à mes yeux, puisque les pièces elles-mêmes m'en fournissent les arguments.

J'ai découvert, à la base de certaines pointes, des coches intentionnelles, tantôt uniques, tantôt symétriques, tantôt enfin correspondant à une coche naturelle. Si quelques-unes provenaient de la couche supérieure, d'autres avaient été trouvées dans les niveaux subjacents, étendant ainsi cette particularité à toute la durée des temps moustériens. A quoi ces coches pouvaient-elles servir, sinon à fixer une ligature ?

Enfin, la petite pointe (fig. 88) est encore plus concluante. Son embryon de pédoncule est significatif et suffirait à lever tous les doutes.

Cette question tranchée va me permettre d'expliquer un fait que j'ai signalé plus haut sans m'y arrêter : la différence des

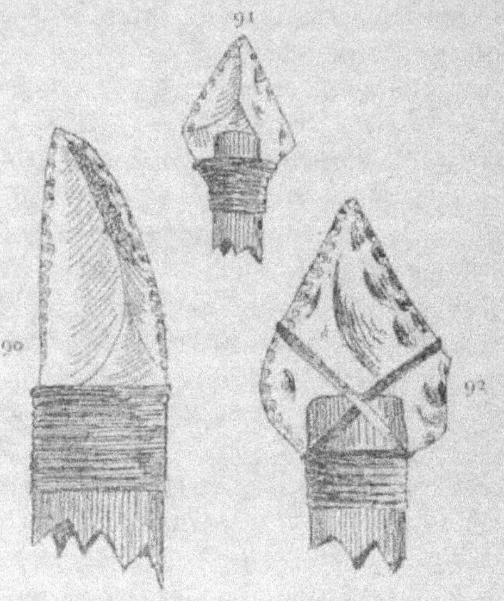

Fig. 90, 91 et 92 — Possibilité d'emmanchure des pointes.

tailles dans les pointes. Elle est en effet très sensible (1). Toutes cependant appartiennent à une même série d'objets et à ce titre toutes étaient emmanchées.

Si l'on comprend l'emploi des grandes comme lances ou comme poignards, celui des moyennes et des petites est difficile à expliquer sans les considérer comme armes de jet.

Les moyennes, employées comme javelots, compensaient de

(1) Les pointes de ma collection varient entre 10⁵ % et 35 %.

médiocres qualités de pénétration par le poids de hampes assez fortes.

Quant aux petites on ne les conçoit que fixées à de minces baguettes. La force musculaire ne pouvait plus alors assurer seule une assez grande pénétration à des armes aussi légères. A ces flèches il fallait l'arc ou le propulseur.

Les poignards, les lances, les javelots, les flèches ainsi emmanchés étaient-ils parfaits ? Non, et nos faibles moyens physiques ont peine à en saisir toute la puissance. Sans être comparables aux feuilles de laurier ou aux pointes à cran, ce sont des armes et, maniées par l'homme du Moustier, elles devaient être terribles.

TRANSITION AVEC LE SOLUTRÉEN.

M. de Mortillet, en exposant les motifs qui l'ont conduit à donner le nom du Moustier au Quaternaire moyen, signale (1) des formes exceptionnelles se rapprochant du solutréen dans les niveaux supérieurs de cette station.

Dans mes recherches, les deux couches superficielles, que j'ai numérotées 1 et 2, m'ont permis d'étudier cet outillage de transition dans son entier développement.

La couche n° 2 est encore moustérienne. Beaucoup de racloirs et de pointes en ont nettement les caractères, quoique de dimensions plus restreintes. D'autres pièces, au contraire, laissent pressentir les formes nouvelles (fig. 94, 95, 96, 97).

C'est d'abord le grattoir, beaucoup plus fréquent et plus léger, puis le burin, qui font leur première apparition. Beaucoup d'objets, comme certains racloirs, sont retouchés aux deux extrémités sur les deux faces ; un plus grand nombre encore ont leur conchoïde enlevé.

Mais ce sont les pointes qui accusent le plus les nouvelles tendances : plus minces, plus étroites, plus allongées, beaucoup

____

(1) *Le Préhistorique*, édition de 1900, page 235.

pourraient provenir de Laugerie-Haute. Quelques-unes même
sont de véritables pointes à cran. C'est également dans cette
couche que j'en ai rencontré le plus avec coches basilaires.

Je signalerai enfin comme fort importante la pièce figure 93.
Trouvé en place en plein foyer n° 2, ce grattoir à étranglement
montre formellement une relation étroite entre la couche n° 2
et la couche n° 1, entre le moustérien et le présolutréen.

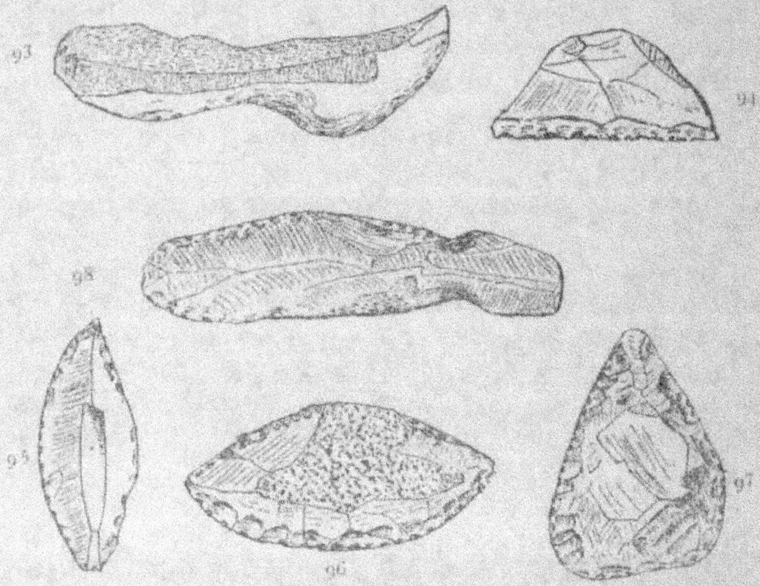

Fig. 93, 94, 95, 96, 97 et 98. — Industries des foyers supérieurs du Moustier.

C'est à tort que j'avais considéré la couche n° 1 comme
magdalénienne. Je n'avais envisagé que la forme des objets,
sans tenir compte de leur facture ; de là mon erreur.

La pointe et le racloir ont complètement disparu pour faire
place à des objets retouchés sur tout le tour, faits de lames
larges et minces, à retouches très allongées, et très belles. On
trouve parmi ceux-ci le grattoir, le grattoir double, le burin, le
burin-grattoir, des pièces à étranglement (fig. 98), enfin des

grattoirs très retouchés, très épais, presque nucléiformes, caractéristiques de la base du Quaternaire supérieur.

M. l'abbé Breuil n'a pas hésité à ranger cet outillage dans le présolutréen.

INDUSTRIE ACHEULÉENNE : TRANSITION ET RÉMINISCENCE.

Si les couches supérieures m'ont permis de retrouver dans tout son développement l'outillage de transition avec l'âge du renne, j'ai été moins heureux pour ce qui est du passage de l'acheuléen au moustérien. Je n'ai pu pousser mes recherches à un niveau assez bas, et la couche n° 8 que je n'ai qu'effleurée est encore moustérienne, malgré ses instruments beaucoup plus grossiers. Ces instruments, taillés sur une seule face, sont plus ou moins amygdaloïdes et présentent au conchoïde un talus très épais. La ressemblance est telle qu'à chaque instrument je croyais voir apparaître le coup de poing. Mon espoir fut déçu et pas un seul ne fut recueilli.

Pour le trouver il faut remonter jusqu'à la couche n° 3. Là, brusquement, reparaît la taille précédente avec un énorme racloir taillé sur les deux faces, une dizaine de coups de poing et des pointes très épaisses, semblables à celles de la couche n° 8. Abandonnée pendant une période qui dut être fort longue, cette industrie renaît sans cause apparente (fig. 99, 100-100bis).

Réminiscence éphémère qui se montre timide et maladroite. Les beaux instruments en amande, si finement taillés, ont disparu. Le type en reste le même, mais plus exigu et plus grossier. Trouvé au contact d'un outillage très perfectionné et très complet, on peut à peine croire que le même ouvrier ait produit l'un et l'autre et on se demande quelle fut vraiment sa destination.

Le plus petit surtout (fig. 98), d'une utilité apparente impossible, semble plutôt avoir été un jouet qu'un objet d'industrie.

J'avais expliqué cette superposition par un éboulement de la terrasse supérieure. J'ai depuis abandonné cette hypothèse. La couche qui m'avait fourni 14 superbes racloirs réunis, comme dans une cachette, n'avait certainement pas été remaniée. Les coups de poing étaient bien contemporains des autres pièces nettement moustériennes : pour une raison qui m'échappe, l'homme avait repris l'industrie de ses ancêtres.

Et, fait curieux, ce retour au passé précède immédiatement la marche vers une industrie nouvelle : immédiatement au-dessus du coup de poing, presque au contact, apparaît, avec le premier burin, le premier instrument présolutréen !

Il n'est donc pas tout à fait exact de dire que le coup de

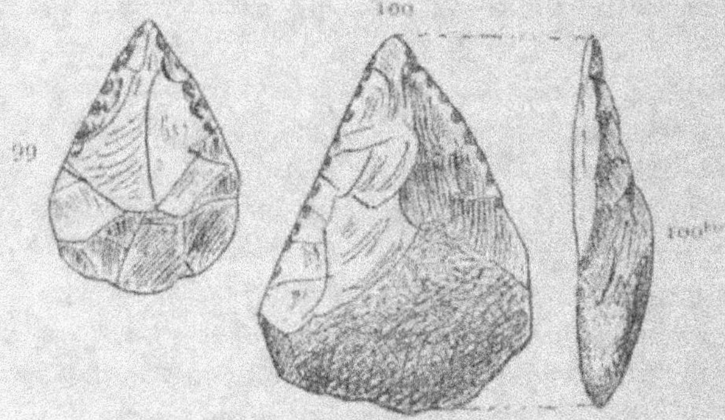

Fig. 99 et 100-100bis. — Coups de poing moustériens.

poing s'est maintenu pendant toute la durée des temps moustériens. Il s'est maintenu, oui, mais par intermittence. Dans le cas particulier du Moustier (et ce fait serait intéressant à contrôler ailleurs), il y a eu transition d'abord, puis, à un grand intervalle et après la disparition totale du coup de poing, il y a eu réminiscence de cet outil.

CONCLUSIONS.

Je me résume : L'instrument chelléen s'est transformé pour donner naissance à un outillage que chaque besoin nouveau a rendu plus complet. Pour la première phase, il y a spécialisation de l'outil, et c'est ainsi qu'apparaissent les racloirs, les racloirs doubles, les racloirs concaves, les grattoirs, les scies, les coupoirs, les tranchets, les lames à dos abattu, les perçoirs. Il est donc inexact de dire que l'industrie moustérienne résulte du dédoublement du coup de poing.

Tous ces outils se distinguent peu les uns des autres et nécessitent pour les connaître une observation attentive. La description de l'éclat, sur laquelle j'ai beaucoup insisté, en fournit l'explication : sa qualité, et non sa forme, ayant seule décidé de son emploi, il n'est pas étonnant que sous une même apparence se cachent des instrument très différents. Là est la difficulté, mais aussi le passionnant dans l'étude de cette époque.

Avec une stricte économie dans le travail et un constant souci d'éviter les blessures dans le maniement des outils, constatons un grand progrès dans la taille elle-même. Affinée, régularisée au point de laisser supposer l'emploi de la pression, elle corrige par sa beauté ce que cette industrie pourrait avoir de lourd et de massif.

Voilà pour l'outillage. Quatre qualificatifs le dépeignent : solide, puissant, pratique et bien en main.

Passons aux armes. Les disques, dans lesquels je me refuse à voir un type extrême du coup de poing, ne sont que des projectiles lancés à la main ou de toute autre façon. Amené par eux à soulever la question de la fronde, je n'ai émis qu'une opinion toute personnelle que je me garderais bien de vouloir imposer. Simples suppositions que je me suis efforcé de rendre vraisemblables en m'appuyant sur les lois de la balistique et sur la forme des objets.

Toute autre est la question des pointes. Coches basilaires, embryon de pédoncule, conchoïdes abattus, différences des tailles, autant de documents qui me permettent d'être plus affirmatif : les pointes sont des armes et ces armes étaient emmanchées. L'arc ou le propulseur compensait pour les petites leur faiblesse de pénétration.

Malgré la constatation de l'absence certaine de tout éclat d'os travaillé, cette question reste pour moi obscure. Comment admettre que l'homme n'en ait pas compris toute l'utilité ? comment expliquer l'usage des petits perçoirs, des instruments à petite coche ! Moralement, il peut y avoir doute; matériellement on doit reporter le travail de l'os dans le solutréen.

Pour le contact avec les époques voisines, je constate d'abord la transition avec l'acheuléen. Puis, longtemps après la disparition du dernier coup de poing, réminiscence de cette industrie, réminiscence inhabile et vite abandonnée.

Deux niveaux me donnent nettement la transition du moustérien au solutréen : d'abord du moustérien plus exigu, aux formes plus légères et allongées, puis un présolutréen immédiatement au-dessus.

Cette étude est terminée. Au caillou à peine dégrossi, l'homme a substitué un outillage complet. La lance et la flèche, la fronde et l'arc ont remplacé le simple bâton, la pierre lancée à la main. Si l'on considère l'état primitif de l'homme et les difficultés inouïes qu'il devait alors vaincre pour faire le moindre pas dans la voie du progrès, on comprendra ce que cette transformation de l'industrie représente de siècles de persévérants efforts.

M. l'Abbé Breuil. — J'attire l'attention sur deux constatations de M. Bourlon : 1° au-dessus d'une série d'assises du Moustérien typique apparaît une assise de transition, contenant encore des types moustériens, mais aussi des grattoirs épais, carénés, de rares burins primitifs et des lames à coche latérale; ce niveau a donné une série de coups de poing ovalaires, du plus beau type acheuléen, et dont la patine est identique à celle des autres objets; ils ont été trouvés réunis en un espace très restreint, comme, à plusieurs reprises, des amas de pointes ou de racloirs avaient été observés : il ne s'agit pas de pièces apportées par hasard, ni glissées du plateau. La présence de coups de poing ovalaires a été constatée dans d'autres gisements à peu près contemporains ou un peu plus récents : les gisements de Châtelperron (Allier) et de l'abri Audit, aux Eyzies, qui se caractérisent tous deux par un grand nombre d'éclats lamellaires, retouchés sur un seul bord, et surtout vers l'extrémité, et dont la pointe se place sur le bord opposé. Châtelperron, par d'autres types de silex et par ses instruments en os, se place dans le groupe des gisements du type d'Aurignac, qui sont présolutréens.

2° Dans le niveau superficiel du Moustier, M. Bourlon a d'ailleurs remarqué des lames à coches latérales, divers types de burins et des grattoirs carénés fort épais, ainsi que quelques os travaillés qui indiquent sans conteste le niveau « aurignacien ». Il est intéressant de saisir, par ces deux assises, l'évolution du Moustérien au Présolutréen, sans solution de continuité. MM. Peyrony et Capitan l'ont également observé à la Ferrassie (Dordogne).

M. Cartailhac se range à l'avis des précédents orateurs. La dernière couche du Moustier est constituée par des objets présolutréens. La partie inférieure contient un outillage qui a encore les formes moustériennes, mais dont bien des pièces sont retouchées sur les deux faces, et qui, de plus, contient un grand nombre de pointes plus sveltes, plus légères. Le grattoir devient beaucoup plus fréquent et plus fini ; le burin fait son apparition. La partie supérieure est franchement présolutréenne : la pointe et le racloir ont complètement disparu et ont fait place à des objets retouchés sur tout le pourtour : ce sont le grattoir simple ou double, le burin, des pièces à étranglement, enfin des grattoirs très épais, presque nucléiformes.

M. Rutot. — Divers orateurs, et notamment M. Cartailhac, viennent de déclarer, au sujet de la communication de M. Bourlon et de la question qu'il pose relativement à l'âge des haches en amandes du Moustier, que cet instrument, au milieu des outils moustériens, constitue un legs, une survivance du passé et qu'il est bien là à sa place.

Pour ce qui me concerne, je suis absolument de cet avis.

En France, comme en Belgique, l'instrument amygdaloïde apparaît dans le Strépyien, se développe dans le Chelléen, se perfectionne pendant les deux périodes de l'Acheuléen, puis se perpétue à travers le Moustérien, le Présolutréen et même, peut-être, pendant la première partie du Solutréen (niveau du Trou Magrite), pour disparaître définitivement.

Il y a là une évolution continue avec progression et apogée jusqu'au second niveau acheuléen (niveau situé entre le limon argileux et le limon fendillé du bassin de Paris et du Nord de la France), puis régression suivie d'abandon définitif à l'aurore du Magdalénien.

Il ne se pose donc, en réalité, aucune question relative à la présence d'instruments amygdaloïdes à facies acheuléen dans certains niveaux du Moustier; ces instruments sont là normalement à leur place et font partie intégrante de l'industrie moustérienne.

Les gisements Présolutréens du type d'Aurignac

Coup d'œil sur le plus ancien âge du Renne

par M. l'Abbé H. BREUIL

Professeur agrégé à la Faculté des Sciences de Fribourg (Suisse)

Les gisements dont je veux parler appartiennent nettement à une période antérieure aux autres gisements de l'âge du Renne, bien qu'avec eux ils forment un seul groupe de civilisations; ils sont intermédiaires entre le moustérien ou ce qui en tient lieu dans la région (moustérien atypique des Pyrénées) et les niveaux solutréens, ou ceux qui leur sont synchroniques dans les pays où le vrai solutréen fait défaut (Pyrénées françaises et Belgique).

I. — INDICATIONS STRATIGRAPHIQUES.

La faune de ces gisements diffère souvent assez profondément des gisements solutréens et magdaléniens de la même région : dans les Pyrénées, Tarté, Aurignac, Gargas, Isturitz, Brassempouy, présentent la vieille faune avec Rhinocéros tichorhinus, Mammouth, Hyène, grand Ours, Cheval très abondant; c'est la même faune qu'on retrouve à Pair-non-Pair, à la Chaise, à la grotte des Cottés, aux Roches de Pouligny, à Germolles, à Châtelperron, à Arcy, à Solutré inférieur, etc., dans des pays où les autres gisements de l'âge du Renne ont une faune profondément différente, où le renne prédomine sans ou presque sans autres grands animaux disparus.

Néanmoins, ces différences, dans d'autres régions, comme la Belgique, perdent leur signification, par suite de la persistance plus prolongée des espèces du quaternaire moyen; on ne peut nier, d'autre part, que, même dans le Sud-Ouest de la France, plusieurs des animaux que nous avons cités, et tout spécialement le Mammouth, ne se retrouvent sporadiquement jusque vers la fin de l'âge du Renne. Le dernier mot ne saurait donc être dit par la paléonthologie, mais par la stratigraphie, pour fixer l'âge relatif des assises archéologiques qui nous préoccupent. Or ces données sont parfaitement claires dans huit gisements.

A *Trou-Magrite* (Pont-à-Lesse), M. E. Dupont a trouvé deux niveaux inférieurs (Montaigle) à silex partiellement moustériens, partiellement de types nouveaux qui indiquent l'âge du Renne ; les deux niveaux ossifères superposés appartenaient à son niveau de Trou-Magrite, avec pointes à soie protosolutréennes; dès les niveaux inférieurs, se rencontrent des os travaillés.

A *Goyet*, fouillé par M. Dupont, le niveau ossifère est toujours du niveau de Montaigle, comme à Trou-Magrite; le niveau moyen est celui de Trou-Magrite; le niveau supérieur est magdalénien.

A *Spy*, MM. Fraipont, Lohest, de Puydt ont rencontré trois niveaux ossifères : le niveau inférieur, à silex moustériens et os utilisé, supporte une assise moyenne du niveau de Montaigle, riche en pointes moustériennes et racloirs, en grattoirs carénés, en lames à coches latérales larges, en lames très retouchées, appointées, ou terminées en grattoirs, parfois en burins; il y avait, avec de nombreux ivoires travaillés, des poinçons en os, des pointes en os, à base fendue, du type d'Aurignac. Le niveau supérieur, correspondait à celui de Trou-Magrite, et contenait les pointes à soie et les prototypes solutréens habituels.

A *Solutré* (Saône-et-Loire), M. A. Arcelin (1) et l'abbé Ducrost

<hr>

(1) A. ARCELIN. — *Les nouvelles fouilles de Solutré.* (*L'Anthropologie,* 1890). La présence de types moustériens avait frappé vivement M. A. Arcelin, ainsi que celle d'objets amygdaloïdes particuliers qu'il avait rapprochés improprement d'objets acheuléens typiques. Ces types, moins nombreux, il est vrai, se retrouvent aussi dans le niveau des foyers solutréens de l'âge du Renne. La présence, en nombre, de formes de silex nettement « glyptiques », grattoirs sur bout de lame, burins et divers types, lames appointées, lames à coches, de quelques pointes de la Gravette ne peut pas permettre de considérer le magma et les foyers de l'âge du Cheval comme du moustérien à os travaillé.

ont trouvé les foyers solutréens constamment en surface, et contenant une faune caractérisée par la prédominance du Renne. A une profondeur variable sous ces foyers, et avec une assise intercalaire stérile, se trouve, sur une immense surface, un véritable tapis d'ossements de chevaux (le magma), contenant de nombreuses lames à retouches marginales, fréquemment appointées, quelquefois terminées en grattoirs ou en burins. Au-dessous, se trouvent plusieurs lits de foyers, séparés par d'importantes couches d'éboulis, et où le Cheval prédomine aussi, mais se trouve associé à une faune plus variée, où l'Éléphant est commun, le grand Lion, l'Hyène, le grand Ours présents. Ces foyers, très pauvres par place en objets, plus riches d'autres fois, contiennent des lames abondantes, retouchées en lames à coches, lames appointées, grattoirs, pointes de la Gravette ; on y trouve assez de formes qui rappellent le moustérien, et des types particuliers, vaguement amygdaloïdes, ainsi que des grattoirs épais rappelant le type caréné.

Sur les bords du gisement, ces foyers deviennent superficiels par suite du relèvement du sous sol ; M. Arcelin a pu les voir sortir de dessous le magma qu'ils débordent. C'est là, à la périphérie, qu'ils ont été le plus riches, soit en silex, soit en os et ivoires travaillés ; parmi ceux-ci, il faut signaler des bâtons de commandement, des poinçons, des lissoirs, des pendeloques, des perles, etc.

A *Brassempouy* (Landes), M. Dubalen, en 1881, fit une première fouille, où il découvrit, sous un niveau supérieur à pointes à cran et feuilles de laurier solutréennes, un niveau magdalénien à nombreux débris de Renne et de Cheval, à gravures simples et en contours découpés. Plus bas encore, il remarqua une assise à industrie de silex très massive qui lui rappela le moustérien, et à faune comprenant l'Éléphant et le Rhinocéros en abondance. En 1892, il recueillit dans cette assise inférieure les premières statuettes en ivoire et beaucoup d'autres ivoires travaillés et décorés. En 1894, les fouilles systématiques de MM. Piette et de Laporterie commencent à l'entrée de la caverne ; ils trouvent une assise supérieure à pointes à cran au-dessus, feuilles de laurier au-dessous, et plus bas, un niveau présolutréen à faune antique, poinçons d'os et d'ivoire, silex des formes moustériennes et magdaléniennes (1). En 1895, les fouilles, faites en dehors de l'auvent de la grotte, donnent, sous une couche supérieure à pointes à cran et feuilles de laurier solutréennes, trois couches présolutréennes, où se rencontrent des grandes lames de silex, beaucoup d'ivoire travaillé ou non, et la faune du Rhinocéros. En 1896, l'exploration est reprise dans la caverne ; sous un niveau magdalénien à aiguilles et gravures, et faune du Renne, se trouve une assise moyenne très complexe, correspondant à plusieurs niveaux sur le devant, mais qu'on ne pouvait plus séparer, contenant la faune ancienne, des grattoirs carénés, des grandes lames de silex, des spatules et baguettes d'os, des marques de chasse; M. Piette y rapporte une feuille de laurier trouvée antérieurement. L'assise inférieu recomprenait des monceaux d'ivoire, généralement très décomposé, une figurine humaine, et divers objets d'os et d'ivoire travaillés. Dans les fouilles de 1897, toute stratigraphie cesse d'être possible, et les tranches que M. Piette fait dans le dépôt ne correspondent plus à une réalité; d'ailleurs, la couche archéologique ne comprend plus la couche à statuettes, ni la couche à grandes lames; il ne s'y trouve plus que les objets correspondant aux niveaux magdaléniens et solutréens et au niveau présolutréen supérieur, le tout intimement confondu dans un argile très plastique et non stratifiée.

A *Pair-non-Pair* (Gironde), M. Daleau, au-dessus d'une couche moustérienne fort épaisse, a rencontré deux systèmes d'assises, se subdivisant à leur tour. Le groupe inférieur contient des lames très retouchées en grattoirs, lames à coches latérales larges, lames à petites coches (type de Menton), lames appointées, pointes de la Gravette, grattoirs carénés, burins busqués et autres ; il y avait aussi une cyprea sculptée en ivoire, des débris

(1) La mention de silex solutréens s'y trouve (*Anthropologie* 1905, p. 138), mais la description qui en est donnée indique qu'il ne s'agit pas de silex solutréens typiques; il est dit nettement qu'il n'y a ni feuille de laurier, ni pointe à cran.

de sculptures de même matière, un poinçon à tête, d'autres formes de poinçons, des zagaies, etc.; aucun objet solutréen. Le groupe supérieur, comprenant trois assises, contient encore la plupart des formes précédentes, et en particulier beaucoup de pointes de la Gravette; dans la plus récente, se retrouvent plusieurs pointes à pédoncule du type découvert dans le proto-solutréen de Spy (Belgique) et de La Font-Robert (Corrèze), et un gros fragment de feuille de laurier. De haut en bas, la faune comprend de nombreuses espèces éteintes; en surface seulement, plusieurs viennent à manquer, dont le Rhinocéros.

A *Arcy-sur-Cure* (Yonne), la grotte du Trilobite a donné à M. l'abbé Parat, au-dessus d'un niveau inférieur moustérien typique, quatre autres niveaux quaternaires, dont les trois plus anciens contiennent la faune de l'Ours des cavernes et de l'Hyène, et même, dans le second, du Rhinocéros (plusieurs os et une gravure sur schiste). Les deux niveaux inférieurs sont présolutréens; le plus bas a donné plusieurs grattoirs carénés, des lames à coches, des lames de Châtelperron et de la Gravette, des poinçons à tête; le second contient une vraie pointe d'Aurignac en os à base fendue, un burin à terminaison busquée, de nombreux instruments à belles retouches sur tous les bords, des lames à coches, de nombreux échantillons du type de la Gravette, des poinçons à tête, des marques de chasse, des gravures en dents de loup (comme à Pair-non-Pair), en lignes pectinées, et même les figures incisées d'un végétal sur os, d'un rhinocéros et d'un ruminant sur schiste. Au-dessus, vient un niveau solutréen primitif, à lames très retouchées, tantôt comme précédemment, tantôt à la manière solutréenne, mais généralement à retaille limitée à une partie des bords et toujours à une seule face. Le reste des objets rappelle encore très fort les couches antérieures : pointes plates en os à base non fendue, poinçon à tête, lames de silex du type de la Gravette, etc. Ce n'est que par dessus que les couches de l'âge du Renne pur apparaissaient avec des aiguilles et des silex exclusivement magdaléniens.

A *La Ferrassie* (Dordogne), MM. Peyrony et Capitan, au-dessus d'une assise inférieure comprenant plusieurs niveaux moustériens, ont trouvé un niveau de transition à pointes à retouche unilatérale du type de l'abri Audit, au-dessus duquel venaient des couches présolutréennes, avec grattoirs carénés, lames très retouchées, à coches, appointées, terminées en grattoirs, en burins busqués et autres, pointes en os aplaties, losangiques ou triangulaires, sans fente basilaire, nombreux poinçons en os, marques de chasse, quelques objets d'ivoire; cette couche comprend le grand Lion, l'Hyène et l'Ours; la couche supérieure contient, avec nombre d'os travaillés et beaucoup de petites lames à dos rabattu, des pointes à cran et en feuille de laurier solutréenne.

On voit donc que huit gisements explorés avec soin ont donné des assises contenant à la fois des os ou ivoires travaillés, des formes de silex moustériennes prolongées, des instruments dérivés du travail de la lame indubitablement caractéristiques du paléolithique supérieur, dans des conditions stratigraphiques telles qu'il n'existe aucun doute sur leur âge *présolutréen*.

II. — TYPES INDUSTRIELS (1).

Bien que tous les gisements de cette époque aient de nombreux traits communs, ils sont souvent assez différents entre eux, et ne correspondent certainement pas exactement à un seul moment, mais à une série de phases successives, qui ne sont pas encore très parfaitement mis en lumière, et dans le détail desquelles je n'ai pas aujourd'hui l'intention de pénétrer beaucoup.

(1) Il va sans dire que je n'ignore pas la présence, dès le début des gisements « glyptiques », de formes qui se rencontrent à tous les niveaux de l'âge du Renne, ou simplement dans une partie considérable de la série; si je n'en dis rien, c'est qu'ils ne peuvent servir que pour caractériser l'âge du Renne par rapport aux gisements du quaternaire ancien et à ceux des temps plus récents. — Je n'ignore pas non plus qu'il y a, même entre deux gisements aurignaciens contemporains, de grandes variations dans la fréquence d'instruments caractéristiques: v. g. les lames à coches, si nombreuses aux Cottés, à Gorge d'Enfer, sont en quantité assez restreinte aux Roches de Pouligny, presque absentes à Châtelperron, peu nombreuses et accentuées à Solutré. Les grattoirs carénés, nombreux à Tarté, absents à Gargas; nombreux à Germolles, présents à Tilly et à Solutré, et absents à Châtelperron.

Je me contenterai de noter quelques caractéristiques des outil-
lages présolutréens, ou, comme nous nous sommes tout récemment entendus pour nommer les gisements de ce plus ancien
âge du Renne, *aurignaciens*.

Les formes moustériennes y sont encore fréquentes, en

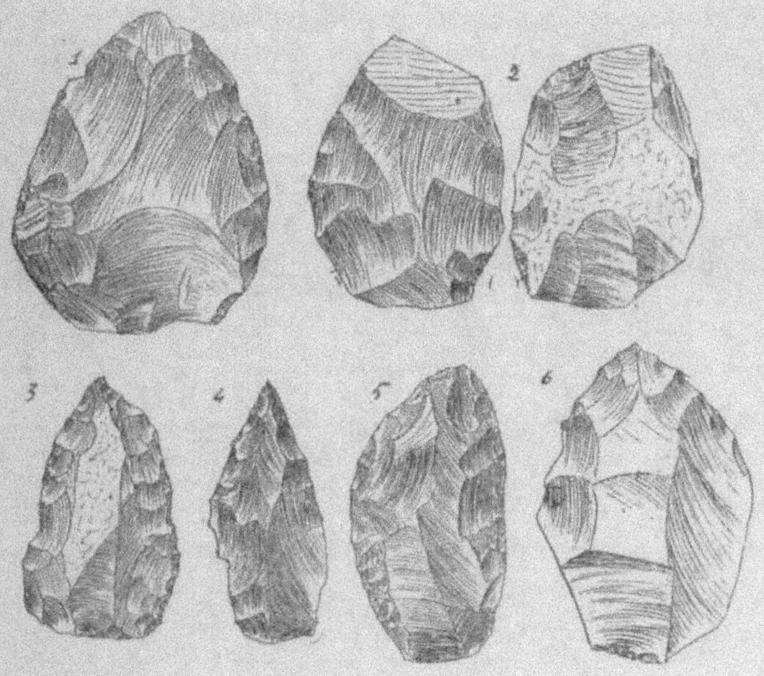

Fig. 101. — Types de silex amygdaloïdes, de pointes et racloirs
de type moustérien, de divers gisements aurignaciens. (Demi-grandeur.)

1. Abri Audit, aux Eyzies. — 2. Couches anciennes de Solutré. — 3. Isturitz. —
4, 5. Les Cottés. — 6. Couches anciennes de Solutré.

proportions très variables d'ailleurs : nombreuses, par exemple, à
Solutré, à Isturitz, à Gargas, à l'abri Audit, à Germolles, à
Châtelperron, elles sont moins abondantes dans les autres gisements présolutréens (fig. 101, nᵒˢ 3, 4, 5 et 6), sauf en Belgique
où elles prédominent au contraire.

Des formes amygdaloïdes, peu caractéristiques à mon avis (fig. 101, n° 2), ont été depuis longtemps signalées à Solutré dans les foyers anciens et le magma à Chevaux ; M. Bourlon a recueilli en place au Moustier un « paquet » de dix coups de poing acheuléens bien typiques dans une assise supérieure, qui passe au présolutréen. Un certain nombre, non moins frais, et bien en place, proviennent de l'abri Audit, aux Eyzies (fig. 102, n° 1), où, avec quelques rares types de l'âge du Renne, l'instrument prédominant

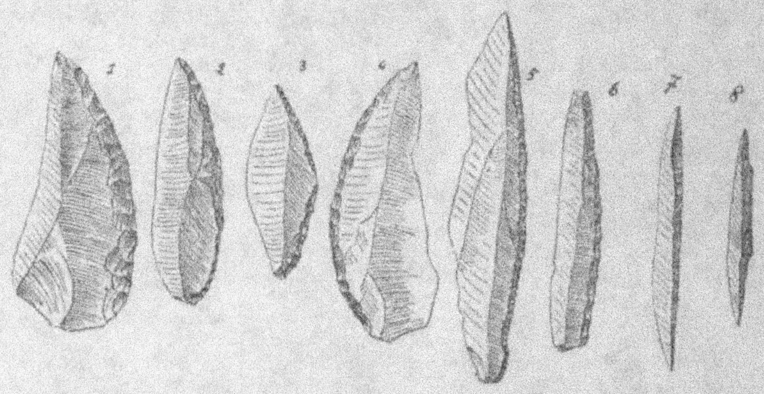

Fig. 102. — Lames aurignaciennes à retouche unilatérale. (Demi-grandeur).

1. Le Moustier, couche supérieure de transition, coll. Bourlon (type de l'abri Audit) ; le tranchant retouché n'est pas rabattu. — 2, 3. Pointes de Châtelperron (Allier), coll. Bailleau, (types de pointes de Châtelperron) ; le tranchant retouché est rabattu. — 4. Gargas (Hautes-Pyrénées), coll. F. Regnault ; le tranchant est rabattu. — 5 à 8. Pointe du type de la Gravette, à dos fortement rabattu ; 5 et 7, proviennent de la Gravette ; 6, de Tarté ; 8, de Puyjarrige, près Brive.

est une lame courte retouchée en arc d'un seul côté, surtout vers l'extrémité. Les formes acheuléennes typiques, du type ovoïde, recueillies dans le gisement de Châtelperron, avec des lames à un seul tranchant retouché et abattu grossièrement, et aussi à Germolles, avec, en plus, des grattoirs carénés, paraissent donc avoir été assez fréquemment usitées, à une période confinant au moustérien et au présolutréen. L'hypothèse d'un apport de silex plus anciens ou de remaniement est certainement inadmissible pour le Moustier et pour l'abri Audit ; ce serait d'ailleurs vraiment bien étrange que ce soit toujours vers ce niveau que des coups de poing se trouvent en nombre et avec toutes les conditions de fraîcheur voulue.

Certaines formes de lames retouchées d'un seul côté en arc de cercle se trouvent au Moustier, dès les niveaux moyens, mais surtout dans les niveaux supérieurs (fouilles de M. Bourlon, fig. 102, n° 1) ; elles sont généralement assez trapues. Elles se retrouvent très abondamment à l'abri Audit (Les Eyzies, récoltes de M. Peyrony), avec de très rares formes de l'âge du Renne. Gargas, où ces formes ne sont pas encore bien variées, en a donné de fort nettes (fouilles de M. Regnault, fig. 102, n° 4). Un peu moins larges, à retouches plus abruptes, mais aux formes encore trapues, sont les nombreuses pointes (fig. 102, n°ˢ 2, 3) recueillies à Châtelperron (Allier) par M. le Dᵣ Bailleau ; elles se retrouvent aussi prédominantes dans le gisement de la Roche-au-Loup, fouillé par M. l'abbé Parat dans l'Yonne, et à la base de ses fouilles dans les foyers de l'âge du Renne de la grotte du Trilobite. A la Roche-au-Loup, l'ensemble de l'outillage est encore très voisin des formes moustériennes, mais déjà des types magdaléniens apparaissent, qui sont bien plus variés et abondants dans la couche du Trilobite qui repose sur le moustérien. Parfois, comme dans la fig. 102, n° 3, la base tend à former un pédoncule diffus. Telles sont les lames du *type de Châtelperron*.

Plus allongées, plus acérées sont les lames du *type de la Gravette* : les deux bords en sont à peu près parallèles ; l'un d'eux est entièrement rabattu en dos épais ; les retouches en sont le plus souvent réalisées par pression sur les deux faces ; la pointe est généralement très aiguë, et quelquefois la base aussi, surtout dans les petites pièces ; celles-ci présentent fréquemment une gibbosité plus ou moins accentuée sur le dos retouché. La série des pointes à cran atypiques de Menton paraît se relier avec ces dernières pièces, qui se trouvent encore nombreuses à la base des couches solutréennes et s'associent, à la Font-Robert, à des pointes pédonculées, et, au Trilobite, à des lames à retouche solutréenne partielle.

Les formes de la Gravette sont abondantes à Pair-non-Pair (Gironde), au Petit Puyrousseau, à la Gravette et à Gorge d'Enfer (Dordogne) ; aux Roches, M. Septier n'en a trouvé que dans la couche supérieure ; à Pair-non-Pair, le niveau en est au-dessus des assises « éburnéennes ». Au Trilobite, il y en a dans les niveaux aurignaciens et dans le niveau solutréen ; le maximum se trouve dans l'aurignacien supérieur.

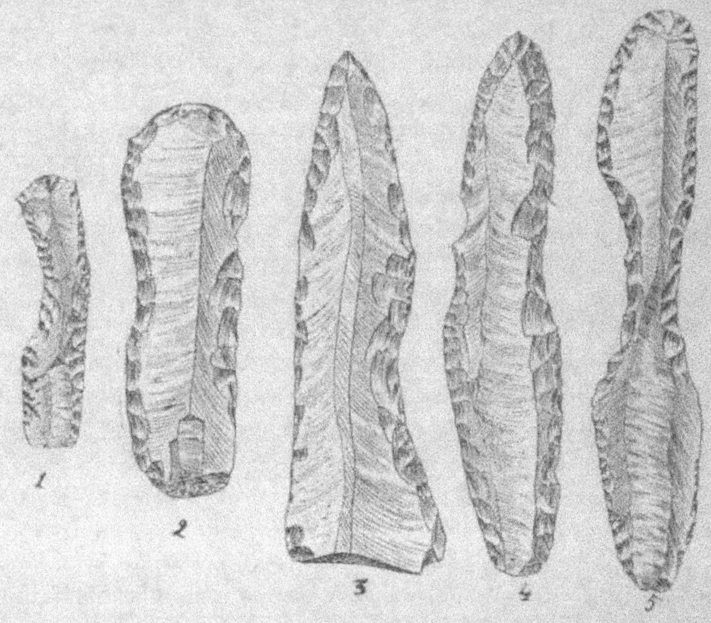

Fig. 103. — Lames à coches latérales, larges, diversement terminées. Gisement aurignacien des Cottés (Vienne), coll. comte de Rochebrune. (Demi-grandeur).

Parmi les dérivés, quelquefois contemporains, comme à Menton, mais généralement postérieurs, de ces lames à dos rabattu, se trouvent une multitude de types, dont les si nombreuses et si variées petites lamelles retouchées du magdalénien proprement dit et les « lames de canif » des couches élapho-tarandiennes et élaphiennes de M. Piette.

Lames à coches. — Tous les instruments présolutréens sont *très* retouchés, et généralement d'une fort belle retouche qui affecte volontiers tous les bords latéraux des lames, quelle que soit la spécialisation en burin, grattoir, pointe obtuse de ses extrémités : c'est la belle retouche des racloirs et des pointes du Moustier, transportée sur un outillage où la lame a supplanté l'éclat comme point de départ des outils spéciaux. Parmi ces lames retouchées, le type de la lame appointée, c'est-à-dire se terminant par une pointe obtuse, est probablement l'un des plus fréquent, c'est lui qui caractérise assez abondamment le magma et les foyers à Chevaux de Solutré ; je le crois moins

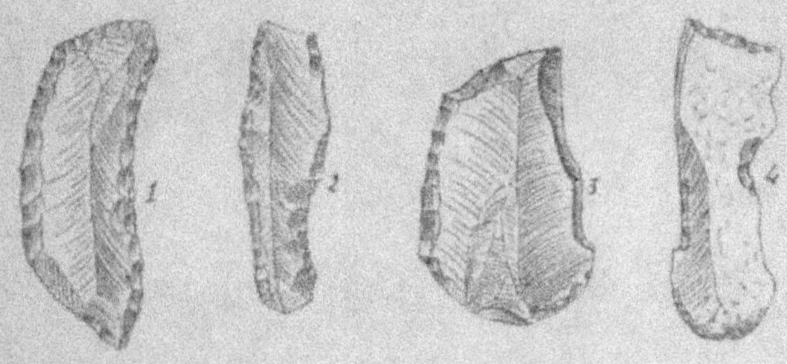

Fig. 104.— 1 et 2. Lames à coche des niveaux anciens de Solutré.—
3 et 4. Burins latéraux sur angle de lame, avec retouche terminale
transverse des niveaux anciens de Solutré. (Demi-grandeur.)

répandu dans les bas niveaux et à la fin de l'Aurignacien que vers le milieu.

Mais sur ces lames, les bords latéraux présentent assez souvent — et même, pour certains gisements, très souvent — de larges coches, tantôt unilatérales, tantôt bilatérales et se plaçant alors volontiers en face l'une de l'autre, de manière à « étrangler » le milieu de la lame qu'elles affectent; parfois, la coche se généralisant, affecte tout un bord latéral, et alors la lame devient « incurvée », tel le grattoir incurvé (fig. 103, n°1). Ces types existent dans la plupart des gisements aurignaciens, mais ils se retrouvent un peu atténués dans les gisements de l'Allier, de la Saône-et-Loire et de l'Yonne (Tilly, Châtelperron. Le Trilobite, Solutré), (fig. 104, n°s 1, 2).

A Menton, des lames à coches très différentes se retrouvent sur des éclats de dimensions bien moindres, et qui en présentent assez souvent plus de deux; mais cependant on peut voir dans les séries recueillies par S. A. S. le Prince de Monaco, qu'il y a une transition complète des formes courantes qui se retrouvent

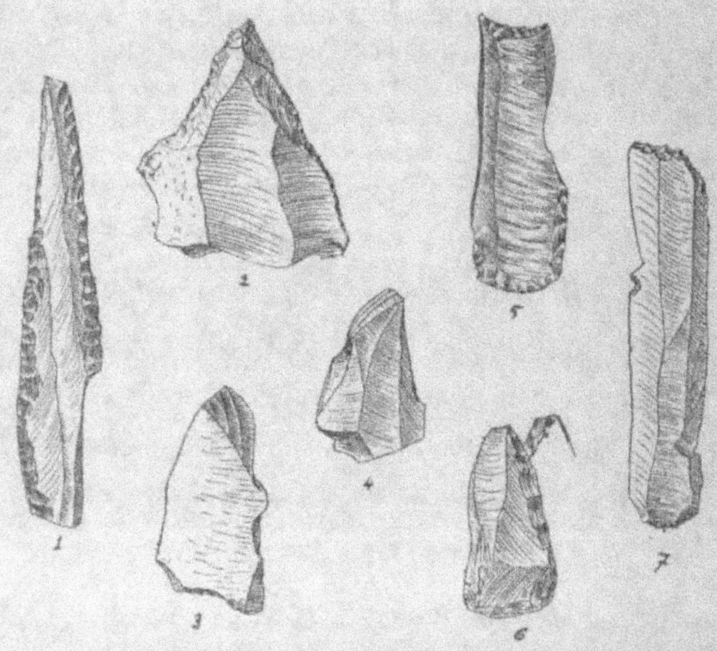

Fig. 105. — Types de burins aurignaciens. (Demi-grandeur.)

1 et 5. Les Cottés (Vienne), coll. R. de Rochebrune. — 2. Niveau de transition du Moustier, coll. Bourlon. — 3 et 6. Gargas, coll. F. Regnault. — 7. Châtelperron, coll. Bailleau. — 4. Le Boultou, coll. Bouyssonie. Le type busqué est bien caractérisé en 4, avec sa couche latérale, et en 3 ; le type latéral avec retouche terminale convexe est bien marqué en 7, et avec retouche terminale concave en 5, et à la partie inférieure de 1.

en nombre appréciable, à celles qui sont particulières au gisement de Grimaldi. D'ailleurs, les lames à petites coches multiples se retrouvent dans l'Aurignacien inférieur de Pair-non-Pair.

Burins. — Je ne m'étendrai pas longtemps sur ces instruments. Les burins au Moustier, sous des formes très lourdes, apparaissent dès la couche moustérienne supérieure (fig. 105, n° 2, fouille de M. Bourlon). M. Piette en a trouvé dès l'extrême base de Brassempouy, également très massifs. Au Bouitou, les assises inférieures n'en présentent guère, mais les assises supérieures en ont abondamment, de tous les types déjà, avec prédominance d'un type busqué que le dessin n° 4, (fig. 105), désigne suffisamment et qui présente, en profil, un côté cintré à enlèvements multiples de lamelles incurvées, et l'autre droit avec une seule facette.

Ces observations, faites par MM. les abbés Bardon et Bouyssonie au Bouitou, ont été faites aussi par M. Septier aux Roches de Pouligny, dont les couches supérieures seules, m'a-t-il dit, lui ont fourni ces burins, avec d'autres de divers types plus courants. Le gisement des Cottés, tout voisin, manque de burin busqué, bien qu'il ait donné divers autres types, comme les n°s 1 et 5 de la figure 103.

Le gisement de Gargas n'a donné que deux mauvais burins, dont un complexe (fig. 105, n° 3), qui, par un bout, rappelle le type busqué. Tarté n'est pas riche non plus (fig. 103, n° 6), du moins jusqu'ici.

A Cro-Magnon, les types les plus fréquents, en négligeant le type normal à deux facettes se coupant à angle aigu, sont du genre 1, 2, 3, et surtout 5 de la fig. 105. A Châtelperron, il y en a peu, ils sont normaux, ou sur angle de lame à retouche terminale convexe (fig. 105, n° 7).

Les foyers anciens de Solutré ont déjà tous les types, mais plus frustes et avec prédominance des types latéraux à retouche terminale oblique et rectiligne, très frustes (fig. 104, n° 3 et 4). La même observation s'applique au gisement Bourguignon du Trilobite.

Grattoirs carénés. — Deux mots seulement sur les autres types de grattoirs, pour noter que les grattoirs sur bout de lame sont généralement plus retouchés et souvent plus larges qu'à une époque plus récente ; la retouche s'étend très fréquemment aux tranchants latéraux, l'arc de cercle terminal manifeste fréquemment une tendance à émettre une sorte de nez ou museau médian (fig. 106, n° 5) ; à côté d'eux, se placent des grattoirs faits sur de larges éclats ovoïdes ou circulaires, d'une retouche magnifique et qui s'étend souvent à tous les bords (fig. 106, n°s 1, 2, 3, 4).

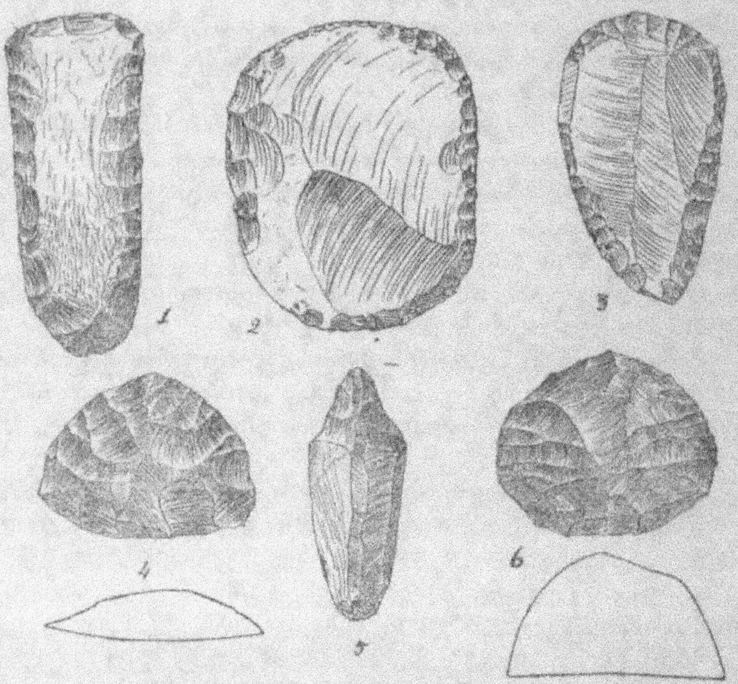

Fig. 106. — Grattoirs aurignaciens. (Demi-grandeur.)

1, 4, 5, 6, Les Cottés, coll. de Rochebrune. — 2, la Gravette. — 3, Cro-Magnon, coll. de Paniagua. (On voit les formes larges qui abondent, et la belle retouche le long de tous les bords. 5 est un grattoir à « nez » ; 6 est un grattoir circulaire épais, résultat de la combinaison de deux grattoirs carénés larges.)

Dans certains cas, cette retouche présente une perfection particulière : elle est faite par longs éclats minces, parallèles, très rarement enlevés sur des éclats peu épais (fig. 106, n° 4), le plus souvent au contraire, au pourtour d'un objet très épais, quelquefois circulaire, comme fig. 106, n° 6, et fig. 108, n° 2, très rarement élargi, comme fig. 108, n° 1, le plus souvent allongé, ovoïde, triangulaire, prismatique, comme fig. 108, n° 3, et toute la série de la fig. 107. Ce qui caractérise avant tout ce groupe d'instruments dont la forme est variable, mais dont l'aspect est bien reconnaissable, c'est, en dehors des retouches à aspect

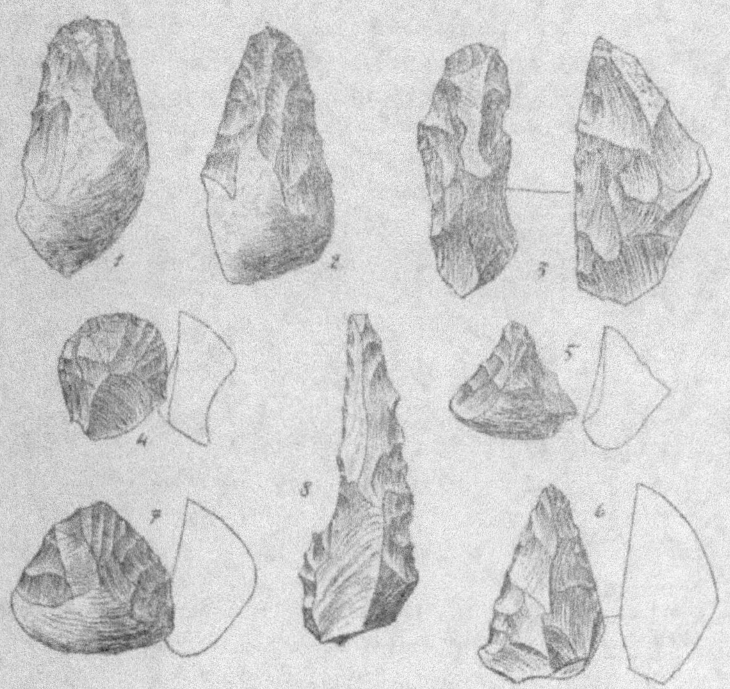

Fig. 107. — Divers types de grattoirs carénés. (Demi-grandeur.)

4 et 7, sub-circulaires; 1 et 2, ovalaires; 5, oblongs; 3 et 6, sub-triangulaires. Le n° 8 est un dérivé prismatique allongé qui passe au taraud, forme plus abondante dans le solutréen. — Provenances : 1, 2, 8, Les Cottés; 4, 5, 5, 7, Cro-Magnon; 3, Tarté.

spécial, la convexité en forme de « carène » renversée que présente l'extrémité. Ce grattoir, remarqué déjà depuis assez longtemps par M. Reverdy, M. Cartailhac, M. Piette, peut être assez facilement confondu, dans ses échantillons les moins nets, avec d'autres objets, surtout adaptés en rabot, qui se retrouvent à des niveaux beaucoup plus élevés, comme, par exemple, à la grotte des Eyzies, à Limeuil, Dordogne (Lorthétien). Au Bouitou, cet instrument n'est pas très abondant à l'extrême base, d'après les renseignements de mes amis MM. les abbés Bardon et Bouyssonie ; à Brassempouy, son niveau est aussi notablement au-dessus des couches à statuettes ; il manque à Châtelperron (Allier), à la Roche-au-Loup (Yonne) ; il est très peu abondant et assez peu net à Solutré (1) (fig. 108), mais il existe à Spy, dans la couche aurignacienne inférieure de la grotte du Trilobite (en très petit nombre), à Germolles, à Tilly ; il est

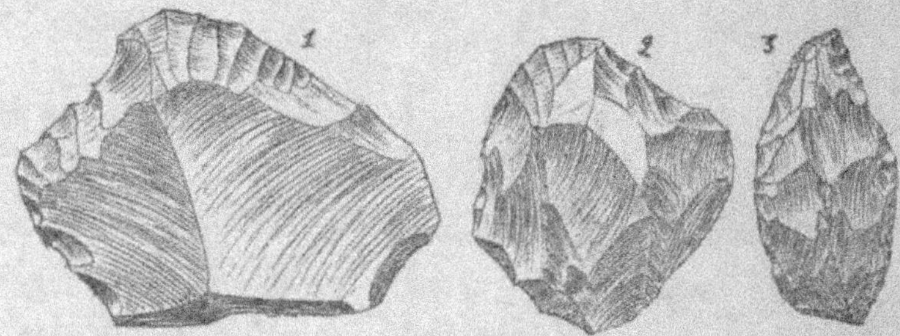

Fig. 108. — Formes de grattoirs à rapprocher des types carénés pour l'épaisseur et la retouche lamellaire ; couches anciennes du Solutré. (Demi-grandeur.)

extrêmement abondant aux Roches de Pouligny, tandis que les Cottés, un peu plus anciens, je crois, en ont très modérément. A Cro-Magnon, à la Ferrassie, ils sont innombrables, ainsi que dans les niveaux moyens et supérieurs du Bouitou ; enfin, dans les Pyrénées, ils sont nombreux à Tarté, à Brassempouy, sont présents à Isturitz et Aurignac, et paraissent manquer à Gargas, qui est plus ancien. Je n'en ai pas vu de la Gravette ni du Petit-Puyrousseau ; ce serait peut-être un indice que cet instrument ne se perpétue pas jusqu'à la fin de l'Aurignacien ; il manque en effet aussi dans l'Aurignacien supérieur du Trilobite. En

(1) Les couches du Renne en ont donné deux ; il y en a 4 ou 5 dans celle du Cheval, tous un peu particuliers.

revanche, il y en a un exemplaire dans la couche moustérienne
supérieure du Moustier, qui a donné aussi une belle lame à
coche, et des couteaux du type de l'abri Audit (coll. de M.
Bourlon). Je n'en connais aucun, même un peu différent, venant
des grottes de Menton.

Outillage en os. — Certains gisements sont très dépourvus
d'instruments en os, bois de renne ou ivoire ; d'autres, au contraire, en possèdent très abondamment ; ils diffèrent, le plus

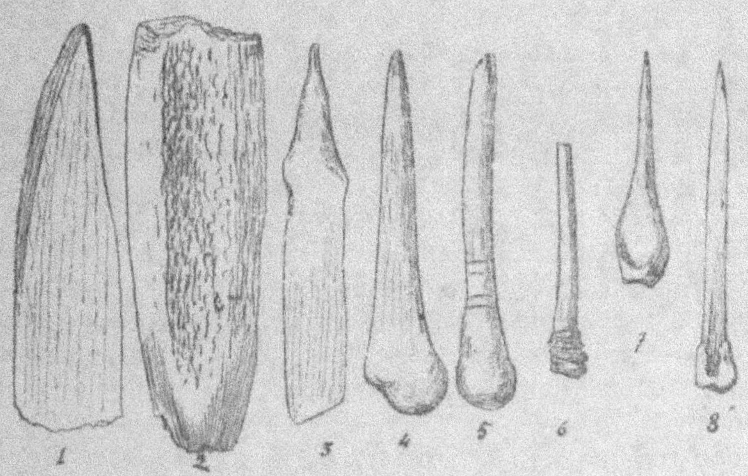

Fig. 109. — Os travaillés aurignaciens aiguisés et appointés. (1/2 grandeur.)

Les n°s 4 à 8 sont des poinçons à tête. — Provenances : 1, 2, 4, 5, Châtelperron ; 3, Gargas ;
6, 7, Le Trilobite ; 8, La Gravette.

souvent, très fort de ceux du magdalénien et aussi souvent de ceux
du solutréen (sauf la base de celui-ci, qui, à Solutré, à Brassempouy, à Arcy, a un outillage en os presque identique à celui
de l'aurignacien). Ce qui domine, ce sont des éclats d'os longs,
de petits os allongés, ou des éclats de gros os longs, affectés en
spatules, en poinçons (fig. 109, n°s 1, 2, 3). Généralement les bois
de cerf ou les os n'étaient pas sciés, comme plus tard, mais

fendus par percussion, puis usés sur une pierre, ou raclés avec un silex. Le burin, comme l'a fait remarquer M. Chauvet pour le gisement sud de la Quina, n'est pas manié comme un outil à approfondir un sillon d'abord tracé légèrement, mais il était plutôt manié comme une gouge, ceci peut même encore se vérifier dans le niveau solutréen de Solutré ; au contraire, c'est déjà inexact au Trilobite, où le débitage du bois de renne en baguettes par des sillons longitudinaux approfondis par le va et vient du burin se trouve dès l'aurignacien supérieur. Les esquilles étaient arrondies généralement au grattoir concave, et bien que leur finesse les rende parfois comparables à d'assez grosses aiguilles sans chas, elles sont toujours reconnaissables, car elles ne sont pas bien calibrées, et les contours longitudinaux restent toujours un peu sinueux.

Parmi les os appointés, on trouve assez souvent des débris d'os larges, ou de petits os longs, ayant gardé tout ou partie de leur épiphyse, qui forme tête (fig. 109, nᵒˢ 4, 5, 7, 8) ; cette tête a même été réalisée de toutes pièces, dans de nombreux cas où elle n'était pas préexistante (fig. 109, nᵒ 6). C'est un des types les plus répandus dans tous les gisements aurignaciens, que le poinçon à tête ; il présente parfois une série de coches ornementales (v. g. une grande épingle à tête, incurvée, des fouilles de Lartet à Gorge d'Enfer).

Un autre type très constant, c'est la pointe d'Aurignac, tantôt à base fendue, tantôt à base non fendue (fig. 110) ; elle est faite le plus souvent en os, parfois en ivoire ou en bois de renne. Il importe de ne jamais la confondre avec les pointes à base *fourchue* des gisements du Mas d'Azil, de Lorthet, Gourdan, Aurensan, etc., et avec des fragments de navettes, comme il s'en est trouvé à Raymonden, au Chaffaud, au Placard et à Laugerie, etc. (couches supérieures) ; ces objets caractérisent des niveaux Gourdaniens assez élevés, beaucoup plus jeunes, par conséquent.

La figure 110 ci-jointe indique suffisamment les variations du type. Les pointes à base fendue se sont trouvées à Menton, à Châtelperron, à Spy, à Montaigle, aux Cottés, à la Chaise, à

Brassempouy (grotte des Hyènes), Aurignac, Tarté, Gorge d'Enfer, la Gravette et Cro-Magnon, — sans oublier la grotte du Trilobite (Yonne). Celles à base non fendue se retrouvent seules à Germolles, aux Roches de Pouligny, à la Quina (station Sud), à la Ferrassie, à Brassempouy (grande grotte), etc.

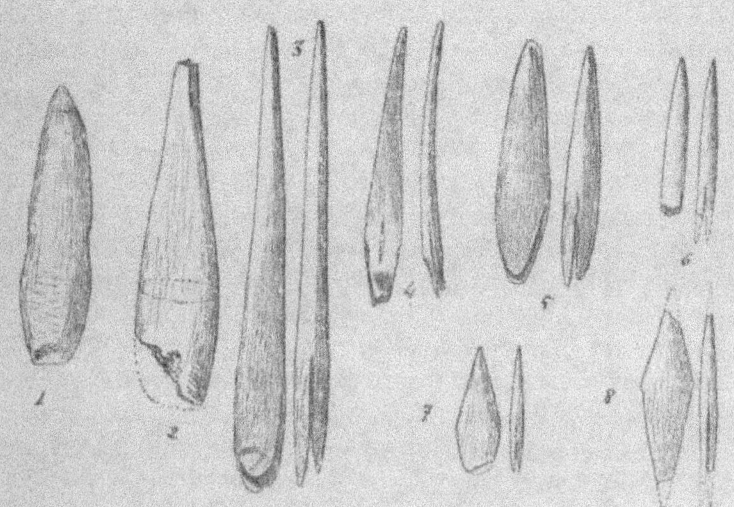

Fig. 110. — Pointes aplaties aurignaciennes, en os,
à base non fendue (1, 2), ou fendue (3 à 8). (Demi-grandeur.)

Provenances : 1, assise à statuettes de Brassempouy ; 2, Le Trilobite (Yonne) ; 3 à 5, Les Cottés (Vienne) ; 6, Grotte des Hyènes à Brassempouy (Landes) ; 8, Spy.

L'outillage en os parfois assez varié, comprend encore des flacons en canon de renne (Les Cottés), des instruments à bords crénelés (Id.), des bâtons de commandement sans gravures (Cro-Magnon, Spy, Solutré), des perles en os d'oiseau, en ivoire, etc.

III. — ŒUVRES D'ART.

1° *Gravures ornementales*. — Elles sont infiniment peu variées, le plus souvent simples coches alignées en séries parallèles, ou se répétant par groupes espacés, ce sont les « marques de chasse » ; dans d'autres cas, il y a des points alignés en séries (Gorge d'Enfer). Rarement on a des constructions linéaires plus complexes : chevrons emboîtés (Spy), lignes parallèles (Trilobite), dents de loup (Pair-non-Pair, Trilobite, Spy), lignes pectinées (Trilobite), diagonales en séries (Cro-Magnon, Trilobite). Dans la couche à statuettes de Brassempouy, il y a des ornements méandriques en bas relief, et d'autres, plus finement ciselés, sur un objet conique en ivoire. Quelques lignes en forme de chevrons emboîtés ornent un galet de serpentine de la Barma-Grande, à Menton, que j'ai dessiné autrefois et que M. Capitan a publié. M. S. Reinach a publié aussi une gravure géométrique fort compliquée, de même origine.

On voit combien simple est l'ornementique aurignacienne : elle n'a pas encore puisé à la source de l'art figuré, qui naît à peine, du moins dans ses manifestations graphiques.

2° *Art figuré*. A) PARIÉTAL. — L'art de peindre et de graver sur les murailles des cavernes et des grottes a certainement commencé dès l'Aurignacien, mais il est généralement impossible de fixer directement ce qui lui revient des nombreuses figures connues, sauf pour la seule caverne de Pair-Non-Pair, où toutes les assises plus récentes que le moustérien sont antérieures au solutréen, et où des assises en place contenant tous les types aurignaciens, grattoirs carénés, lames à coches latérales, burins busqués, nombreuses pointes en silex du type de la Gravette recouvraient complètement les gravures murales découvertes par M. Daleau. Ces gravures datent donc de cette même formation, et plutôt de la partie ancienne que de la plus récente qui la recouvre.

Toutefois, la partie la plus ancienne, éburnéenne, ne recouvrant aucunement ces figures, doit être un peu plus reculée qu'elles ; c'est durant le dépôt de tout ce qui lui est superposé que les Capridés, les Équidés et les Bovidés si primitifs qui ornent les parois, y ont été incisés profondément. Cela nous permet de rapporter une partie des gravures les plus archaïques et des peintures qui présentent le même caractère, à l'époque où se développait la civilisation primitive de l'âge du Renne que nous désignerons, d'un commun accord, du nom d'Aurignacien (1).

B) *Art mobilier :* SCULPTURES. — C'est aux découvertes faite à Brassempouy, particulièrement par M. Piette, que nous devons les principales figurines humaines des niveaux aurignaciens les plus reculés ; elles sont d'un art véritable très réaliste et naïf ; ce ne sont pas des œuvres de débutants. On peut en rapprocher une figurine découverte à Sireuil (Dordogne), dans un gisement en plein air, et qui représente une femme sculptée dans un beau morceau de calcite ; les silex de ce gisement superficiel sont principalement de lourds et larges éclats, et aussi deux grattoirs carénés ; naturellement, les os ne se sont pas conservés. Les figurines de stéatite de Menton, dont plusieurs ont été publiées par MM. Piette et S. Reinach, figurent des femmes stéatopyges ou callipyges, et encore un homme ;

<hr>

(1) Depuis le congrès de Monaco, la découverte de décorations pariétales dans la caverne aurignacienne ancienne de Gargas, permettrait de développer ce paragraphe. La caverne de Gargas ne présente d'autres vestiges d'occupation qu'un amas de cuisine aurignacien, situé à l'entrée de la grotte, et sous les débris du porche éboulé qui a obstrué l'ouverture jusqu'à ces derniers jours. Les décorations pariétales, découvertes par M. F. Regnault, étudiées plus à fond par M. Cartailhac et moi, consistent en mains humaines cernées de noir ou de rouge, faites au patron, en quelques ponctuations de même couleur, en rares dessins incisés figurant très grossièrement un Éléphant, des Chevaux et des Bovidés, en nombreux dessins faits avec le doigt sur l'argile du plafond, généralement complètement inintelligibles comme des gribouillages d'enfants, parfois représentant les traits essentiels d'une silhouette de Cheval ou de Bison conçue de la plus élémentaire façon. Il est remarquable qu'en Espagne, à Castillo, les mains humaines cernées de rouge sont les plus anciens dessins de cette grotte, et se rapportent aussi aux premiers essais artistiques des troglodytes cantabriques.

l'une de celles de M. Piette est *en os*, actuellement très décomposé, mais qui a été travaillé à l'état frais ; elle porte, comme la plupart de ses semblables, des concrétions limoniteuses. Je crois que c'est à tort qu'elles ont été suspectées par plusieurs personnes ; d'ailleurs, M. Cartailhac a remarqué, dans les séries extraites de la grotte des Enfants par M. le chanoine de Villeneuve, un morceau de stéatite serpentineuse sculptée, mais qui est encore à l'état d'ébauche inintelligible.

A Pair-non-Pair, M. Daleau a trouvé des fragments de sculptures en ivoire dans la couche présolutréenne qui reposait directement sur le moustérien ; elle contenait aussi un anneau d'ivoire supportant une belle Cyprea sculptée dans la même masse. L'abbé Bourgeois avait publié, à la Chaise (1), un objet analogue, mais qui, à en juger par le dessin, car l'original est perdu, devait être plus fruste.

La figurine humaine subsiste, avec des caractères très différents, dans des niveaux un peu supérieurs à l'Aurignacien, au Trou Magrite (Belgique). Dans ce dernier pays, le gisement de Spy a donné, dans un niveau aurignacien, des os découpés assez spéciaux, dont le sens est indiscutable jusqu'à présent, mais qui peuvent avoir une origine figurée.

GRAVURES. — Nous avons vu des gravures murales à Pair-non-Pair ; y en avait-il de dimensions réduites ?

Dernièrement, en étudiant les collections de M. l'abbé Parat, extraites par lui de la grotte du Trilobite, où les niveaux étaient extrêmement distincts et bien séparés et où le contenu de chacun a été très soigneusement mis à part, j'ai remarqué plusieurs faits importants : l'assise aurignacienne inférieure, qui reposait directement sur le moustérien, a donné un os labouré de nombreuses lignes profondes, qui font songer aux traits accumulés sur les murailles de la grotte Chabot, mais qui ne sont pas intelligibles.

---

(1) Il y avait aussi, à la Chaise, une assise Lorthétienne, du magdalénien supérieur, avec ciseaux cylindriques en bois de renne, dont les côtés étaient ornés de ciselures figurant des chevaux et cervidés en file, du style de ceux de la Madeleine et du Souci. M. Bourgeois ne fait aucune distinction entre ces couches.

— L'assise aurignacienne supérieure, qui contient nombre d'objets de bois de renne ornés de lignes pectinées, de marques de chasses et de dents de loup, et qui a fourni la seule pointe (1) à base fendue du gisement, avait déjà donné un os gravé d'une sorte de rameau végétal; en examinant divers galets utilisés qui en proviennent, j'en remarquai un qui présentait de nombreuses lignes sinueuses entrecroisées dans tous les sens; après un examen approfondi je reconnus plusieurs silhouettes d'animaux (Bovidés et surtout Rhinocéros tichorinus à deux cornes), d'un tracé très net, mais très primitif. Comme je publie une monographie de cet objet, je me contente de le mentionner ici, à l'appui de cette thèse, que, dès l'Aurignacien supérieur, ici très nettement sous-jacent à une couche solutréenne inférieure, elle-même recouverte par des couches gourdaniennes de l'âge du Renne supérieur, il y a non seulement des gravures primitives sur murailles, mais aussi des gravures sur de petits objets, comme un galet schisteux, qui présente d'ailleurs aussi un aspect assez primitif. On peut indiquer, comme probablement aurignaciennes, deux autres gravures sur éclats d'os, représentant, l'une, un être humain, l'autre un Bison, et provenant de Cro-Magnon. M. Daleau m'a aussi montré plusieurs essais de gravures animales, très informes, de ses fouilles aurignaciennes de Pair-non-Pair.

CONCLUSION.

De tout ce qui précède, il résulte qu'il ne reste plus aucun doute possible sur la position stratigraphique de l'ensemble des gisements du groupe d'Aurignac, ou aurignacien; ils sont incontestablement présolutréens, ainsi que MM. Lartet et Hamy l'avaient à juste titre soutenu en France dès le début, tandis que M. Dupont l'avait fait en Belgique. Depuis, M. Piette a eu beaucoup de mal à faire admettre que ses assises éburnéennes

____

(1) Elle avait échappé, comme telle, à l'attention de M. Parat.

étaient bien présolutréennes et constituaient le type primitif des gisements de l'âge du Renne. Les fouilles de S. A. S. le Prince de Monaco, à Menton, ont rendu de l'actualité à ce sujet. M. Cartailhac avait été frappé du caractère archaïque de l'outillage de Tarté (Haute-Garonne), il procédait à une reprise de cette question. Moi-même, par l'étude de l'outillage des Cottés, par l'examen répété et approfondi des belles récoltes de MM. Bardon et Bouyssonie près de Brive, et par la révision de nombreuses collections, je m'y était acheminé. M. Cartailhac et moi avons souvent échangé nos idées à ce sujet, et je ne saurais trop dire tout ce que doivent à nos conversations les pages qui précèdent.

C'est durant cette première phase de l'âge du Renne que se sont élaborés les principaux types élémentaires de silex et d'os d'où sont dérivés le Solutréen et le Magdalénien; c'est aussi dès ce moment que les premiers efforts des chasseurs de Chevaux et de Mammouths ont réalisés les figurines, les gravures sur os ou sur roches, les fresques élémentaires qui sont les premiers pas vers le grand art du magdalénien, chasseur de Bisons et de Rennes.

On a vu que j'ai souvent indiqué des particularités qui se retrouvent spécialement à un niveau particulier de l'Aurignacien : ces indications sont précieuses, mais elles ne laissent pas dans la pratique d'être d'un maniement assez délicat. En tout cas, je voudrais qu'on tende à ne leur donner qu'une valeur analogue à celle des subdivisions détaillées de l'époque de Hallstatt ou de la Tène. Cette valeur a bien une certaine signification de succession, mais elle est assez relative et plastique pour comporter à côté de la signification d'une succession rigoureuse, bien des retards, bien des survivances, bien des régressions, bien des « idiotismes » régionaux, ou même des spécialisations plus limitées, dues tantôt à des usages particuliers, tantôt à la division du travail.

M. S. Reinach demande si la désignation de *présolutréen*, qui indique seulement l'antériorité, n'offre pas d'inconvénients ; peut-être vaudrait-il mieux diviser le solutréen en étages et distinguer ces étages par des numéros d'ordre (solutréen I, II, III, etc.).

M. l'Abbé Breuil. — S'il est possible de numéroter, comme pour les période de l'âge du Fer, les assises de l'âge du Renne, je crois que ce serait contraire à l'usage de le faire : d'ailleurs on ne peut confondre le présolutréen avec le solutréen, dont il est aussi distinct que celui-ci du magdalénien. Or, on ne peut songer à supprimer ces deux noms, il en faut donc un nouveau : M. Cartailhac et moi, nous sommes entendus avec M. Rutot pour adopter, pour l'ensemble de ces diverses assises « présolutréennes de France et de Belgique » le terme d'*aurignacien*.

M. Rutot. — Je suis heureux de voir M. l'Abbé Breuil entré dans la voie qu'il vient de nous exposer, car la division nouvelle qu'il propose d'introduire, le *présolutréen*, vient combler une lacune considérable de la classification de G. de Mortillet, comprise entre le moustérien et le solutréen.

Il y aura bientôt quarante ans que la notion de l'existence d'un terme intermédiaire entre ces divisions a été signalée par M. Ed. Dupont, directeur du Musée royal d'Histoire naturelle de Bruxelles ; ce terme étant connu sous le nom de niveau de Montaigle (vallée de la Molignée).

Je puis même annoncer au Congrès un fait nouveau : en vue de la nouvelle installation des collections recueillies dans les cavernes de Belgique qu'il a fouillées avec tant de succès, M. Ed. Dupont vient de soumettre ses nombreux matériaux à une nouvelle étude approfondie, et l'un des résultats les plus intéressants de cette révision consiste dans la reconnaissance d'un terme présolutréen antérieur au niveau de Montaigle, rencontré avec un magnifique développement dans la caverne d'Hastière (vallée de la Meuse).

En Belgique, ce qui correspond au présolutréen de M. l'abbé Breuil, comprend donc actuellement deux niveaux successifs, l'un, le plus ancien, ou *niveau d'Hastière* ; l'autre, supérieur ou *niveau de Montaigle*.

Au point de vue des éléments lithiques, les deux niveaux montrent un outillage à aspect franchement moustérien, un peu évolué.

Si les autres éléments de l'industrie n'avaient point été conservés, il eut fallu considérer ces niveaux comme moustériens ; mais heureusement tout a été conservé, et ce sont les instruments en os qui viennent caractériser l'ensemble.

D'après M. Ed. Dupont, la caverne d'Hastière n'a été habitée que par les présolutréens les plus anciens, qui y ont délaissé un riche outillage de silex, réparti en trois niveaux distincts et superposés, mais identiques.

A de nombreuses formes moustériennes plus ou moins évoluées, comprenant le coup de poing acheuléen en décadence, s'ajoutent les premiers représentants de l'industrie de l'os, encore rudimentaire.

Plus haut, au niveau de Montaigle, à des instruments moustériens un peu plus évolués, s'adjoignent des objets en os ou en ivoire indiquant un perfectionnement évident et comprenant la fameuse pointe à base fendue, dite « pointe d'Aurignac », des sifflets en phalanges de renne, des lissoirs, des poinçons, etc.

C'est au-dessus du niveau de Montaigle qu'apparaît le niveau de Pont-à-Lesse si bien représenté au Trou-Magrite, qui correspond approximativement au solutréen.

On voit donc que M. l'abbé Breuil a eu non seulement raison de créer le présolutréen, mais aussi d'y introduire des subdivisions.

Déjà on croit pouvoir reconnaître, dans son niveau inférieur à silex à faciès moustérien, le niveau belge d'Hastière.

De même, le niveau moyen correspond probablement à celui de Montaigle, les quelques variantes que l'on constate étant facilement explicables par la distance des gisements.

Certes, nos indigènes d'Hastière étaient sans doute loin d'exécuter des statuettes d'ivoire, car celles-ci n'apparaissent que dans le niveau solutréen du Trou-Magrite ; mais déjà dans le niveau de Montaigle, la pointe d'Aurignac apparaît comme dans le niveau moyen de M. l'abbé Breuil, et c'est là assurément une concordance bien remarquable.

M. Ed. Dupont considère, à juste titre, nos Troglodytes comme des essaims partis du sud de la France ; à leur arrivée dans nos régions, ils avaient moins évolué que les populations restées sur place et il n'y a rien d'étonnant de trouver nos présolutréens en retard sur leurs congénères de la Vézère.

Ce retard semble s'accentuer, au moins en ce qui concerne les instruments de pierre, chez nos Montaigliens, qui conservent leur outillage moustérien, alors que les habitants du Périgord ont déjà adopté une industrie basée en partie sur l'emploi des lames, ce qui donne à l'ensemble un facies magdalénien.

Enfin, il sera intéressant de comparer le niveau du Trou-Magrite soit au niveau supérieur du présolutréen, soit au solutréen proprement dit.

Il n'est pas certain que le synchronisme absolu puisse s'établir, car M. Ed. Dupont a montré que le Trou-Magrite — ni aucune autre caverne de Belgique — ne renferme d'instruments solutréens typiques, et un premier coup d'œil fait apercevoir quelques différences.

C'est ainsi qu'au Trou-Magrite, il existe bon nombre d'instruments de silex en lames, très retouchés, rappelant le présolutréen moyen de M. l'abbé Breuil, tandis que nous rencontrons au même niveau la pointe de flèche à pédoncule, que notre savant confrère français signale comme caractérisant le niveau le plus inférieur du solutréen.

Mais ces petites différences, très naturelles, n'empêchent nullement les grandes lignes de concorder parfaitement, et actuellement l'existence généralisée du nouveau terme ne peut plus être mise en doute.

Aussi ne me reste-t-il plus qu'une petite observation à présenter.

Je suis d'avis que le mot présolutréen n'est pas niable, pas plus que tous les autres noms composés qui ont été créés et qui ont toujours un caractère provisoire.

Le présolutréen est une division autonome, comme le chelléen, le moustérien, le magdalénien, etc., et dès lors il doit recevoir un nom à étymologie analogue à ceux qui viennent d'être cités.

Or, dans le cours de conversations, j'ai entendu prononcer le mot *aurignacien* comme pouvant remplacer celui de présolutréen.

Ce mot ne sonne peut-être pas aussi bien que des oreilles délicates pourraient le désirer, mais tel qu'il est il me semble acceptable et, personnellement, s'il était proposé, je ne m'opposerais pas à son adoption; il rappellerait la « pointe d'Aurignac » qui est, jusqu'ici, l'instrument paraissant assurer le meilleur synchronisme entre le Midi de la France et la Belgique.

La Station quaternaire d'Ali-Bacha
à Bougie (Algérie)

(Résumé du travail)

par M. DEBRUGE

———

Au congrès de l'Association française pour l'avancement des sciences tenu à Montauban en 1902, nous avons exposé les premiers résultats de nos fouilles dans la grotte Ali-Bacha, laquelle, par l'industrie et surtout les ossements humains recueillis, peut être considérée comme sépulcrale.

Afin d'avoir une idée plus nette sur l'époque d'occupation de cette grotte, de nouvelles recherches s'imposaient. A peu de distance, sur un plateau en pente douce et au pied d'un puissant massif de rochers appartenant au crétacé supérieur, nous avions pu recueillir des ossements anciens et des silex ; c'était la station, le lieu d'habitat, en plein centre de laquelle nous avons ouvert deux importantes fouilles.

Sur 6 mètres de longueur et 2 m. 5o de largeur et dans un sens perpendiculaire au massif, le terrain a été remué soigneusement ; nous résumerons ainsi cette première fouille : (Coupe fig. 111).

1° Couche végétale, humus, épaisseur o m. 3o.

2° Couche cendreuse, noirâtre ; dans laquelle on rencontre de nombreux ossements déjà fossilisés, faune d'actualité, des hélix broyées en quantité considérable, le tout au milieu d'un véritable et puissant cailloutis. Industrie du silex de l'époque néolithique ancienne, beaucoup d'os fendus dans le sens longitudinal, presque toujours en pointe, fait intentionnel sans doute, signalé déjà en 1902, dans notre fouille de la grotte voisine, épaisseur moyenne : 1 mètre.

3° Couche à foyers de 1 mètre d'épaisseur, cendres rouges compactes. Rares ossements, nombreux silex d'un beau travail dans lequel on retrouve la taille moustérienne.

4° Couche argilo-cendreuse, de 1 m. 20 à 1 m. 70 selon la déclivité du sol, reposant sur le quaternaire ancien, schiste blanchâtre en désagrégation.

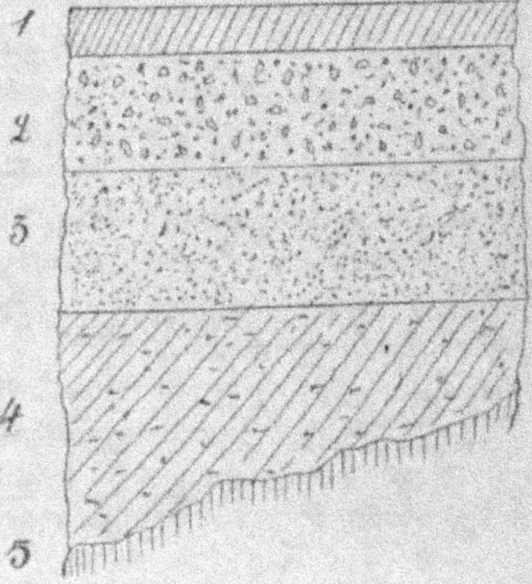

Fig. 111. — Coupe transversale, station.

1. Humus couche végétale, 0^m30. — 2. Cendres noires, cailloutis, 0^m80 à 1^m.
3. Cendres rouges, foyers, 1^m. — 4. Couche argilo-cendreuse, 1^m70. — 5. Crétacé supérieur.

Cette couche, la plus importante par son caractère en place et particulier, nous procure une faune remarquable avec une industrie franchement moustérienne du début et même certains quartzites et calcaires chelléens.

Les silex sont choisis et d'un travail beaucoup plus soigné que ceux recueillis dans les couches supérieures.

La présence d'un rocher, détaché de la montagne à une époque postérieure à la dernière époque d'habitat, nous empêchant de continuer cette fouille par le haut, nous en avons fait ouvrir une seconde, parallèle à la première, en nous portant à 6 mètres vers la gauche et en prenant comme base le milieu de la précédente.

Mêmes dispositions, mêmes stratifications et mêmes particularités, un peu plus d'épaisseur toutefois, puisque nous ne rencontrons le schiste désagrégé qu'à 4 m. 30 de profondeur. Les

Fig. 112. — Calcaire et Quartzite (taille chelléenne).

foyers plus puissants et l'industrie rare, nous ont fait supposer que les primitifs de la station se sont tenus là surtout pour leurs besoins d'alimentation.

INDUSTRIES. — *Poterie* : Aucune trace.

Os poli, une faible pointe fragmentée, provenant de la couche 2 (cendres noires) ainsi que l'extrémité d'un objet en forme de spatule, taillé dans un os plein et plat, recueilli dans la couche 4 (argilo-cendreuse).

Ornements. Deux perles ayant l'aspect de deux petits cylindres et paraissant provenir de la dernière spire d'une coquille marine, couche 2 ; une *turitella triplicata* perforée et quelques valves de pétoncles recueillies dans la couche 4. Quelques morceaux d'hématite, ocre, fer oligiste écailleux, à signaler également dans cette couche la plus ancienne.

Silex, calcaires et quartzites. Nous avons retenu de ces deux fouilles une quantité considérable de silex, calcaires et quarzites taillés (fig. 112) ; ce sont : des nuclei, des grattoirs, des pointes recourbées en bec de perroquet, des pointes droites (fig. 113), des lames (fig. 114) et des burins. Beaucoup de spécimens sont retou-

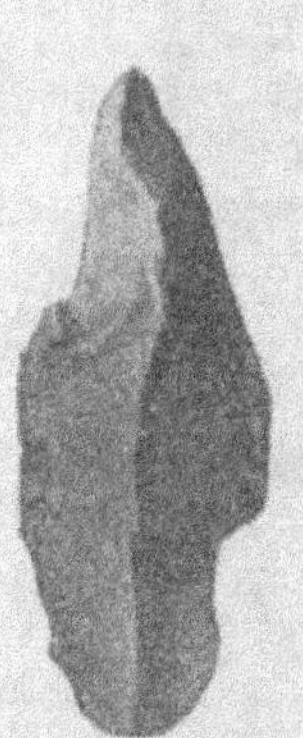
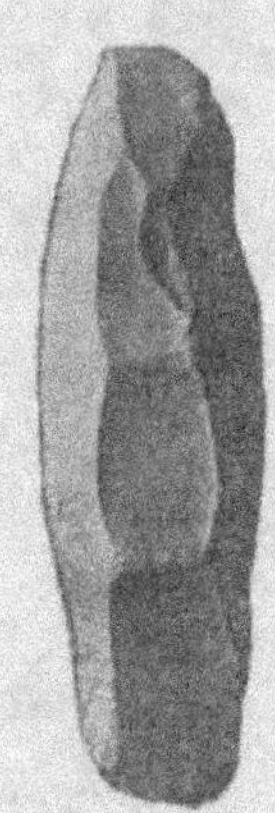
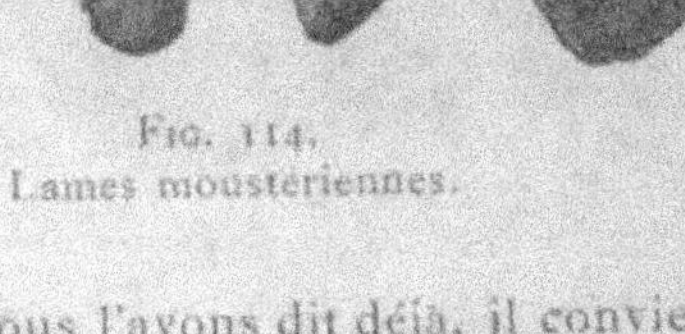

Fig. 113.
Pointe droite.

Fig. 114.
Lames moustériennes.

chés avec finesse et, ainsi que nous l'avons dit déjà, il convient de distinguer deux industries différentes, néolithique ancienne et moustérienne de début.

FAUNE MALACOLOGIQUE. — *Coquillages terrestres. Cyclostoma multisulcatum, hélix asperna* nombreuses et souvent calcinées, *rumina decollata.*

Coquillages marins. Ainsi que l'a présumé le Dr Delisle en 1902, les troglodytes de la station d'Ali-Bacha, devaient comme les Fuégiens, vivre surtout de la mer et tant dans la grotte que sur le lieu d'habitat — car la faune et l'industrie étant la même, nous ne ferons aucune distinction — nous signalerons : *cardium*

*tuberculatum ; cardium edule ; fissurella gibberula ; mactra cora-
lina ; meretrix chione ; mytilus africanus ; patella caerulea ;
aspera lusitanica, ferruginea ; pectunculus pilosus, violacescens ;
pecten Jacobaeus,* dont plusieurs fragments paraissent taillés
intentionnellement ; *turitella triplicata.*

Faune terrestre. — 1° Bovidés : *Ruminants, bubalus antiquus, bos primigenius, bos curridens* et un *bos* sp...? 2° Boséla-
phes. *Boselaphus saldensis, boselaphus probubalis, connochœtes
prognu.* 3° Antilopidés. *Antilope maupasi, antilope ef triquetri-
cornis.* 4° Cervidés *Cervus pachygenis.* 5° Ovidés. *Ovis ef afri-
cana ;* d'autres variétés n'ont pu être reconnues faute de documents complets.

Pachydermes. *Rhinocéros subinermis,* equus mauritanicus ou
africanus, *sus barbarus.*

Rongeurs : *Hystrix cristata.*

Carnassiers. *Hyœna vulgaris, hyœna spelœa, canis familiaris,
felix spelœa, ursus sp ?*

Oiseaux : Ossements rares et indéterminables.

Homme : Fera l'objet d'un chapitre spécial.

La grotte sépulcrale Ali-Bacha.

Notre première fouille dans la grotte d'Ali-Bacha date de
1902, et le compte rendu en a paru cette même année, au
Congrès de l'Association française pour l'Avancement des
Sciences, à Montauban.

Avec les matériaux incomplets que nous avions communi-
qués à notre collègue, M. le D' Delisle, il avait pu reconnaître
les restes d'au moins neuf individus différents et il pensait que
plusieurs pièces présentaient certains caractères communs avec
la race dite de Cro-Magnon.

Cette première fouille s'était arrêtée à 18 mètres dans la
profondeur du massif rocheux, crétacé supérieur, et d'après la
disposition, pour permettre le passage, il nous avait fallu rem-
blayer les deux caveaux fouillés en façade.

C'était notre début dans les recherches pratiquées dans une grotte, nous n'en avions pas toute satisfaction, et en présence des résultats obtenus dans le but surtout d'avoir les caveaux en état, une reprise de fouilles s'imposait.

En soubassement et vers l'horizontalité de la couche inférieure, le cone de déjection fut repris ; par ce moyen nous obtenions un jour naturel, suffisant pour nos recherches. Lors de notre première fouille, nous avions remarqué que toujours les restes humains exhumés, se trouvaient garantis par un cailloutis

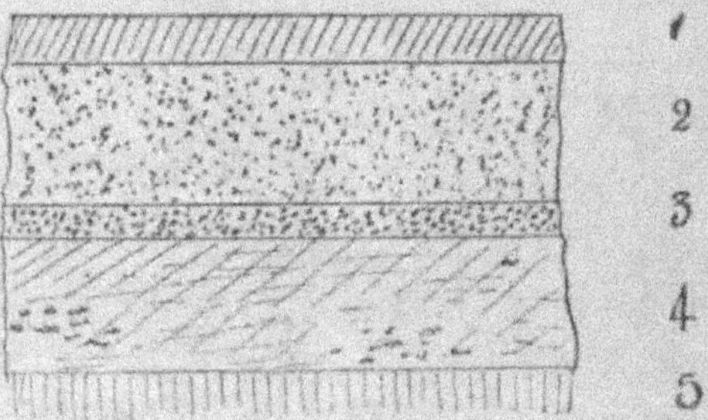

Fig. 115. — Coupe transversale. Grotte.

1. Poussière, débris d'actualité, 0m 20. — 2. Argile ferrugineuse. Silex, charbons, 0m 90. — 3. Banc d'hélix, cendres noires, riche, 0m 13. — 4. Cendreux par le haut, argilo-cendreux par le bas. Silex, quartzites, calcaires, 0m 75. — Sol jaunâtre, compacte, stalagmitique.

protecteur. Les suintements stalagmitiques en avaient fait de véritables conglomérats et la pioche n'y pénétrait qu'avec difficulté.

A droite en entrant dans le premier caveau et vers ce que nous avions pu prendre pour la paroi de la grotte, à la profondeur de 2 mètres, c'est-à-dire presque sur le sol naturel, derrière une de ces barrières intentionnelles, nous avons été assez heureux pour dégager de nombreux ossements humains, dont la tête presque complète. Elle reposait regardant l'ouverture Est, dans une sorte de petite niche, entre un éperon du roc et la paroi. Une pierre plate la protégeait au-dessus et la position était celle qu'elle aurait occupée sur les épaules avec une légère inclinaison sur la gauche. Par suite du tassement des terres, la partie gauche portant sur l'éperon se trouvait refoulée dans l'intérieur, mais au dégagement, à part cette particularité, la tête était dans une situation normale. La position de la mâchoire lui donnait un aspect anguleux et démesurément allongé.

Tous les ossements qui l'accompagnaient, se trouvaient ramassés sans aucune connexion entre eux, un peu en avant et dans un espace de o m. 40 carré tout au plus. De ce fait, déjà signalé en 1902, il y a lieu de conclure à l'inhumation après décharnement préalable et nous laisserons la parole au docteur Delisle ; avec les anciens documents qu'il possède, il pourra peut-être reconnaître quelle a été la race ancienne du littoral africain qui, à cette époque reculée, avait élu domicile dans les massifs du Gourraya.

Tout le mobilier archéologique accompagnant le cadavre a été soigneusement séparé, il se décompose comme suit :

1. Racloir en calcaire siliceux patine verdâtre.

2-3. Lames en silex terreux.

4. Pointe en calcaire siliceux.

5. Grattoir sans retouches en quartzite brillant.

6. Grattoir de côté en silex noirâtre.

7. Pointe en silex translucide jaunâtre.

8. Grattoir en silex patine blanchâtre.

9-10. Lames en silex noirâtre.

11. Petit grattoir circulaire, silex noir brillant.

12-13. Lames-grattoirs en silex.

14. Pointe en silex noir.

15-16. Burins finement retouchés en silex terreux.

17. Lame en silex jaunâtre.

18. Pointe-lame retouchée sur le bout et d'un seul côté, silex terreux.

19. Morceau d'hématite carminé dans sa gangue de dépôts.

20. Coquillage perforé et peint en rouge. *Turritella triplicata*

21. Incisive de ruminant. — Sortait de l'orbite de l'œil droit — ?

22. Molaire d'ursus sp? recueillie tout près de la tête.

Nous donnons, fig. 115, une coupe du terrain de ce caveau,

ayant la plus grande analogie avec celui de la station en place. Faune et industrie identiques.

En continuant notre fouille, d'autres ossements humains ont encore été recueillis ; dans le second caveau les restes poussiéreux d'un tout jeune enfant ; plus loin, dans un réduit du troisième caveau une forte portion de tête remarquable par sa grande épaisseur ; enfin vers la profondeur de 15 mètres en contournant un bloc de rocher attenant au sol, des débris d'un jeune individu, en fort mauvais état de conservation.

Nous avons signalé, en 1902, une particularité assez intriguante : la présence, à une assez grande profondeur, de scories cuivreuses et les débris d'un creuset pour la fonte de ce métal.

Nous pouvons aujourd'hui en donner l'explication. Vers la gauche du troisième caveau, dans un endroit très obscur qui avait pu nous échapper — et là seulement nous pouvons signaler la présence du cuivre — existait une poche profonde, se continuant perpendiculairement à la base d'un tablier horizontal et de formation stalagmitique. Sur ce tablier, le fondeur primitif s'est tenu et les déchets et produits de son industrie sont tombés dans la poche que nous avons pu dégager à grand peine.

Comme il convient de s'y attendre là, l'industrie est un peu mêlée. Ossements peu anciens, de rares silex descendus de plus haut, mais ce qu'il y a lieu de mentionner par dessus tout, c'est la présence de près de 3 kilos de cuivre rouge, sous forme de déchets et de lingots fort curieux que nous présentons comme une première tentative faite pour la fabrication de monnaies.

Avant d'arriver à la perfection relative des premières pièces, forme et signes distinctifs, l'archéologie ne nous dit pas grand chose de la période de tâtonnement qui a dû précéder.

Nous avons découvert une série de pièces recueillies ; régulièrement aplaties, de 2 ou 3 millimètres d'épaisseur tout au plus ; elles sont carrées, trapézoïdales, en losange, ovales et rondes. Si, au cours de nos recherches, nous n'avions trouvé que quelques lingots analogues, la chose aurait pu ne pas nous frapper ; mais nous nous trouvons en présence de plusieurs centaines et l'intention, la certitude apparaît trop clairement, pour ne pas la signaler.

Le martelage a été obtenu, semble-t-il, assez facilement ; la seule difficulté rencontrée paraît avoir été le découpage et, sans doute qu'après un amorçage de rainure assez profonde, on devait continuer par le cassage pur et simple.

L'analyse, faite par les soins de l'École supérieure des Sciences d'Alger, donne la composition suivante :

Densité	8,445
Cuivre	90,32
Argent	4,09
Étain	3,68
Plomb	1,24
Fer	0,32
Indéterminé	0,35

Nous ne ferons pas de distinction entre la faune et l'industrie, tant de la grotte, que de la station Ali-Bacha, c'est identiquement la même chose et nous ajouterons simplement que dans la grotte sépulcrale, les objets recueillis sont choisis, offrandes sans doute aux défunts. En 1902, nous avons mentionné quelques débris de poterie à pâte grossière et mal cuite ; deux dessins ont été reproduits.

L'os est rare ; une vingtaine de pièces, lissoirs, perçoirs, aiguilles quoique soigneusement polies n'ont aucun rapport avec la belle industrie magdalénienne.

L'ornement de prédilection consistait en coquillages perforés, jamais en nombre et réunis, *turitella triplicata*, espèce paraissant fossile, parfois peinte en rouge ; *pectunculus, cardium,* une trentaine environ.

Pour terminer enfin, disons que la présence d'un nombre respectable de morceaux d'ocre de diverses couleurs, d'hématite et de fer oligiste écailleux, permet de supposer que les anciens habitants de la grotte Ali-Bacha, se teignaient et se tatouaient.

Deuxième note
sur les Ossements humains préhistoriques de la grotte Ali-Bacha, près Bougie

(Fouilles de M. A. Debruge)

par M. le Dr Fernand DELISLE

Dans une courte note publiée en 1902 (1), nous avons résumé les différentes observations qu'on pouvait faire après l'examen des pièces ostéologiques que M. Debruge nous avait demandé d'examiner.

Depuis lors, M. Debruge a continué avec succès ses fouilles dans la grotte Ali-Bacha et c'est le résultat des recherches faites sur les nouveaux documents ostéologiques que nous allons exposer ci-dessous.

M. Debruge a trouvé les restes de plusieurs crânes, mais un seul est suffisamment complet pour pouvoir être étudié. La comparaison des photographies jointes au mémoire de M. Debruge et de celles figurées à la présente note montrent les différences obtenues dans les essais de la reconstitution. Elles sont assez différentes pour qu'on se demande quelle en est la cause, d'autant que le type cranien n'apparaît plus le même dans les deux cas.

La tentative de restauration de M. Debruge consista à raccorder entre eux les fragments osseux qui se juxtaposaient

---

(1) Docteur Fernand DELISLE. — *Note sur les ossements humains de la Grotte Ali-Bacha.* — *Association française pour l'Avancement des Sciences.* 31e Session, Montauban, 1902 2e partie, p. 883 et s.

symétriquement sans se préoccuper des espaces plus ou moins grands qui les séparaient ; de là une inexactitude et une exagération de certaines dimensions qu'il fallait à tout prix éviter. Les bords de la plupart de ces fragments étaient plus ou moins encroutés par de la brèche très dure, compacte et ayant plus de deux millimètres en certains points, empêchant ainsi l'affrontement exact des cassures anciennes. De là l'élargissement exagéré de la région portérieure du crâne. Ajoutez à cela une position défectueuse du crâne ainsi refait, au moment de la photographie, et on comprendra quelle erreur devait résulter de l'analyse morphologique faite seulement d'après la photographie.

Pour reconstituer le crâne de la Grotte Ali-Bacha qui est soumis à l'appréciation du Congrès de Monaco, nous avons, avec les plus grandes précautions, défait la restautation de M. Debruge, et après avoir désencroutté de leur gangue de brèche tous les fragments, nous avons reconstitué le crâne tel qu'il est actuellement. Sans doute, il est incomplet, sa forme n'est pas symétrique, mais il faut tenir compte de l'état dans lequel il était au moment de la trouvaille et de son long séjour dans la terre où il était soumis à des pressions déformantes depuis plusieurs milliers d'années.

M. Debruge ayant longuement exposé dans son travail les conditions de la découverte, nous nous contentons de donner la description de la pièce. Il y a trois parties distinctes du même sujet :

1° La voûte crânienne,
2° Le maxillaire supérieur.
3° Le maximilaire inférieur.

Voûte crânienne. — Elle est fort incomplète ; il manque différentes portions des bords latéraux du frontal, une grande partie des temporaux, du gauche principalement, ainsi que du pariétal gauche et de l'occipital.

Il ne reste rien de la base. Les apophyses mastoïdes sont conservées et permettent de compléter les plans latéraux du crâne.

C'est le crâne d'un sujet masculin ; les os sont épais, débarrassés des matières minérales et ils happent à la langue.

Le frontal est remarquable par sa forme générale ; saillie considérable du rebord sourcillier qui forme un bourrelet très épais, légèrement gondolé au niveau de la glabelle et qui se prolonge des deux côtés jusqu'aux apophyses orbitaires. Ces apophyses sont nettement détachées et le paraissent d'autant

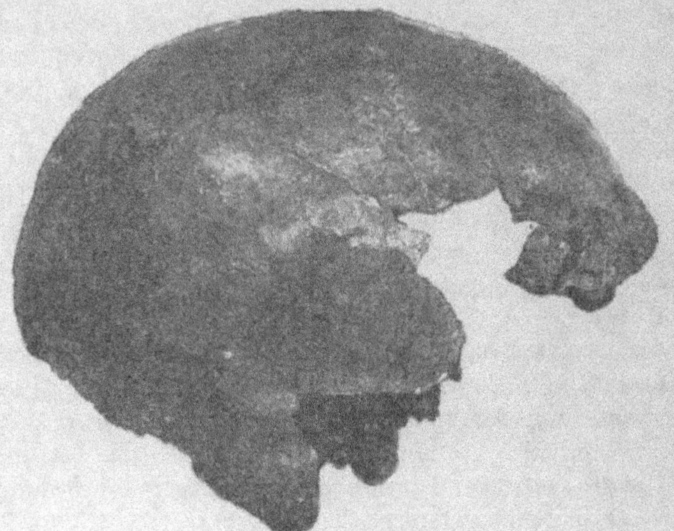

Fig. 116. — Crâne de la grotte Ali-Bacha, Bougie.
(Profil, demi-grandeur.)

plus qu'en arrière le frontal est très étroit, plus étroit même que celui qui m'avait été communiqué en 1902. Diamètre frontal minimum 88 millimètres.

Vu de profil, il est nettement fuyant, mais sa courbe est régulière, point trop surbaissée, à partir de la dépression qui se dessine en arrière de la saillie sourcillière.

La racine du nez est épaisse et très enfoncée.

Au-dessus du bregma, il y a un léger renflement de la suture sagittale, et, de chaque côté, sur les pariétaux, cela est plus

visible à droite qu'à gauche, il existe une sorte de gouttière post
frontale qui va s'élargissant à mesure qu'elle descend vers la
fosse temporale.

La partie supério-antérieure du pariétal gauche manque et,
par cette vaste perte de substance, on peut constater que l'épaisseur de la voûte dépasse un centimètre.

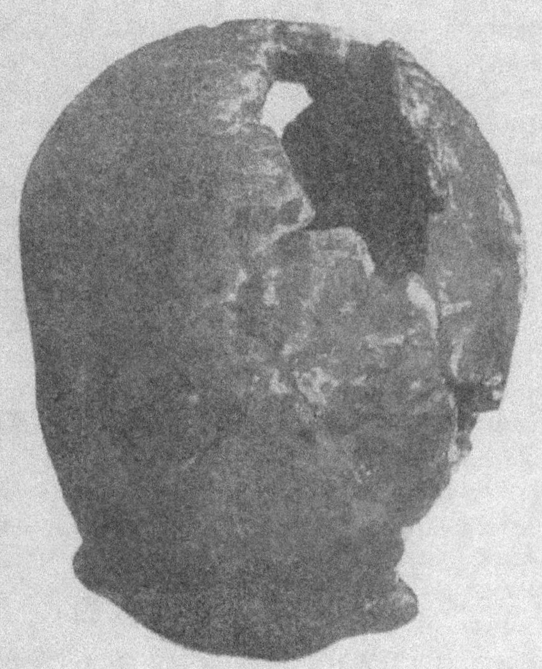

Fig. 117. — Crâne de la grotte Ali-Bacha, Bougie. *Norma verticalis.*
(Demi-grandeur.)

Les bosses pariétales sont très accusées et les plans latéraux
du crâne très hauts et très aplatis. La pièce vue de face, reposant
sur les apophyses mastoïdes dans la position normale, a un
aspect pentagonal.

Les temporaux et l'occipital sont, avons-nous déjà dit, fort
incomplets, toutefois il a été possible de prendre l'Indice céphalique.

Diamètre antéro-postérieur max	....	188^{mm}
Id. transverse max	....	139^{mm}
Id. frontal min	....	88^{mm}
Indice céphalique de longueur largeur	....	73, 93

soit nettement dolichocéphale.

De plus, vu sa faible longueur relative, il donne l'impression d'un crâne hypsicéphale.

Mâchoire supérieure. — De la mâchoire supérieure, il reste en place toute l'arcade dentaire antérieure depuis la première grosse molaire droite jusqu'à la deuxième prémolaire gauche qui est luxée en dedans. Il ne reste qu'une faible partie de la voûte palatine en arrière des incisives. Les dents sont en bon état, sans tare pathologique, mais il y a lieu d'insister sur ce fait qu'elles sont fortement et également usées.

Au point de vue du volume, les incisives, canines et prémolaires sont de petit volume et verticalement insérées dans les alvéoles.

La hauteur de l'incisif est de 16 millimètres.

L'ouverture des fosses nasales est conservée et à partir du bord du vestibule il reste une longueur de 18 millimètres du plancher inférieur du nez.

Le bord externe du plancher du vestibule est séparé de la surface incisive par une crête mince, caractéristique habituelle du nez des races blanches.

L'ouverture nasale a 26 millimètres de largeur; du côté droit il reste une partie de la branche montante du maxillaire supérieur qui ne peut s'affronter en haut avec le frontal.

Il n'y a du côté du maxillaire supérieur aucune trace de prognathisme alvéolaire ou dentaire.

Maxillaire inférieur. — Le maxillaire inférieur n'a pu être restauré exactement, à cause des accidents qui l'ont divisé. Coupé entre l'incisive externe gauche et la canine correspondante, la partie gauche est fracturée en plusieurs morceaux qui, par suite de perte de substance, ne se raccordent pas tous exactement entre eux.

L'usure des dents, qui correspondent exactement aux équivalentes de la mâchoire supérieure, est aussi prononcée et a fait disparaître une épaisseur notable de la couronne. Si on regarde cette pièce au point de vue de son développement, on constate que le maxillaire est bien développé en hauteur dans toute la longueur du corps. Le menton est bien formé, saillant, subtriangulaire. La branche montante est forte, légèrement projetée obliquement en arrière, assez large et moyennement haute.

L'étude du crâne provenant des fouilles de la grotte Ali-Bacha est d'un type céphalique très analogue à d'autres crânes anciens exhumés antérieurement de différentes sépultures, grottes et dolmens d'Algérie.

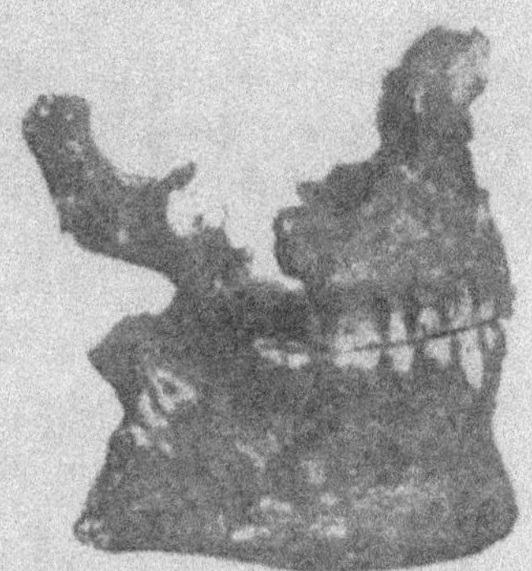

Fig. 118. — Maxillaires supérieur et inférieur du crâne de la grotte Ali-Bacha, Bougie. (Demi-grandeur.)

Il reproduit de façon nette la forme du crâne kabyle, dans sa forme générale, tout en rappelant celui du type européen de Cro Magnon, mais légèrement atténué. Il se rapproche surtout de ce dernier par sa robustesse, son galbe général.

L'auteur de la découverte avait pensé qu'il se rattachait au contraire au type néanderthaloïde, d'après la reconstitution qu'il avait faite. L'examen de la pièce permettra, après les explications du début de cette note, de comprendre son erreur.

Le crâne de la grotte Ali-Bacha ne présente ni le front aplati, fortement surbaissé dans toute sa longueur des crânes néanderthaloïdes, ni le surbaissement général de la voûte, ni son étalement pariétal. Ajoutons que s'il est possible de prendre le diamètre antéro-postérieur maximum, la portion iniaque de l'occipital manque et que toute la portion de cet os au-dessous de la ligne courbe occipitale fait complètement défaut.

Le maxillaire supérieur n'est pas non plus néanderthaloïde, ainsi qu'on peut s'en convaincre en le comparant à ceux des crânes trouvés à Spy, qui eux, sont très nettement prognathes.

Le maxillaire inférieur vient encore confirmer le rapprochement avec les pièces du même genre prises dans les crânes Kabyles et de Cro-Magnon.

En effet aucune des mandibules connues comme rapportées à la race de Néanderthal ne présentent l'aspect de la mandibule de la grotte Ali-Bacha, ni comme hauteur du corps à la symphyse, ni comme forme du menton. Toutes, au lieu d'avoir le menton fort dégagé et proéminent, présentent un menton plus ou moins en retrait, fuyant, et un corps du maxillaire moins élevé.

Enfin, l'absence du prognathisme supérieur, maxillaire ou dentaire, n'a pas eu pour conséquence la projection en avant de la région incisive de la mandibule. Aucun signe ne permet de supposer que déjà, à cette époque ancienne, il y ait eu là une intrusion de sang nigritique. Il est vrai que l'étude de cette seule pièce ne permet pas d'être absolument affirmatif, ni de généraliser.

C'est donc, à notre avis, au type Berbère pur qu'il y a lieu de rattacher cette pièce fort intéressante.

M. Debruge avait complété son envoi en y joignant d'autres portions d'un crâne d'homme adulte fort épais et celles d'un crâne de jeune enfant, trop incomplets l'un et l'autre pour pouvoir les restaurer et en donner une description suffisante.

En terminant nous remercions M. Debruge de nous avoir fourni l'occasion de décrire la pièce que nous venons de signaler à l'attention des membres du Congrès d'Anthropologie et d'Archéologie préhistoriques de Monaco.

L'Évolution de l'Art Pariétal des Cavernes
de l'âge du Renne

par M. l'Abbé H. BREUIL.
Professeur agrégé à la Faculté des Sciences de Fribourg (Suisse).

Dès que la découverte de plusieurs cavernes ornées permit de se rendre compte des diversités considérables que peintures et gravures présentaient entre elles, l'idée vint à ceux qui les étudiaient, que toutes ces œuvres n'appartenaient pas à la même période. Des considérations, assez imprécises, d'ailleurs, nous avaient porté, M. Capitan et moi, à rapprocher les gravures des Combarelles de celles de Pair-non Pair et à les opposer, comme plus anciennes, aux peintures de Font-de-Gaume.

Actuellement, l'étude que j'ai faite en détail des œuvres graphiques qui décorent les parois de la plupart des cavernes ornées, en vue des monographies que MM. Cartailhac, Capitan, Peyrony et Bourinet doivent publier avec moi, m'a permis de tracer les principales lignes de l'évolution de cet art pariétal, plus complexe que nous n'avions d'abord supposé

I. INDICATIONS FOURNIES PAR LA STRATIGRAPHIE. — A trois reprises, des figures incisées sur des murailles ont été enfouies sous des accumulations de terre ou de débris de cuisine, qui, leur étant nécessairement au moins un peu postérieures, les datent approximativement, en marquant une limite inférieure à l'époque de leur exécution.

A Pair-non-Pair, les gravures, profondes, raides, grossières, en profil absolu, étaient ensevelies sous un gisement du très vieil âge du Renne : situées au-dessus d'un sol « Eburnéen », enfouies sous des couches qui présentent abondamment des formes de silex « Aurignaciennes » et en particulier des pointes à un tranchant abattu du type de la Gravette (Aurignacien supérieur), elles appartiennent sans contestation possible, au milieu de l'âge du Renne *présolutréen* ou *aurignacien* : cette conclusion découle nettement des travaux de M. Daleau.

A La Grèze, M. Ampoulange n'a découvert les gravures, non moins entaillées, raides et primitives qu'à Pair-non-Pair, qu'après ablation d'un remblai à silex solutréens. Les gravures ainsi enfouies appartenaient donc à une époque antérieure au dépôt de ces couches, qui sont du solutréen assez élevé, avec pointes à cran.

A Teyjat, dans la grotte de la Mairie, les fouilles de M. Bourinet ont mis à jour de nombreuses gravures faites assez légèrement sur des grands blocs stalagmitiques ; les gravures, petites faiblement incisées, sont d'un art très vivant, d'un dessin remarquablement habile. M. Bourinet a constaté deux couches archéologiques : dans toutes deux gisaient des blocs stalagmitiques, mais aucune gravure n'existait sur ceux de l'assise inférieur ; il n'y a donc pas de doute que toutes remontent aux divers moments durant lesquels l'assise supérieure s'est déposée (1).

Toutes deux appartiennent à une assise à harpons, mais celle d'en bas, plus franchement « Gourdanienne », n'en contient guère qu'à un rang de barbelures, tandis que celle d'en haut en a donné cinq à barbelures bilatérales. Les gravures si délicates de Teyjat appartiennent donc à la seconde moitié du Magdalénien.

II. Indications dues a la destruction et a la superposition des figures. — Il est trop difficile de savoir, quand deux gravures s'enchevêtrent, laquelle est la plus récente ; au contraire, le contact d'une gravure incisée et d'une figure peinte peut assez aisément se définir : le trait incise la peinture, ou bien

____

(1) Postérieurement, un bloc gravé découvert dans la couche inférieure est venu modifier cette conclusion.

est rempli par elle, sur le trajet du pinceau qui a étendu la pâte colorée. Dans le premier cas, la gravure est postérieure à la peinture ; dans le second, elle lui est antérieure.

La relation entre des fresques en superposition plus ou moins complète peut s'établir d'une manière analogue : sans aucun doute, celle dont la matière colorante recouvre les teintes qui appartiennent à d'autres silhouettes a été exécutée par dessus celles-ci, et plus récemment.

Il dérive de ces constatations matérielles une conclusion : les destructions ou superpositions mutuelles se sont faites toujours dans le même ordre, telles figures étant toujours détruites

Fig. 119. — Figures incisées très profondément de la première phase.
Bouquetin Aurignacien de Pair-non-Pair. — Bison Solutréen de la Grèze.

ou recouvertes par telles autres, celles-ci ne l'étant jamais par les premières, mais l'étant parfois par une troisième catégorie qui n'est détériorée que par elle-même ; il suffit de constater avec soin cet ordre constant, pour avoir, du même coup, établi la chronologie relative des diverses phases artistiques qui se sont succédées dans toute la durée de l'âge du Renne.

Il sera ensuite légitime de rapprocher de chaque groupe, ainsi constitué, les figures exécutées dans le même style et selon la même technique, mais qui, n'étant pas en contact avec d'autres images, ne peuvent être attribuées à une période déterminée que par comparaison ; voici, dans les principales grottes, à quels résultats je suis arrivé.

A. *Grotte d'Altamira.* 1. Dans les *galeries profondes* : des figures noires, rarement intelligibles, incisées par des dessins gravés assez soignés. 2. Sur le grand plafond, l'ordre de super-position des peintures est celui-ci : des peintures noires, tantôt simplement tracées, tantôt soigneusement modelées, sont recouvertes par des figures monochromes rouges, peintes sur toute la surface d'une couche uniforme ; par dessus ces figures en rouge plat, d'un art déplorable, de nombreux graffiti assez légers ont

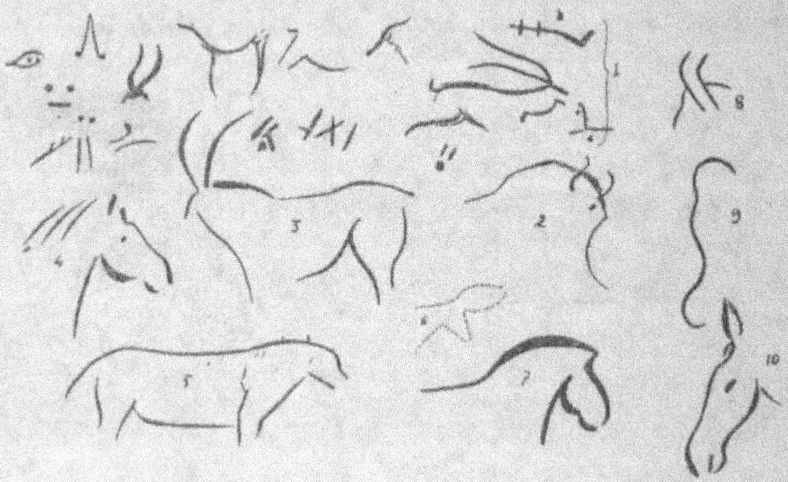

Fig. 120. — Dessins ou peintures primitives de la première phase.

1. Tracés noirs d'Altamira. — 2. Bison primitif de Font-de-Gaume. — 3, 4, 5. Dessins linéaires d'Altamira, rouges (3) ou noirs (4, 5). — 6, 7, 8, 9. Dessins linéaires primitifs de Font-de-Gaume ; 6 est rouge, les autres noirs ; 9 est une tête de Mammouth. — 10. Dessin noir primitif des Combarelles.

été tracés, et en dernier lieu, de grandes fresques polychromes ont recouvert toutes les images plus anciennes ; elles se recouvrent parfois elles-mêmes, mais alors on peut voir que chez les plus récentes, les contours ont été complètement cernés de noir. Quelques groupes d'images ne peuvent être attribués à telle ou telle phase que par comparaison peu certaine.

B. *Grotte de Marsoulas.* — Des fresques noires, tracées ou modelées, sont détruites par des fresques polychromes, qui recouvrent également des gravures à trait continu, mais sont incisées par des gravures souvent à trait discontinu se résolvant en de nombreuses stries fines indiquant le poil.

Sur tout ce complexe, s'étendent des peintures géométriques rappelant celles des galets coloriés Azyliens.

C. *Grotte des Combarelles*. — Des traces de dessins rarement intelligibles, en noir verdâtre, sont constamment incisées par les gravures assez profondes qui recouvrent presque tous les parois ; de rares dessins noirs, peu modelés, sont en connexion

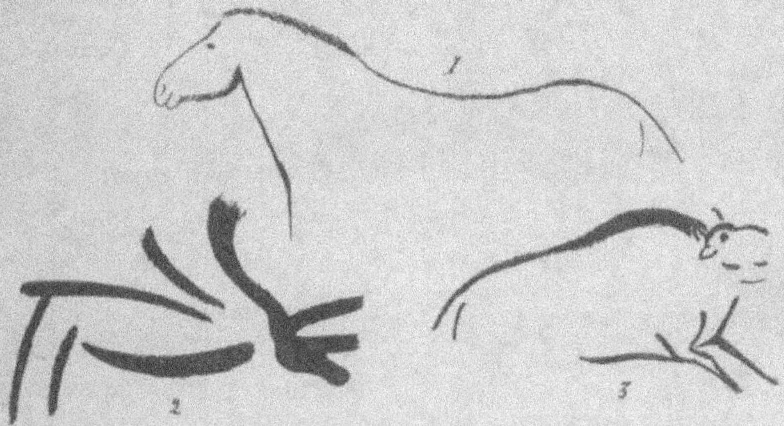

Fig. 124. — Images peintes de transition entre la première et la deuxième phase.
1 est de Font-de-Gaume (noir) ; — 2 et 3, d'Altamira ; 2 est rouge, 3 est noir.

avec des dessins gravés assez légèrement, la couleur étant recoupée par certains traits et en remplissant d'autres.

D. *Grotte de Font-de-Gaume*. — Des tracés linéaires, rarement intelligibles, noirs, parfois rouges, sont fréquemment sous-jacents à des dessins linéaires noirs ; ceux-ci sont recouverts, ainsi que des dessins linéaires rouges, par des fresques en noir modelé ; celles-ci sont détruites par des fresques en teintes uniformes noires ; au-dessus viennent des fresques brunes ou rouges faiblement polychromes, puis des fresques nettement polychromes. Ces deux dernières catégories recouvrent des dessins assez faiblement incisés, mais en trait continu ; ils sont incisés par des gravures de mammouth à traits se résolvant en masses de hachures figurant les poils (1).

III. Tableau synthétique. — Voici, dans l'état actuel de mes connaissances, le bref résumé des conclusions auxquelles je suis arrivé sur l'art du quaternaire, tel que nous le révèlent les cavernes ornées. Il pourra sans doute s'y introduire quelques modifications, et en particulier quelques glissements entre les deux colonnes qui le composent, mais je le crois, dans ses grandes lignes, définitivement établi.

PREMIÈRE PHASE (2).

Figures incisées	Figures peintes
Au début, larges et profondes incisions, dont le sens précis est généralement difficile à préciser, mais dont la valeur figurée est indiscutable (grotte Chabot).	Au début, simples tracés noirs linéaires ou pointillés, desquels se dégage rarement une représentation intelligible. [Galeries profondes d'Altamira, de Castillo ; plus anciennes traces des Combarelles et de Font-de-Gaume].
Puis, silhouettes, très profondément entaillées, généralement en profil *absolu*, c'est-à-dire avec une seule patte de devant, une seule de derrière, et, au moins une fois, les cornes vues de face dans un animal de profil (Bison de La Grèze). Les silhouettes sont très raides, de proportions assez mal gardées, le détails généralement omis (sabots, poils). [Grottes de Pair-non-Pair, de La Grèze, certaines figures d'Altamira (cascade)] (fig. 119).	Puis tracés linéaires monochromes d'animaux partiels ou entiers, sans aucune tentative de modelé : la silhouette seule est indiquée, mais nullement le poil, ni le relief : deux membres sur quatre sont généralement indiqués. [Peintures les plus anciennes de Marsoulas, de Font-de-Gaume, de la Mouthe, des Combarelles, de Bernifal, de Covalanas, de Castillo, d'Altamira (fig. 120, 121)].

(1) L'étude ultérieure des cavernes découvertes récemment dans les Pyrénées françaises et espagnoles a singulièrement augmenté les faits ci-dessus énumérés.

(2) Tout au début de cette première phase devrait se placer maintenant, d'une part les dessins digitaux sur argile de Gargas et de Hornos de la Peña, d'autre part les mains cernées de rouge et de noir de Castillo et de Gargas, ainsi que de grossiers alignements de points ou de disques.

Fig. 122. — Bison et cheval gravés profondément, seconde phase.
Grotte des Combarelles.

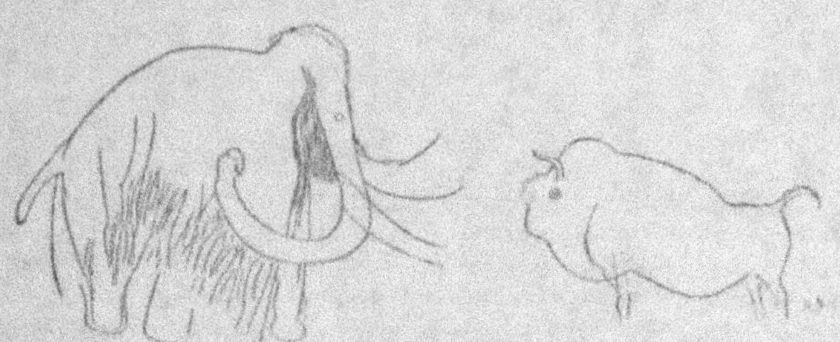

Fig. 123. — Mammouth et petit bison
gravés dans la grotte des Combarelles ; seconde phase.

DEUXIÈME PHASE.

Figures incisées.

Le trait reste large, profond ; la silhouette est plus vivante, quoique souvent très gauche, mal proportionnée ; les quatre membres se voient souvent accolés deux à deux ; les cornes sont ordinairement indiquées en perspective ; les jambes sont moins raides, plus soignées ; assez souvent le sabot est représenté avec beaucoup de soin. [La Mouthe, 1er groupe de figures sur le plafond].

Ensuite, le trait perd un peu en largeur et profondeur, vers la fin surtout, mais gagne en netteté ; la silhouette est généralement excellente, très observée, bien que les proportions de diverses parties du corps laissent à désirer quelquefois ; souvent un travail de champ-levé a été exécuté de manière à donner l'aspect de bas-relief à quelques parties d'un animal : tête, jambe ; on se préoccupe souvent de remplir le corps par des raclages indiquant le pelage ou des lignes circonscrivant les zones diversement colorées ; les parties très poilues sont le plus souvent indiquées par des hachures très rapprochées (front de Bison, crinière et queue de cheval). Les dimensions des dessins sont très variables. — [Ces divers dessins se trouvent : peu à Altamira et Marsoulas ; davantage à La Mouthe, à Font-de-Gaume, Bernifal, mais surtout aux Combarelles.] Figures tectiformes gravées à Bernifal, Combarelles, Font-de-Gaume. Fig. 122, 123.

Figures peintes.

Le trait, noir plus généralement, ou rouge, s'empâte, s'élargit aux endroits convenables, de manière à souligner les reliefs, les masses poilues, les articulations.

Bientôt il s'estompe et se dégrade en teintes plus ou moins épaisses, distribuées fort habilement sur le corps de l'animal, de manière à en souligner les formes, le pelage ; la gravure, assez souvent, est jointe à la peinture : ce qui est exceptionnel au début de la deuxième phase.

L'emploi de la couleur continuant à se développer, on arrive à des figures entièrement peintes, *ou noir très modelé*, qui rappelleraient assez des fusains travaillés à l'estompe ; souvent la gravure est employée pour le tracé de la silhouette, et parfois des raclages appliqués sur la couleur jouent le rôle de la gomme, qui reprendrait des « clairs » destinés à éclairer le dessin. — Ces divers moments de la deuxième phase de l'ornementation picturale sont constatés à Altamira, Marsoulas, Combarelles, Font-de-Gaume, La Mouthe, et probablement aussi à Covalanas et à Castillo. — Certaines figures tectiformes peintes en noir, à Altamira, et en rouge, aux Combarelles, se rapportent sans doute à cette période. Fig. 124.

Fig. 124. — Bison noir très modelé,
fin de la deuxième phase. Altamira.

Fig. 125. — Dessin gravé de la troisième phase. Altamira.

TROISIÈME PHASE.

Figures incisées.

Les dessins gravés sur muraille à cette phase sont généralement de petite dimension ; le trait en est moins profond que précédemment, sans cesser cependant d'être assez net et très continu, et d'avoir une largeur appréciable. Il y a cependant aussi de très légers « graffiti », dont la ligne est à peine visible. A côté de gravures presque informes,

Figures peintes.

La couleur, employée avec excès, remplit complètement la silhouette de l'animal figuré : le modelé en est détruit par le fait même, et on obtient des figures en teinte plate, uniforme, qui sont donc en régression sur les figures précédentes.

A Altamira, ces fresques, peintes en rouge, sont d'un dessin déplorable, d'un manque de proportion

Fig. 126. — Peintures en teintes plates rouges (1, Altamira), en noires (Font-de-Gaume). Troisième phase.

il y a des figures admirables de détails, d'expression, de proportions, de vrais chefs-d'œuvre. — Nombreux dessins d'Altamira ; une partie de Marsoulas, de Font-de-Gaume ; toute la grotte de Teyjat. Il faut probablement y ajouter des dessins gravés de Hornos de la Peña et de Castillo. — Figures tectiformes gravées à Font-de-Gaume ; figures de huttes gravées en lignes rayonnantes à Altamira. Fig. 125.

déconcertant ; mais il y en a peu de conservées, et d'autres pouvaient être meilleures. La gravure n'y concourt presque pas. A Marsoulas, la surface du corps à contours préalablement gravé a été semée d'une quantité de pastilles rouges ou noires, uniformément distribuées, et la fresque en résultant n'est pas d'un heureux effet.

A Font-de-Gaume, les figures en teintes plates sont noires, puis brunes. Le dessin en est bon, les détails fort bien traités ; la gravure, nette mais fine, est souvent utilisée avant la fresque. Fig. 126.

QUATRIÈME PHASE.

Figures incisées.

Les gravures perdent de leur importance, ce sont de simples graffiti, aux lignes imperceptibles, très difficiles à suivre, le trait est moins continu que dans les graffiti et les gravures incisées précédentes ; et l'importance jouée par le *poil* dans les silhouettes est souvent extrêmement exagérée aux dépens de la fermeté générale du dessin. Les petits mammouths de *Font-de-Gaume* dénotent, ainsi que beaucoup de bisons de *Marsoulas*, combien la forme des silhouettes tendaient à se stéréotyper, et le souci du détail à se substituer à l'expression et à la vie de l'ensemble. Fig. 127.

Figures peintes.

Les artistes cherchent à retrouver le modelé perdu dans la phase précédente. Ils obtiennent ce résultat par la *polychromie* ; celle-ci est d'abord timide : sur des figures monochromes brunes ou rouges, quelques détails sont repris en couleur noire : sabots, yeux, crinières, cornes ; puis le noir gagne presque toutes les lignes de contours ; et la silhouette tout entière est comme dessinée en noir ; l'intérieur du corps est richement nuancé des teintes variées qu'on peut obtenir par le mélange du rouge et du noir ; d'autre part, la gravure accompagne constamment la fresque, servant à en délimiter le champ, mais aussi à préciser les détails : des raclages, des lavages habiles, détachent les articulations, soulignent les convexités. Les grandes fresques d'Altamira (fig. 129, 130, 131, 132), de Castillo, de Marsoulas et de Font-de-Gaume appartiennent à cette phase. Les formes des animaux, surtout des bisons, tendent à prendre quelque chose de conventionnel, de moins vivant, qu'à d'autres moments où la technique est moins avancée. A Altamira, à Marsoulas, il y a des mains stylisées, peintes en rouges ; à Font-de-Gaume, Marsoulas, et probablement Castillo, les signes tectiformes et leurs dérivés sont très abondants. Fig. 128 à 132.

CINQUIÈME PHASE.

Il n'y a plus aucune gravure murale.

Il n'y a plus aucune fresque figurée ; mais, dans la seule grotte de *Marsoulas* où cette phase est représentée en France, des figures en forme de bandes, de rameaux, de lignes de points, de surfaces ponctuées ; il y a aussi une figure de croix dans un cercle.

Cet ensemble rappelle les peintures sur galet du Mas d'Azil (fig. 133).

Les grottes de Castillo et de Niaux permettent de constater qu'à une époque plus ancienne, certains artistes possédaient déjà un grand nombre de signes conventionnels dont les figures aziliennes sont les dérivés.

FIG. 127. — Graffiti légers, avec nombreuses hachures pour le poil.
Quatrième phase.

Éléphant de Font-de-Gaume ; Bison d'Altamira ; devant de Bison de Marsoulas.

IV. VARIATIONS DANS LA FAUNE FIGURÉE A CHAQUE ÉPOQUE. — Je n'ai pas la prétention d'attacher plus d'importance qu'il ne convient aux variations assez considérables qui se sont produites dans le choix des animaux figurés en gravure ou peinture à chacune des phases : sans doute la faune que l'homme avait

sous les yeux était assez différente aux débuts et à la fin de
l'âge du Renne, mais aussi le caprice du dessinateur, ou la mode,
les préoccupations religieuses ou totémiques, ont pu déterminer
une sélection dans les modèles gravés. Il est, toutefois, remarquable de constater une variation à peu près homogène dans
les diverses régions, sauf, assurément, qu'en Espagne il n'est
pas question des animaux de climat froid.

Fig. 128. — Bison brun, faiblement polychrome, de Font-de-Gaume.
Début de la quatrième phase.

Voici les indications que je puis donner caverne par caverne :
Altamira : 1re phase. *Bouquetin* abondant ; cheval moins
fréquent, bœuf et bison rares.

2e phase. *Cheval* abondant, *bison* fréquent, biches.

3e phases. *Cervidés* et *chevaux* ; bœufs et bisons rares.

4e phase. *Bisons* surabondants, sanglier fréquent ; cervidés
et chevaux exceptionnels.

Covalanas, d'après les figures de M. A. del Rio, se rapporte
à la première et à la deuxième phase ; il y a abondance de cervidés, un cheval et un bœuf. *Castillo*, dans les dessins publiés
par M. Alcalde del Rio, a donné, autant que j'en puis juger, des
chevaux (1) des cervidés, et des bisons des deux premières

(1) Ceux-ci ne sont guère plus représentés dans les Pyrénées françaises.

phases (1), beaucoup de cervidés de la troisième, et beaucoup de bisons de la dernière. Il y a aussi beaucoup de chevaux gravés, qui peuvent appartenir à la deuxième phase ou à la troisième, chose que je ne puis décider encore, avant d'avoir visité ces grottes.

Il semble donc qu'à une époque ancienne, les figures de caprins abondent, puis cessent ; tandis que les figures de cer-

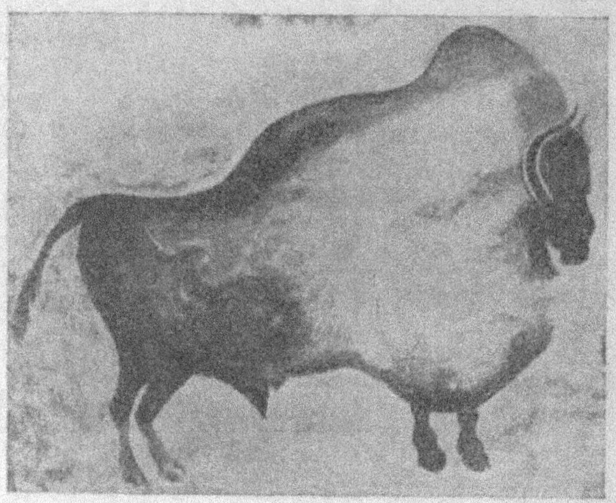

Fig. 129. — Peinture polychrome de Font-de-Gaume.
Quatrième phase.

vidés et de chevaux ont leur maximum dans les deuxième et troisième phases, les bisons dans la quatrième, avec, comme nouveau compagnon, le sanglier.

A *Marsoulas*, des dessins gravés des deuxième et troisième phases figurent beaucoup de chevaux, un caprin, un renne ; ceux de la quatrième phase surabondent en bisons ; les fresques, sauf une polychrome figurant un cheval, qui sont de la fin de la deuxième, de la troisième et de la quatrième phase, ne figurant

(1) J'y ai découvert une figure d'éléphant, de la première phase.

Fig. 130. — Biche polychrome (quatrième phase), superposée à des signes rouges (troisième phase) et juxtaposée à un bison noir modelé (seconde phase). — Altamira.

que des bisons. Malgré cela il y a une première période, avec caprins, renne et beaucoup de chevaux, puis une seconde où la prépondérance du Bison n'est plus disputée.

A *Pair-non-Pair*, qui est d'une époque très reculée (phase 1), il y a de nombreux caprins, des équidés abondants, un seul bovidé.

Aux *Combarelles*, les rares fresques de la première phase figurent une tête de biche? (ou cheval?), et une autre de caprin ; il y a d'autres restes noirâtres qui semblent provenir de ces animaux ; les gravures, qui sont pour la plupart de la deuxième phase, et les rares peintures de la même phase se rapportent surtout au cheval, qui surabonde ; le Mammouth, le Renne, le Bison n'y sont pas rares ; il y a aussi, mais par unités, le Bœuf, l'Ours des Cavernes, le Grand Félin, et peut-être le Rhinocéros.

A *Font-de-Gaume*, la première phase présente du bœuf, du *bouquetin*, des *chevaux*, un renne (?), des éléphants (?) et un *Rhinocéros* ; il y a aussi de rares bisons. La seconde phase présente encore des chevaux abondants, des bœufs, des rennes, des bisons et un félin. La troisième donne de nombreux bœufs, des chevaux et, à la fin, des rennes et surtout des bisons ; ceux-ci se multiplient extrêmement, après un moment de prédominance des rennes, mais il y a aussi un loup, et tout à fait en dernier lieu, d'innombrables mammouths gravés, d'un dessin très conventionnalisé.

On peut donc discerner une période ancienne, où le Rhinocéros, le félin sont dessinés, le cheval et le bouquetin très nombreux ; une période moins ancienne, où il y a encore assez de chevaux, et où les bœufs atteignent leur maximum ; enfin un maximum du renne, suivi de très près par un maximum du bison, au-dessus desquels, vient une abondante « floraison » de mammouths, absolument différents, comme dessins, de ceux plus anciens des Combarelles.

La Mouthe m'a paru appartenir presque entièrement à la période 2, sauf quelques tracés noirs de la période 1, et quelques dessins de la période 3. Les figures que je rapporterais à la période 2 figurent le *bouquetin*, le mammouth, le *cheval* et le bison, tandis que celles qui me semblent être un peu plus récentes se rapportent exclusivement au *renne*. Il va sans dire que l'étude que j'ai faite de cette caverne est fort superficielle.

Les autres petites cavernes de la Dordogne ne se rapportent, comme *Pair-non-Pair*, qu'à une seule phase : la première à *La Grèze*, avec un bison et un cheval ; la seconde à *Bernifal*, avec

Fig. 131. — Bison polychrome couché. Altamira. Quatrième phase.

nombreux mammouths, caprin, cheval et bison ; la troisième (avancée) à *Teyjat*, avec deux ours, le renne prédominant ainsi que le cerf élaphe, le cheval abondant, le bœuf et le bison.

En résumé, on peut dire que, dans toutes les cavernes ensemble, le *cheval* a son maximum dans la première moitié, et est plus rare dans la seconde moitié de l'évolution de l'art pariétal.

Les caprins, et surtout le bouquetin, très fréquents dans les deux premières phases, ne se trouvent plus ensuite.

Les cervidés, médiocrement représentés au début, ont leur maximum un peu avant la fin, et surtout dans la troisième phase.

Le *Bison*, assez rare au début, n'est jamais plus abondant que dans la dernière phase, où il est vraiment figuré en nombre immense.

Le *Mammouth*, abondant dans les gravures de la seconde phase en Périgord, reparaît en graffiti aussi abondant à la fin de la quatrième.

Fig. 132. — Bison polychrome d'Altamira, brun et noir (quatrième phase).

Le *Bœuf*, jamais très nombreux, paraît plus fréquent dans la troisième période, et absent de la quatrième.

Le *Rhinocéros*, est seulement représenté dans la première période (fin) et peut-être dans la seconde (Dordogne).

L'*Ours* compte trois figures, une de la seconde, deux de la troisième période.

Le *Félin* en compte deux, de la seconde période (l'une d'elles de la fin probablement).

Les *Canidés*, toujours rares, sont présents à la seconde et à la quatrième période.

Quant à l'homme, il y aurait des figures de la seconde et de la troisième période seulement.

Il serait intéressant d'établir les points de rapprochement et d'opposition entre l'art mobilier et l'art pariétal; on verrait qu'ils sont considérables, et que, par exemple, les poissons, si nombreux dans les os gravés, ne sont *jamais* figurés sur les

FIG. 133. — Signes aziliens et plus anciens peints à Marsoulas
(quatrième et cinquième phase).

murailles; que les gravures de chevaux, si nombreuses dans les gisements Élapho-tarandien ou Lorthétiens de la Madeleine, du Souci, etc., n'ont *aucun* dessin parallèle contemporain dans ce que nous connaissons des dernières phases de l'art pariétal. Mais ces questions m'entraîneraient trop loin et demanderaient elles-mêmes d'être traitées largement.

Il suffit à ce qui précède d'avoir établi solidement les bases d'une chronologie de l'art pariétal; la stratigraphie nous a permis de raccorder la phase 1 de cette évolution avec les niveaux supérieur de l'Aurignacien et inférieur du Solutréen;

la phase 3, avec la moitié supérieure du Gourdanien ; la destruction mutuelle et la superposition si complexe des gravures et des peintures nous a donné les éléments d'une succession précise, à laquelle nous avons ajouté par analogie d'autres éléments. Ce tableau chronologique tracé nous a enfin permis de reconnaître que l'homme avait varié dans le choix de ses modèles, le Rhinocéros et le Félin étant, ainsi que les Caprins, limités aux phases les plus reculées, les chevaux leur succédant, puis les Cervidés et enfin les Bisons. Ensuite l'art quaternaire n'a plus produit sur les murailles que des fresques sans images, proches parentes des peintures sur galet des couches de transition du Mas d'Azil ; l'art quaternaire, après des débuts presque enfantins, mais rapidement saisi d'un vif sentiment des formes animales, n'a perfectionné la technique de sa peinture qu'à une époque avancée, et en traversant des moments critiques ; lorsqu'il les eût franchi, la vérité naïve des premières phases s'effaça un peu devant les procédés « calligraphiques » des Ecoles, surtout en Dordogne, et il tombe parfois dans une recherche des attitudes violentes qui tombe dans le maniéré (Altamira).

Carnassiers, Rhinocéros
figurés dans les cavernes du Périgord

par MM. le Dr CAPITAN, l'Abbé BREUIL et PEYRONY

La rareté de l'image des carnassiers et du Rhinocéros, dans l'iconographie quaternaire, fait prendre un intérêt particulier à

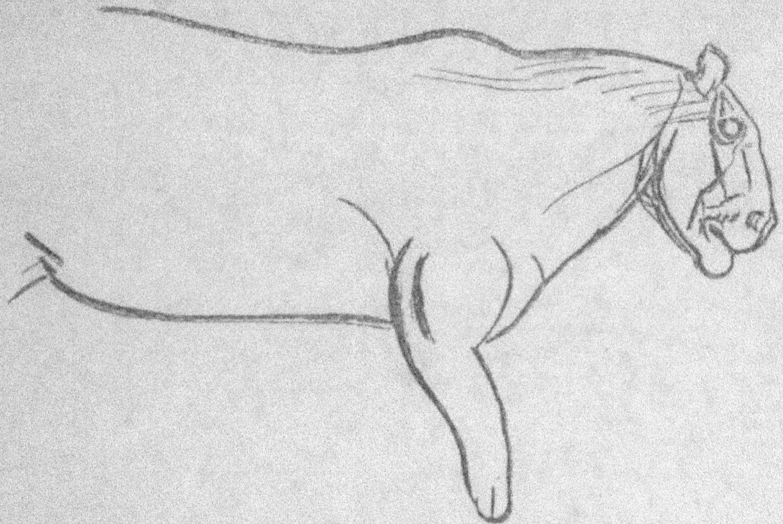

Fig. 134. — Félin (Les Combarelles).

leur figuration, et c'est ce motif qui nous en fait présenter au Congrès un certain nombre.

I. CARNASSIERS.

A. *Félins.* Fig. 134. Superbe gravure, profondément tracée, d'un grand félin, dont l'arrière train est malheureusement

masqué entièrement par des concrétions. Les Combarelles.
Fig. 135. Lionne ou panthère, gravée dans l'étroite fissure qui
termine la grotte de Font-de-Gaume, à une hauteur (3 m 5o) qui

Fig. 135. — Félin (Font-de-Gaume).

en rend l'accès extrêmement malaisé ; le peu de largeur de la
fissure est tel qu'il est impossible d'apercevoir l'image d'en

Fig. 136. — Canidé, renard (?) (Les Combarelles).

bas, bien que le sol se soit peu modifié depuis l'âge du Renne.
Le trait est assez profond ; la tête a épousé une saillie. L'animal
paraît faire face à un groupe de chevaux admirablement gravés
et se prépare à bondir.

b. *Canidés*. Fig. 136 et 137. Deux têtes gravées profondément dans la dernière partie de la grotte des Combarelles. L'une, avec son museau très fin, sa grande et longue oreille, se rapprocherait assez du renard ; l'autre, avec son encolure épaisse et sa gorge poilue, rappellerait davantage un loup.

Fig. 138. Fresque polychrome, rouge et noire, de la caverne de Font-de-Gaume, figurant un loup ; le train antérieur est bien visible, mais le reste du corps disparaît presque complè-

Fig. 137. — Canidé, loup (Les Combarelles).

tement sous un revêtement de calcite ; la figure est gravée et raclée.

c. *Ursidés*. Fig. 139. Magnifique dessin profondément incisé dans une petite salle des Combarelles ; l'allure de la marche de l'ours, qui se dandine, a été admirablement saisie par le dessinateur. Le front convexe caractériserait bien l'Ursus Spelœus.

Fig. 140. Petite gravure très fine sur cascade stalagmitique de Teyjat ; le tracé des membres postérieurs et du ventre, qui

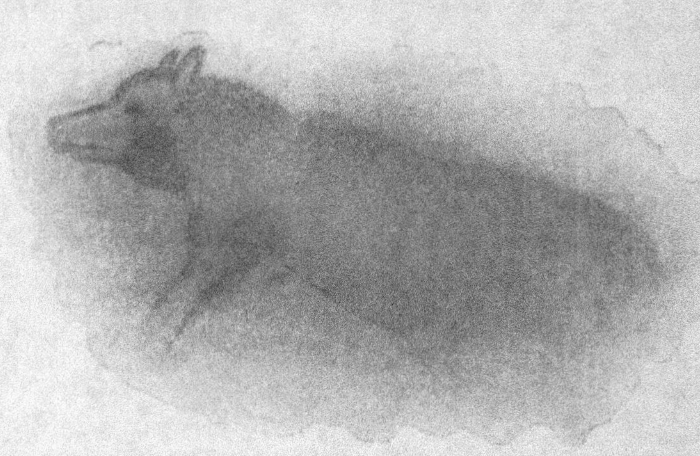

Fig. 138. — Loup, peinture (Font-de-Gaume).

Fig. 139. — Ours (Les Combarelles).

Fig. 140. — Ours (Teyjat).

Fig. 141. — Ours (Teyjat).

s'intrique dans d'autres figures, est d'une lecture assez pénible ; le train antérieur, le dos et la tête sont au contraire très visibles. L'un de nous (H. B.) a dû, pour lire convenablement certains détails, enlever les encroûtement stalagmitiques qui les masquaient. L'aspect général de l'animal serait plutôt celui de l'Ursus arctos.

Le bloc qui porte ce dessin était enseveli dans des couches archéologiques, qui ont été explorées par M. Bourinet.

Fig. 141. Gravure située sur un autre fragment de la même cascade qui n'était pas enfoui.

Fig. 142. — Rhinocéros, peinture (Font-de-Gaume).

Le dessin est profondément gravé, mais tellement engagé dans un grand nombre d'autres, que ses traits principaux seuls peuvent être relevés avec sécurité ; la tête a été enlevée par une fracture, et nous ne l'avons pas retrouvée.

II. RHINOCÉROS.

Fig. 142. C'est dans la même fissure que le félin, mais un peu moins haut et plus visible, que se trouve ce dessin, tracé en larges traits rouges ; la roche elle-même étant roussâtre, il faut quelque attention pour en lire tous les détails, mais le dessin publié ci-joint est strictement exact ; l'exiguité de la fissure ne peut permettre d'en faire une photographie.

La toison abondante et les deux cornes sont bien caractéristiques du Rhinocéros tichorhinus ; l'allure générale est exactement celle des gravures aurignaciennes sur pierre décrites récemment par l'un de nous (H. B.), et venant de la grotte du Trilobite à Arcy.

Par sa technique, ce dessin appartient à une période archaïque du développement de l'art quaternaire.

Un autre dessin, également tracé avec un crayon d'ocre, et au voisinage du précédent, représente une tête isolée du même animal, munie également de deux cornes. Un dessin gravé des Combarelles figure peut-être encore le Rhinocéros.

Exemples de figures dégénérées et stylisées
à l'époque du Renne

par M. l'Abbé H. BREUIL

J'ai déjà exposé, dans une communication à l'Académie des Inscriptions et Belles-Lettres (1), les premiers résultats des travaux auxquels je me suis livré pour essayer de montrer qu'à l'époque du Renne l'art ornemental dérive en grande partie de points de départ figurés; c'est un fait qui paraît de plus en plus général dans les arts primitifs de tous les temps.

A côté des œuvres d'art de premier ordre, il y avait des dessins, moins clairs et souvent inintelligibles, peut-être quelquefois symboliques (2), ou simplement servant de marque personnelle d'artisan ou de propriétaire. Ces dessins, mis en série, tendent à s'éclairer mutuellement et à se ranger en familles où le principal agent de modification a été une réduction linéaire due au moindre effort, qui a condensé en traits peu nombreux la figure réaliste du début. L'étroitesse des surfaces où gravait l'artiste et son amour de la symétrie et du rythme ont aussi fréquemment contribué à lui faire modifier le motif qu'il copiait ou reproduisait de mémoire.

Je me propose d'examiner rapidement aujourd'hui plusieurs séries de dessins plus ou moins étroitement apparentés, et se rapportant presque tous à des images de têtes vues de face.

I. — Les Têtes de Cheval. — *1. Sculptures* (fig. 143). — Le n° 1 figure une sculpture en os découpé de Brassempouy, qui

---

(1) *Comptes-Rendus des séances*, 1905, p. 105.
(2) M. Piette a poussé très loin leur étude à ce point de vue.

présente, à droite et à gauche d'une longue boucle de suspension
ajourée par un trou en forme de fente, deux longues oreilles
pointues, qui dominent une tête allongée sans autres attributs.
La série des nᵒˢ 2, 3, 4 provient de Thayngen, et est faite en
lignite; en 2 et 3, les deux oreilles sont petites et arrondies, et
flanquent le tubercule moyen que traverse un trou de suspension; 3 présente, en outre, une sorte de groin qui se retrouve

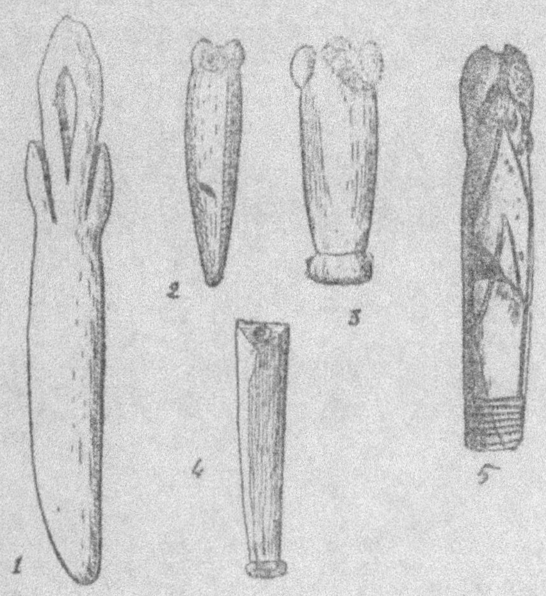

Fig. 143. — Têtes de cheval sculptées, en pleine dégénérescence.

1. En os, de Brassempouy. — 2, 3, 4. En lignite, de Thaygen (Suisse).
5. En ivoire, du Mas d'Azil; le sens de 5 est hypothétique.

en d'assez nombreux objets où les oreilles ont disparu, et qui
sont du type de 4. Je suis tenté de rapprocher de ce groupe une
famille d'objets qui ont été découverts à Gourdan, au Mas
d'Azil, aux Combarelles (fouilles Rivière), etc., et dont 5 est
un très bel échantillon : au sommet se retrouvent deux ren-
flements symétriques, dont l'importance s'est exagérée, et qui
sont plus ou moins confluents. Sont-ce des oreilles, comme

précédemment?, peut-être, mais c'est encore une simple interprétation possible. En tout cas, la décoration s'est emparée des surfaces du cylindre d'ivoire et l'a rendu méconnaissable.

2. *Gravures* (fig. 144).— L'examen de celles-ci n'est pas sans être utile à l'interprétation des sculptures précédentes. En 1 et 2, on reconnaît facilement la tête de cheval, surmontée d'une crinière dressée entre les oreilles; en 2, il y a même des narines; ces deux dessins viennent de Gourdan (collection Piette). En 3, la crinière dressée prend l'aspect d'une troisième oreille

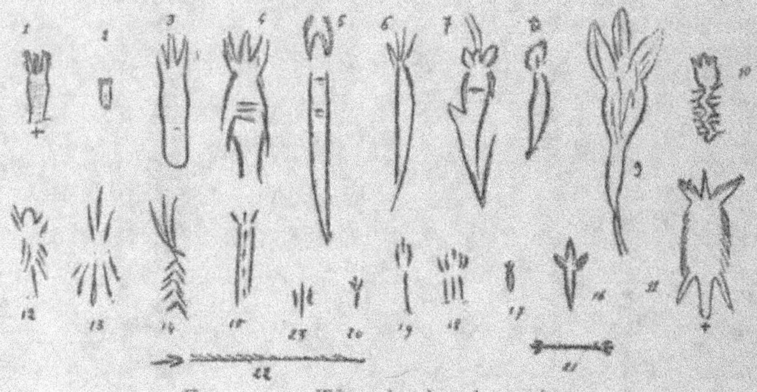

FIG. 144. — Têtes de cheval gravées.

Les objets désignés par une croix sont des croquis.

11, 13, 18, 19, 23. Sont beaucoup plus réduits que les autres dessins. — 1, 2. De Gourdan.
5, 11. De Mas d'Azil. — 13, 18, 19, 23. La Cave (Lot), coll. Viré.
4, 9, 14, 15, 16, 20. De Laugerie-Basse. — 3. De Raymonden (Dordogne).
17, 21, 22. De Marsoulas. — 7, 8, 12. De La Madeleine. — 6. De Jean-Blanc (Dordogne).
10. De Bruniquel.

médiane; le *trident*, caractéristique de la tête du cheval et de presque tous ses dérivés, est nettement accusé. La tête s'allonge outre mesure, et le mufle tend à se séparer un peu du haut de la tête. En 4, la saillie des masséters est marquée différemment, et d'une manière qui donne au mufle un aspect de pédoncule épais. Le dessin 5, à cause de l'extrême étroitesse de la baguette où il est incisé, s'allonge démesurément; les deux oreilles deviennent linéaires; la crinière saillante se ramasse en une pointe obtuse; elle fait place à un petit trait, tandis que les oreilles s'incurvent fortement, en 8 ; 6 est une variante exécutée avec peu de soin. 7, 9, 10 achèvent l'évolution phytomorphique du motif, mais, malgré leur aspect, 7 et 9 sont gravés sur des bois de renne qui portent à coté des têtes de profil non moins violemment pédonculées. En 10, on peut même envisager l'hypothèse où l'artiste aurait accentué volontairement les ressemblances du dessin avec une fleur, mais je suis porté à voir là une surimposition d'interprétation personnelle à un motif analogue aux précédents.

Le n° 11 doit nous ramener à 4 ; on y voit que le trident se trouve répliqué aux deux bouts du dessin, ce qui est dû à l'amour de la symétrie graphique ; mais en rapprochant 11 de 4, on peut saisir comment les saillies du masséter ont pu descendre se placer à la hauteur du mufle légèrement rétréci. Je ne nie pas la part que la théorie joue dans cette interprétation et dans les suivantes. Dans la série 12, 13, 14, on peut suivre la dissociation de la tête en traits quelconques (12), le sommet restant presque normal ; en 13, ces traits s'orientent d'une manière rayonnante et suivant une certaine symétrie axiale qui fait pendant à celle du trident des oreilles et de la crinière, réduites chacune à un trait ; en 14, les divers traits se groupent par chevrons emboîtés, que surmonte toujours le trident caractéristique. C'est encore lui qui, en 15, surmonte deux traits parallèles inscrivant une série de petits traits alignés. Les n°s 16 et 17, sortes de petites fleurs de lys, sont moins éloignés de notre point de départ ; 17 est un élément qui décore, en groupes nombreux et divers, des lames d'os de Marsoulas : la tête y conserve la forme d'un fuseau surmonté de trois petits traits en 17 ; en 16, l'une des pointes du fuseau forme la crinière saillant entre les deux oreilles, s'insérant de côté. 18 est un peu moins avancé : trois traits parallèles forment la masse de la tête ; les oreilles sont indiquées chacune par une double ligne, et entre elle, une petite incision marque la crinière. Cette gravure est sur le même objet que 13, 19 et 23, objet découvert à La Cave (Lot), par M. Viré. En 19, la tête elle-même devient linéaire ; en 20, la ligne de la tête et celle de la crinière tendent à fusionner leurs extrémités, ce qui arrive en plusieurs cas; en 23, la ligne médiane unique se sépare des deux lignes latérales qui forment ce qui reste des oreilles. En 21 et 22, on voit que le *trident* sert tout simplement à terminer gracieusement des lignes pectinées, qui, à Marsoulas, jouent, avec des têtes moins complètement modifiées, un grand rôle décoratif.

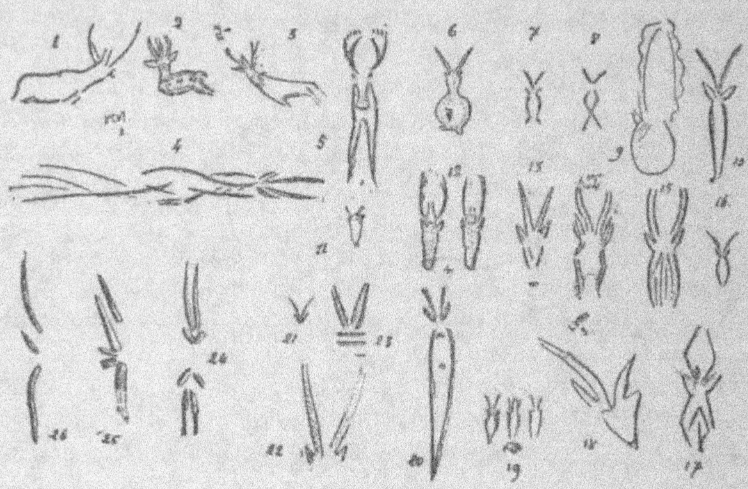

Fig. 145. — Têtes de Capridés et de Cervidés.

Les dessins marqués d'une croix sont des croquis.

1, 2, 3, 5. Sont de Gourdan. — 19. De Lorthet. — 4, 18, 20, 24. Du Mas d'Azil. 6, 8, 11, 14, 15, 17. De Laugerie-Basse. — 10, 25, 26. De La Madeleine. 7, 9, 16, 21. De Raymonden. — 12. De Teyjat. — 13. Du Soucl. — 23. De Reilhac. 22. De Marsoulas.

II. — Têtes de Capridés et de Cervidés (fig. 145). — Les trois premiers dessins figurent des cervidés dont le corps est vu de profil, mais la tête est indiquée en raccourci : les bois et les oreilles s'écartent symétriquement de chaque côté; 4 est du même genre, mais la tête se retourne complètement. En 5, tout l'animal est représenté de front. En 6, c'est encore tout l'animal, chèvre ou bouquetin, mais figuré couché, et vu de derrière, les pattes pliées sous le corps. Cet ensemble de dessins nous montre, de la part des artistes, un curieux effort pour vaincre les difficultés de la perspective. En 9, nous trouvons un dessin analogue, mais peu soigné : le corps est une simple boule, au-dessus de laquelle passe une oreille, et deux énormes cornes annelées qui se rejoignent à leur extrémité. En rapprochant 7 de 6, on saisit d'un coup d'œil l'étroite connexion des deux dessins, celui-ci réduit à ses lignes essentielles : cornes, oreilles, ellipse pour le corps et la tête, et petites pattes ployées sous le corps. Ce motif est un élément d'une nombreuse théorie transversale qui forme une zone décorative autour du fût d'un « bâton de commandement ». C'est aussi l'origine de 8, qui n'est que la forme « cursive » de 7 ; mais il y a des cas où ces éléments se coagulent, et où la zone décorative devient un treillis continu formé de lignes obliques se recoupant mutuellement.

Dans la série suivante, de 10 à 15, nous retrouvons des figures de têtes vues de face de cerf élaphe et de capridés ; on les reconnaîtra sans peine, mais plus ou moins fortement simplifiées et modifiées, en 10 et de 16 à 20. En 17, il est intéressant de noter que la graphique tend à devenir une paire de losanges placés bout à bout.

Les motifs suivants sont plus éloignés ; toutefois, en 21 et 22, on reconnaît volontiers les cornes et les oreilles qui couronnent le motif 16 et 20. En 23, les oreilles ont fait place à deux traverses qui servent de « massacre » à des cornes divergentes. En 24, on retrouve, mais géminé dans un but décoratif, le motif des cornes et des oreilles isolées d'une tête.

Quant à 25 et 26, j'y verrais volontiers un tracé résultant d'une hémisection longitudinale d'une tête du genre de 10 ou de 20, hémisection résultant de l'étroitesse des baguettes dont les champs latéraux présentent ces motifs, étroitesse qui n'a pas permis de figurer le côté symétrique de la tête. Je pourrais suivre parallèlement à cette série de têtes cornues, celle des têtes de ruminants sans cornes, on y verrait, maintes fois répétés, des procédés de simplification, de combinaison, de disarticulation identiques. La série des têtes de bovidés est un peu plus différente, et c'est pourquoi j'y arrive maintenant.

III. — Têtes de Bovidés (fig. 146). — A Altamira, parmi les plus anciennes fresques, M. Cartailhac et moi avons reconnu plusieurs figures de face qui appartiennent à des bovidés : 2, sur le grand plafond, figure certainement le front bombé, les cornes et les oreilles d'un bison ; 3 est sans doute du même ordre ; en 4, on a utilisé un angle rocheux pour y faire une sorte de masque, dont ses grosses narines très écartées paraissent indiquer un bœuf. Dans les gravures sur petits objets, il faut remarquer une gravure sur pierre de Bruniquel (coll. Peccadeau de l'Isle au British Museum), où la tête est figurée de

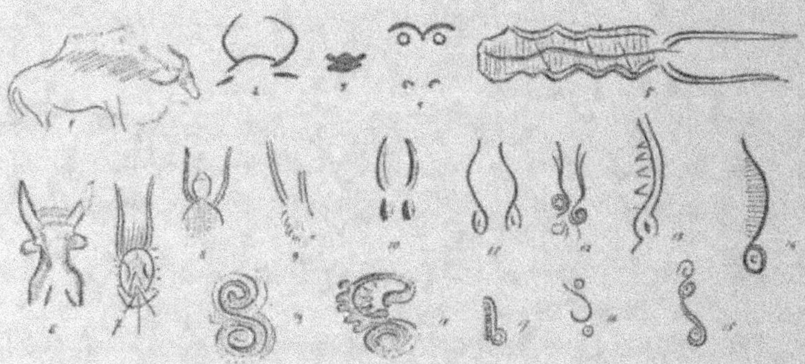

Fig. 146. — Têtes de Bovidés.

1, 7, 8. Bruniquel [British Museum]. — 2, 3, 4. Altamira [Peintures noires].
5. Laugerie-Basse [Coll. Vibraye au Museum]. — 6. Gourdan [Piette].
9. Mas d'Azil [Coll. Ladevèze]. — 11. Raymonden [Coll. de Larclause].
10, 12. Lourdes [Coll. Nelli]. — 13. Le Placard [Coll. Chauvet, simple croquis].
14. Maszyckhöhle [Pologne]. — 15. Laugerie-Haute [Coll. Peyrony].
16. Cambous [Lot], d'après Bergougnoux. — 17, 18, 19. Arudy [Coll. Piette].

face, quoique le corps soit de profil (n° 1, fig. 146). En 5, on retrouve une longue encornure en forme de lyre qui s'attache à une masse informe qui représente le corps d'un animal, couché ou ramassé sur lui-même comme les bisons des bosses du plafond d'Altamira ; la saillie des hanches et du garrot, sur la ligne dorsale, se remarque cependant, et sur la ligne ventrale, la saillie du mufle ramassé sous le corps, ainsi que la queue, les genoux, les jarrets des pattes repliées ; 6 est plus clair : c'est le train antérieur d'un bison vu à vol d'oiseau, dont on distingue bien les cornes insérées latéralement à un gros front bombé et poilu. Les cornes en forme de lyre se retrouvent en 7 et 8, couronnant un curieux « sphéroïde » qui présente encore une paire d'yeux et des poils sur le front en 7, qui supporte, en 8, un second sphéroïde » plus petit. Dans le premier de ces deux dessins, le sphéroïde figure la tête de l'animal; dans le second, il figure plutôt le corps, surmonté d'une tête, que les cornes ont cessé de surmonter pour s'insérer directement sur le corps. Il est très *possible* que 9 figure aussi une tête de bovidé simplifiée, où le poil a envahi toute la tête et dont les cornes se seraient rectifiées.

Dans plusieurs cas, il ne reste, de la tête, qu'une paire d'yeux et les cornes : cela se remarque en 10, 11, 12 ; 11 est une déformation de 10, qui est encore bien reconnaissable pour les yeux et les cornes d'un bison. Je pense que le même motif, mais composé d'un seul œil, surmonté d'une seule corne, est à la base d'une famille de graphiques dont 13 et 14 sont les plus reconnaissables et présentent même, en avant de la corne, les restes du front poilu, et qui a *pu* donner naissance au si curieux groupe des ornements spiralés indiqué depuis longtemps par M. Piette, et dont je donne ici quelques rappels (de 15 à 19). On pourrait certainement pousser plus loin l'évolution de l'œil et de la corne du bison, mais l'hypothèse y joue un rôle de plus en plus fort.

IV. — Conclusion. — Dans l'étude d'un art aussi mutilé par le temps que celui de l'âge du Renne, on est obligé de suppléer bien souvent aux lacunes par des hypothèses : celles-ci sont souvent fragiles, de nouvelles découvertes en réformeront plus d'une, mais la thèse de l'étroite dépendance, dans l'art quaternaire, du dessin figuré et de l'ornementique n'en demeure par moins désormais inébranlable. Il importait de montrer qu'à ce point de vue, il rentrait dans la formule qui paraît avoir présidé, dans tous les arts primitifs, à la naissance de l'art décoratif comme à celle de l'écriture. C'est par une voie toute analogue que l'un et l'autre sont nés, et sans doute, dans celui-ci, comme dans celle-là, les découvertes se sont faites moins par la réflexion que par l'inconsciente réaction des générations se succédant et accumulant le fruit de leurs efforts.

M. S. Reinach admet, en substance, la théorie exposée par M. l'abbé Breuil. Il pense que la présence de motifs tout à fait stylisés et méconnaissables, parmi les gravures de l'âge du Renne, vient à l'appui de l'hypothèse qui attribue à ces motifs une signification religieuse et symbolique.

M. l'Abbé Breuil. — Je suis d'autant plus convaincu que si mon principe est excellent, mes groupements de détail sont sujets à bien des modification à venir, comme le dit M. S. Reinach, que depuis que j'ai présenté ma communication à l'Académie des Inscriptions, j'ai déplacé des familles entières de groupes de figures stylisées, à la suite de pièces nouvelles venues à ma connaissance.

M. A. Issel.— En observant les nombreuses images de bovidés gravées sur roches dans les hautes vallées des Alpes-Maritimes, images dont M. Bicknell a rapporté le calque, on trouve tous les éléments d'une dérivation semblable à celle qui vient d'être signalée par notre collègue l'abbé Breuil. On passe, par une série de formes intermédiaires, de la figure du bœuf avec deux cornes, deux oreilles, quatre pattes et une longue queue, à un signe schématique formé par une barre verticale surmontée d'un arc de cercle dont la convexité est tournée vers le bas, qui est peut-être un signe alphabétique.

M. Deniker insiste sur l'importance des comparaisons à faire entre les dessins des hommes préhistoriques et ceux que nous trouvons chez les *incultes* modernes. D'après l'exposé de l'abbé Breuil, le passage du dessin pur à l'ornementation s'opère de la même façon jusque dans les détails. Ainsi je vois que la transformation de la tête du cheval vu de face (avec les deux oreilles et la crinière) en un dessin ornemental auquel on a ajouté, pour la symétrie, trois appendices en bas, est absolument analogue à celle que M. Haddon a observé dans les dessins des Papous. Dans ces dessins on voit, par exemple, une figure humaine privée de ses yeux, qui sont reportés plus haut ou plus bas, entre d'autres dessins, peut-être également pour répondre à une préoccupation de symétrie (1). Je crois donc, sans viser la possibilité d'une signification religieuse de la stylisation comme l'indique M. S. Reinach, que la préoccupation de l'ornement, et la loi du moindre effort, dominent chez les quaternaires comme chez les sauvages modernes dans l'évolution du dessin. A cet égard l'étude des dessins préhistoriques trouvés et décrits par M. Bicknell, et qui sont tout près d'ici, pourrait être d'un grand secours pour la solution du problème.

(1) Je pourrais citer d'autres exemples, celui des dessins des Goldes de la région Amourienne (Sibérie).

Le débitage de l'os, de la corne et de l'ivoire à l'époque magdalénienne

par M. le Dr CAPITAN

L'étude systématique d'un grand nombre de pièces magdaléniennes en os, ivoire ou corne de renne m'a amené à cette conclusion que le travail d'entame, de débitage et de section de ces matières était pratiqué par les magdaléniens soit (au moins pour la section) par un procédé de percussions très multiples amincissant en un point la pièce qui pouvait être ensuite facilement brisée, soit au moyens de rainures plus ou moins profondément creusées avec des burins et permettant ensuite de détacher les parties d'os, de corne ou d'ivoire ainsi limitées ou de diviser une pièce ainsi amincie. Ce procédé est le seul qui ait été mis en œuvre à cette époque. La scie ne paraît pas avoir été employée ; d'ailleurs on n'en trouve pour ainsi dire pas dans les gisements de l'âge du renne, tandis que les burins surabondent. Ceux-ci, sauf de très petits, ont donc vraisemblablement servi uniquement à l'usage sus-indiqué et non, ainsi qu'on l'admet d'ordinaire, à la gravure. Comme démonstration de ces faits, je présente au Congrès des os et cornes magdaléniens travaillés au burin, ainsi que la photographie d'un gros segment de défense de mammouth, long de 40 centimètres, d'un diamètre de 15 à 20 centimètres et sur lequel on peut voir deux larges et profondes rainures, exécutées au burin, marchant l'une vers l'autre ; elles limitent un segment d'ivoire à peu près cylindrique, long de 35 centimètres sur 3 à 4 de diamètre, pointu à une extrémité. Un faible choc aurait suffi pour détacher ce segment et obtenir ainsi un beau poignard en ivoire. A côté de cette pièce se trouvait une petite défense de mammouth non travaillée et deux silex (un burin double et un grattoir long) et pas autre chose. Les deux instruments ont parfaitement pu servir à pratiquer les entailles sur la défense. Le tout se trouvait immédiatement sous un gros rocher éboulé à l'entrée de gorge d'Enfer. Il paraît donc vraisemblable que tous ces objets ont été brusquement abandonnés, peut-être par le préhistorique qui façonnait la défense et qui s'est sauvé pour éviter l'éboulement. Cette remarquable pièce, trouvée par Galou et déjà signalée par M. Peyrony (Congrès de l'A. F. A. S., session de Cherbourg, 1905), fait actuellement partie de ma collection. Elle n'a jamais été publiée.

Les Graveurs magdaléniens
de la grotte des Eyzies

par MM. CAPITAN, BREUIL, CLERGEAU et PEYRONY

La grotte classique des Eyzies a été vidée, au moyen âge, des foyers qu'elle contenait et tous les déblais furent jetés devant la grotte. On peut y faire encore d'intéressantes découvertes. C'est là et dans la grotte, ainsi que dans les débris des fouilles de Lartet et Christy, que nous avons recueilli, dans de très nombreuses investigations, d'une part plusieurs gravures sur os ou pierre et, d'autre part, tout l'outillage ayant servi aux graveurs magdaléniens. Nous citerons surtout la très jolie tête de cheval gravée sur un fragment d'os, recueillie dans la grotte même par l'un de nous (Breuil) et que nous avons montrée au Congrès, un équidé entier gravé, moins la tête, sur un fragment de grès, des portions de corps de caprins, de bouquetins et d'équidés sur fragments de lames en os, des dessins géométriques, etc.

Ces gravures extrêmement fines étaient parfois exécutées au moyen de petites lames cassées transversalement, dont un angle dièdre ainsi obtenu était parfois retouché et servait de véritable burin. On trouve aussi de très petits burins fabriqués à la manière ordinaire et surtout de minuscules lames avec extrémités retouchées très finement en pointes fines, quelquefois multiples sur le même silex. Les unes sont assez résistantes, les autres sont d'une telle finesse qu'elles n'ont pu servir qu'à tracer un trait très fin et très léger. De nombreux petits silex ont la forme de vraies lames de canif à dos retouché. Il y a une assez grande variété de formes. Nous avons également trouvé de ces petites lames à encoches latérales multiples. Tout cet ensemble prouve, de la façon la plus évidente, que les silex employés par les magdaléniens pour exécuter leurs gravures étaient toujours très petits et de formes multiples, admirablement comprises pour ce très spécial et très fin travail. Le burin ordinaire, sauf quand il était tout petit, était exclusivement réservé au gros travail de l'os, de l'ivoire et de la corne, comme l'un de nous (Capitan) l'a démontré au Congrès. Il aurait été, d'ailleurs, impossible d'exécuter en l'employant ces si fines gravures.

On voit donc que l'étude de l'outillage des graveurs magdaléniens de la grotte des Eyzies nous donne de précieux renseignements sur la technique mise en œuvre par les magdaléniens pour exécuter leurs très jolies œuvres d'art sur os, ivoire, corne et pierre.

Figures anthropomorphes ou humaines
de la caverne des Combarelles

par MM. le Dr CAPITAN, l'Abbé BREUIL et PEYRONY

Dès le début de nos explorations dans la caverne des Combarelles, nous avions remarqué, au commencement du corridor terminus, une figure bizarre (c'est celle qui occupe le milieu de la figure 147) dont l'étrangeté nous avait mis en défiance. Une connaissance plus complète des figures conte nues dans cette caverne ornée, non seulement nous a permis d'affirmer l'authenticité de la première image, que son trait fortement creusé rendait fort visible, mais elle nous a révélé de nombreux dessins non moins particuliers.

Nous avions également, dès le début, remarqué et dessiné une jambe humaine, à trait fortement incisé (fig. 148), qui se continue certainement avec un torse ; mais celui-ci, engagé dans un fouillis inextricable de traits, ne saurait probablement être lu avec une certitude suffisante.

C'est ensuite, à peu près en face de la jambe humaine, c'est-à-dire sur la paroi gauche (en venant de l'entrée), un groupe de trois dessins (fig. 149) dont deux, ceux de droite, sont nettement humains, le troisième, celui de gauche, vraisemblablement humain aussi. Le principal personnage, du sexe masculin, marche, le torse incliné, les avant-bras élevés et à demi fléchis. Sa tête est recouverte de stalactites trop épaisses pour qu'on puisse en discerner autre chose que les formes générales. La petite figure située en arrière de ce dessin, et qui emprunte plusieurs traits de la partie postérieure du grand personnage,

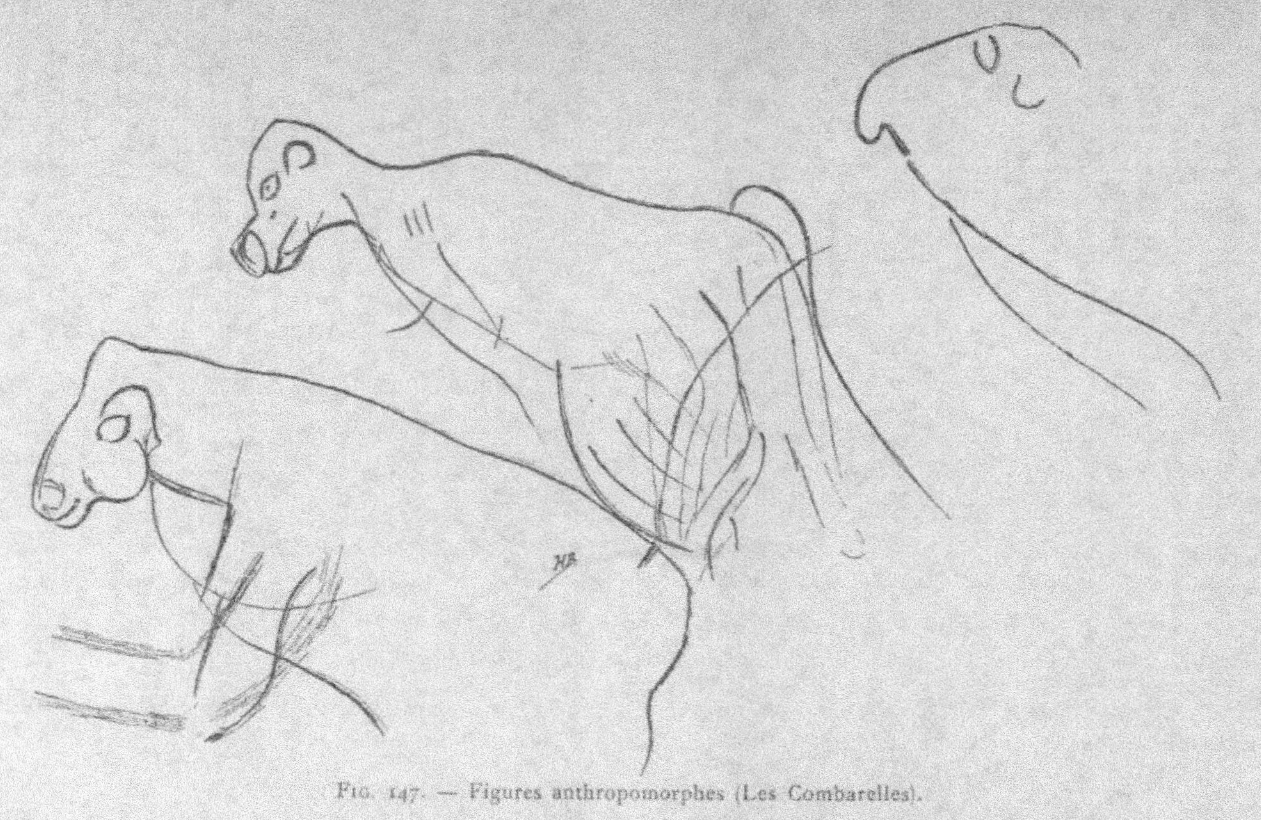

FIG. 147. — Figures anthropomorphes (Les Combarelles).

semble du sexe féminin, sa tête est d'un tracé très faible, et au milieu existe une saillie naturelle. Quant à l'image de gauche, tandis que sa croupe et les bras pendants sont très visibles, la tête est d'une lecture qui demande une grande attention.

A droite et à gauche de la figure si étrange dont nous avons

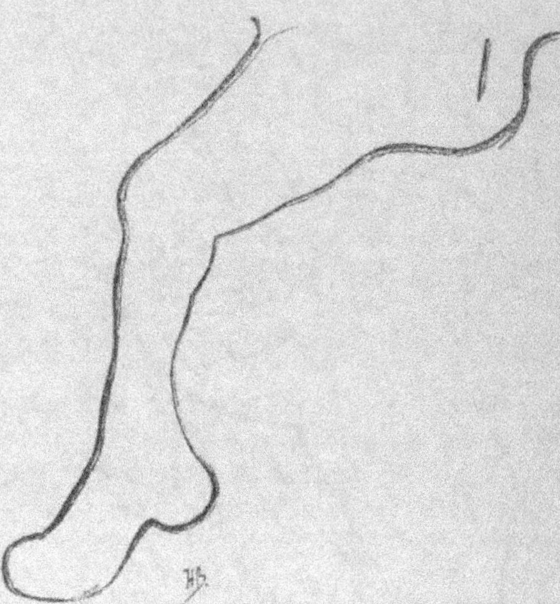

Fig. 148. — Jambe humaine (Les Combarelles).

parlé en commençant, se trouvent d'autres figures analogues (fig. 150). La figure déchiffrée en premier lieu présente une tête extraordinaire, un museau proéminent, l'oreille est ronde et petite. En arrière se trouve un profil avec un nez crochu, dont la ligne continue un front horizontal ; à gauche, une tête allongée en museau de chien, et à crâne pointu, surmonté d'une échine oblique et paraissant superposée à un bras coudé.

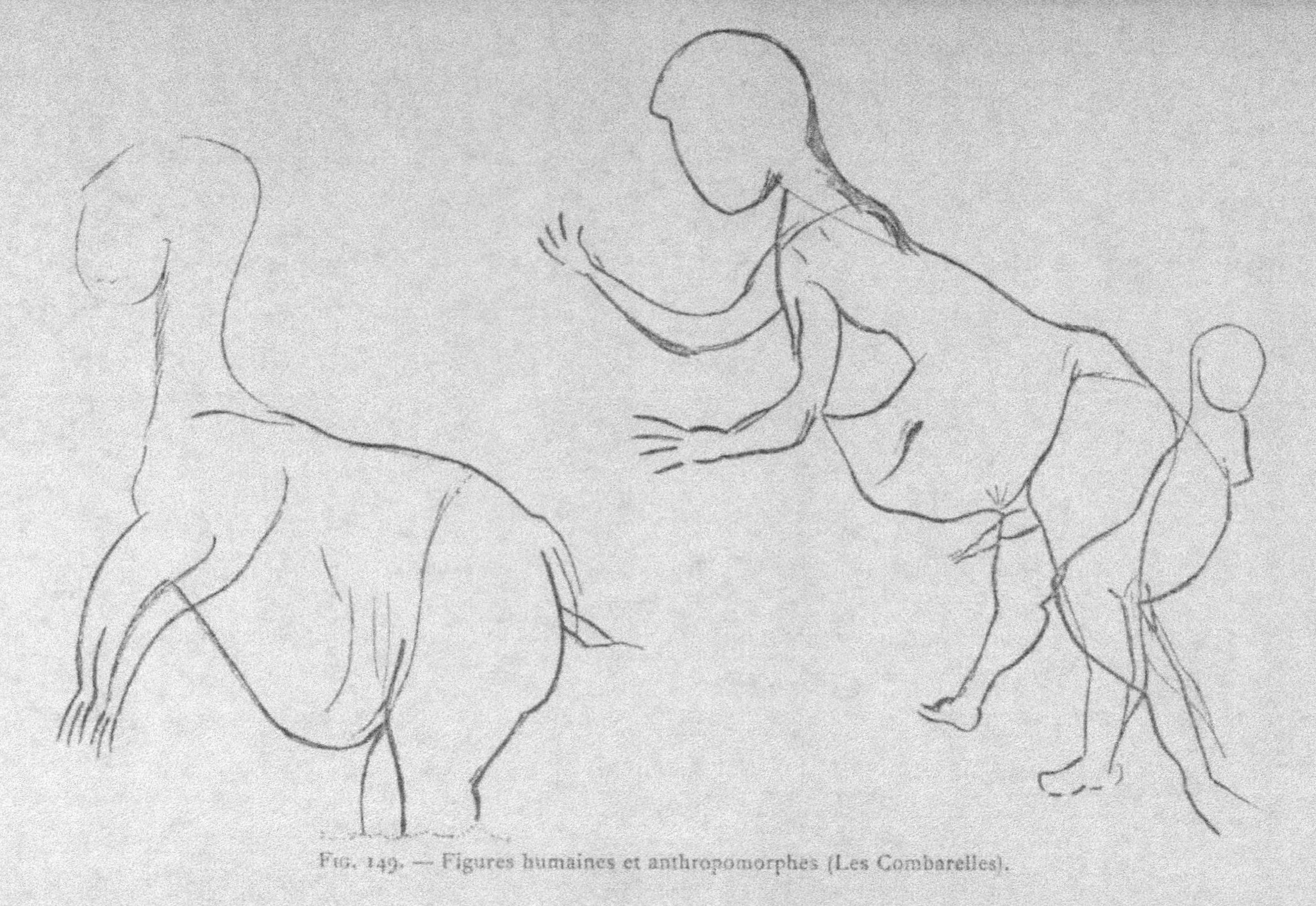

Fig. 149. — Figures humaines et anthropomorphes (Les Combarelles).

Nous figurons ensuite de nombreuses têtes disséminées dans toutes les parties de la caverne. Les unes sont au voisinage

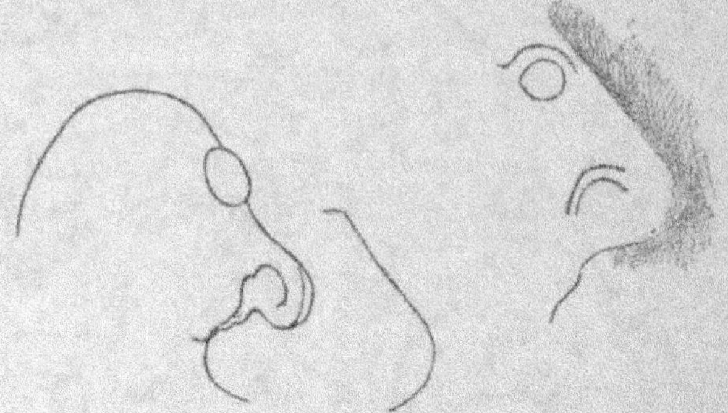

Fig. 150. — Figures anthropomorphes (Les Combarelles).

immédiat du panneau précédent, mais gravées sur le plafond du boyau surbaissé qui y accède. Elles sont représentées fig. 150.

Fig. 151. — Figures anthropomorphes (Les Combarelles).

Dans l'une, l'œil est représenté en saillie, entre le front en pain de sucre et un nez formidable à narine très accusée ; dans l'autre, la tête est formée d'une saillie rocheuse figurant

un grand nez, auquel on a adjoint un œil et les ailes d'une
narine puissante. Au delà, et sur la paroi droite, se trouvent
divers petits profils (fig. 151) qui rappelleraient plutôt des
images simiesques, cynocéphales et chimpanzés. L'une de ces
têtes surplombe un ventre rebondi.

Plus au fond encore, et sur la même paroi, se trouve un
autre profil, tout à fait humain, à nez busqué, où le menton se
trouve orné d'une barbiche pointue. C'est la plus humaine des
figures que nous avons relevées (fig. 152).

Fig. 152. — Profil humain (Les Combarelles).

Les autres dessins que nous reproduisons proviennent de
la partie la plus accessible de la galerie (fig. 153).

Deux (un profil à nez retroussé, sans yeux, et une face (?)
avec deux yeux mal placés) sont de la paroi gauche ; ce deuxième
dessin rappelle fort ceux de Marsoulas et aussi la face humaine
(ou crâne humain) que nous avons signalée aux Combarelles dès
la première heure.

Les trois autres figures sont de la paroi droite ; deux sont
voisines, dont l'une, à peine indiquée par une ligne cintrée
inscrivant un œil, l'autre ayant une boîte crânienne acceptable,
mais dont la face se prolonge en un véritable mufle de cha-
meau.

La dernière figure, enfin, nous ramène à un type plus
simiesque.

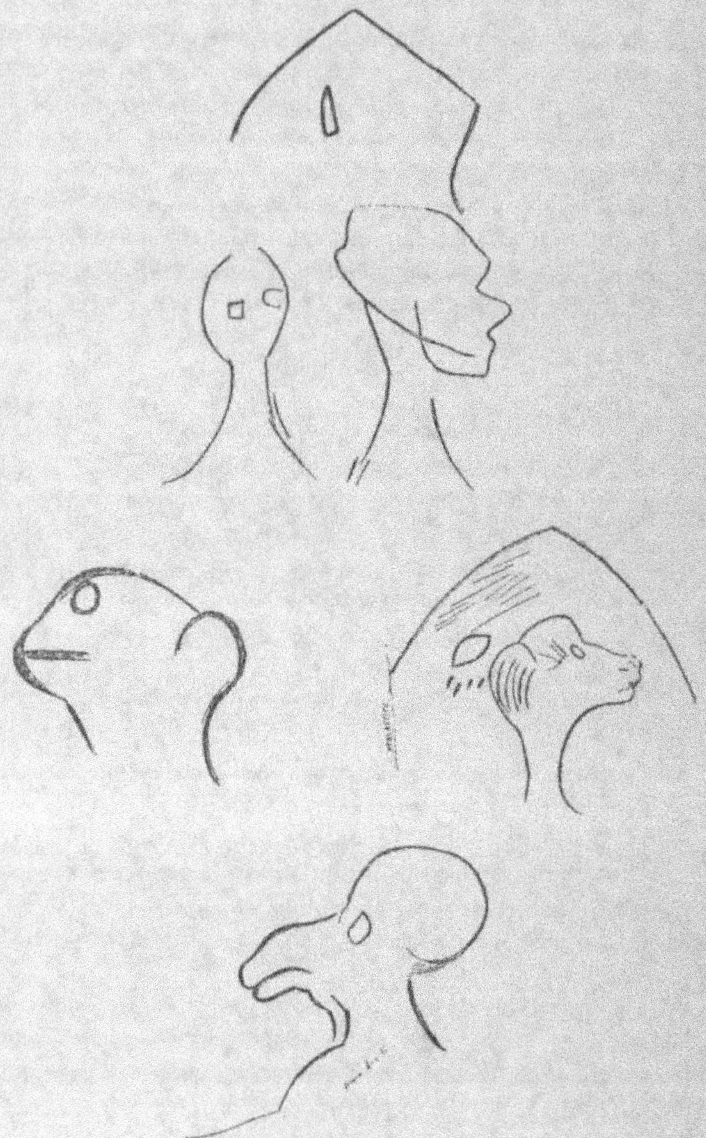

FIG. 153. — Figures anthropomorphes (Les Combarelles).

Signalons aussi une grosse tête à grand nez prolongé et très arqué, rappelant celui de certains masques canaques, et qui se trouve placée dans la croupe d'un petit cheval ruant.

Quelle explication donner à tous ces dessins ? Caricatures primitives ? gravures d'êtres imaginaires, comme toutes les cosmogonies primitives en conçoivent ? faces d'hommes masqués, à la manière de magiciens Eskimos, Peaux-Rouges ou Australiens ?

Cette hypothèse serait plutôt celle à laquelle nous nous rattacherions, étant données les comparaisons ethnographiques que nous avons pu montrer au Congrès en faisant passer, à la suite de la reproduction des figures de nos grottes, quelques projections de personnages masqués, de masques et leurs représentations chez les Australiens, les Eskimos. En tous cas, nous avons voulu seulement faire connaître au Congrès des dessins particuliers et authentifiés qui élargissent le problème, posé depuis longtemps, au sujet des gravures sur os, et ravivé depuis peu par les publications de figures analogues signalées en Espagne et en France par M. Cartailhac et l'un d'entre nous (Breuil).

Stratigraphie du Schweizersbild
et l'âge des différentes couches de cette station

par M. NÜESCH

De divers côtés je viens d'être invité à rappeler au souvenir des membres du Congrès la *stratigraphie claire, nette et précise du Schweizersbild* (1). C'est avec plaisir que je réponds à cette invitation, d'autant plus que la stratigraphie des cavernes a joué un grand rôle ces jours-ci dans les communications faites au XIIIe Congrès d'Anthropologie et d'Archéologie préhistoriques et que les gisements du Schweizersbild forment pour ainsi dire un chronomètre nous permettant de fixer non seulement l'âge relatif de la station, mais aussi l'âge absolu des différentes couches de cet abri sous roche.

La station du Schweizersbild se trouve au pied du rocher de ce nom qui forme une crête dirigée à peu près de l'Est à l'Ouest; il est coupé maintenant complètement à pic sur son versant sud et à son extrémité orientale, tandis que du côté nord et nord-ouest il forme une pente que l'on peut gravir facilement. Au pied de cette paroi, du côté du midi, se trouvait la station dans une concavité semi-elliptique de 3o mètres de longueur sur 12 mètres de largeur; le rocher doit avoir surplombé jadis de 5 à 6 mètres. Il a subi, par l'influence de la température, une désagrégation lente, mais continue. Les débris, provenant de cette démolition du plafond et des parois, se sont accumulés au pied

---

(1) Conf. Nüesch J. *Das Schweizersbild, eine Niederlassung aus palaeolithischer, und neolithischer Zeit. Neue Denkschriften der Schweizerischen naturf.* Ges. Band XXXV, 1, Auflage 1896 ; 2me Aufl. 1902.

du rocher, formant une brèche calcaire presque uniforme de 3 à 4 mètres de profondeur. La station repose sur les alluvions des basses terrasses qui correspondent à la période de retraite des glaciers après la dernière glaciation, notamment après celle du Bühlstadium (1). C'est dans cette brèche que les vestiges de l'activité humaine ont été enfermés pendant des siècles et des siècles. Il s'y trouvait une série d'horizons qui se distinguaient les uns des autres par la plus ou moins grande proportion d'ossements, plus de 60.000 pièces brisées, provenant de 117 espèces différentes d'animaux, plus de 20.000 silex taillés, des cendres, des foyers, des squelettes humains et des débris de toute sorte d'objets travaillés. De bas en haut, la série suivante de six niveaux archéologiques superposés a pu être établie :

1° La couche morainique formée presque exclusivement de cailloux et ne contenant ni fossiles ni silex taillés.

2° La couche inférieure à Rongeurs, très pauvre en silex, mais renfermant en très grande quantité d'ossements de petits rongeurs de la Toundra, tel que le *Myodes torquatus*, *Putorius erminea*, *Lagomys hyperboreus*, *Arvicola nivalis*, etc. Cette couche a une épaisseur de 5o cm. environ et correspond au début de la période paléolithique en Suisse.

3° La couche jaune avec la faune subarctique des Steppes et des objets travaillés de la période paléolithique; de 3o cm. d'épaisseur.

4° La couche de brèche à Rongeurs supérieure, pauvre en silex et renfermant une faune de passage entre la faune des steppes et la faune des forêts; 8o à 12o cm. d'épaisseur.

5° La couche grise, correspondant à l'époque tourasséenne-azylienne et néolithique contenant des restes de la faune des forêts et 27 squelettes humains, dont 5 provenant de pygmées; 4o cm. d'épaisseur.

6° Une couche d'humus correspondant à l'âge du bronze et à celui du fer et ne renfermant que des ossements d'animaux domestiques, 4o cm. d'épaisseur.

(1) Conf. PENCK und BRÜCKNER, *Die Alpen im Eiszeitalter*, 1901.

La station du Schweizersbild a été habitée presque sans interruption, depuis la dernière glaciation jusqu'à nos jours, et les différentes faunes nous démontrent le changement du climat pendant des milliers d'années. En admettant que la période néolithique en Suisse ait eu ses manifestations environ 4.000 ans avant notre ère et en supposant que la brèche se soit déposée avec une vitesse sensiblement constante depuis le commencement de la période paléolithique jusqu'à nos jours, ce qui paraît justifier l'uniformité de cette formation, nous pourrons déduire la durée des différentes périodes de l'épaisseur des dépôts correspondants et nous arriverons aux chiffres suivants :

1° L'humus avec 40 cm. d'épaisseur, couche supérieure, temps historique, âge de fer et âge de bronze............   4.000 ans.

2° La période néolithique, représentée par la couche grise et la faune des forêts, 40 cm. d'épaisseur.................   4.000 ans.

3° La période intermédiaire représentée par la brèche supérieure à Rongeurs, 80 à 120 cm ....   8.000 à 12.000 ans.

4° La période paléolithique, représentée par la couche inférieure, à Rongeurs la faune des Toundras et la faune des Steppes, 30 et 50 cm. = 80 cm. ....   8.000 ans.

TOTAL...   24.000 à 28.000 ans.

Ces chiffres sont évidemment approximatifs et il est clair que les horizons, dans lesquels l'homme a accumulé une quantité énorme de débris de toutes sortes, ont dû augmenter plus rapidement d'épaisseur que les autres. Il est aussi fort probable que la désagrégation du rocher a dû marcher plus rapidement pendant les périodes froides et humides du début que de nos jours. Néanmoins, il est fort intéressant de voir que 20.000 à 30.000 ans seulement nous séparent du moment où l'homme a fait sa première apparition au Schweizersbild et dans la région de Schaffhouse.

La seconde station paléolithique du canton de Schaffhouse dans la *caverne du Kesslerloch* (1) a été aussi habité seulement après la dernière grande glaciation. Le Kesslerloch a été exploité par Merk, en 1874, et finalement par moi, en 1898 et 1899 ; on ne pouvait pas y distinguer différents horizons. Tous les objets trouvés en os et en bois de renne, en silex taillés et en ivoire fossile appartiennent uniquement à la période paléolithique, mais il y a parmi les 45 espèces d'animaux encore des restes de l'*Elephas primigenius*, du *Rhinocerus tichorhinus* et du *felis leo* qui manquent dans la station du Schweizersbild. Il se trouvait même un foyer au Kesslerloch, à une profondeur de 3 mètres, sur lequel gisaient des os brûlés et en partie calcinés de ces animaux. Le Kesslerloch a été par conséquent habité plus tôt que le Schweizersbild ; il s'intercale entre la couche inférieure des Rongeurs et la couche des Steppes du Schweizersbild. Des os de l'Homme ne manquaient pas non plus au Kesslerloch ; il y avait des restes d'un individu de très petite taille. Dans la station voisine du Schweizersbild, dans la caverne du *Dachsenbuel* (2) on a de même trouvé des os de deux individus aussi de petite taille. Les 5 pygmées du Schweizersbild atteignaient en moyenne une hauteur de 142,4 cm., les 2 du Dachsenbüel, 137 cm, et celui du Kesslerloch, 120 cm. seulement.

M. Boule vient d'entendre avec plaisir la communication de M. Nüesch sur un gisement qui évoque pour lui d'agréables souvenirs. Il rappelle qu'il a été le premier à proclamer, et cela malgré l'avis des savants de langue allemande, tels que M. Penck, l'âge post-glaciaire de tous les dépôts fossillifères et archéologiques du Schweizersbild.

(1) Conf. Nuesch J. *Das Kesslerloch, eine Höhle aus paläolithischer Zeit. Neue Denkschriften der Schweizerischen naturf. Gesellschaft*, Band XXXIX, 2ᵉ Hälfte, 1904.

(2) Conf. J. Nuesch, *Der Dachsenbuel, eine Höhle aus früh-neolithischer Zeit. Neue Denkschriften der Schweiz. naturf. Ges.* Band XXXIX, 1. Hälfte, 1904.

Quant aux évaluations chronologiques de M. Nüesch, il ne faudrait les adopter qu'avec la plus grande réserve : 1° parce que notre confrère parle d'une évaluation des temps actuels (8.000 ans) qui me paraît exagérée ; 2° parce que les diverses couches ont dû se déposer à des vitesses différentes, à cause de l'alternement probable de périodes sèches et de périodes humides, de périodes chaudes et de périodes froides.

M. Nüesch. — Je voudrais d'abord faire remarquer à M. Boule que la station du Schweizersbild est située de telle façon que rien n'a pu y être amené par l'eau, de même que rien n'a pu en être éloigné par l'eau. L'inondation ne joue aucun rôle au Schweizersbild, pas plus que la dénudation. La durée du temps de la dernière dénudation est trop courte pour qu'on ait pu la remarquer. Les géologues A. Heim, Brückner, Steck, Forel et Penck sont arrivés au même résultat quant à la durée du temps qui s'est écoulé depuis la dernière glaciation jusqu'à nos jours. M. Heim a trouvé que les dépôts que la Reuss et la Muotta ont faits après la dernière glaciation dans le lac des Quatre Cantons, demandent au moins un laps de temps de 16.000 ans. MM. Brückner et Steck estiment que l'Aar a eu besoin au moins de 20.000 ans pour faire les dépôts, qui se trouvent dans la vallée de l'Aar entre Brienz et Meyringen, dans l'Oberland bernois. Les dépôts fluviaux n'ont pu être faits qu'après la dernière retraite des glaciers. Forel évalue le temps qu'il a fallu au Rhône pour faire ses dépôts dans le lac de Genève, à 14.000 ans au moins. Toutes ces évaluations ont été faites indépendamment des miennes et sans que j'en aie eu connaissance lorsque je suis arrivé aux chiffres approximatifs du Schweizersbild que j'ai exposés dans ma communication.

M. le docteur Obermaier fait observer qu'il n'existe pas au Schweizersbild de couche tourasséenne (ou mieux « azylienne », car l'expression « tourasséen » n'est pas juste). Tout le matériel qui caractérise soit l'« Azyléen » (harpons plats, galets coloriés, strates d'escargots), soit le « Campignien » (pics, tranchets, etc.), y fait complètement défaut. Quant aux sépultures mentionnées par M. Nüesch, ce n'est qu'une partie qui appartient réellement à l'époque néolithique. On les a attribuées à tort à des pygmées ; il s'agit seulement d'individus de très petite taille.

M. Nüesch. — J'aime à remarquer que M. le docteur Obermaier n'a pas assisté aux fouilles du Schweizersbild exécutées pendant trois années consécutives en 1891 jusqu'à 1893 et que des pics et tranchets, faits en os et en bois de cerf, même des escargots n'ont pas fait défaut (conf. Nüesch, das Schweizersbild, 2ᵐᵉ édition, p. 64-69 et pl. xviii, xix et xx) dans la couche grise du Scheizersbild, contenant la faune des forêts et les pygmées.

Contribution à l'étude des temps intermédiaires entre le paléolithique et le néolithique

par le Baron A. DE LOË

———

Les préhistoriens français ont reconnu déjà, dans le néolithique, l'existence de deux faciès autres que le Robenhausien. L'un, qui paraît être le plus ancien et qui semble devoir combler ainsi *l'hiatus* que l'on supposait exister entre le paléolithique et le néolithique, a reçu le nom de *Tardenoisien* (1).

Nous avons en Belgique plusieurs stations où l'industrie Tardenoisienne se présente presque pure de tout mélange avec d'autres formes. Elles se rencontrent sur quelques-uns des plateaux rocheux et élevés qui dominent la Meuse, entre Namur et Dinant (2). On les retrouve en des conditions topographiquement semblables dans l'Amblève Inférieure, aux environs d'Aywaille (3), enfin dans les sables de la Campine, et là, presque toujours au voisinage ou sur les bords même d'anciennes nappes d'eau (4). Ces stations sont remarquables par leur périmètre restreint et bien délimité.

---

(1) A. RUTOT. — Notions préliminaires sur le néolithique. (*Bulletin de la Soc. d'Anthropologie de Bruxelles*, tome XXIV, premier fascicule, 1905, p. xxiii.)

(2) E. DE PIERPONT. — Observations sur de très petits instruments en silex provenant de plusieurs stations néolithiques de la région de la Meuse. (*Bulletin de la Soc. d'Anthropologie de Bruxelles*, tome XIII, 1894-1895.)

(3) E. RAHIR. — Note sur l'exploration des plateaux de l'Amblève au point de vue préhistorique. (*Mémoires de la Soc. d'Anthropologie de Bruxelles*, tome XXII, 1903.)

(4) Tel est le cas, notamment, pour la plus importante station campinoise de cette époque, celle de la *bruyère dite de Steenweg*, à Exel, découverte tout récemment par M. Charley Poutiau.

Notre Tardenoisien, qui est sans conteste une industrie complète, pure et autonome, se caractérise d'abord par un outillage minuscule : petits nucléus, petites lames, petits grattoirs discoïdes, petits éclats allongés et pointus, à contours plus ou moins géométriques, tranchants d'un côté et à dos soigneusement retouché ; ensuite par l'absence du silex de Spiennes au nombre des matières premières employées et par l'abondance d'un quartzite à grains fins d'âge tertiaire (1).

Mais ce qui constitue l'intérêt de la présente communication, c'est la découverte que nous avons faite, M. Van den Broeck, M. Rahir, et moi, en fouillant la salle d'entrée de la grotte de Remouchamps sur l'Amblève, de l'industrie Tardenoisienne accompagnée de la faune du renne (2).

Nous n'avons rencontré dans cette grotte, au-dessus du roc, qu'une seule couche archéologique d'assez peu d'épaisseur, mais renfermant des foyers, des silex et des ossements d'animaux (débris de repas), les uns brisés en long, les autres entiers.

M. Louis De Pauw a reconnu, parmi ces derniers : *Equus caballus, Rangifer tarandus, Cervus elaphus, Canis vulpes, Canis lagopus, Lagopus albus.*

Quant aux silex, ils représentaient parfaitement l'outillage des stations Tardenoisiennes de la Meuse, de la Campine et des plateaux voisins de notre grotte.

D'après cela, il paraît donc assez probable que le Tardenoisien est bien le dernier faciès de l'industrie de l'âge du renne.

---

(1) Quartzite landenien supérieur de Wommersom.

(2) *Bulletin de la Soc. d'Anthropologie de Bruxelles,* tome XXI, 1902-1903, p. xxxv.

Les dernières découvertes Danoises

par M. Valdemar SCHMIDT

Tout le monde sait que la Scandinavie est la patrie de l'archéologie préhistorique, et que c'est dans les pays scandinaves qu'on constata pour la première fois que les temps historiques de l'humanité avaient été précédés par trois périodes successives qu'on appela, en Danemark, des âges et qu'on caractérisa comme : l'âge de la pierre, l'âge du bronze et l'âge du fer, expressions qui ont été acceptées plus tard par tous les savants. Cette découverte fut faite dans la première moitié du XIXe siècle, en Danemark, par l'archéologue C.-J. Thomsen, et, presque simultanément, en Suède par le naturaliste Sven Nilsson, professeur de l'Université de Lund en Scanie. Les résultats obtenus par ces deux savants étaient basés sur des observations exactes faites pendant des fouilles, notamment dans des dolmens et dans des tumulus anciens, dont il y avait alors un nombre fort considérable dans les deux pays.

A l'étude des anciennes sépultures vint bientôt s'associer celle d'autre trouvailles qui fournissaient des objets analogues à ceux retirés des dolmens et des tumulus, l'étude de dépôts d'objets antiques découverts soit au-dessous de grandes pierres, soit dans les tourbières, soit déposés simplement dans la terre. Tous ces objets avaient été placés dans le sol dans des buts difficiles à déterminer aujourd'hui, quelquefois peut-être dans des buts religieux. A la même classe appartiennent aussi les nombreux silex provenant des lieux où l'on taillait la pierre, ainsi que les cachettes des fondeurs de bronze et les divers dépôts

analogues qui furent peu à peu découverts. Les objets dont se
composaient ces dépôts furent recueillis avec soin ; ils ont
enrichi les musées du Danemark de séries nombreuses d'objets
importants.

La découverte des lieux où l'homme préhistorique avait
séjourné autrefois, se fit longtemps attendre. On connaissait
beaucoup de tombeaux, on en découvrait toujours de nouveaux, mais on ne savait rien sur les stations fréquentées par
les vivants pendant les époques préhistoriques. Cependant, les
stations ne devaient pas rester toujours inconnues.

Il y a maintenant plus d'une cinquantaine d'années qu'on
découvrit, en Danemark, que certains entassements, situés en
plusieurs points des côtes du pays, et composés principalement
de coquilles, n'étaient pas des bancs naturels, comme on l'avait
d'abord supposé, mais des amas constitués par les débris des
repas d'habitants primitifs ayant séjourné là autrefois. On
constata que ces entassements contenaient, associés aux coquilles, de nombreux outils en silex et en os, des fragments de
poterie, des ossements d'animaux cassés par l'homme et rongés
par des chiens, etc. On donna alors à ces amas le nom de
kjoekken-moedding, « débris de cuisine », nom peu joli, inventé
probablement par le professeur Steenstrup. Aucun objet en
métal ne fut jamais découvert dans ces monticules ; il était
donc clair qu'ils remontaient à l'âge de la pierre, mais on
n'était pas d'accord sur la relation chronologique qui existait
entre l'époque de leur formation et celle de la construction des
dolmens. M. Steenstrup, le célèbre naturaliste danois, pensait
que les *kjoekken-moeddings* et les dolmens étaient contemporains et qu'ils étaient l'œuvre du même peuple ; M. Worsaae,
l'éminent archéologue, était persuadé, au contraire, que la
formation des *kjoekken-moeddings* était antérieure à l'époque
de la construction des dolmens. Il démontra par la suite que
les peuplades qui avaient laissé les entassements en question,
ne possédaient qu'une civilisation très primitive, tandis que
les constructeurs de dolmens, au contraire, étaient relativement assez avancés en civilisation.

Les découvertes ultérieures, faites dans les derniers cinquante ans, ont donné raison à l'opinion de Worsaae. On sait maintenant que les constructeurs de dolmens possédaient des animaux domestiques, tandis que l'homme des *kjoekken-moeddings* n'était accompagné que par le chien. Il se servait souvent d'outils en silex; mais il les taillait seulement. Il ne polissait jamais le silex, mais bien des haches faites avec d'autres matières, la pierre verte par exemple. Dans les dolmens, au contraire, les haches polies en silex sont très fréquentes et souvent d'une grande perfection.

Il est donc bien établi que l'âge néolithique se subdivise en Danemark en deux périodes successives, celle des *kjoekken-moeddings* et celle de la construction des dolmens, laquelle précède immédiatement le début de l'âge du bronze.

Les découvertes de ces dernières années ont fait ajouter une troisième période de l'âge de la pierre, antérieure aux deux autres. Il est vrai que nous n'avons pas jusqu'ici beaucoup de renseignements sur cette période reculée, mais on a pu constater que l'homme vivait pendant cette période, du moins quelquefois, sur des îles artificielles, qui flottaient sur les lacs. Ces îles étaient sans doute fixées, d'une manière quelconque, à des endroits où le fond du lac présentait des exhaussements entourés de profondeurs plus grandes, ce qui mettait les habitants à l'abri des attaques d'ennemis et de bêtes fauves. Ces îles artificielles flottantes étaient sans doute constituées par un assemblage de troncs d'arbres surmontés d'une plate-forme sur laquelle s'élevaient des cabanes.

On a constaté l'existence, à une époque reculée, d'une station de ce genre, dans un ancien lac, desséché de nos jours, et situé dans la partie ouest de l'île de Seeland, non loin de la rive du Grand-Belt. Le fond de cet ancien lac, devenu aujourd'hui un espace sec, a été exploré avec beaucoup de soins et d'expérience par M. Sarauw, de Copenhague, membre de notre Congrès, retenu malheureusement par ses travaux au musée de Copenhague. Un savant mémoire, dont M. Sarauw est l'auteur, rend compte de l'exploration de l'endroit et des importantes découvertes qu'il a faites au cours des fouilles. Les outils en silex et en os retirés de ce lieu affectent tous des formes très primitives. La faune diffère de celle des trouvailles datant des deux autres périodes du néolithique; elle est évidemment antérieure à ces deux périodes. Bref, tout fait présumer que cette station remonte à une période très ancienne du néolithique danois.

Quant aux temps encore antérieurs à celui-ci, on ne les perd nullement de vue en Danemark. La direction du service géologique du pays s'occupe tout spécialement de l'étude des couches géologiques provenant de l'époque de la dernière extension des glaciers et des temps qui y font suite. On a fait dans ces explorations des découvertes importantes, relatives à la flore et à la faune du pays pendant ces temps reculés. On a même découvert dernièrement, dans ces anciens gisements géologiques, des silex qui paraissent être des éolithes, du moins d'après l'opinion de quelques savants.

Je ne mentionne ce fait qu'en passant, car la découverte est toute récente. Je dois cependant noter qu'on n'a jamais découvert, en Danemark, d'objets affectant des formes paléolithiques, non plus que dans les deux autres pays scandinaves. Les objets en pierre les plus anciens travaillés de main d'homme et découverts jusqu'ici datent tous des temps néolithiques.

Les stations fréquentées autrefois par l'homme, dont nous venons de parler, remontent toutes à des périodes anciennes du néolithique. Aujourd'hui, cependant, elles ne sont pas les seules qu'on connaisse dans le pays. On a découvert dans les dernières années, en divers endroits, des restes ou des traces d'anciennes cabanes remontant évidemment aux époques préhistoriques. Il faut avouer que la découverte n'a pas été chose facile. La plus grande partie des terres du pays est depuis longtemps soumise aux travaux de l'agriculture. Le sol a donc été presque partout remué et bouleversé à maintes reprises, jusqu'à une profondeur considérable. On a cependant pu constater l'existence de restes d'anciennes cabanes à divers endroits, notamment sur les versants de collines et de falaises. D'autres débris de cabanes anciennes ont été découverts dans le voisinage des tumulus et sont évidemment contemporains de ceux-ci.

A propos des tumulus, je dois noter encore qu'on a étudié attentivement, principalement dans les dernières années, la distribution de ces monuments dans les diverses parties du pays. On a pu constater que les tumulus, presque partout, suivent certaines lignes qui, évidemment, nous indiquent d'anciennes routes ou chemins. On observe que les lignes de tumulus se dirigent vers les bras de mer les plus étroits et les plus faciles à traverser. D'un autre côté, on peut constater que les lignes de tumulus évitent toujours les régions marécageuses et les terrains difficiles. Ce genre d'études peut être fait facilement, car on possède maintenant, grâce aux travaux de la Commission des cartes préhistoriques, des cartes archéologiques très exactes sur lesquelles sont notés les tumulus et les dolmens, aussi bien ceux existant que ceux qui ont disparu, ainsi que les autres sépultures, les *kjoekken-moeddings*, les lieux où on a découvert des cachettes de fondeurs de bronze, des ateliers de la fabrication d'outils en silex, les endroits où existent des pierres runiques, etc.

Enfin, je dois mentionner la manière dont on a pu déterminer les variétés des céréales cultivées dans le pays pendant les différentes périodes préhistoriques. En examinant bien attentivement les vases en terre cuite et tous les fragments de poterie, on a pu constater que des grains de céréales ont été quelquefois enfermés dans la terre ou l'argile qui a servi pour leur fabrication. La forme des grains est, dans la plupart des cas, encore reconnaissable. Le fait de l'existence de ces incrustations s'explique facilement : L'endroit où l'on fabriquait la poterie était souvent le même que celui où l'on battait le blé et où on le répandait par terre. Quelques grains, restés sur le sol, ont très bien pu s'introduire dans la pâte des céramiques confectionnées dans le même lieu. Les espèces céréales représentées le plus abondamment sont le froment et l'orge, quelquefois aussi le seigle, et ceci aussi bien dans la céramique néolithique que dans celle de l'âge du bronze et de l'âge du fer. En terminant je me permettrai de prier tous ceux qui possèdent ou disposent de poteries anciennes, à les examiner pour voir si elles ne renferment pas d'incrustations de ce genre.

Je dois rappeler que toutes les recherches dont je viens de parler ont été exécutées sous la direction active et éclairée de M. Sophus Müller, directeur du Musée National de Copenhague, et que presque tout est dû à son initiative.

Fouilles sous l'abri du « Mammouth »
à Métreville (Eure)

Théorie sur le Néolithique A

par M. Georges POULAIN

I. — L'abri du Mammouth.

Métreville est un hameau faisant partie de Saint-Pierre-d'Autils, petite commune du canton de Vernon (Eure). Ce village est situé à cinq kilomètres du chef-lieu, sur la rive gauche de la Seine qui coule à 300 mètres de là, et sur la route n° 182, de Paris à Rouen.

Les abris sous roches se trouvent à flanc de coteau, dans la pente boisée qui forme un rideau de verdure derrière les habitations du hameau : ce sont des excavations creusées dans le calcaire sénonien, par les érosions du fleuve quaternaire dont les eaux montaient à une quarantaine de mètres au-dessus du niveau actuel.

L'abri à qui j'ai donné le nom du « Mammouth », à cause de la présence d'un tibia de ce proboscidien, domine d'environ 30 mètres le niveau de la Seine. Il est formé par une muraille rocheuse de 15 mètres de long sur 5 de hauteur et possède, sur une partie de sa longueur, un surplomb d'une saillie de 2 mètres.

En 1903, aidé d'une subvention de l' « Association Française pour l'avancement des sciences », je pus explorer méthodiquement trois abris presque contigus, qui m'ont donné des matériaux précieux pour notre contrée normande : deux sépultures néolithiques et enfin un gisement magdalénien bien caractérisé.

C'est de l'abri dit du « Mammouth » que je vais m'occuper ici, car c'est le seul dont le sous-sol renfermât des restes de l'époque ayant précédé les âges obscurs du néolithique ancien.

L'exploration de cette roche-abri a été intéressante pour la palethnologie, non seulement par la mise au jour de débris de la période de la *Madeleine*, mais aussi pour l'étude de l'aurore des temps néolithiques, dont l'industrie et la faune sont superposés à la dernière période du quaternaire.

C'est cette phase encore mal définie de l'histoire de l'Homme, qui a présidé à l'avènement de l'époque actuelle, que je vais essayer de mettre en lumière, trop heureux si mes modestes observations faisaient faire un pas en avant à cette question ardue qui a donné lieu à des discussions passionnées.

La théorie du *hiatus*, entrevu par quelques savants, a été depuis longtemps abandonnée. On s'est mis d'accord pour admettre qu'il n'a existé aucune lacune dans le temps comme dans l'industrie entre le quaternaire et le commencement des temps actuels. Mais quelle station type réunira le plus grand nombre de suffrages pour caractériser cette époque ?

M. Philippe Salmon a inventé le *Campinien*, première coupure du néolithique, admise après bien des hésitations par G. de Mortillet. Son parrain, en collaboration de MM. d'Ault du Mesnil et Capitan, a traité cette coupure dans un travail intitulé : *Le Campinien*, consacré à l'exploration des fonds de cabanes, au village néolithique du Campigny, à Blangy-sur-Bresle (Seine-Inférieure) (1).

Les excellentes fouilles de M. Édouard Piette au Mas d'Azil (2), ont donné de très bons documents pour l'étude de la fin des temps paléolithiques et ont sapé définitivement l'idée du *hiatus* malencontreux.

(1) *Revue mensuelle de l'École d'Anthropologie*, décembre 1890.
(2) *Bulletin de la Soc. d'Anthropologie de Paris*, tome XI, 1895.

Les kjökkenmöddings du Danemark, avec leurs instruments grossiers, sont regardés jusqu'ici comme les prototypes de cette période de transition.

Lors de mes premières fouilles, en 1903, j'avais fait une part insignifiante à l'époque néolithique, dont les vestiges avaient été rencontrés dans les strates recouvrant les ossements de renne et les lames magdaléniennes.

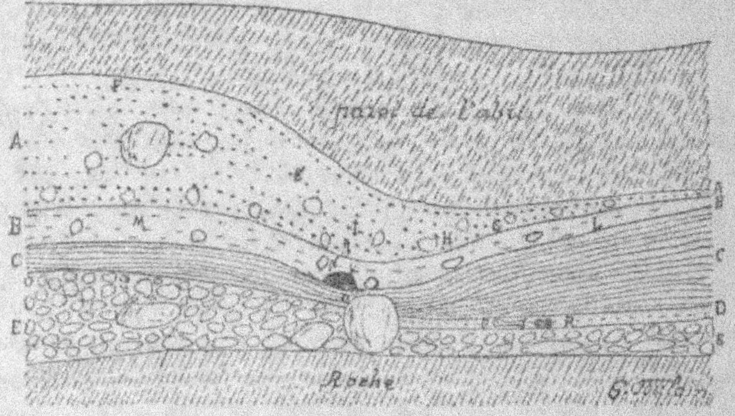

Fig. 154.

Coupe longitudinale du dépôt archéologique de l'abri du « Mammouth ».

Échelle : 1 centimètre par mètre.

M. Émile Cartailhac, lors de sa visite à Saint-Pierre-d'Autils, au mois de mars de l'année dernière, me fit remarquer que certains objets trouvés à un niveau supérieur à la couche *tarandienne*, tels que le tranchet, la spatule en os et le couteau à soie (fig. 160, 161, 162), étaient néolithiques. Cette observation du savant préhistorien me donna l'éveil et je résolus de faire une étude nouvelle et approfondie de la stratigraphie des dépôts archéologiques de l'abri, afin d'établir une chronologie, si possible, en appelant à mon aide les données si probantes de la faune et de la morphologie industrielle.

Je fis, en février et novembre 1905, des fouilles très sérieuses qui m'ont permis de recueillir, dans les diverses couches traversées par la tranchée, des ossements et des silex taillés, dont la détermination et le classement aideront à reconstituer, dans notre contrée du nord-ouest, des temps vagues et confus jusqu'ici, qui furent les précurseurs de la civilisation néolithique à son apogée.

La figure 154 montre une coupe des strates de l'abri, dans le sens de la longueur ; voici la composition du terrain et la description des vestiges qu'il contenait :

De haut en bas : *couche A*, terre végétale noire mélangée de silex anguleux et de blocs de calcaire éboulés du plafond, accuse une puissance de 2 mètres à sa plus grande épaisseur et 35 centimètres à sa moindre. Cette couche contenait, surtout vers sa base et à 3 mètres de la paroi de l'abri, les ossements suivants, qui ont été déterminés par M. R. Fortin, de Rouen (1) : *Cervus elaphus* Lin., un métatarsien gauche, une extrémité distale de radius gauche de jeune animal ; *Cervus capreolus*, un tibia gauche, un tibia du côté droit, une phalange ; *Sus scrofa*, portion de mandibule inférieure droite d'un animal jeune, un tibia gauche d'un animal jeune ; *Canis domesticus*, un calcaneum.

Comme industrie, j'ai recueilli : au point E, un fragment de poterie très grossière, ayant d'énormes gravois mélangés à la pâte qui est rouge et mal cuite : épaisseur, 15 millimètres. Un autre tesson d'une facture moins rudimentaire gisait à la partie supérieure de cette assise, au point F. En G, instrument grossier, ayant l'aspect d'un pic ; sa base est taillée en biseau oblique et ses deux bords grossièrement éclatés. La partie médiane a conservé sa croûte naturelle ; la face postérieure est plane avec retailles. L'instrument mesure 11 centimètres de longueur (fig. 155). — En H, perçoir en silex blond translucide, très bien taillé : la face postérieure est unie avec conchoïde (fig. 158). — En I, pointe de flèche triangulaire avec retouches

(1) Tous les ossements ou instruments en silex cités dans ce travail ont été découverts soit lors de mes premières fouilles en 1903, soit au cours de mes derniers sondages.

sur les deux bords, très épaisse à la base et face postérieure éclatée sans retailles — silex blond translucide (fig. 156). Au même point a été trouvée une autre pointe ne possédant aucune retouche, avec face postérieure éclatée — silex blond de même patine que les deux précédents (fig. 157). J'ai rencontré en outre, toujours à la base de cette couche, surtout vers le point J, qui est en somme le milieu de l'abri, un grand nombre d'éclats et de *nuclei*, ainsi qu'un percuteur. Je dois ajouter que, dans la cavité de la roche, vers le niveau supérieur du dépôt, il existait une sépulture, caractérisée

Fig. 155, 156, 157, 158, 159.
Instruments en silex trouvés dans la couche A, terre végétale supérieure.
Demi-grandeur naturelle.

par ces seuls ossements humains : fragments de crâne d'un enfant, un cubitus d'enfant.

Couche B. — Terre rougeâtre, mélangée de nodules de craie et de quelques gros silex anguleux, assez compacte, épaisse de 35 à 50 centimètres. Le niveau supérieur de cette couche, vers le point M était très dur et parsemé de charbons ; cette plate-forme de quelques mètres carrés fut certainement foulée par les préhistoriques qui y ont fait du feu.

Vers le milieu de la longueur de l'abri, en K, à la base de cette couche, j'ai rencontré un foyer assez large, reposant sur un sol dur et brûlé. Ce tas de cendres grises contenait un véritable amas de *nuclei*, de déchets de taille et quelques instruments finis ; un maxilliaire inférieur humain ayant appartenu à un adolescent et quelques os d'animaux s'y trouvaient aussi.

La faune, trouvée surtout vers les points N, K et L, est représentée par les espèces ci-après : *Cervus elaphus*, une phalange, partie supérieure d'un cubitus gauche ; *Capra hircus*, un canon ; *Sus scrofa*, radius droit d'un animal jeune, un tibia droit d'un sujet jeune, omoplate droite de jeune animal ; *Bos taurus* un métacarpien ; *Cervus capreolus* (trouvé à la partie supérieure), un métacarpien droit.

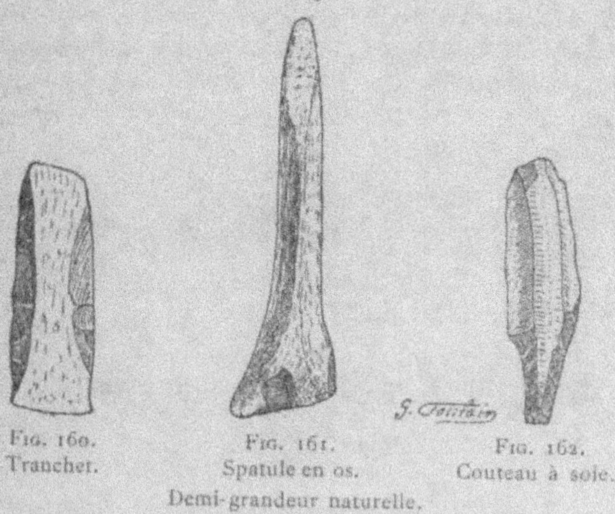

FIG. 160.   FIG. 161.   FIG. 162.
Tranchet.   Spatule en os.   Couteau à soie.
Demi-grandeur naturelle.

Industrie. — Au point L, lame-racloir à bords coupants, n'offre de taillures que sur sa face antérieure, l'autre est simplement éclatée — silex translucide, patine blanchâtre lustrée (fig. 159). En M ont été trouvées les objets suivants : la figure 160 montre un tranchet en silex bleu de la craie, accusant 0ᵐ 07 de longueur et 0ᵐ 03 de largeur ; une extrémité (base, face postérieure) est taillée en biseau. L'instrument porte des retouches sur le bord gauche de la face antérieure. La figure 161 représente une jolie spatule en os, ayant une forme analogue aux mêmes outils de l'époque magdalénienne (1) ; elle mesure 12 centimètres

(1) Le professeur Hamy, dans son *Précis de paléontologie humaine*, décrit ainsi les spatules magdaléniennes : « Ces spatules plus ou moins ornementées sont

de longueur, et son extrémité supérieure, presque pointue, est
fort lisse. La figure 162 nous fait voir un joli couteau à soie de
même patine bleuâtre que le tranchet de la figure 160. En N, vers
la partie supérieure de la couche, j'ai recueilli les silex suivants :
un petit tranchet à base en biseau et à bords très tranchants ;
face postérieure plane, patine blanchâtre (fig. 163) ; un instrument
sans retouches ayant pu servir de perçoir — même patine que
le précédent (fig. 164) ; un éclat présentant de fines retailles à son
extrémité pointue — bords coupants et face postérieure plane —
patine grise blanchâtre : ce silex a pu servir de racloir (fig. 165).

FIG. 163, 164, 165. — Instruments en silex.
Deux tiers grandeur naturelle.

Dans la cendre du foyer K, j'ai ramassé quelques silex taillés ;
voici la description des plus intéressants, c'est-à-dire des instruments finis : Figure 166, lame-grattoir qui a été malheureusement cassée, car elle porte une section qui montre qu'elle était
beaucoup plus longue à l'origine. Son extrémité supérieure
est arrondie, surtout vers la gauche et possède de très fines
retouches. Cette lame-grattoir est très mince et ressemble aux
outils de ce genre des époques solutréennes et magdaléniennes ;
elle n'a rien de commun en effet avec les grattoirs du néolithique récent, beaucoup plus épais et grossiers — fortement

effilées par un bout, tandis que l'autre extrémité, creusée en gouttière assez profonde, semble avoir été destinée à recevoir ou à enlever une substance plus ou
moins liquide ».

cacholoné en blanc. Figure 168, autre grattoir avec fines retailles
au sommet et sur le bord droit. Le cortex est resté sur une
petite partie à gauche. Ce spécimen ressemble un peu à la
figure 166, à cela près que ce n'est pas une lame transformée
en grattoir, car on voit, à sa base, le plan de frappe et le bulbe
de percussion — cacholoné en blanc et lustré. Figure 170, grattoir
double, arrondi à ses deux bouts par des retouches finement
exécutées. On remarque une cassure accidentelle sur le côté
gauche, ce qui a diminué la largeur de l'outil d'environ un tiers.

Couche C. — Dépôt de loess homogène, excessivement
compact, contenant de fines nodules de craie et quelques gros

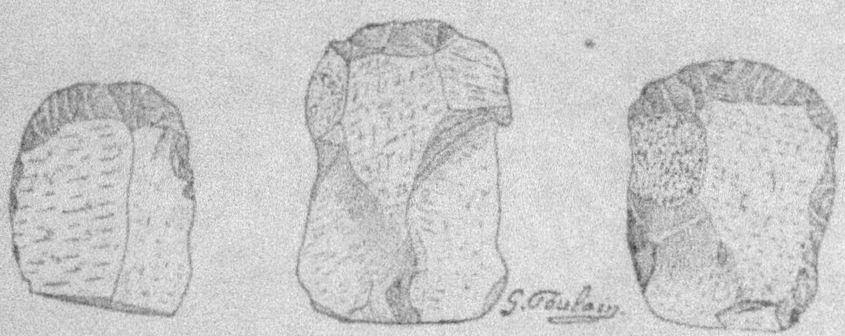

Fig. 166, 167, 168. — Grattoirs.
Deux tiers grandeur naturelle.

blocs de calcaire éboulés du plafond. Cette couche atteint une
épaisseur variant de 1ᵐ 10 à 50 centimètres. C'est sur le côté
droit de l'abri qu'elle est la plus puissante, l'argile ayant été
entraînée par les eaux du sommet de la colline aujourd'hui
dénudée, et rempli la cavité de l'abri où elle a formé une épaisse
nappe. La cause unique de l'irrégularité d'épaisseur de la couche
d'argile sur toute la longueur de l'abri, est la grosse roche
éboulée très anciennement à la base (fig. 154) : ce bloc a été un
obstacle à son étendue normale. A gauche, vers le sommet de
l'assise, j'ai trouvé la trace de petits foyers qui ne contenaient
aucun vestige.

Comme faune, ce dépôt renfermait à la partie supérieure :
une incisive et un cubitus gauche de *sus scrofa* et des fragments

d'os appartenant à un *cervus*, probablement au cerf élaphe (1).
Vers la base il y avait : des mâchoires inférieures de petits
rongeurs de taille intermédiaire entre la souris et le rat surmulot (2). En o, un peu au-dessous du foyer, se trouvait une
jolie lame longue de 0ᵐ12, du type de la Madeleine, en silex
bleu-blanchâtre, lustré (fig. 169).

Couche D. — Niveau où furent trouvés les ossements de
mammouth et de rennes (3), avec les lames magdaléniennes.

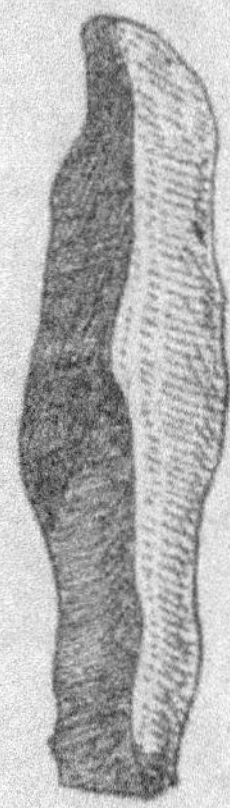
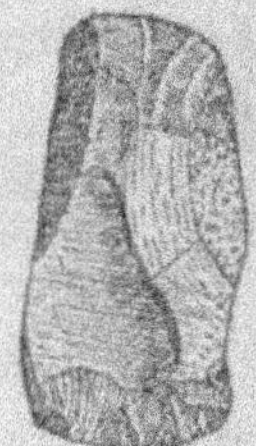

Fig. 169. — Lame.   Fig. 170. — Grattoir double.
Deux tiers grandeur naturelle.

Ce plancher, qui fut habité à l'époque de la Madeleine,
repose sur des éboulis très anciens ; il était tapissé d'un petit
lit de graviers et de la stalagmite recouvrait les cornes et
os de *cervus tarandus*. Ce phénomène ne se manifestait
qu'au-dessus de trois mètres de la muraille de l'abri, en deçà
on n'en trouvait aucune trace. Cette particularité permet de
rétablir schématiquement une partie du plafond éboulé depuis
des siècles. L'axe de protection du surplomb s'étendait donc
jusqu'à trois mètres en avant de la paroi verticale du fond et
offrait un espace couvert suffisant pour abriter nos chasseurs
de rennes.

(1, 2, 3) Tous ces ossements ont été déterminés par M. Raoul Fortin, de Rouen.

La présence de stalagmites et les traces de ruissellement sur le devant de l'abri sont la conséquence des pluies abondantes de la fin du quaternaire ; l'eau traversant la masse calcaire de la colline, tombait goutte à goutte par les interstices du plafond et déposait du carbonate de chaux tenu en dissolution sur les objets reposant sur le sol, déjà abandonnés par les hommes, qui avaient fui un habitat devenu si peu confortable.

Les ossements fossiles découverts à cette profondeur appartiennent exclusivement à la faune froide, ce sont : *Elephas primigenius*, un tibia du côté gauche ; *Cervus tarandus*, un humérus, un radius, un métatarsien, une phalange et de nombreuses cornes et côtes.

Les os longs de renne se trouvaient à un mètre de la paroi, avec de belles lames. Plus en avant gisait le tibia de mammouth (en ʀ) ; plus loin encore, à 3ᵐ 5o de la muraille, étaient les bois et côtes de rennes, disséminés sur un très petit espace (toujours en ᴘ et ʀ), ce qui montre que les habitants de l'endroit jetaient loin du périmètre habitable et au même endroit, leurs reliefs de cuisine. De petites lamelles et éclats de rebut, ainsi que deux nuclei se trouvaient dans ce tas d'os.

Nous sommes ici en pleine période magdalénienne, à une époque où le mammouth devenait rare et où le renne abondant fournissait presque à lui seul la nourriture de l'homme.

Couche E. — Assise d'éboulis anciens de calcaire de petit volume et de grosses roches, de 5o centimètres à 1ᵐ 1o de puissance ; au-dessous, on rencontre le roc naturel faisant corps avec le surplomb lui-même.

Maintenant, de bas en haut, nous allons examiner toutes ces couches, tant au point de vue climatologique que stratigraphique, paléontologique et archéologique, afin d'attribuer à chaque étage la division chronologique qui lui appartient.

« Le ciel froid et relativement sec, sous lequel vivait « l'homme au début de cette période (magdalénienne), s'adoucit « et finit par l'envelopper d'une atmosphère tellement humide « que les eaux de pluies abondantes et continues ruisselant « sur les collines couvertes de lœss, entraînèrent le limon dans

« les grottes par les fissures et causèrent dans les vallées des
« inondations persistantes. Ce changement de climat fut fatal
« au renne; il souffrit, devint rare et s'éteignit dans la région
« pyrénéenne (1). »

Ce qui s'est passé dans les Pyrénées eut lieu dans le nord-
ouest de la France, puisqu'à Métreville, nous voyons les
ossements de renne recouverts de stalagmites. Ces concrétions
calcaires nous font croire à l'abaissement de la température à la
fin de la longue période quaternaire.

La formation géologique de la couche c est encore plus
probante et vient corroborer cette opinion. Les rongeurs, tels
que la souris et le surmulot, n'ont apparu en Europe que dans
les temps actuels et font complètement défaut dans le quaternaire ancien (2). Ainsi que je l'ai dit plus haut, j'ai trouvé des
mâchoires de ces rongeurs dans la partie inférieure de cet étage.

La présence de débris de *sus scrofa* et de *cervus elaphus*
dans la partie supérieure, montre l'apparition de la faune tem-
pérée qui a succédé à la faune froide. Les espèces *sus* et *cervus*
ne sont pas cependant particulières aux temps actuels, car on
les voit même à l'époque chelléenne; mais pendant le magdalénien, elles se font très rares et exceptionnelles. Ici l'assise
de cet âge n'en contient aucunement.

La faune donc, apporte un indice suffisant du changement
profond qui s'est produit dans le climat de notre contrée. Malgré
ce nouvel état de choses, le travail du silex a continué la tradition
magdalénienne, comme le prouve la belle lame (fig. 169) trouvée
au point o, près d'un cubitus de *sus scrofa*.

La pauvreté du silex taillé dans le limon, n'implique pas
qu'il eut existé pour cela un *hiatus*, mais simplement un abandon momentané de l'abri pendant ce flux diluvien. Ce dépôt
n'a peut-être pas mis un temps bien long à s'accumuler, je
suis même porté à le croire; son homogénéité indique que la
stratification n'a pas été interrompue, car dans le cas contraire,
il existerait plusieurs lits, de couleur et de nature différentes.

(1) E. Piette. — *Notions nouvelles sur l'âge du renne.* Paris, 1891.
(2) G. et A. de Mortillet. — *Le Préhistorique,* troisième édition, p. 412.

La lame et les os de *sus* et *cervus* font croire que nous arrivons à la période de transition et que la couche B représentera le néolithique à son aurore.

Dans cette couche nous voyons une faune plus variée quoique encore sauvage; on y trouve cinq espèces : cerf élaphe, chèvre ou égagre, sanglier, bœuf et chevreuil. Les débris de chèvre à bézoard ont surtout été fournis par les grottes magdaléniennes, ce capridé ayant un habitat assez étendu dans l'ouest à cette époque. A l'époque néolithique, cette espèce se fait plus rare (1). Le chevreuil apparaît et n'est représenté que par un seul os qui a été rencontré à la surface de l'assise. Le chevreuil, d'après le savant auteur du *Préhistorique*, « recherche essentiellement les régions tempérées »; ce cervidé, qui était abondant à l'époque chelléenne, manque absolument pendant les âges moustériens et solutréens, ne reparaissant qu'à la fin de l'époque magdalénienne.

Le grattoir double (fig. 170) ne rappelle-t-il pas les instruments du même nom des gisements solutréens ou magdaléniens? Cet autre grattoir (fig. 166), véritable lame magdalénienne retouchée à une extrémité, la spatule en os encore, ne sont-ils pas de même forme que la plupart de ceux de l'âge précédent? Les tranchets sont représentés par deux spécimens : les figures 160 et 163. Il y a aussi deux racloirs (fig. 159 et 165) rappelant la tradition moustérienne.

On peut se rendre compte, par la stratigraphie, la faune et l'industrie, que cette assise correspond dans le temps à la période intermédiaire qui sépare le paléo du néolithique et nous donne des preuves convaincantes que la taille du silex, pendant le néolithique primordial, procédait de l'industrie magdalénienne et se soudait immédiatement à elle : l'évolution s'est faite lentement, sans cataclysme, ni invasions formidables, comme l'ont soutenu certains auteurs.

Avec le strate supérieur, on voit apparaître une industrie différente, ayant un facies se rapprochant plus du néolithique proprement dit. D'autre part, les restes de chevreuil et de chien

---

(1) G. et A. de Mortillet. — *Le Préhistorique*.

ont appartenu à des animaux très communs dans les stations en plein air : fonds de cabanes ou enceintes préhistoriques. On rencontre le chien en abondance dans les stations robenhausiennes, lorsqu'il fut domestiqué par l'homme pour la garde des troupeaux, et l'on sait que l'agriculture ne se développa qu'à l'époque néolithique, malgré la découverte de vestiges de céréales dans de rares gisements paléolithiques. Une morphologie nouvelle naît. La pointe de flèche retouchée sur les deux bords (fig. 156), le perçoir (fig. 158), offrent un faciès jusqu'ici inconnu. Le percuteur trouvé près de ces deux instruments, est un outil dont on ne trouve pas trace aux époques antérieures.

Le pic (fig. 155) destiné aux travaux agricoles, ne se rencontre que dans les milieux essentiellement néolithiques. Enfin, la poterie se montre au sommet du lit de terre végétale et vient clôturer la série industrielle.

La patine des silex, comme la morphologie, vient aussi en aide pour leur classification. Les silex magdaléniens de la couche inférieure sont de couleur bleu foncé, sans vernis ; ceux de l'époque de transition sont bleus-blanchâtres, très lustrés (patine occasionnée par le ruissellement); enfin les outils de la terre végétale sont en silex blond translucide. Cette particularité a son explication aisée : les hommes de l'âge du renne, en contact avec la craie sénonienne, taillaient les rognons de silex bleu de l'assise inférieure du rocher, au lieu que les néolithiques de la surface étaient obligés de choisir des *nuclei* parmi les silex blonds de l'étage supérieur.

CONCLUSIONS. — Les Kjökkenmöddings du Danemark, qui sont regardés comme la tête du néolithique, renferment une faune à peu près identique à celle de la couche B, à cela près qu'elle est plus variée et abondante. Les tranchets y caractérisent l'industrie et on ne rencontre pas, dans leurs flancs, de poterie, si rudimentaire soit-elle.

Dans le *Campignien*, on a ramassé beaucoup de tranchets, mais on y a trouvé aussi de la poterie assez bien finie et... *quelques* haches polies. Je pense donc, avec notre maître M. E.

Cartailhac, que le *Campignien* ne peut caractériser le commencement du néolithique. Je crois cependant qu'il représente une époque à part dans la division du néolithique et dont la classification mérite d'être conservée ; il représenterait, à mon avis, une période plus récente, correspondant à la couche de terre végétale de l'abri du « Mammouth ». Je persiste à croire que la poterie, à Métreville, a précédé l'âge des haches en pierre polie, qualifié de *Robenhausien* par G. de Mortillet.

J'émets ce critérium : qu'il est imprudent d'établir une chronologie générale, même pour notre territoire français, cependant si exigu. Car si E. Piette a trouvé, dans quelques cavernes des Pyrénées, des sculptures de chevaux représentés avec la chevêtre, à l'époque solutréo-magdalénienne (1), il ne faut pas conclure pour cela que ces équidés ont été domestiqués partout, pendant le même laps de temps. Les épis de blé sculptés, découverts par le même, ne prouvent aucunement que l'homme magdalénien cultivait la terre dans le reste du pays. Les gravures et les sculptures des grottes de la Dordogne, de la Vézère et d'autres endroits, ne veulent pas dire que ces manifestations artistiques se sont épanouies dans toutes les contrées où l'homme vivait en compagnie du mammouth et du renne.

A Métreville, station magdalénienne bien caractérisée, aucun os ou pierre gravée n'ont été vus dans le gisement.

Je conclus donc, qu'un degré quelconque de civilisation n'a pas été uniforme, même dans une très petite étendue de pays, dans la vallée ou sur la montagne, au sein des immenses forêts ou dans la plaine dénudée.

L'ambiance du milieu dans laquelle l'homme vécut à l'origine, fut le grand facteur de son existence ethnique. Cette ambiance créa ou modifia son industrie, son logement, sa nourriture ou ses goûts artistiques.

Son industrie subit l'influence de la constitution même du sol qu'il foulait, suivant que ce sol recélait plus ou moins de silex utilisables. Il habita les cavernes là où les érosions

______

(1) E. PIETTE. *Notions nouvelles sur l'âge du renne*, 1891.

anciennes des forts courants quaternaires avaient creusé des antres dans les pentes de la vallée qui l'avait vu naître.

L'homme de la plaine, qui ne pouvait utiliser ces demeures naturelles, fut obligé, pendant les époques froides, (moustérienne et surtout magdalénienne) de se construire un refuge artificiel, probablement une cavité creusée dans la terre et recouverte de branchages...

La nourriture changeait aussi, suivant l'altitude où son clan était établi, car l'animal qui vit dans la montagne ne fréquente pas la vallée ou les terrains couverts de marécages ; il en est de même des végétaux, et telle espèce multiplie prodigieusement au bord des rivières ou des lacs et ne croîtra pas dans les plaines arides.

C'est pour ces raisons que, pour une époque quelconque, (moustérienne ou magdalénienne par exemple), il ne faut pas, par induction, assigner un mode d'habitation ou une industrie uniformes. Car des tribus ou familles, vivant à la même époque sur une grande superficie comme la France, pouvaient parfaitement s'ignorer, fabriquer des instruments de formes les plus variées, habiter des demeures non similaires et avoir des mœurs ou habitudes ethniques propres.

C'est pour cela aussi que la faune, plus que la morphologie, est une preuve plus sérieuse pour dater un dépôt archéologique.

Encore une chose à considérer, c'est que les grandes vallées comme celles de la Seine, connurent plus tôt que les plateaux isolés la civilisation venant du dehors, importée par des voyageurs pacifiques ou des invasions militaires qui, après avoir mis tout à feu et à sang, s'installèrent dans le pays et y implantèrent un genre de vie nouveau.

Il faut donc éviter, ainsi que M. Cartailhac me l'a conseillé, de trop généraliser et s'attacher à bien étudier la morphologie propre à chaque contrée; la stratigraphie et la faune, diront le dernier mot touchant l'ordre chronologique.

II. — L'Atelier du Néolithique ancien au pied d'un rocher des bois de Métreville (Eure).

Les bois de Métreville sont hérissés, indépendamment des grands abris, de petits rochers de quelques mètres cubes seulement. Quelques-uns sont la conséquence de l'écroulement des rocs supérieurs, d'autres émergent naturellement du sol.

J'ai fait creuser au pied d'un de ces petits rochers à paroi

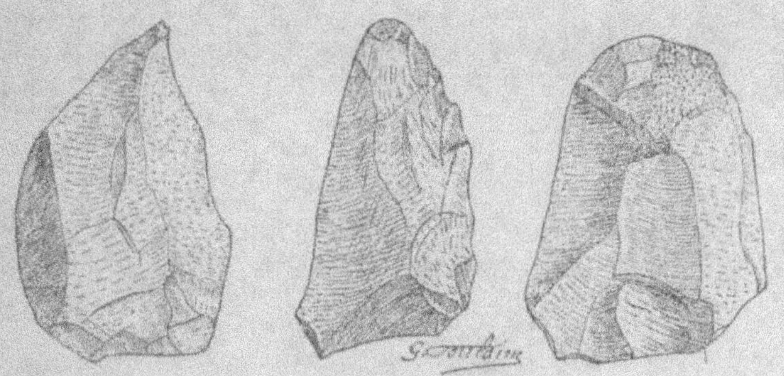

Fig. 171, 172, 173. — Instruments en silex.
Deux tiers grandeur naturelle.

verticale, situé à 10 mètres au-dessous de « l'abri du Mammouth » ; sa dimension est de 4 m. 50 de large sur 2 m. 50 de hauteur.

Voici la coupe du terrain exploré, en commençant de haut en bas : 1° terre végétale noire, mélangée de silex anguleux, épaisse de 30 centimètres ; 2° terre grise, rougeâtre, de 30 centimètres également, contenant de fins graviers et de petits nodules de craie. Au-dessous est une couche très compacte, argilo-carbonatée, d'une épaisseur variant entre 1 mètre et 30 centimètres, qui repose sur des éboulis anciens de calcaire tendre. En résumé, le dépôt se compose d'un tas de nuclei qui sont pénétrés de terres de natures différentes ; la couche rougeâtre, formée d'argile et de gravier, a été constituée par des ruissellements qui firent glisser le limon de la colline et le fit pénétrer par les fissures des pierres.

La base de cette assise contient un grand nombre de *nuclei* et de déchets de taille, surtout au point nord du rocher où il en existe un véritable amoncellement. Les silex de rebut, ainsi que les *nuclei*, se retrouvent par centaines au même point dans la couche inférieure.

Fig. 174, 175, 176. — Instruments en silex.
Deux tiers grandeur naturelle.

Les ossements recueillis dans le dépôt sous-jacent sont : un péroné humain, un radius de *Bos taurus*, deux molaires d'*ovis aries* Lin. Je dois mentionner la récolte, dans la couche supérieure, des test des mollusques suivants : *helix nemoralis, cyclostoma elegans*.

Parmi les silex taillés récoltés, j'ai dessiné les plus intéressants, dont voici la description : Figure 171, pointe taillée d'un côté et éclatée de l'autre ; la face antérieure que montre la figure ne porte pas de retouches — silex à patine blanchâtre, lustrée. Figure 172, ce silex porte quelques retouches sur le bord droit, l'autre bord est coupant et la pointe tranchante ; la face postérieure est éclatée — silex bleu-blanchâtre, lustré. Figure 173, instrument non fini, porte néanmoins quelques retouches ; sommet arrondi, bords coupants et encoche à la base. On voit une petite surface de cortex vers sa partie supérieure — même patine que le précédent. Figure 174, instrument retouché d'une façon assez rudimentaire ; une partie du cortex est resté sur le bord gauche, le sommet est arrondi et épais et la face postérieure plane. On pourrait ranger cet outil parmi les retouchoirs ou broyeurs — patine blanchâtre lustrée. Figure 175, tranchet fini, avec base taillée en biseau et sommet en pointe. Les retouches des deux bords sont fines et bien exécutées — patine blanchâtre, lustrée. Figure 176, lame très mince, ayant conservé sa croûte naturelle à une extrémité ; les bords sont tranchants et la face opposée très unie.

On voit que ces instruments n'ont pas de forme bien définie, excepté le tranchet qui a le facies classique des outils de ce genre.

L'instrument que je nomme retouchoir est beaucoup plus grossier que ceux du néolithique avancé, qui sont plus minces et d'une exécution plus parfaite. La figure 173 semble être une ébauche de grattoir, abandonnée en cours d'exécution. Parmi tous ces silex, il y avait des petits éclats, taillés en fines lames de canif, minces et tranchantes.

Comme on le voit, la faune est pauvre et la découverte de restes de mouton annonce qu'elle est moins archaïque que sous l'abri du « mammouth ».

L'existence de mollusques terrestres, comme l'*Helix nemoralis*, dans le lit de graviers recouvrant la couche inférieure où l'on trouve le plus de vestiges de l'industrie humaine, nous donne une idée de l'humidité du climat pendant le temps qui suivit l'abandon de l'atelier.

Je n'ai remarqué aucun vestige de poterie dans toute l'épaisseur du terrain exploré.

Je pense pouvoir classer cet atelier dans le commencement du néolithique, correspondant à la période de transition que j'ai traitée dans le travail précédent.

Le seul outil caractéristique qui ait été complètement fini est le tranchet (fig. 175).

La rareté des silex perfectionnés, recueillis parmi les éclats de rebut de cet atelier, s'explique par le fait que nos préhistoriques ont emporté les outils ayant été terminés et qu'ils n'ont laissé, à l'endroit de l'extraction et de la fabrication, que les spécimens manqués et les déchets du décorticage.

Le passage du paléolithique au néolithique en Normandie

par M. Léon COUTIL

———

Nous avons décrit, à plusieurs reprises, le gisement de Saint-Julien de la Liègue (Eure) comme typique de la fin de l'acheuléen-moustérien ; mais jusqu'ici, en Normandie, nous ne pouvons encore indiquer de station magdalénienne, et les abris fouillés récemment par notre collègue M. Poulain n'ont pas fourni un outillage suffisamment caractéristique pour être ainsi classés, sauf par leur faune.

Donc, jusqu'ici, le quaternaire supérieur ne s'est pas encore révélé, et nous nous demandons si les grottes que nous devons fouiller depuis plusieurs années combleront cette lacune.

En attendant, nous citerons quelques localités qui ont donné des instruments offrant un faciès absolument distinct des autres gisements en plein air, que l'on a essayé d'englober dans la période campignienne (nom d'une localité de la Seine-Inférieure ayant fourni des fonds de cabanes à outillage néolithique, avec quelques haches polies).

A ce propos, nous demandons instamment, ou la suppression de cette appellation concernant notre terminologie française, ou une modification dans l'orthographe pouvant amener une confusion avec l'industrie campinienne belge, qui serait beaucoup plus ancienne.

Quant aux stations normandes pouvant appartenir à l'aurore des temps néolithiques, nous citerons celles d'Olendon, près de Falaise (Calvados) : il faut avoir vu les milliers d'instruments extraits des trois ateliers constituant ce riche gisement pour avoir une opinion fondée. M. Costard, qui les a découverts, en 1872, a donné des spécimens un peu partout : nous-même en avons distribué aussi. Lorsqu'après quelques heures de recherches aux stations des *Feux* (la plus riche), du *Caillouet* et de la *Petrelle* (moins importantes), on étudie les énormes haches ovoïdes ou oblongues (pesant de 350 à 750 grammes), ou les haches en forme de tranchet, les lames à encoches, les scies, les pics, les perçoirs et les blocs nucléiformes portant parfois des traces de percussion, on se rend compte qu'il y a là une industrie spéciale. Non seulement la quantité énorme d'instruments disséminés à la surface du sol et leurs grandes dimensions rappellent ceux de Spiennes et du Grand Pressigny, mais on n'a trouvé parmi plusieurs milliers d'instruments aucune hache polie, et l'on doit aussi insister sur ce détail : seul, un pic ou casse-tête, avec perforation centrale porte des traces superficielles de polissage. Aucun autre gisement normand ne peut lui être comparé.

La *station du bois de la Caboche, près le Vieux Rouen*, à *Saint-Pierre du Vauvray (Eure)*, que nous étudions depuis 1890, est située à 140 mètres d'altitude, au confluent de l'Eure et de la Seine, sur des sables granitiques qui affleurent en un certain nombre d'endroits de ce versant du fleuve. Cette station occupe à la surface du sol environ 50 mètres carrés, elle se compose surtout de lames plus ou moins retouchées du type du Moustier plutôt petites, de perçoirs, grattoirs ronds, longs, globuleux, doubles, à extrémité droite ou concave, un très petit grattoir de 9 millimètres sur 15 était double. Les râcloirs ont des formes variées et ont pu servir de scies ; quelques nucleus et blocs nucléiformes, mais sans traces de percussion, complètent cette série. Tous ces instruments en silex ocreux très profondément patiné par la terre à foulon (argile plastique sous-jacente) sont curieux *par leurs arêtes très profondément émoussées*, ils ont dû servir à des travaux fort pénibles (1).

A plusieurs kilomètres, sur le même versant, dans l'assise

(1) M. Rutot, en parlant des instruments de la ballastière de Cergy (Seine-et-Oise), croit que les bords mousses de ces silex proviennent de la percussion.

Cette ballastière, étudiée par MM. Dollfus et Laville, ainsi que par M. Rutot, a fourni des instruments rappelant ceux du Vieux Rouen : mais alors que ce

supérieure du limon de la briqueterie du Petit Essart (Seine-Inférieure), M. Lancelevée, d'Elbeuf, a recueilli la même industrie, avec la même patine, mais sans la série variée de grattoirs qui est significative, à Saint-Pierre du Vauvray.

Toujours sur le même versant, et aussi sur un affleurement de sables granitiques, nous avons reconnu, à Saint-Julien de la Liègue, à peu près la même industrie, associée à des silex ocreux, mais avec des tranchets, retouchoirs, scies et quelques haches polies ; en un mot, tout ce qui caractérise le mobilier des stations en plein air de l'Eure, la Seine-Inférieure et l'Oise.

Tous ceux qui sont habitués à l'outillage de ces stations en plein air de la Normandie (recueilli généralement sur des fonds de cabanes entamés par les socs des charrues, jusqu'à 25 ou 35 centimètres de profondeur), savent que les haches polies y sont d'ailleurs fort rares.

Il nous reste encore à mentionner trois stations du Calvados, celles de Baron, Banville et le Mont-Joli, dont les instruments à encoches et pointes multiples offrent des particularités que nous avons signalées ; mais les instruments polis auxquels ils sont associés les placent dans le néolithique.

Jusqu'ici, un seul gisement de petits silex tardenoisiens à formes géométriques a été observé, près Bernay (Eure), malgré les nombreuses recherches faites par nos collègues, pour en découvrir d'autres.

Puissent ces quelques documents aider à compléter un jour l'enchaînement des industries paléolithique et néolithique.

---

gisement a donné des haches lancéolées, le nôtre n'a donné qu'une petite hache ovalaire.

Nous ferons remarquer aussi que cette station n'a fourni *aucun retouchoir*, ni tranchet, et sauf ses grattoirs à aspect néolithique, on pourrait croire ce gisement moustérien.

FIN DU TOME Ier.

TABLE DES MATIÈRES

DU TOME Ier

ORDRES DU JOUR DES SÉANCES. — RÉCEPTIONS. — EXCURSIONS.
DÉLIBÉRATIONS DU CONSEIL.
VŒUX ET REMERCIEMENTS. — OUVRAGES OFFERTS.

EXCURSIONS.

COMMUNICATIONS ET DISCUSSIONS

1ʳᵉ PARTIE. Le préhistorique dans la région de Monaco.

—

2ᵉ PARTIE. Questions générales.

—

Étude des pierres utilisées ou travaillées aux temps préquaternaires.

*Classification des temps quaternaires au triple point de vue
de la stratigraphie, de la paléontologie et de l'archéologie.*

Documents nouveaux sur l'art des cavernes.

Étude des temps intermédiaires entre le paléolithique et le néolithique.

TABLE DES AUTEURS

```
TABLE DES AUTEURS.                                      459
```